五南圖書出版公司 印行

黃萬傳 編著

農產行銷分析與應用

推薦序一

　　很高興看到本校退休同仁黃教授，在退休之後仍秉持其研究精神，撰寫《農產行銷分析與應用》一書，在付梓之時刻，本人非常榮幸為本書出版寫此一推薦序。

　　記得是在本校成立第二年，黃教授來校擔任經營管理研究所所長，雖其教育背景是農業經濟學領域，然其早已深諳企業管理的理論與實務，由其承接行政院農業委員會之科技研究計畫，及本校招生工作，足見其在行銷學專業的深度素養。

　　農產品是民生必需品，其產銷層面涉及農民、消費者、行銷商、農政單位及農民團體，致其產銷制度的健全是非常關鍵。臺灣在加入 WTO 之後，因自由化與外來競爭壓力的影響，農業不再是其經濟成長的主要動力，誠如黃教授在本書中，指出農政單位已取消在 1950 年代至 1990 年代之間有關農產品之產銷穩定機制，遂衍生近年來國內常常發生農產品產銷失衡的現象，尤其 2018 年上半年更加嚴重。

　　由於黃教授踏入學術生涯已有四十餘年，研究著作等身，本書是其應用經濟學與行銷學理念，及整合過去的研究成果而成的，一本兼顧理論與實務的書籍。書中作者已明確指出，因應農產品宿命特性，如生物性、易腐性及季節性等，故在行銷過程應考量行銷通路形成、市場力量、行銷價差、價格發現、價格傳遞及其風險等因素，尤其農產品價格變動包含長期趨勢、季節、循環及偶發等四種變動，由此可尋找農產品價格崩盤的可能來源。

　　由於目前已處在行銷 3.0 的紀元，隨著物聯網、人工智慧及大數據等整合之趨勢，農產品行銷不宜固守傳統思維，宜考量及借鏡國外之相關政策與策略；本書除在 Chapter 12 說明先進國家主要農產行銷制度外，其他章節也引用相關案例來說明，尤其指出在上述趨勢下，其對臺灣農產行銷之政策涵義，誠為本書的一大特色。

　　基於考量行銷在「永續價值」職能與上述趨勢，本書內容尚包含考量友善環境農業行銷、發現農業創新基因之行銷及活化鄉村旅遊行銷等前瞻性的實務做法。

農產行銷分析與應用

因黃教授曾在報章雜誌發表有關農產品產銷失衡的文章，在本書也有更具體說明產銷失衡問題之原因及其秩序化的策略，提供給關注此問題的讀者一個明確的思索方向。

黃教授不僅具備行銷學的涵養，在經濟學也不遑多讓，其在說明行銷過程之市場力量、價格發現及價格風險等章節，充分應用數學函數與計量經濟學來說明此等概念的表達；甚至應用計量經濟模式來估算農產行銷量化的數據。準此，就作為大學教科書的觀點，確實有其價值與必要性，尤其對在學的研究生撰寫文章方面更是值得參考。

黃教授目前是本校兼任教授，期盼他仍繼續秉持熱誠盡責的教學與研究之精神，因本書的出版，一方面嘉惠本校師生，另方面助益國內農產行銷制度有更上一層樓的發展。

謹誌

亞洲大學　校長

2018 年 8 月

　　往昔農業是支撐臺灣經濟發展的重要支柱，唯受經濟自由化的衝擊，及國內農業政策的調整，導致現今的農業，雖在生產技術面進步相當神速，然而農產品的行銷問題卻常成為媒體的焦點。

　　本書作者黃教授，是國內外知名研究農產行銷的學者之一，兼顧理論與實務是他多年來堅持的原則。黃教授是與本人同時期在美國攻讀博士學位的好友，本人唸的是植物病理學生物防治領域，他則是唸農業經濟學，且專注於行銷學在農業領域的應用。學成返國後，我們兩人又是中興大學的同事。據本人瞭解，黃教授除認真教學之外，他的研究著重於實質與相關業者間的互動與回饋，因而奠定了他能完整撰述本書的學理與實務根基。2018 年上半年，國內農產品出現滯銷的問題，成為當前國人關注的重要議題。在這關鍵時刻，本書的出版誕生恰是解決我國農產品產銷失衡的一盞明燈。

　　本書是依行銷 3.0 之理念，結合經濟學與農產行銷實務，不但提供農產行銷過程有關市場力量和價格變動的分析基礎，且輔以國內外的政策和重要案例給予實務的佐證。特別值得向讀者推薦的重點是，本書提供國內外過往相關農產行銷的政策與策略，可讓讀者以「鑑古知今」的角度，瞭解國內外早期雖已有不少的穩定價格機制，為何現在國內農產品價格尚有出現崩盤的危機？此外，本書也提出產銷環境納入考量的新思維，例如，友善農業、農業創新經營行銷及活化鄉村旅遊等，以契合「農業、農村、農民及農安」四農之前瞻行銷的具體做法。

　　本書除有上述特色外，更重要的是，一方面可作為大學教科書，另一方面亦可提供給有興趣探究農產行銷實務的相關人士參考，期有助於我國農產品行銷業務的推展。

　　在付梓前夕，本人很高興能有機緣在此撰述短文推荐本書，祈盼各位讀者朋友
細細品嘗與分享本書的行銷美味吧！

黃振文　謹誌

國立中興大學　終身特聘教授兼副校長

2018 年 8 月

推薦序三

本書作者黃教授，是同我在喬治亞大學的同門師兄弟，我們的博士指導教授是 Dr. James E. Epperson，黃教授師承其在農產行銷的領域，回臺發揮此專長為臺灣農業行銷建構貢獻性的制度。

近年來，國內農產品滯銷似有日趨嚴重之勢，黃教授在此關鍵時刻出版《農產行銷分析與應用》一書，可謂給解決滯銷問題一劑適時有力的強心針。黃教授在本書兼顧應用經濟學與行銷學的理論與實務，來解析農產行銷過程之價格變動，尤其以行銷 3.0 為基礎，衍生本書架構的理念基礎，此等理念包含創造價值、獲取價值及永續價值等三方面。

因黃教授的博士論文是專研美國農產行銷的制度與策略，致其在本書說明先進國家農產行銷制度之章節，特別強調美國的農產行銷訓令之制度與策略。實際上，國內已有很健全的農民組織，尤其近年來農業合作社在農產品行銷角色已可比擬我國農會在行銷的功能；今後，政府部門若能善用先進國家的制度，強化農民組織在農產行銷秩序化的功能，以及參考本書所提供的其他策略，期冀國內早日擺脫農產品滯銷的惡夢。

由於黃教授多年來挹注在農產行銷的實務研究，其中執行甚多的農政單位科技研究計畫，含臺德計畫，對解決農業問題之貢獻自不在話下，也在報章雜誌及相關期刊發表許多有關農產品行銷的文章，遂奠定出版本書的基礎。綜觀本書的內容，除黃教授強調的「鑑古知今」的特色外，本書尤其大量應用函數與計量經濟學，來估算與分析相關農產行銷活動之量化數據，此可供相關領域的研究生，在撰寫文章時的重要參考。

　　本人非常榮幸爲黃教授的大作撰寫推薦序，深信閱讀本書的讀者，除對農產行銷有進一步瞭解外，更期盼農政單位能參考本書相關的行銷策略，早日爲農民開創更順遂的農產行銷通路。

傅　　　　　謹誌

美國喬治亞大學臺灣校友會　會長

東吳大學商學院　院長

2018 年 8 月

農產品行銷的流程影響農民、中間行銷商、消費者、農政單位及農民組織等層面，目前資訊科技的大數據、雲端、人工智慧及物聯網的快速發展，行銷活動已進入「行銷 3.0」的紀元，遂促使上述影響層面效果更趨不易掌握。臺灣地區自加入 WTO 之後，因受外來競爭力量的衝擊，已取消在 1950 年代至 1990 年代之間相關農產品之產銷穩定措施，遂導致近二十年來臺灣地區農產品產銷失衡問題，幾乎成了年年上演的戲碼。

個人在大學從事教學、研究及推廣等學術生涯已超過四十年，在此期間，曾有許多與農產品產銷制度之相關研究。眼見近年來農產品產銷失衡有日漸惡化之勢，於是激發了彙整過去的研究成果和心得，來撰寫一本與農產品行銷有關書籍的想法。

本書考量面對「行銷 3.0」的紀元，依行銷流程之概要界定對顧客之「創造價值」、「獲取價值」及「永續價值」等三階段之內涵，兼具經濟學與行銷學之整合，此乃衍生本書架構之理念基礎。第一部分是在創造價值方面，包含農產行銷通路、行銷制度及市場力量等章節，以上內容是在行銷過程對主事者帶來成本的根源。第二部分在獲取價值方面，除應用經濟學結合農產品特性陳述農產品價格決定之供需因素外，尚包含在行銷過程之價格發現、行銷價差、價格傳遞、市場價格干預、穩定政策及行銷制度與價格之關係等章節，以上是行銷過程決定主事者收入的水準。第三部分在永續價值方面，包含考量產銷環境、農產創新經營、發現創新 DNA 及行銷與資源經濟關係等行銷策略的章節，以上是保留舊顧客和開拓新客源的可能策略。

基於上述架構，本書擁有幾項特色，一是兼顧理論與實務的整合，應用經濟學與行銷學說明相關理論之後，並輔以國內外農產行銷實務印證理論的可用性；二是並重現在與過去農產行銷的活動，基於「鑑古知今」的原則，一方面回顧並陳述臺

灣和一些先進國家有關農產行銷政策和策略之歷史紀錄，另方面介紹當今國內外正在推動的相關政策與法規，讓讀者可進一步掌握農產行銷制度的演變歷程。三是強調農產行銷實務的應用，其一應用數量方法，尤其是函數關係與計量經濟學，來估算與分析相關農產行銷活動之量化數據，其二藉由國外農產行銷的經驗，引申其對臺灣採用可行性之政策涵義。

　　本書能夠問世，首先要感謝已仙逝的家嚴和家慈，因有他們早期給我唸書的機會，才有個人在學術生涯的豐富閱歷。其次，感謝個人的博碩士指導教授，Dr. James E. Epperson 和劉欽泉教授，他們為個人奠定學術研究的基礎；當然也要感謝在學術界與實務界對個人學術生涯鼎力相挺的前輩、師長、同事及好友們，讓個人能如期完成相關學術活動的任務。在此，更要感謝國立中興大學終身特聘教授黃振文博士，在他多年照顧及積極鼓勵並推薦給五南圖書出版公司之下，才有本書的出版。

　　最後，謹以本書獻給家人，謝謝你們對我學術生涯的支持、容忍和鼓勵。期冀本書的出版，能為國內農產品產銷早日邁向秩序化略盡微薄之力，也希望讀者對農產行銷有進一步的認知並不吝給予指正。

黃萬傳 謹識於

2018 年 8 月

CONTENTS · 目錄

CHAPTER 1

緒 論

第一節　行銷之概念

就企業管理職能而言，行銷（Marketing）是生產、行銷、人資、研發、財務及資訊當中之一職能。彼得杜拉克（Peter F. Drucker, 1954）指出，對「企業目的」之適當界定，是除創造顧客價值外，任何企業僅有兩項基本職能，即行銷和創新。它們是企業家精神的職能，而行銷是企業一個明顯的特定職能。據美國行銷協會（American Marketing Association, AMA）在 1960 年對「行銷」之定義（Silk, 2006）：

「行銷是創造交易以滿足個人和企業目標所執行的概念、定價、促銷及創意、財貨和服務等之分配和規劃之過程（Marketing is the process of planning and executing the conception, pricing, promotion, and distribution of ideas, goods, and services to create exchanges that satisfy individual and organizational goals.）」

2008 年，AMA 因應行銷 3.0（Marketing 3.0）（Kotler, Kartajaya & Setiawan, 2010）的到來，對「行銷」提出另一新的定義：

「行銷是為其消費者、顧客、伙伴和更大的社會來創造、溝通、傳遞及交換等價值而所執行的活動、制度配套和過程。（Marketing is the activity, set of institutions, processes for creating, communicating, delivering, and exchanging offerings that have value for consumers, clients, partners, and society at large.）」由此，呈現行銷影響力量已大規模遠超過其對個人和公司之影響，且意味著行銷已正視全球化的文化影響（AMA, 2008）。

一、行銷之主要型態（Churchill and Peter, 1998）

行銷通常被利用在發展營利（for-profit）和非營利（non-profit）之交易，主要的型態有：

1. 產品（Product）：旨為創造有形產品交易之行銷設計，如銷售香蕉的策略。
2. 勞務（Service）：旨為創造無形產品之行銷設計，如旅行社為顧客帶團旅遊

之策略。

　　3. 人物（Person）：旨為創造對人們有活動之行銷設計，如選擇活動投票之策略。

　　4. 地區（Place）：旨為引導人們去某些地方之行銷設計，如引導遊客到著名景點旅遊的策略。

　　5. 理由（Cause）：旨為創造支持理念或議題，或引導人們改變在社會可接受的行為，如勸導人們不要吸毒之策略。

　　6. 組織（Organization）：旨為吸引人們參加為會員或志工之行銷策略，如增加學會會員之策略。

二、行銷過程之概要（Silk, 2006）

　　在廠商已為顧客創造價值之後，還需有落實此等價值提供之行銷策略，此一來涉及選擇目標市場和決定標的顧客心中的產品定位，二來考量達成此定位目標之行銷活動規劃。圖 1-1 綜合呈現此一行銷策略發展之一般流程。

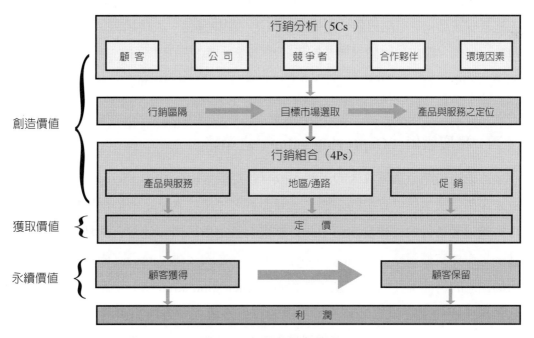

圖 1-1　行銷過程之概要

資料來源：Silk, A. J. (2006)：第 4 頁。

（一）行銷決策分析之 **5Cs**

1. 顧客需求（Customer needs）：廠商尋求滿足他們什麼樣的需求？
2. 公司技能（Company skills）：廠商具備什麼特殊優勢去迎合這些需求？
3. 競爭性（Competition）：哪些廠商和我們去競爭迎合這些需求？
4. 合作伙伴（Collaborators）：哪些廠商可協助我們及如何去激發他們合作？
5. 環境因素（Context）：哪些文化、技術和法規因素限制上述決策的可能性？

（二）創造顧客價值（**Creating value**）之策略

此策略是構成企業經營的成本，分有兩大部分。其一是 STP，即行銷區隔（Marketing segmentation）、目標市場的選擇（Target market selection）及產品和勞務的定位（Product and service position）。其中市場區隔考量人口統計、地區及生活型態等變數，而目標市場選擇則考量公司的 SWOT、公司標的及目標市場的配合度、達成目標市場所需的資源和適當的合作伙伴，以及由區隔可能帶來的報酬等因素。

其二是行銷組合（Marketing mix），即 4Ps。據 N. H. Borden（1991）表示，此組合有商品化及產品規劃、定價、品牌化、配銷通路、人員銷售、廣告、促銷、包裝、展示、服務、實體處理及市場研析等十二項組合因素。但一般通常指 4Ps，即產品（Product）、地區（Place，即配銷通路）、促銷（Promotion，即溝通策略）及定價（Pricing）（Borden, 1991）。

（三）獲取價值（**Capturing value**）之策略

此策略是創造企業收入的來源，故有效定價（Effective pricing）非常重要，為未來創造價值提供資金的來源。一般而言，生產成本是定價的樓地板，但有效性定價須考量行銷目標及如何由此目標來驅動定價目標。通常有兩種定價策略，其一是直捷定價策略（Skim strategy），即定在顧客願付的最高價值，撇取浮在市場頂端的奶油；其二是穿透定價策略（Penetration strategy），廠商設定較低價以誘導快速的大量銷貨。另外，為達成有效定價，一方面也可考量價格客製化（Price customization），此可透過發展產品生產線、控制較低價位的可能性、依

可觀察購買者特性或交易特性等來變動價格；另方面，可考量價格領導（Price leadership），因一些產業較具價格依存性，當廠商具高固定成本且低變動成本、和競爭者產品差異不大且大部分消費者只付單一價格、產業呈現低成長成率及有效能調整障礙和呈現規模經濟很重要等情況，就可考量採取此價格領導的做法。

（四）永續的價值（Sustaining value）之策略

此包括顧客的獲得（Customer acquisition）和顧客的保留（Customer retention），是屬於顧客關係管理（Customer relationship management, CRM）的範疇。首先，須了解顧客關係之類型，其一是單一通路且小眾基礎，其二是多通路但小眾基礎，其三是單一通路但大眾基礎，其四是多通路又大眾基礎。一般而言，顧客管理過程包括：(1) 選擇被服務顧客之對象，(2) 發展相對應的顧客管理策略，(3) 監控時間過程中顧客關係的體質及 (4) 聯結顧客關係管理付出與經濟回饋的關係。

三、行銷趨勢的演變（Kotler, Kartajaya and Setiawan, 2010）

於動態的過程，企業的行銷策略和顧客價值及其行為深受行銷環境的影響，而此等環境包括，經濟、政治與法規、社會、自然、技術及競爭等因素。依 Alvin Toffler（1991）之觀點，人類文明可將經濟分成四波狀，依序是農業時代（主要資本是農地）、工業時代（主要資本是機械和工廠）、資訊時代（主要資本是高科技）及提升文創和維護環境時代（主要資本是創新和社會文化）。圖 1-2 呈現行銷概念之變革，第一階段是二次大戰後至 1950s（主要行銷概念包括行銷組合、產品生命週期、品牌形象、市場區隔、行銷概念及行銷監控）；第二階段是經濟復甦至 1960 年代（主要行銷概念包括 4Ps、行銷短視、生活型態行銷及擴大行銷概念）；第三階段是經濟動盪至 1970 年代（主要行銷概念包括目標市場、定位、策略行銷、服務行銷、社會行銷、社群行銷及總體行銷）；第四階段是經濟不確定至 1980 年代（主要行銷概念包括行銷福祉、全球行銷、在地行銷、跨域行銷、直接行銷、顧客關係行銷及內部行銷）；第五階段是一對一經濟至 1990 年代（主要行銷概念包

括感動行銷、體驗行銷、網路和電子商務行銷、地位行銷及行銷倫理）；第六階段是金融趨動至 2000 年代（主要行銷理念包括投資報酬行銷、品牌資產行銷、顧客資產行銷、社會責任行銷、消費者激勵、社會媒體行銷、部落行銷、眞實性行銷及共創行銷）。依此，Kotler, Kartajaya and Setiawan（2010）遂針對未來趨勢提出行銷 3.0（Marketing 3.0）之概念。

	二次大戰後 ～ 1950 年代	經濟復甦 ～ 1960 年代	經濟動亂 ～ 1970 年代	經濟不確定 ～ 1980 年代	一對一經濟 ～ 1990 年代	金融趨動 ～ 2000 年代
主要概念	1. 行銷組合 2. 產品生命周期 3. 品牌形象 4. 市場區隔 5. 行銷概念化 6. 行銷監控	1. 行銷 4Ps 2. 行銷短視 3. 生活型態行銷 4. 行銷概念之擴大	1. 目標市場 2. 市場定位 3. 策略行銷 4. 服務行銷 5. 社會行銷 6. 社群行銷 7. 總體行銷	1. 行銷福祉 2. 全球化行銷 3. 地方性行銷 4. 跨領域行銷 5. 直接行銷 6. 顧客關係行銷 7. 內部行銷	1. 感動行銷 2. 體驗行銷 3. 網路與電子商務行銷 4. 地位行銷 5. 行銷倫理	1. 投資報酬行銷 2. 品牌資產行銷 3. 顧客資產行銷 4. 社會責任行銷 5. 消費者激勵 6. 社會媒體行銷 7. 部落行銷 8. 眞實性行銷 9. 共創行銷

圖 1-2　行銷概念之變革

資料來源：Kotler, Kartajaya and Setiawan (2010)：第 28 頁。

（一）行銷 3.0 之內涵

依表 1-1，在工業時代，以產品爲導向的時期謂爲行銷 1.0（Marketing 1.0）；在今日資訊時代，以顧客爲導向的時期謂爲行銷 2.0（Marketing 2.0）；在以價值趨動時代，著重人類感動行銷結合精神行銷的時期謂爲行銷 3.0（Marketing 3.0）。

1. 行銷 1.0 之內涵

其目的是銷售產品，趨動力量是工業革命，公司以購買實體產品的大眾來了解其市場，主要行銷概念是產品開發，以產品特定化作爲行銷指引，用行銷職能作爲價值評估原則，以及用「一對多交易」和其消費者互動。

2. 行銷 2.0 之內涵

其目的是滿足和保留消費者，趨動力量是資訊科技，公司以具有用心的聰明消費者來了解其市場，主要行銷概念是差異化，以公司和產品定位作爲行銷指引，用行銷職能和感動行銷作爲價值評估原則，以及用「一對一關係」和其消費者互動。

表 1-1　行銷 1.0、2.0 與 3.0 之比較

	行銷 1.0 產品導向行銷	行銷 2.0 顧客導向行銷	行銷 3.0 價值趨動行銷
1. 目的	銷售產品	滿足與保留消費者	讓世界更美好
2. 趨動力量	工業革命	資訊科技	新波動科技
3. 公司如何看市場	具實體需求之 大眾購買者	具用心之聰明消費者	具身心靈合一之 社會大眾
4. 主要行銷概念	產品開發	產品差異化	行銷價值
5. 公司行銷指引	產品特色化	公司與產品定位	重視公司任務、使命 與價值
6. 價值主張	行銷職能	職能與感性	兼顧職能、感性與精神
7. 與消費者互動	一對多的互動	一對一的關係	多對多的合作

資料來源：同圖 1-2：第 6 頁。

3. 行銷 3.0 之內涵

其目的是促進世界成為一較美好的地方，趨動力量是新波動技術，用具有身心靈合一的所有人類來了解其市場，價值是主要行銷理念，以公司任務、使命和價值作為行銷指引，價值評估並重職能、感動及精神，及用「多對多合作」和其消費者互動。

（二）邁向行銷 3.0 之趨動力量

1. 力量一：參與和合作行銷之時代

就科技層面觀之，新的波動技術包括便宜的電腦和行動電話、低成本的網際網路及開放的訊息來源，當中以社群媒體的興起最受關注。社群媒體有兩大類，其一是表達式（Expressive social media），包括部落格、推特、YouTube、臉書、照片分享及其他社群聯結網站；其二是合作媒體（Collaborative media），包括如 Wikipedia、Rotten Tomatoes 及 Craigslist 等網站，此等也是創新資訊的新來源途徑之一。

2. 力量二：全球化矛盾和文化行銷之時代

全球化矛盾可區分為全球化政治矛盾、全球化經濟矛盾及全球化社會文化矛盾，由於此等矛盾的產生，一方面遂引導大家對貧窮、不公平、環境永續、社區責

任及社會目的愈加關注，另方面也促使企業了解其在提供永續性、連結性及方向性應更加重視。由此，遂有文化品牌、全球化品牌等的提出，促使文化行銷成為行銷3.0 的第二支柱。

3. 力量三：創意社會和人類精神行銷之時代

在此時代，人們需要有正確認知在創意部門如科學、藝術及專業服務等工作，而此創意是整合了人們的身（Humanity）、心（Morality）及靈（Spirituality）。Danh Zohar 和 Ian Marshall（2004）提出，具創意的人們事實上應深信倒置 Maslow 的人們需求的三角型（inverted Maslow pyramid）。

綜合上述，建構行銷3.0，首先考量「要提供什麼（what to offer）」，在內容是合作行銷，主要動機是處在參與時代，在環境背景是文化行銷，主要問題是處在全球化矛盾；其次是考量「要如何提供（how to offer）」，以提供精神行銷，此是創意時代之解。

（三）未來行銷模式

依表1-2，在行銷訓練之方向，產品管理面，目前行銷概念強調4Ps，而未來強調共創行銷（Co-creation marketing），首先建立平臺，其次讓消費者在此平臺內以客製化來迎合其獨特魅力，再者是由消費者回饋意見。在顧客管理面，目前強調STP，未來強調社區化，消費者能夠分別融入在 Pools 社區、Webs 社區及 Hubs 社區。品牌管理面，目前強調品牌建構，未來強調特色建構（Character building），企業應發展被認證的品牌 DNA（Authentic DNA）。

表 1-2　行銷之未來方向

行銷訓練	今日行銷概念	未來行銷概念
1. 產品管理	行銷4 Ps（產品、地區、價格、促銷）	共創（Co-creation）
2. 顧客管理	STP（區隔、目標市場及定位）	社區化
3. 品牌管理	品牌建構	特色建構

資料來源：同圖 1-2：第 32 頁。

（四）朝向人類精神：3i 模式（The 3i Model）

依圖 1-3，在行銷 3.0 應重新界定品牌、定位和差異化一致性的三角關係。首先，要做品牌定位的確認（Brand identity），此定位對消費者是唯一的品牌。第二，是品牌的整合（Brand integrity），目標是消費者的精神。第三，品牌的想像（Brand image），是要求消費者強調分享其感動經驗。

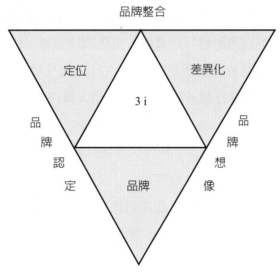

圖 1-3　行銷 3.0 之 3i 模式

資料來源：同圖 1-2：第 36 頁。

第二節　農產行銷之職能

一、農產行銷之概念

Marketing 一詞在農業應用上常以「農產運銷」或「農產營銷」來表達，基於前述「行銷 3.0」之概念，本書採用「農產行銷」。雖是如此，唯在農業應用行銷的時候，仍需注意農產品行銷與非農產品行銷之差異。一方面由於農業生產深受農

產品易腐性、季節性及自然環境之影響，另方面農產品生產者大多數是小農家族企業，在市場資訊較具不對稱性和生產技術採用較不具規模經濟，第三方面農產品對消費者是民生必需品且需求較缺乏價格和所得之彈性，遂導致農產行銷之過程遠較非農產行銷來的複雜與不確定性。

一般而言，農產行銷仍是農產品生產者透過不同管道或行銷商（含不同農民團體）運送到零售據點後賣給消費者。唯目前農產行銷有實體通路與虛擬通路的共同存在，又有直接行銷與多層次通路之分。同樣地，農產行銷過程深受經濟、政治及社會等層面的影響；在經濟影響行銷過程，主要關注影響行銷通路行為，含 (1) 各行銷職能之成本、營運量及未來通路的改變，(2) 由此反應產品需求，以作為調整生產結構之據；在政治影響行銷過程，含 (1) 行銷人員在市場內之議價力量，(2) 行銷組織對行銷人員均具特別約束力，用集體力量營造一個「忠實的消費者」，(3) 行銷過程本身具一種「實力的實體」特性，參加行銷活動者常爭取貿易優勢地位，遂常運用如「詭計」等政治手腕來達成；在社會影響行銷過程，在 (1) 傳統方面，係指行銷過程常受社會規範的影響，如不符經濟效益的行銷通路即是如此，(2) 安全方面，如常見的小零售商，有盈餘時不願擴充業務，寧願將資金去購買公債以策安全（黃萬傳、許應哲，1998）。

二、農產行銷之職能

為完成行銷過程而採行的活動或提供的服務，統稱為行銷職能（Marketing function）。通常行銷職能分為：

1. 主要（集貨）職能：包括 (1) 交換（exchange）職能，如集貨（購買，buying）、販售（selling）；(2) 實體（physical）職能，如分級和包裝（grading and packing）、貯藏（storing）、運輸（transportation）、加工處理（processing）。

2. 輔助職能（facilitating function）：包括標準化（standardizing）、資金融通（financing）、風險負擔（risk bearing）、及市場情報（market information）（黃萬傳、許應哲，1998）。

三、一般農產品所共有的行銷職能

　　行銷職能是完成「集中」、「均衡」及「分配」之行銷過程所需執行的活動，雖各農產品在行銷過程因當地市場組織、所得水準、消費習慣及經濟社會之差異，而有不同行銷職能的投入，以下陳述大多數農產品在行銷所投入的行銷職能。

　　1. 購買：係指行銷商在農場或產地市場，依產品種類與等級，將零星的農產品收集起來，成為適當的行銷單位，以便運輸、貯藏和銷售等，此活動亦稱為集貨。以目前行銷實務觀之，因不同市場階段之買方是不同的，如產地階段，則有地方販運商、社群團購及觀光農場之個人消費者。

　　2. 銷售：與上述購買是相對立的商業行為，可能同時發生，目的在取得或轉讓農產品的所有權，創造經濟的占有效用。同樣地，亦因不同市場階段而異的販售者，如在批發市場，承銷人則是其中之一例，產地階段則是大多數的農民或農企業的供應商。

　　3. 分級標準化：因農產品的生產易受自然因素和病蟲草害之影響，促使生產者難以掌握農產品的形狀和品質，故農產品在不同市場階段有不同分級標準化的規格，通常是依產品之種類、品質、顏色及大小形態，歸納成若干不同等級的類別。通常在產地階段之農民則進行初步的分級，但若由合作社（農場）出貨或直銷方式，則有嚴格的規定。一般而言，在批發市場和零售市場（尤其超市）則完全落實分級標準化，而且農政單位、合作社或超市則有明文規定之。

　　分級標準化之功能：(1) 區分產品等級，滿足不同階層消費者之需求；(2) 有利於述狀或看樣交易，尤其在批發市場為然；(3) 可進行秩序行銷（Orderly marketing），如美國的農產行銷訓令（AMAA）就是很好的例子（詳見 Chapter 12）；(4) 因品質一致，有利推動合作行銷，如臺灣的農產共同行銷便是；(5) 可充當抵押品，借取資金周轉；(6) 有利建構品牌形象；(7) 具有食農教育的作用。

　　4. 加工：加工是農產品在行銷過程中之形態改變，加工目的可提高物品經濟價值與行銷活動的便利，如稻穀經由碾米廠加工成不同品質的米，如糙米或白米，遂提高其品質和易於包裝，且有利長途運輸和延長銷售時間。尤其在農產品分級屬格外品、受蟲鳥害的果菜及調整生產過剩的農產品，加工一途則是此農產品最好的出

路，如「愛之味」泡菜則是因應高麗菜 / 包心白菜生產過剩的高價值產品。

5. 包裝：在不同市場階段或不同地區，對包裝材料要求是不同的，通常在產地除非是直接銷售，不然比較不重視包裝，在批發和零售階段則相對重視包裝材料和設計。目前有些業者推出綠色包材而不用塑膠材質，甚至有些零售市場要求消費者自備購物袋。一般而言，農產品的包裝具有多項功能：(1) 使物品變成整齊畫一的單位，縮小體積，便利搬運、出售及儲存；(2) 減少物品在搬運和儲存過程之損失；(3) 使物品有計量和計價單位，有利批發和零售；(4) 小型包裝可增加美觀，易於廣告，誘導消費者對具時尚包裝易有衝動性購買，促使銷售量增加；(5) 可保護產品品質，延長產品壽命及上架時間。

6. 運輸：是將農產品由生產地區轉送非生產或生產不足的地區，而在農產品生產專業化或有生產地限制的時候，則必須依賴運輸將農產品適時的轉移至消費市場。目前受交通事業與運輸事業成熟發展之賜，尤其各式宅配及物流或物聯網的快速成長，農產品的運輸效率也大大提升，不僅提高地域效用，而且促進農產品在最有利地區生產，使生產資源分配更趨合理化，進而使各地農產品的盈缺可快速調節，以縮小各市場間的價差，減輕價格波動幅度。運輸可擴大農品的銷售市場範圍，如在臺灣每年的五月至九月可吃到由泰國進口的金枕頭榴槤。運輸的進展，可使各級商人減少貨物備貨的貯藏數量，降低營運儲備成本。

7. 儲藏：因大多數農產品的生產具有季節性和易腐性，而消費端則周年大致相同，故在供需的時間調節則非依賴儲藏不可。儲藏在行銷過程創造時間效用，如可買到非盛產或生產期的非當季產品；保持農產品的品質，防止腐敗與變質。可能減少農產品價格在季節變動的幅度，如美國甜洋蔥每年在五月中旬的盛產期開始儲藏一部分的產量，此時蔥價不會大幅下跌，儲藏到感恩節之後再拿出來銷售，此時蔥價也不會賣的太高。使零星分散的農產品集中，利於運輸與買賣。在臺灣，過去由政府補助設置的農會糧倉，稻穀的儲藏調節與安全存糧具有重要的貢獻；在早期歷史的「常平倉」，就是農產品儲藏功能最好的寫照。

8. 行銷金融：農產品貿易範圍擴大之後，產地市場和消費地市場的距離亦隨著加大，行銷商由收購至銷售，往往需要一段時間，在此期間，行銷商常需要資金週轉融通。農產品生產者在產品未收穫前或產品正在儲藏之際，常需資金融通以支

付生產費用或生活費，臺灣的農會信用部則對此貢獻良多。行銷商在產品未出售之前，須獲得信用以作購買成本或支付運費與儲藏費，如臺灣各級的批發市場也對行銷商具有融資的協助。因此，行銷金融對生產者和行銷商在行銷期間或儲藏期間以及產品未收成或出售之前，可提供充分資金支付各項費用。

9. 風險負擔：農產品在行銷過程中之風險，一是農產品本身物質上的風險，如腐爛、乾縮、盜竊、火災、海事損失及牲畜死亡等，二是物品金融上的風險，即在行銷過程之價格漲跌和金融周轉不靈等所遭受的損失。減少行銷風險的方法有：其一是防止風險的發生，如改良物品的加工與包裝技術、改善運輸與儲藏之設備、加強分級與檢驗、廣泛收集市場資訊；其二是投買保險，可使風險有專門擔負的機構；其三是投入各種避險的市場，如期貨交易。

10.市場資訊的收集：由於農產品市場大都具市場不對稱性，尤其在產地端的農民更是面對資訊的不完全性，故收集市場的資訊對他們而言愈顯重要性。市場資訊是指每日各級市場的農產品供應量與需要量、價格漲跌情形，以及消費習慣等資訊的報導與統計。此等資訊的收集，不僅包括國內市場，且亦含國外市場有關農產品供需與價格變動趨勢。在目前資訊科技發達的時代，不但各國政府、相關國際組織及地方性的市場等均有良好的統計資料公布在相關的網站，相關業者很容易查詢或訂購所需資料與資訊，對改善市場不對稱性具有正面作用。

第三節　農產品特性與行銷之關係

由於農產品的特性，在國內外導致產銷失衡現象是經常可見。早期美國農產品生產過剩，常以政治援助相關國家作為解決之道，唯其積極推動農產品行銷訓令（Marketing order）才得以緩解產銷失衡問題。反觀臺灣農產品產銷失衡問題卻是年年季季上演，如高麗菜、香蕉、柑橘類及鳳梨等，此一困擾農民與政府的失衡問題，是與農產品的特性有很大關聯。以下首先看看例子，其次再說明農產品與生俱來的宿命特性。

一、有關係之例子

（一）高麗菜之例子

因此蔬菜在臺灣幾乎是一年四季皆生產，尤其在冬季為然，是產銷失衡的季節。高麗菜的整個行銷流程，在農民採收時僅去掉一兩片葉子，送到批發市場再去掉更多的外包層葉子，到零售市場（尤其是超市）已可看到潔白的內葉子，甚至切半包裝出售。換言之，一顆高麗菜自產地到消費者手上，已是全然不同的一顆菜，因其易腐爛，故在行銷過程須去掉已腐化或乾掉的外包葉子。

（二）香蕉（或其他水果）之例子

一般而言，香蕉在產地是六、七分熟就先採收，須經摧熟到近九分熟才送到零售市場，消費者買回家後，尚需置放一兩天才可食用。早期臺灣香蕉外銷日本時，需在高雄港設置摧熟貯藏倉庫，算好到日本消費者手上已近十分熟。另外蘋果也是如此，在採收時須先在外皮塗一層保護蠟，以利貯藏和長程運輸。再如酪梨，採收後，消費者買回家仍需置放一些時日，待外皮變黑後才可食用。以上凡此等水果類，也因具易腐性，且可食用時的品質與採收時的品質可能全然不同，遂在行銷過程須特別關注保鮮的貯藏設備與包裝。

（三）核果類與茶葉之例子

熱帶地區所生產的咖啡、椰子和榴槤等，如咖啡採收須經過一連串的加工處理，做成不同烘焙程度的咖啡豆之後，不論零售業者（含咖啡廳）皆需注意保持豆子的新鮮度；茶葉也一樣，自採收茶青後，經涼乾到烘焙成毛茶後，仍需注意其保存與後續再重烘焙的技藝。以上兩產品，在植栽過程深受品種、生產地區及季節性的影響，故其成品遂有不同地區、品種和季節之命名。椰子和榴槤也深受生產地區環境因素的影響，採收後亦需置放幾天才可食用。

（四）畜禽類之例子

如毛豬，經屠宰場屠宰後，須迅速以冷凍或冷藏設備送到零售業者或加工業者，在傳統市場之豬肉攤，則在消費者要求下要溫體肉賣出。雞蛋在養雞場收集

後，經蛋雞場洗選後，需以冷藏設備送到下游的業者，或大運輸北送到相關洗選廠處理後，再加以冷藏。

二、農產品特性與行銷之關係

由以上的例子，明顯呈現農產品行銷與一般非農產品是差異很大的。因農產品具不同品種、易腐性、生產有明顯季節性、地區性及品質差異性，此等特性均對行銷過程有莫大之影響。

（一）易腐性

農產品是一種有機物，是細菌生長與繁殖的最佳環境，故大部分農產品是極易腐壞、不易儲藏。雖有些農產品，如穀豆類、棉花和咖啡等，在良好的環境可以儲藏一些時期，但如上述果菜和蛋類，在採收後幾天就開始腐敗。有些農產品，如肉類和乳品等在行銷過程須有冷凍庫和低溫冷藏輸送，可存放得稍久些，但在炎熱天氣下則更易腐壞。

由於此特性，在行銷過程，則引申必要的行銷職能與設備的投入，如快速的配送、冷藏或冷凍庫或配送車輛、加入保持新鮮度的物質或藉由不同加工方式等。因此特性，「時間效率」與「保持新鮮品質」則引申出 trade-off 的競賽，一方面增加行銷通路的成本投入，二方面也埋下農產品產銷失衡不可解的因素，第三是消費者須付出更多的代價獲得品質保證。但目前國內外，強調友善環境及食用當地當季的食材，或許可為此特性找到可能的解方。

（二）粗重性

大多數農產品不是體積大就是重量很重，若與售價比較則呈現價值不高，即每單位的行銷量相對上是分擔較高的行銷成本。依此，又有上述易腐性，故大多數農產品都集中在消費地區附近來生產。因此特性，引申出在行銷過程所需的行銷職能，如考慮適合的運輸工具，如活體毛豬的運送須有大卡車以符合動物福利的規範、增加搬運的人力（或輔以自動化設備）、增加儲藏的空間、在包裝大小與材質也有所考量；凡此皆增加行銷成本。

（三）生產季節性

農產品的生產因受自然因素的影響甚為關鍵，無論播種或收穫幾乎有固定的期間，致其生產呈現明顯季節性。雖現在的品種改良技術先進，可以改變其種植季節，如現有許多農產品是常年可買到，但品質與原適產期是有差異的。如水稻，在許多國家是兩期作，但如臺灣和泰國則曾推廣三期作，但成效不彰；在日本僅維持一期作。如臺灣蔬菜一定要在冬季春季栽種，品質才會好，夏天則有多病蟲草害，增加化學物質的投入才能顧及品質，除非是溫室或植物工廠去生產。因每年的同一季節之氣候不一，故引發農產品在一年內的供給變動，氣候好就盛產導致價格下跌，穀賤傷農，菜金菜土；氣候不好則歉收，價格高漲。也因此特性，除造成產銷失衡外，導致明顯的蛛網原理（Cobweb theory）的運作。依此特性，引申在行銷過程所需的行銷職能，如引入加工或儲藏，以解決盛產的問題、相關單位須存貨以備欠收之需、農政需制訂平準基金或自然災害補償金。因此，此特性引發農民（產量和收入不穩定、一窩蜂生產）、行銷商（成本和職能增加）、消費者（購買量與支出不穩定）及農政單位（行政成本增加、出力不討好）在行銷過程有不同層面的衝擊。

（四）生產地區性與品種特定性

所謂「適地適作」，是指農產品生產需同時兼顧此兩項特性。首先，關於生產地區性，是指在生產地區這塊土地資源所含有的土壤養分與土壤類型，遂導致哈密瓜在日本北海道生產的品質是很好的（高甜度、清脆度），紐西蘭的奇異果不論品質與產量均比其他國家或地區更受到國際消費者的青睞，又如洋蔥在臺灣的生產一定在屏東地區才栽種的好。凡此，生產地區性影響栽種面積與產量外，對農民而言，栽種地區不適則需投入更多資材，對行銷商也增加不同的運輸工具來轉移由生產地至非生產（或產量不足）之地區，此也引發消費者對不同產區來源品質的選擇問題。

至於品種，因每一種農產品皆有其原有的品系，特定品種（系）在某地區馴化已久，故可在此地區落實「適地適作」的原則。雖目前各國在品種改良技術方面已相當成熟，尤其自 1985 年之後有基因改造（GMOs）產品上市（詳見 Chapter

13），然新品種在某地區仍需一段時間的適種與馴化，也可能不適合消費者品味，或可能影響生態環境與人類免疫系統。因此，品種差異性，在行銷過程可能導致上市量的不確定，增加行銷商的買賣風險，但如基因蕃茄則可耐長途運輸與延長上架壽命。

總而言之，此兩項特性是互為牽制，在行銷過程也增加不同運輸工具的考量，產量不穩定影響行銷商的進出貨調節。但已完全可適地適作的農產品，則優勢的品質成為其吸引消費者的自然品牌形象。

（五）品質的差異性

農產品尤其是種在室外的農作物，由於受氣候與土壤因素的影響，一方面其單位面積產量有差異，二方面是品質如形狀大小、色澤及受病蟲草害程度不一，第三是上述品種也帶來品質的差異性。因其非人為因素，即使在同一產區，品質也常差異頗大，如有機農產品的生產就是如此。

一般而言，生產量與產品品質間有正關係。申言之，農產品在氣候風調雨順時之豐收且品質又好，反而氣候不佳或病蟲草害多時就品質欠佳，此也導致一窩蜂生產常常上演的原因之一。但在相同條件與環境下，產量與品質不一定成正相關，因產量太多，個體作物對養分吸收與日照時間就不如產量較少時充足，此所以會有剪枝與疏果的動作。因此特性，在行銷過程會增加分級標準化的時間，遂也導致分級制度更趨嚴謹，且有自動分級機的開發；此也增加加工的職能，尤其對格外品而言更是如此。

綜合本節的說明，呈現因農產品具有上述的一些特性，因這些特性大多非人為可主導，故在行銷過程須涉及增加一些行銷職能，對行銷商不一定有利（如增加行銷成本，但有品質保證如同好品牌），對消費者也有利弊（可吃到非本地生產的農產品如奇異果，但須面對品質不同的風險）。對農政單位而言，須制訂相關法規來規範，除行政支出外，有時候是出力不討好（如在解決產銷失衡）。

第四節 農產行銷之研究法

　　就社會科學觀點，研究社會領域內的相關問題，其方法大致有兩個面向，其一是質性研究（Qualitative approach），旨在對問題事實做一些描述或其之間關聯性的說明，通常以次級資料或以一些主要問題訪問個案的代表性人物，再由資料或訪問內容綜合歸納整理獲得研究問題的答案；其二是量化研究（Quantitative approach），旨在利用數理之統計或計量經濟模式來驗證問題或預測未來的走向，通常並用次級資料和原始（問卷調查）資料來分析驗證之。但目前大部分的社會科學研究，則兼顧此兩面向的研究方法，至於在農產行銷的研究方面，也是如此。

　　黃萬傳和許應哲（1998）指出，過去農產行銷之研究較偏向質性研究法，如職能研究法（Functional approach）、制度研究法（Institutional approach）、產品研究法（Commodity approach）及系統分析法（System approach）；本章第二節已說明農產行銷職能，而系統分析法與制度研究法雷同，故本節在質性研究僅著重制度研究法和產品研究方法。在量化研究方面，著重在計量經濟模式之應用。

一、制度研究法

　　此方法是研究在行銷過程中，解析各級行銷商及其行銷機構在行銷活動所扮演的角色，注重研究「什麼人」，誠如前述，職能研究著重「什麼事」。一般而言，行銷商包括個人、企業（含 NPO，如社會企業）、農民（含其組織團體）及政府企業（含 NGO），此等將農產品自生產者透過行銷職能送到消費者，其在買賣過程如何執行這些職能，乃是制度研究法的核心。各行銷商之業務組織方式，有獨資、合夥或合作方式，甚至有政府企業的參與。行銷商的類別有普通中間商（Merchant middlemen）、委託代理商（Agent middlemen）及輔助組織（Auxiliary organization）。

（一）普通中間商

其將產品所有權轉入自己名下，並負責商品營業上的一切風險。普通中間商包括批發商（Wholesalers）、零批商（Jobbers）及零售商（Retailers），在行銷制度較健全的地方，零批商已趨勢微。批發商是在批發市場為主要的承銷人，常售貨給零批商、零售商及其他批發商或加工商，極少以末端消費者為交易對象。批發商常大量進貨，再以較少數量轉售給上述對象。批發商之特質：(1) 因有承銷人證照，專家交易的特色，其買賣產品數量多但種類少；(2) 資金雄厚，有能力經營多項行銷職能，且可協助產地市場金融；(3) 通常將其批入的貨品轉運較遠的地區，增加時間與空間的效用；(4) 常扮演行銷過程中之「均衡」的角色。

零售商向批發商或產地進貨之後，就轉售給消費者。零售商所執行的行銷職能很複雜，可能包括所有的行銷職能，也是在行銷機構中最多的一種商人。零售商的規模視其組織而定，有組織者，如百貨公司、連鎖商店（含超市、大賣場、有機店、餐廳）、有組織的臨時市集（如有機農夫和展售會之市集）及消費（或產地生產）之合作社；無組織者，如一家或一人獨資經營的零售商、固定式的攤販（Roadside stands）及流動性貨主（Traveling shippers）。

（二）委託代理商

主要類型包括掮客（Brokers）、代理商（Commission men）及拍賣商（Auctioners）。委託代理商係代表當事人介紹買賣，並不移轉產品所有權，也不持有產品，其收益來自酬金或佣金，故代理商僅對其委託雙方做轉買賣之服務。其主要是利用市場情況使買賣雙方相聚，因買賣一方對市場不熟悉，僅依賴代理商的服務。

一般而言，委託代理商又稱作職能中間商（Functional middlemen），可細分為：銷售代理商、製造商代理人、進貨代理商、坐商（Resident buyers）、廣告代理商、市場顧問、承辦經銷商、掮客、一般代理商及拍賣商，而以後三種為主要。掮客須常聽候其貨主的指示，議價權力遠小於一般代理商。一般代理商有較大權力，有時可以持有商品，並代表委託人商談買賣條件、收款，然後扣下應得的佣費，將餘款寄還貨主。至於拍賣商，則接受賣方委託，向買主公開拍賣，其在拍賣

後取得佣金。在臺灣，如果菜、花卉、漁市及毛豬等均採取（電子）拍賣制度，依各拍賣市場，有供應人、承銷人及拍賣員之資格規範。

（三）輔助組織

該類型組織是協助各中間商完成行銷職能，並不直接參與買賣工作。其既非行銷商，亦非代理商，但卻協助此兩類商人，使雙方買賣接近。輔助組織訂有相關規範，如交易時間、買賣條件、分級標準化、付款協定及協助相關工作。一般而言，輔助組織有如下類型。

1. 政府單位轄下的組織

在臺灣，各縣市政府所持股份的批發市場，如臺北農產運銷公司、臺中市果菜批發市場和漁市場等等。此單位是提供一批發交易平臺，尤其是都會區的批發，讓附近的供應商（農民或地方販運商）提供農產品作為拍賣的貨源，大型批發商或零批商為承銷人，經由此等組織核可的拍賣員依規定的拍賣流程進行（電子）拍賣。依規範，該組織收取一定百分比之手續費，承銷人向該組織付承銷貨款，由該組織付款給供應商，且即時發布當日交易訊息給相關單位。

2. NGO 的組織

通常是屬於政府延申，但非正式政府單位，在臺灣，如外貿協會、雜糧基金會、農訓協會等。此 NGO 組織通常是收集、檢定及發布相關市場訊息給各級行銷商或貿易商；同時也作商情研究，協助業者在國際開拓市場。因此等組織如雜糧基金會，接受政府農政單位的運作經費補助，故須協助農政單位相關的推廣工作。

3. 相關業者的組織

此等組織含蓋範圍很大，幾乎各農產品項目有其相關的協（工）會（如養豬協會、養雞協會、蛋商或茶業工會等等）、農民團體的組織（如各級農會、漁會、合作社等等）、不同業者的組織（如茶葉（業）協（學）會、兩岸某產品交流會等等）。其中以農民團體組織參與農產品行銷過程是最具影響力，如農會系統除協助農政單位推廣和倉儲工作外，經營與行銷相關業務，如超市、觀光工廠、加工、金融、產銷班直送農產品到批發市場拍賣等；各級合作社也是如此，甚至有規模的合作社，如西螺某蔬菜生產合作社，更是自創品牌，引進先進的資訊科技為蔬菜產銷

把關，將會員所生產的各類蔬菜在自備分級包裝廠的配送車，將其產品送到相關的零售端。至於工會方面，有些工會在產銷資訊提供，及參與行銷 4Ps 工作也有一定程度的介入。

4. NPO 的組織

此等組織大都屬非營利組織，如社會企業、民間公益團體等。其任務是間接協助或提供行銷商在人員教育訓練、社群互動、食農教育及友善環境之認證和認知的平臺。

二、產品研究法

此方法是以特定農產品為研究對象，如分析毛豬、稻米、茶業等等之行銷，並個別加以深入研究。此方法對特定產業行銷問題的解決特別有效，蓋藉由深入瞭解其各行銷職能和有關行銷商之問題、縱橫向關係及介入行銷通路程度等等問題，由此提出相應對策。因各農產品性質不同，生產方式互異，又加上易腐性、季節性及生產規模不一等，均可能影響行銷職能的運作，及行銷機構的組織形成，若整合許多個案農產品行銷研究結果，有益於尋求一些共同存在的行銷問題。以下說明臺灣稻米和雞蛋之兩產業個案研究，僅指出質性研究之關注焦點。

（一）稻米產業之行銷

稻米是臺灣主要農產品之一，其產值居其他產品之冠，不僅是主食也是安全存糧的主要標的。過去曾以糧區來規範稻米的行銷區域，現則以稻穀保價收購來左右稻米市場行銷的運作。在北中南東各有稻米主產區，致各地有其稻米生產專區與相關碾米廠涉及稻米行銷活動。配合保價收購，目前有些農會尚擔負稻米常平倉的工作。

1. 參與行銷之成員

主要是農會與碾米廠，前者除上述協助稻穀收購與儲藏外，組織其會員成產銷班，推動稻米專區，因有些農會尚自營碾米廠，故可協助班員之稻穀碾製，以農會品牌來行銷其稻米產品，如大甲、斗南及池上等農會在稻米行銷都占有一席之地。

第二是非農會體系的碾米廠，在臺灣稻米行銷更具左右力量，同樣地，也透過推動稻米生產專區來掌控其稻穀的貨源，其也有產銷班的組織，班員需將採收稻穀送到其所屬的碾米廠，再由碾米廠碾製成不同稻米產品，以碾米廠的品牌和包裝來銷售，有些是直接送到零售商，尤其是超市和大賣場。

第三是政府農政單位，主要是規範稻穀收購辦法、存糧處理、訂定稻米進口規範、監控各級參與稻米行銷活動及推廣稻米消費等等。第四是向碾米廠進貨販運商，有些是中盤商、有些是零售商，尤其零售商分布在市區或市場（如傳統商店或超市、大賣場）。第五是有些企業或超市透過和農民契作，或和碾米廠合作，在碾製後以自己品牌包裝來銷售。第六是稻米加工商，如肉圓店、麻糬店、餐廳、糕餅店等等，其將稻米加工成符合消費者在不同場合與時間之消費需求。

第七是稻米進口商，依農政單位進口規範，主要自越南和泰國進口糯米，當然有日本米和美國米，進口商主要是大規模碾米廠來扮演。第八是參加稻米認養企業員工與參與食農教育的成員，前者是企業與稻農有契作認養，其員工可參與稻米產銷過程的活動，稻穀採收碾米後，企業付相關費用給稻農，公司員工可取回一些稻米產品自用；後者是配合農政單位，有社會企業或研究單位召集社會大眾或學生到稻田體驗稻穀生產、收穫、行銷及消費等行為。第九是末端消費者與協助處理舊存糧的業者，前者在家或外食者食用不同型式的稻米製品之末端消費大眾；後者是因安全存糧過期，農政單位將其製成飼料或肥料，賣給有關畜牧業者或農場經營者。

2. 稻米行銷通路

如圖 1-4，稻米行銷通路是多層次的，第一通路是碾米廠之前，產銷班、乾燥廠、農會、其他稻農、其他碾米廠及稻穀販等，提供稻穀到碾米廠碾製；第二通路是農會、其他碾米廠運送給零售商；第三通路是主要碾米廠將碾好的不同類別的米，送到零批商、食品加工廠、米製品加工業、農會、其他業者及大消費戶和餐廳；第四是其他碾米廠也送到零批商；第五通路是零批商送到零售商、小型米食加工業者及其他業者；第六在消費端以散裝米、1.5 公斤裝、3 公斤裝及 5 公斤裝等方式售出。

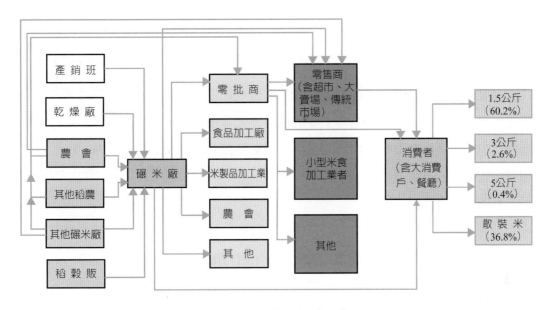

圖 1-4　市售米行銷通路
資料來源：黃萬傳（2013b）。

3. 稻米行銷職能

在稻農面，需自行將採收稻穀送到碾米廠。目前大多數臺灣碾米廠皆有全自動碾米設備及冷藏設備，且有自行包裝的設備。一般而言，稻米行銷職能以不同層面的加工為主，其次是包裝，第三是倉儲設備（含冷藏與農會倉庫），第四是運輸設施。第五，在稻米品質與品牌方面，一方面配合政府 CAS、GAP 及產銷履歷等的認證，已有多數生產者、碾米廠及加工商落實此等認證，二方面多數生產地區之農會或碾米廠有自己的品牌，三方面為顧及友善環境，已有些稻農和碾米廠推動有機米與自然農法。

4. 稻米行銷之問題

首先是糯米產銷的問題，在需求面集中在端午節與農曆新年，而供給面有國產與進口，但仍供不應求，遂偶爾產生失衡現象。其次，曾發生包裝米內需有多少比例是國產米的問題，在兩年前，農政單位已有明確的規範了。第三是保價收購的問題，常為收購價格水準（安全存糧收購價格水準與餘糧收購價格水準）而引發爭議，蓋稻米沒有批發市場，故各階段的售價，很多行銷商皆參考收購價格水準來訂定其售價。第四是大多消費者認為多吃稻米會變胖的觀念，致平均每人稻米消費量

已逐年下降，近年來農政單位推廣米麵包來因應，但成效有待觀察。

（二）雞蛋行銷（林昭賢，1994；黃萬傳，1992b、1993b、1994a）

在臺灣，雞蛋是第三大產值的農產品，也是民生必需品之一。主要雞蛋產區是彰化、屏東及臺南。但都會區是主要消費群，尤其臺北市，南蛋北運是主要的行銷通路。由於雞蛋沒有批發市場，故蛋價大都掌控在北部蛋商工會之主導，每天會在相關平面媒體公布蛋價行情。

1. 參與行銷之人員

首先是蛋農，因有些蛋雞場設有洗選蛋設施，故有些蛋農自行配銷洗選蛋至下游賣場；也有些蛋農將破損蛋加工成液態蛋，自行配銷到糕餅店或麵包店。第二是大運輸商，通常是北部蛋商自己的貨車，到中南部向蛋農收購散蛋或洗選蛋，運回北部自己的倉庫儲存、或洗選廠分級洗選包裝後儲存，隔些時日再配送到下游業者（含零售商、餐飲業者、蛋品加工業者）。第三是地方販運蛋商，尤其在中南部居多，自備貨車到蛋雞場收購散蛋，自行分級或洗選後，再配銷到下游業者（如附近零售商、餐飲業者、蛋品加工業者）。第四是專業的蛋品加工業者，尤其是進小粒（S）蛋，煮過成滷蛋，再配銷給便當店。

第五是雞蛋業者的組織，其一是產銷合作社，協助蛋農找尋市場、提供市場資訊及營運技術諮詢；其二是養雞協會，作為蛋農和農政（或其他組織、業者）之橋樑，此協會在雞蛋產銷制度形成與運作有相當程度的介入。其三是蛋商工會，尤其是臺北市蛋商工會，在雞蛋價格形成過程，具有主導的力量。其四是有關蛋品的專業委員會，如 CAS 認證。第六是蛋品包裝材料與洗選機的供應商，就前者而言，雞蛋在未洗選時可多次使用的塑膠箱，目前已改為紙盤；洗選後的大小包裝盒子，目前是塑膠與紙材料並用；關於洗選機設施，進口與國產皆有。

第七是相關的蛋品加工業者，包括餐廳、糕餅店、麵包店、蛋粉加工廠。第八是雞蛋零售業者，包括傳統商店（主要是賣非洗選的散蛋）、超市、大賣場（主賣洗選包裝蛋）。第九是各類型的餐廳與末端消費者，如早餐店、便當店、自助餐店、麵包店、各式美食餐廳；最後，是消費者自不同零售賣場買回家自己烹煮用。

2. 雞蛋行銷通路

臺灣雞蛋行銷通路也是多層次的，如圖 1-5。首先是蛋農銷給大運輸、合作社及經銷商為大宗，其次是合作社和大運輸銷售給經銷商，第三是經銷商銷給零售業者和食品加工廠，第四至末端消費者約有三分之二強來自零售市場，約三分之一來自食品加工廠。當然，蛋農銷售對象是多元的，除上述對象外，尚銷給零售業者、液蛋工廠、食品工廠及末端消費者。

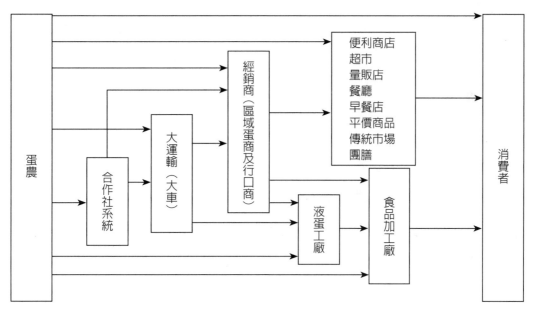

圖 1-5　臺灣雞蛋行銷通路
資料來源：Huang (2016)。

3. 雞蛋行銷職能

首先關注的是蛋價的形成，因沒有批發市場，多年來是由臺北市蛋商公會七人小組會商次日蛋價行情，次日公布在平面媒體。唯目前採議價制，由臺北市蛋商工會與各縣市蛋商工會及國合社、高雄縣社、彰化縣社、養雞協會蛋雞組聯合各區聯誼會等的共同議價。蛋價有如下特色：(1) 採固定價差制，2 元／臺斤（蛋農）—3 元／臺斤（中間的大車和經銷商）—2 元／臺斤（零售商）。(2) 雞蛋報價（2018年 6 月 3 日為例，單位：臺斤，元，不含稅）：

① 未洗選：臺北批發 34、大運輸 29.5；臺中依序是 34、29.5；臺南 29；屏東新春蛋 34。

② 洗選蛋（中盤）：臺北 12 公斤散裝 37；臺中 12 公斤紙盤 38；臺南 10 粒盒裝（中、大）42；屏東挑選蛋 37。

③ CAS：臺北 13.2 公斤盤裝 10 粒，中盤 46、冷藏 52；臺中 10 盒裝（M），中盤 46、冷藏 52；臺南 10 粒盒裝（L），中盤 46、冷藏 52；屏東新秋蛋加 2 元 6 個月、新春蛋加 3 元 5 個月。

④ 30 粒：臺北特大 27 臺斤紙盤裝批發 36、每箱 8 盤大運輸 31.5；臺中大 25 臺斤紙盤裝批發 36、每箱 8 盤大運輸 31.5；臺南中 23 臺斤依序是 36、31.5；屏東小 21 臺斤依序是 37、32.5。

由此可見，目前蛋價是依地區、包裝材料、重量及不同行銷商而定，看起來似是精細，卻又覺得複雜。

其次，關於雞蛋行銷過程所涉及的行銷職能：

(1) 分級標準化——因有洗選蛋的產品，故一般除乾淨雞蛋外，最主要是有大、中、小之分，且由上述蛋價呈現，因雞蛋大小有不同的訂價。

(2) 加工——是屬中、下游的行銷商，如液態蛋、不同層級的蛋品加工（如滷蛋商、糕餅店、早餐店及相關餐廳）。

(3) 包裝——不論有無洗選，或每盒或每盤容量多少，皆有使用包裝盒或包裝盤，材料已大多使用紙材質。

(4) 運輸——由大運輸商使用大型貨車、地區販運商使用中小型貨車、以冷藏車運送 CAS 認證的洗選蛋。

(5) 儲藏——洗選蛋商、大蛋商、各級加工廠及零售商等皆使用不同程度與設備進行生鮮蛋或加工蛋品來予以儲藏。

(6) 品質（品牌）認證——由農政單位推廣的 CAS 蛋品認證，已獲得消費者和相關業者的肯定；大多數雞蛋場、食品加工業者都在使用 QR 碼；也有一些產銷一條龍的蛋雞場正積極推動符合動物福利和友善環境的產銷流程，目前農政單位已訂定友善飼養系統的法規。

4. 雞蛋行銷之問題

最受爭議的問題是有關雞蛋價格的形成，農政單位與業者在幾年前曾試圖推動雞蛋批發市場，因受蛋商固守既有決價方式，讓此批發市場胎死腹中。實務上，依公平交易法，蛋商團體是不可以干預市價的決定，公平會亦曾給予了解和勸示。雖目前有議價機制，但仍維持少數蛋商決價的方式，常有蛋價不隨蛋量變動而持續一段時間未見價格的變動。

第二問題是偶爾也會產銷失衡，因蛋雞受氣候太冷或太熱而影響雞蛋產量，致在氣候變遷可能帶動產銷的波動，如今（2018）年 8 月，因天氣太熱，致蛋價已上漲 2 成。第三問題是有些消費者認為多吃蛋會提高體內的膽固醇，故影響雞蛋的消費量。第四問題是少數蛋雞場在飼養管理不當，誤在飼料內加入化學添加物，影響雞蛋的品質保證。第五問題是國產液蛋的品質，因蛋雞場或買商常用破蛋或受汙染的蛋來生產液蛋，致未能顧及液蛋生產過程之衛生安全。

以上的兩個案的說明，旨在提供相關研究人員或業者在解析某一農產品行銷之相關問題的參考項目，如參與行銷的人員、行銷所涉及的通路與職能、行銷過程所面對的問題，這些都是研究農產品行銷個案主要的面向。

三、量化研究法

此研究法係指應用數量計算方法來處理、計算所收集的資料，然後依據相關理論或實務經驗來解釋或分析此等資訊之涵意；申言之，進行量化研究，首先需依研究主題想解決的問題來收集相關資料，其次是應用合適的數量模式和估計方法來處理之。因此，此研究法有兩項必備條件，其一是「資料」，其二是「數量」方法。

（一）資料的收集

一般資料可分為次級資料（Secondary data）和原始資料（Primary data），前者是已經由政府、企業或相關單位出版公諸在相關媒介，讓想應用此等資料者可免費或付費取得；後者是需透過問卷調查由受訪者回覆問卷內之問題而獲得的資料。

1. 收集次級資料之注意事項

依據研究主題，確認需要次級資料的內容和來源之後，首先要瞭解該資料的編輯過程，一般而言，出版單位皆會對資料形成、專有名詞的界定及衡量單位等有所說明。例如某一農產品的供給量，你會依經濟學定義去尋找，然實際上應依操作性定義來計算之，即供給量是生產量、存貨量與淨進口量的合計，故需先收集生產量、存貨量及淨進口量後再加總為供給量。其次，是資料的衡量單位，因許多國家公布的農產品資料，其衡量單並非國際標準單位，尤其在包裝的大小與材料不同而異其衡量單位，致需換算為配合研究之需的衡量單位。第三，是資料出版的時間或含蓋的期間，因出版單位常配合政策或策略的變動而更新出版時間或期間，如物價指數基準點（Based year）的變動；如在不同出版時間，雖是同一名詞，但其界定或計算過程已更新。第四，綜合上述，進一步確認資料的正確性，因現網路資訊發達，常有抄襲或張冠李戴的情事；尤其取得的次級資料，通常需經過依研究之需來處理，儘量避免直接套用。

2. 原始資料的調查

通常是藉由問卷設計與調查作為收集原始資料的媒介，在設計問卷之前，需針對研究主題與目的進行三項主要的預備工作：一是擬依據與應用的理論（與經濟學相關的領域），二是與研究主題在相關學術刊物（Journal 之類）之文章，三是瞭解與主題有關的實務。前兩項或許花些時間閱讀，但對實務的瞭解是要與業者或企業有深入的互動。申言之，問卷設計要容入與整合此三項工作的瞭解。

(1) 問卷類型

①全開放式的問卷──主要用在上述第三項的預備工作，即透過條列式的問題與業者或企業的領導人之深度訪談，研究者再依據此訪談結果，彙整出想瞭解的實務運作。

②兼具開放式和封閉式之問卷──這是最常用的類型，需考量回收問卷後用來資料建檔之軟體。

(2) 設計問卷與調查之注意事項

第一、通常分三部分──①據上述三項預備工作，寫出與研究主題有關之封閉式問題；②開放式；③受訪者之基本資料，如性別、年齡、學歷、職稱、經歷、年

資。

　　第二、問卷用語——視受訪者程度，用其能了解的詞彙。

　　第三、樣本大小——考慮樣本來源之母體（大、小，可數與否）、資料計算的方法（如用 AHP 與 Grey theory 用小樣本，若用 MLE 則需大樣本）、符合統計樣本之標準差等。

　　第四、抽樣方法——隨機或非隨機抽樣，請參考基本統計學之抽樣方法說明。

　　第五、調查方法——親自或委託、郵寄或 e-Mail、調查地點或地區、隨機發放或配額發放，請參考基本統計學之相關章節。

　　第六、檢查回收問卷——有效問卷與否。

　　第七、回收有效問卷資料之建檔——依據計算或推估數量模式之軟體而定建檔方式。

（二）計算或估計資料之數量方法

　　應用下述的數量方法，需具備：理論、統計、數學、資料及電腦軟體。

　　1. 基本統計之應用：如平均數、標準差、F 分配、t 分配及 x^2 分配等。

　　2. 多變量方法：如 AHP、ANP、SEM、Grey Theory、Grey Rational Analysis。（Sandy, 1990）

　　3. 計量經濟學之方法與模式（Theil, 1969）

　　　(1) 時間系列分析法：引用時間性之數列資料，如近幾年的農產品價格資料，用 AR、MA、ARMA 及單根檢定等。

　　　(2) 計量經濟模式：單迴歸、複迴歸、聯立方程式、整合資料模式、有限依變數模式、動態模式、最適控制模式、行銷計量模式（Quandt, 1988）。

　　　(3) 估計方法：古典最小平方法、最大概似法、貝氏估計法、數值估計法。

　　　(4) 估計結果的檢視與解釋：符號是否符合經濟理論、估計結果之配適度與解釋能力、估計係數的統計顯著性、估計係數的經濟意義（Brown, et al., 1975）。

第五節　本書之架構

一、本書內容之大意

　　依前述得知，目前的行銷已進入「行銷 3.0」的紀元，在從事行銷時，不論農業或非農業之相關業者或行銷人員，均需掌握消費者（顧客）注重社會社群在消費（或使用）商品之永續價值。本書將援用此一理念與結合行銷過程之「創造價值」、「獲取價值」及「永續價值」之外，也擬在行銷研究法提供一些相關研究法之應用。

　　首先，除本章之外，在「創造價值」面向，本書將介紹農產品行銷通路、農產品之市場力量及農產行銷成本與價差。在「獲取價值」面向，因在行銷過程此面向是為行銷單位帶來收入之策略，本書在 Chapter 2 將深入整合「農產品價格」在實務與理論之決定，其他有關創造「收入」策略尚有行銷過程之價格發現、價格傳遞及價格風險和不確定性。在「永續價值」面向，依上述「行銷 3.0」之理念，本書將整合國內外之總體觀點（Macro-view）、個體觀點（Micro-view）及農業永續（Agri-sustainability）之相關制度，以作為「獲取和維持」農產品消費者之基礎，致本書將介紹政府對行銷價格之干預和穩定政策、農產行銷制度與農產價格之關係、國外農產行銷制度、考量產銷環境之行銷制度及農產行銷與資源經濟之關係。

　　本書在說明以上各章節之時，是引用作者過去所發表的相關研究報告及文章，如稻米和雞蛋產業之行銷，故其產業之運作可能和目前情況有些微差異，但仍可作為結合理論和實務之說明基礎。另外，在作為資料說明或實證用的數字，也是以前的資料系列，但主要是告知讀者如何將資料應用在計量模式計算之技術，由此學習和應用有關的實務驗證。雖是如此，然對近年來所關切的食品追溯、基因改造食品、產銷失衡及農村再生等與農產行銷之議題，本書在相關章節則引述先進國家當前所採行的策略與措施。

　　在研究方法之應用面向，本書除在相關章節說明如何應用經濟學和行銷學轉換的方程式外，也在 Chapter 7「行銷過程之價格傳遞」說明如何應用計量模式進行

實務驗證的技術；在 Chapter 16「行銷市場價格時間變動之量化應用」，說明如何進行迴歸模式設定、推估及結果分析。

二、採用本書之建議

　　誠如前述，本書係依「行銷 3.0」和行銷過程之「價值」，將它應用在農產行銷之分析，故本書異於早期有關「農產運銷學」之書籍，尤其著重在行銷業者之「增加收入」與永續「顧客價值」之有關價格策略與相關制度，更導入計量經濟模式在行銷市場之應用。凡在大學之行銷、經濟、企管或農經和應用經濟等領域的大學部高年級或碩博士班的學生均可採用本書作為教科書或研究的參考書，尤其對研究生撰寫論文更具參考價值。因此，學生除具備基本經濟學和行銷學的知識外，尚需有數學或微積分的觀念，則其閱讀本書當可易於瞭解之。

　　由於本書內容豐富，除可當教材外，一般從事與農產行銷有關的業者、農政人員及關心永續農業人士均可參酌相關章節。而在大學的教材方面，可適用一學年教學之用，若欲在一個學期內講授，則需視學生程度而定；對大學部學生，可捨棄有關計量的應用；對研究生而言，則可略去一些基本概念的介紹。

筆記欄

CHAPTER 2

農產品價格決定之理論

　　所謂價格決定（Price determination）係就經濟學理念，指出一項產品之價格水準係由該產品之市場供需力量予以決定。依前述「行銷3.0」理念，由於價格的決定是「獲取價值」的關鍵階段；依此，本章主要目的係考量農產品特性，分予說明一項農產品市場之需求和供給之特性；另外，由此引申理論面的價格決定與實務面的決定之間的差異與應用的限制。

第一節　農產品需求及其特性

　　消費者或使用者之需求（Demand）可被定義爲「欲望（Wants）與貨幣（Money）」之綜合效果，即消費者或使用者利用其有限的貨幣，呈現其購買力，購入商品以滿足其無限的欲望。依經濟學之需求定律（Law of demand）之定義，所謂個別需求係指在其他條件不變，消費者在面對不同可能價格與其可能購買數量之組合具有反方向之關係。本節係針對此一定義，考量農產品的特性，敘述農產品之需求及其特性。

一、農產品需求之類型

　　據農產品特性與消費者行爲等觀點，常言及的農產品需求類型可分爲：(1) 個別與市場之需求；(2) 短期與長期之需求；(3) 靜態與動態之需求；(4) 原始與引申之需求；(5) 聯合與投機之需求，以下依序解釋之。

（一）個別需求（**Individual demand**）與市場需求（**Market demand**）

　　個別需求係指一個消費者、一戶家庭或一個使用者對農產品之需求，如張三每天購買水果即屬此一需求類型。市場需求係就一個產品或多個產品觀點，總計（Aggregation）該市場之個別需求，如臺灣地區稻米市場之需求，係指所有消費者對稻米需求之合計。

　　一般探討上述需求宜注意：(1) 理論方面常以一個典型消費者爲代表

（Representative consumer），由此意味每一消費者均具相同特性，然實務方面則不是如此，而此一方面正是消費者行為學（Consumer Behavior）之分析重點；(2) 市場需求（Q^D）對個別需求（Q^d）之總計過程常有總計偏誤（Aggregation bias）外，一般對民間財（Private goods）之總計常採水平方式，即 $\sum_{i=1}^{n} Q_i^d = Q^D$，而對公共財（Public goods）之總計則採用垂直方式，即固定消費量討論不同價格的決定。

（二）短期（**Short-run**）與長期（**Long-run**）之需求

短期需求係指消費者對價格變動之立即反應，此一觀念類似於靜態需求，如一般在完全競爭假設下所分析的供需決定之需求即是；此一短期需求之涵義，係意味消費者對價格變動深具敏感性。

事實上，尤其在農產品的需求，長期需求是較切實際的，蓋消費者常受限於不完全資訊、不確定性、技術與制度障礙及消費習慣的僵硬性，促使消費者對價格變動之數量完全調整需有一段時間，此一關係即為長期需求之概念。

（三）靜態（**Static**）與動態（**Dynamic**）之需求

靜態需求係指特定時點（Time point），消費者對農產品價格變動具即時或瞬間之調整，誠如前述短期需求之概念。靜態需求於理論分析有其一定的功用，其隱含消費者對價格變動之量調整是充分的。動態需求係指於一定期間（Time period），消費者因應價格變動之量調整有落遲性，即為前述不完全資訊、制度及僵硬性所使然；由此，動態需求一方面隱含對農產品需求有分配落遲（Distributed lag）現象，另方面此一需求調整有風險存在與價格預期行為。

（四）原始（**Primary**）與引申（**Derived**）之需求

依經濟學理念，對生產因素的需求為引申需求。就農產品需求觀點，原始需求係指零售市場的需求，產地階段需求則為引申需求之一種；另外，對行銷勞務需求亦為引申需求之一種；再者，對農產品品質與特性之需求亦為引申需求，如對營養的重視、衛生與安全的需求皆在此一範圍之內。申言之，討論農產品的引申需求可就：(1) 市場階段；(2) 農產品為原料；(3) 行銷價差及 (4) 產品品質等觀點，來說明其意義。

（五）聯合需求（Jointing demand）與投機需求（Speculative demand）

聯合需求係指對一項農產品經由加工之後可產生相關產品之需求，如大豆，可經由加工成大豆油、大豆粉、豆腐等等，此等加工品與大豆之間的需求關係即為聯合需求；依此，可引申為垂直整合產品或互補產品之間的需求亦為聯合需求之範圍。

投機需求係指對農產品用途與價格預期有關之需求，即一方面對產品之現在與未來用途間抵換之需求，另方面是對現在價格與未來價格預期之差異行為。一般引用投機需求之情況，首是供需失衡，尤其是需求大於供給有黑市情況產生，如戰爭時期，誘導行銷商有投機現象；其次，是在正常經濟時期行銷商之囤積居奇，亦稱為假性需求；第三，是在期貨市場投機商藉由海京（Hedging）或基差（Base）交易所產生的投機行為。投機需求對市場價格的影響有正反兩面的效果，如期貨市場之投機為正面，而一般性透過存貨居奇的投機對價格影響是負面的。

二、農產品需求函數及其影響因素

（一）需求函數

函數係指自變數與依變數之間的關係以數學方式表示，需求函數係指依變數之需求量與如價格、所得等自變數之間的函數關係，以數學式示如：

$$Q_i^D = f(P_i, P_j, I, T, POP, POT, SOC, R, W, ...) \qquad （2\text{-}1）$$

式中：Q_i^D 表示第 i 種農產品之市場需求量；P_i 表示第 i 種產品之價格；P_j 表示第 j（j ≠ i）種產品之價格；I 表示所得；T 表示偏好、制度及研發等因素；POP 表示人口變數；POT 表示人口統計變數；SOC 表示社會、文化、政治及時尚等變數；R 表示風險變數；W 表示氣候因素。

應用上述需求函數除滿足一般需求函數之各項偏好假設外，最重要的尚需考量：(1) 依變數與各自變數之衡量需採用實質面的（Real terms），即需以實物量或

經過物價指數平減的變數，如此方可確保需求函數具有齊質性與對稱性；(2) 為實證目的，常可採用逆需求（Inverse demand）函數，即所謂的本身價格為依變數之需求函數，據實證經驗，採用此方式的優點是可獲得較佳的計量迴歸結果；(3) 上述的表示係隱函數的方式，為經濟函數，實證時需有明確的方程式如線性或非線性的表示。

（二）需求函數之變動

依式（2-1），促使市場需求變動的是函數內自變數之變動。由本身產品價格（P_i）變動所誘導的謂為需求量之變動（Changes in quantity demanded），即在原來需求曲線之點移動。由本身價格（P_i）以外自變數的變動所誘導需求曲線位置的移動，稱為需求變動（Changes in demand）。

一般而言，需求變動有二種類型：(1) 需求線平行移動（Parallel shift），即需求線之截距項（Intercept）位置改變而斜率不變，促使如此變動之主要因素是人口數量的成長；(2) 需求線結構性變動（Structural change），即該線之截距項與斜率均改變，促使移動的需求線與原來需求線之位置與形狀全然不同。

（三）影響農產品需求函數變動之因素

依前述，這些因素是式（2-1）除本身價格以外的因素，以下就進一步說明其對需求函數變動影響的情形。

1. 相關產品之可用性與價格

此一影響因素有兩方面的內涵，一是其他相關產品之特定時間與地點之可用性，即需與本來農產品對消費者具有可替代或可互補，方足以影響本來產品之需求，該內涵係屬必要條件，如臺灣地區多數消費者對豬肉、雞肉或牛肉之間具有互為替代行為存在，或一般性的咖啡與奶精則為互補關係。

另一內涵是構成充分條件，此為相關產品的價格（P_j），P_j 的高低對 Q_i^D 的影響端視前述的替代或互補的關係而定。若 i 與 j 兩種農產品具替代關係，則 P_j 上升，促使 Q_i^D 亦增加，即為正的關係，如豬肉價格上升，導致消費者改買較便宜的雞肉；不論在國內或國外有許多的農產品均具有替代性的關係。

至於互補品之關係，則是 Q_i^D 與 P_j 具有反向的關係；如美國消費者的蔓越莓

（Cranberry）與火雞肉有互補關係，臺灣地區消費者早餐之土司與煎蛋亦是如此。同樣地，不論國內外，有許多農產品之間亦具有互補關係。

　　以上的產品間關係之替代與互補，若以圖形表示其需求線，則可示如圖 2-1 與圖 2-2。

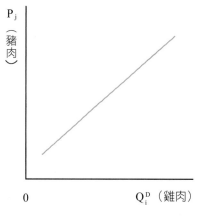

圖 2-1　替代品之假設性需求線

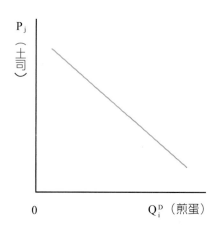

圖 2-2　互補品之假設性需求線

2. 消費者所得（I）與分配因素

　　前已述及，消費者所得係構成需求之必要元素，而此一因素對 Q_i^D 之影響亦有兩個層面的考量，一是所得的絕對水準，另是所得分配。早在 1857 年德國統計學家 Ernst Engel 已指出於時間過程之消費者所得水準與糧食支出之間的關係，稱為恩格爾法則（Engel's Law），意指當消費者所得水準增加之後，其用以糧食支出占所得之比率是下降的，若用圖形表示其間的關係則稱為恩格爾曲線，示如圖 2-3。

　　通常在假設所得水準 I^* 之後，呈現有四種不同財貨類型的曲線；KA 線與介於 KB 線之間的情形，可稱為必需品，即大部分的農產品是如此；若為 KB 線的下方，則為劣等財（Inferior goods），如目前臺灣地區之稻米，在消費者之消費經濟行為即是；若介在 KA 線與 KC 線之間，則稱為正常財，目前臺灣消費者之花卉消費即是；若在 KC 線的左方，則稱為奢侈品，如臺灣地區之鮑魚對絕大多數消費者而言就是。

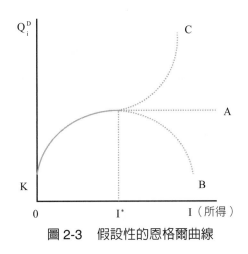

圖 2-3　假設性的恩格爾曲線

　　以上是所得增加對農產品需求影響之一方式，尚有其他的影響方式，一如所得增加後以提升品質（Upgrade）來代替購買較多的數量；二如當所得增加之後，消費者進而考量等級、產品特性及方便性，例如對便利食品（Convenience foods）的需求。

　　所得分配係指在消費者所得水準位在不同的所得級距，常用為表示貧富等級。由於所得高低意味購買力的大小，致農產品在低所得與高所得消費者之心目中有不同重要性；一如低所得之支出內容較以農產品為主，高所得則不然，二如高所得傾向重視農產品之品質，三如高所得亦較重視購買農產品之服務。就臺灣地區之經驗，於 1950 年代與 1960 年代，由於當時的所得水準較低，較貧窮消費者常在上午 11：00 以後方至菜市場採購農產品，因屬零售商收市之際，常有低價出清當日存貨之舉。

3. 以 T 表示的習慣、制度及研發之因素

　　一般常見於需求函數之變數有一項用來綜合表示習慣、制度及研發等因素之變數（T），此即為前述導致需求在時間過程因應價格變動而有分配落遲之因素。即使當價格已有變動，基於民生必需品的角度，消費者購買農產品常以習慣（Habit）為基礎，如常聞及家庭主婦進入菜市場繞了一圈，所買的菜色幾乎是天天相同；或於颱風季節，很難改變消費者以低價的根莖菜類代替較高價的葉菜類。由此，說明讓消費者每天重新對所消費產品做購買決策是一項不切實際的，即太浪費時間，此一論點已在 1970 年美國學者 Houthakker, H.S. 和 L.D. Taylor 獲得證實。

就制度面的因素而言，首是消費者通常是一個月取得薪水收入一次，而對農產品的消費是天天須有支出，促使在月初與月末期間若有價格變動或誘使消費欲調整購買量，則受限於此一薪水發放時間的限制；雖現在使用信用卡或線上支付是一種流行與趨勢，然此種受限於發薪日期與消費日期有落遲的情形仍是不易改變的。其次，是有關消費者所面對技術障礙的情形，如前述消費者所消費農產品種類是否有足夠的替代與互補品可供選擇；又如消費者面對不同食品加工技術對其購買與使用的影響，諸如消費者重視衛生與安全，像目前臺灣地區所流行的有機農產品，乃是消費者以安全觀點，以有機產品來取代有噴農藥與投放化學肥料之農產品，奈何目前有機產品的供給相對較少，其價格常較一般同類產品高出許多，例如於 2018 年8 月之一般小包裝米每公斤約 45 元左右，而有機米則為一公斤 135 元上下。

觀察研究與發展（R&D）對農產品需求之影響，所謂研究與發展係指對一項新產品的導入或既有產品的修正，前者如臺灣地區自 1984 年起推廣良質米，或如低糖食品或去除咖啡因等皆為此方面的例子。於農產品方面，尤其水果、肉類或牛乳，常有許多加工品，導致增加該類型產品的需求。如橘子可加工成濃縮果汁或冷凍果汁，或牛乳可加工成乳酪和起司（Cheese），此乃因技術進步促使橘子或牛乳之總需求增加的結果。

4. 人口因素（POP）與人口統計變數（POT）

(1) 人口因素方面

人口因素指的是人口絕對量與人口分配，前者乃受限於人口成長率，其對農產品需求影響是需求總量與每人可消費多少的數量。以需求方程式而言，人口量對需求之影響可表現在截距項；每人每年消費量（Per capita consumption）是可供給量除以人口數，如 2017 年臺灣地區每人每年稻米消費量是 44.48 公斤，該指標係用以衡量消費者對農產品之消費水準。此外，人口數量因涉及人口密度的高低，配合消費習慣，人口數量就左右一個國家消費者之消費農產品之種類，如美國以麥類製品為主，臺灣地區以米食為主。每一家庭人口規模亦影響農產品的需求，人口多者傾向種類簡單而量多的農產品，人口簡單者則講求品質與開伙時間少，對農產品的消費則傾向外食的類型。

人口分配，係指年齡結構、地區分布、職業結構及教育程度結構。消費者的

年齡對農產品消費的影響，主要是對產品種類、營養、衛生及安全等要求重點不一樣，如嬰孩與年老者會強調含有鈣質之乳粉，青少年或壯年者較偏向吃飽或高卡路里的農產品；臺灣地區較年長者非得天天吃白米飯不可，而年輕一代則不然。人口地區分布因受當地農產品生產種類而有不同的消費類型，如寒帶傾向肉類農產品，熱帶與亞熱帶較偏向澱粉類的農產品；另外，一個國內之地區分布，都市消費者之需求種類較為複雜，有較多牛乳的消費，而鄉村人口則較以當地主要生產種類為主，較少牛乳的消費。

職業結構涉及所得水準，除有前述所得影響效果外，職業的不同對農產品需求種類亦隨之而異，如臺灣地區消費者對有機米的消費就有職業的顯著性；另如上班族因受限於採買時間，經常購買地點又是超市，因此購買冷藏與冷凍食品或加工食品之機會較非上班族來得高；又軍公教人員與專業人員如醫師、律師對農產品需求之種類與品質亦有明顯差異。至於教育程度的結構，對農產品需求的影響除對種類影響外，主要是讓不同教育程度之消費者認知農產品的品質，如臺灣地區受教育程度高者較偏向購買小包裝米與 CAS 稻米。

(2) 人口統計變數方面

此方面的變數，包括性別、種族、國籍及宗教信仰。男女性別對農產品需求的影響，一是消費量多少與種類，通常女性之消費量少，如對主食的米飯即是，種類方面尤其對具嗜好性質之農產品如煙、酒及茶，似乎男性食用者較為普遍；二是女性常為一個家庭主要採購農產品者，由此左右一家人三餐食用農產品的種類。

種族與國籍方面，由於受種族或國家的傳統規範的影響，對農產品的需求則有頗大的差異。如西方國家的主食以小麥和大豆為主，牛乳與牛肉又是不可或缺的副食，常以咖啡為主要飲料；東方的亞洲地區國家，常以稻米為主食，豬肉與雞肉為不可或缺的副食，常以茶為主要飲料。就單項產品如雞蛋消費，於 2017 年，美國平均每人每年 275 粒左右，以加工用蛋品為主，日本之每人每年消費量為 329 粒左右，半數是帶殼鮮蛋，臺灣地區每人每年消費量為 300 粒左右，消費習慣以帶殼鮮蛋為大宗；豬肉方面，國外常是冷凍者，而國內仍以溫體肉為主。

宗教的因素對農產品之需求於國際間頗具差異性，眾所周知，回教國家不食用豬肉，佛教地區不食用肉類。臺灣地區每年各地區均有不同節日的廟會活動，不論

是用鮮花素果或肉類作為祭禮之貢品，均構成一股不可漠視的農產品需求力量。

5. 以 SOC 示社會、文化、政治及時尚之變數

此等內涵的變數對消費者之需求影響乃為目前消費行為學研究的重點，亦為較不易量化的變數。社會因素除前述一些人口統計變數外，主要係指一個社會對農產品消費的習慣，如東方國家喜食已煮熟的農產品，而西方國家則偏好生食，尤以蔬菜為然。文化因素對農產品消費的影響係指如前述西方國家尤其美洲大陸消費者喜好飲用咖啡與可樂，而東方國家，尤其華裔人士則偏好茶飲料；此外，飲食文化常隨不同的民族或種族而異，如臺灣地區之客家菜與臺菜之菜色則有明顯的差異，又如於中國大陸則有川菜、浙菜或廣東菜，更是強調其口味的不同。政治因素對農產品消費的影響，除了透過政府政策力量影響外，如立法之食品衛生管理或保健食品，由於政治活動的聚會，大量消費菸、酒、茶及檳榔外，亦是增加農產品的需求力量。時尚的因素，如前已述及，國內年輕一代消費者重視西方與東方的情人節，因此提升花卉消費之力量；又如國人重視保健，致誘導對有機農產品的需求。

6. 風險（Risk）與氣候（W）之因素

經濟觀點所謂的風險包括其程度大小與態度傾向，與農產品需求較有關的是風險程度大小，蓋一般的效用分析均假設消費者是風險逃避者。消費者面對農產品需求風險的來源，主要價格變動與衛生安全方面，不考慮戰爭或政治不穩定之情況，因農產品價格於短期間常有較大的波動，如臺灣地區於颱風期間蔬菜價格的大幅上揚，除增加支出成本外，不利消費者的購買決策；至於衛生安全方面之風險可能肇因於生產或加工過程，如農藥殘留、禽畜疾病及加工技術影響產品品質。

氣候因素與前述一個國家所處的寒熱帶與影響農產品產量之外，一般消費者常隨四季調整其食用農產品之數量與種類。如臺灣地區消費者於冬夏季之主副食用量是夏季少而冬季多，夏季食用牛乳多而冬季以羊乳為主。

三、農產品之需求彈性

依上述影響農產品需求因素之種類繁多與複雜，為逐一釐清特定因素與農產品需求之關係，則有賴於計量的測定，即藉由複迴歸或聯立方程式，先予計估其斜率

進而計算其彈性。經濟學所界定彈性之意義，乃為其他變數不變，於需求函數之任一自變數呈百分之一的變化，誘導需求量所變化的百分比幅度。

（一）需求彈性的種類

1. 一般性的公式

以式（2-2）所表示依變數與自變數之一般性函數關係，所謂的彈性可示如：

$$Y = f(X) \qquad (2\text{-}2)$$

式中：Y 為依變數；X 為自變數。

$$\eta = \frac{\nabla Y / Y}{\nabla X / X} = \frac{\nabla Y}{\nabla X} \times \frac{X}{Y} \qquad (2\text{-}3)$$

式中：η 表示彈性係數；∇X 表示 X 變化前後之差異；∇Y 表示 Y 因應 X 變化前後之差異。

應用式（2-3）之注意事項：(1) 各變數變化前後之差異可用全導數與偏導數，視自變數個數之多少；(2) 通常使用點彈性為主；(3) $\frac{\nabla Y}{\nabla X}$ 為斜率，即透過計量迴歸可求算者，而實際計算之 X 與 Y 可分別採用其平均數。

依式（2-3），若界定 Y 為市場需求量而 X 為價格，則稱為需求之價格彈性；若界定 Y 為市場需求量（或支出）而 X 為所得，則稱為需求之所得彈性（或支出彈性）；若界定 Y 為第 i 種產品需求量而 X 為第 j 種產品價格，則稱為需求之交叉彈性；若界定 Y 為需求預期量而 X 為預期價格，則稱為需求之預期彈性。

2. 主要需求彈性之說明

(1) 需求之價格彈性（Price elasticity, η_{P_i}）

依前述一般性定義，所謂價格彈性係指在其他因素不變，本身產品價格變動百分之一所引起需求量變動之百分比。依需求定律，得知需求彈性係數為負值，通常是負值愈多，表示其彈性愈大；若絕對值介於 0 與 1 之間，稱為缺乏價格彈性

（Inelastic），就總計觀念的農產品價格彈性即為如此，或屬民生必需之農產品亦具此一特性。

　　通常應用價格彈性的情形，一是用來估計農民的毛收益，一般而言，愈是乏價格彈性的農產品，當此一產品價格的上升是有利提升種植此產品農民之毛收益。第二情況的應用係用在農民或政府藉由限制產量下之價格預測，論及此，則需介紹價格浮動係數（Price flexibility coefficients, F_i），示如：

$$F_i = \left.\nabla P_i \middle/ \nabla Q_i^D \right. \times \frac{Q_i^D}{P_i} \qquad\qquad （2\text{-}4）$$

　　比較式（2-4）與式（2-3），發現 F_i 係價格彈性之倒數，即其他條件不變，需求量變動百分之一誘使價格變動的百分比。由於價格彈性與價格浮動係數之依變數與自變數是互為不同而是反向的，於 1965 年美國學者 Houck, J.P. 證明兩者之關係示如：

$$\left| \eta_{P_i} \right| \ge \left| \frac{1}{F_i} \right| \qquad\qquad （2\text{-}5）$$

　　依此，一方面表示價格浮動係數之倒數是需求之價格彈性之下限；另方面若本質上第 i 種產品無代替品存在，則式（2-5）之等號方成立，即有明顯代替效果的話，則「大於」是成立的。

　　前已言及絕大部分農產品是民生必需品，尤其是蔬菜之葉菜類，通常此等蔬菜之價格彈性是很小的，如 -0.02，其倒數是 -50，意味當需求量呈少許的變動，則價格必呈現大幅波動。於臺灣地區每年夏季的颱風期間，蔬菜價格會呈大幅上揚的原因，其基本原理就在此，實是經濟面的本質現象。

　　(2) 需求之所得彈性（Income elasticity, η_{iI}）

　　同樣地，依前述一般性定義，所謂所得彈性係指在其他因素不變，消費者所得變動百分之一所引起需求量變動之百分比。依農產品特性與實證結果，發現絕大多

數農產品的所得彈性是正值，表示消費者會隨所得增加而提高其購買量；由於受農產品為必需品之影響，所得彈性係數大多介於 0 與 1 之間。然亦有少數例外，如臺灣地區食米需求之所得彈性為負的，美國之雞蛋亦是如此。

就實證的觀點，發現：(i) 個別農產品之所得彈性常隨消費者所得增加而有下降之趨勢，如美國學者 Leser, C.E.V. 於 1963 年就已證實此一論點；(ii) 具高所得家庭之所得彈性通常是高於低所得的家庭，理由是其以所得彈性做需求預測之依據；(iii) 於實證分析常用支出彈性（Expenditure elasticity）做計算所得彈性之代替工具，然此支出彈性係數通常大於所得彈性，蓋支出的部分含有品質之價格與數量效果；(iv) 亦可應用浮動彈性的理念，當其他不變，計算所得變動百分之一時，所引起價格變動之百分比，此一所得之價格浮動（Price flexibility of income）係數，示如：

$$F_{il} = \frac{\nabla P_i}{\nabla I} \times \frac{I}{P_i} \qquad (2\text{-}6)$$

(3) 需求之交叉彈性（Cross elasticity, η_{ij}）

如同前述彈性之界定，所謂交叉彈性係指在其他條件不變，當 P_j 變動百分之一誘使 Q_i^D 變動之百分比。前已述及各農產品之間的關係有替代、互補及獨立，此係就當 P_i 變動之代替效果予以定義的，即 i 與 j 產品互為替代此一效果為正，互補者為負，獨立者為零。然此一產品間關係的正與負，不必然是替代品間之交叉彈性亦為正；申言之，若第 j 產品之支出占消費者預算是小比率，則上述的代替效果與交叉彈性方是一致的，蓋此一小比率意味 P_j 變動之所得效果是很小的。

基於上述，應用交叉彈性宜注意：(i) 價格變動所引發的所得效果通常為負，但不永遠是如此；(ii) 若此一所得效果大於代替效果，即使是代替品，其交叉彈性仍然為負；(iii) 所得效果常加強互補品間之代替效果；因此，雖為獨立產品，然其交叉彈性可能為負的；(iv) 就實證觀點，交叉彈性是不易測定的，蓋代替關係較互補易於認定；(v) 第 i 與第 j 產品之 η_{ij} 與 η_{ji} 是不必然一樣。

（二）需求彈性間之關係

由前述的說明，得知農產品需求彈性有多種不同的類型，各彈性之間的關係可就消費者、市場階段、聯合產品及影響因素等觀點予以瞭解。

1. 就消費者對農產品需求觀點，有三種彈性關係

說明彈性關係之前，就理論而言，需求彈性需要滿足消費者效用函數假設方存在，依此，假設一是消費者需求依照其偏好排序其商品組合，且此一排序需具一致性；假設二是效用函數滿足需求限制條件下之最大化的必要與充分條件。

(1) 齊質性之關係（Homogeneity condition）

此一關係係指消費者對某一商品之本身價格彈性、交叉彈性及所得彈性加總之和為零，即：

$$\sum \eta_{P_i} + \eta_{i1} + \eta_{i2} + ... + \eta_{iI} = 0 \qquad (2\text{-}7)$$

式（2-7）之意義是 P_i 變動之代替效果與所得效果必需與該商品之交叉彈性與所得彈性是一致的；具有高的所得彈性意味相對應是有高的本身價格彈性，或第 i 產品有相當多的代替品或（且）具高度代替的話，則 η_{P_i} 和 η_{iI} 亦是相對地大。由此，可改寫式（2-7）為：

$$\eta_{P_i} + \eta_{iI} = -(\eta_{i1} + \eta_{i2} + ...) \qquad (2\text{-}7')$$

由式（2-7'），若已知 η_{P_i} 與 η_{iI}，則可預估第 i 產品之交叉彈性。若第 i 產品是乏價格彈性，則意味其代替品亦不多且其占消費者之總支出比率亦為極小比率。

當所得彈性為正且大部分的交叉關係為替代，則 $|\eta_{P_i}| > |\eta_{ij}|$。由式（2-7'），亦顯示此一關係的存在係以 η_{P_i} 為下限，以 η_{iI} 為上限，即若 $\sum_{j=1}^{n} \eta_{ij} > 0$，則 $|\eta_{P_i}| > |\eta_{iI}|$；若 $\sum_{j=1}^{n} \eta_{ij} < 0$，則 $|\eta_{P_i}| < |\eta_{iI}|$。

(2) 對稱性之關係（Symmetry condition）

此一關係旨在說明於正常的情形之 $\eta_{ij} \neq \eta_{ji}$，即：

$$\eta_{ij} = \frac{R_j}{R_i}\eta_{ji} + R_j(\eta_{jI} - \eta_{iI}) \qquad （2\text{-}8）$$

式中：R_i、R_j 分別表示消費者對 i 與 j 商品支出占其總支出之比率，若 R_j 很小或 $\eta_{jI} = \eta_{iI}$，則：

$$\eta_{ij} \approx \frac{R_j}{R_i}\eta_{ji} \qquad （2\text{-}9）$$

式（2-9）稱爲 Hotelling-Jureen 關係，此意味所謂的對稱性關係，即若 η_{ij} 已知，η_{ji} 則可據此予以推估。

就經濟理論，P_j 變動所引起的代替效果具對稱性，而所得效果則不然。依 Slutsky 方程式，示如：

$$\frac{\partial Q_i^D}{\partial P_j} = K_{ij} - Q_j^D \frac{\partial Q_i^D}{\partial I} \qquad （2\text{-}10）$$

式中：K_{ij} 爲代替效果。所謂代替效果具對稱性係指 $K_{ij} = K_{ji}$。

當有較大的 R_j 或 R_i，則所得效果 $(Q_j^D \frac{\partial Q_i^D}{\partial I})$ 是較大的。

依上述結果，發現：(i) 一般的情形，$\eta_{ij} \neq \eta_{ji}$；(ii) 若兩個產品在消費者支出項目均居重要性，則 η_{jI} 與 η_{iI} 可能相等，且 $R_i = R_j$，由此可得 $\eta_{ij} = \eta_{ji}$。

(3) 恩格爾總計條件（Engel aggregation condition）

此一關係旨在說明消費者對各產品所得彈性以消費比率爲權數之加總爲 1，示如：

$$\sum_{i=1}^{n} R_i \eta_{iI} = 1 \qquad （2\text{-}11）$$

2. 就農產品市場階段觀點說明彈性關係

設農產品之市場階段有產地與零售之情形，其間的價格決定與價差關係，示如圖 2-4：

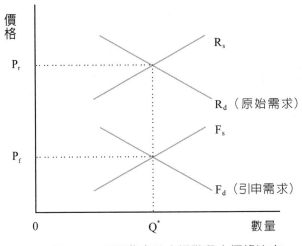

圖 2-4　不同農產品市場階段之價格決定

　　圖中：R_d 與 R_s 分別表示零售市場之需求與供給；F_d 與 F_s 分別表示產地市場之需求與供給；Q^* 表示均衡交易量。

　　依 Tomek , W.G. 與 K.L. Robinson 於 1990 年指出，於固定行銷價差（$P_r - P_f = C$）之情形，產地市場價格彈性（η_{if}）與零售市場價格彈性（η_{ir}）之關係為：

$$\eta_{if} = \eta_{ir}(\frac{P_f}{P_r}) \qquad （2\text{-}12）$$

一般而言，$P_f < P_r$，導致 $\eta_{if} < \eta_{ir}$。

　　若行銷價差（$P_r - P_f = MM$）為非固定，採取成本加成的方式，即 $MM = c + aP_r$, $0 \leqq c$, $0 \leqq a < 1$，則兩個不同市場間之價格彈性關係示如：

$$\eta_{if} = \eta_{ir}(1 - \frac{c}{(1-a)\,P_r}) \qquad （2\text{-}13）$$

　　依此，因受較具變動性價差之影響，促使 η_{if} 與 η_{ir} 之關係更為複雜化，不全然是 $\eta_{ir} > \eta_{if}$。

3. 聯合產品之價格彈性關係

依 Houck, J.P. 於 1964 的研究指出，當大豆（X）加工成大豆餅（X_1）價格為 P_{X_1} 與大豆油（X_2）價格為 P_{X_2}，其中 $W_1 = \dfrac{X_1}{X}$，$W_2 = \dfrac{X_2}{X}$，則此二種商品與原有產品之價格彈性關係可示如：

$$\eta_X = \frac{P_{X_1}W_1 + P_{X_2}W_2}{\dfrac{1}{\eta_{X_1}}(P_{X_1}W_1) + \dfrac{1}{\eta_{X_2}}(P_{X_2}W_2)} \tag{2-14}$$

由此，若大豆油為大豆加工後之主要產品，則 $\eta_x = \eta_{x_2}$。

當任一 X 商品可加工成有 n 個聯合產品，$X_1, X_2, ..., X_n$，則聯合產品之價格彈性關係可示如：

$$\eta_X = \left[\sum_{i=1}^{n} \left(\frac{V_{X_i}}{\eta_{X_i}} \right) \right] \tag{2-15}$$

式中：V_{X_i} 表示 n 種產品比例值之權數；$V_{X_i} \geqq 0$ 且 $\sum_{i=1}^{n} V_{X_i} = 1$。

若考量固定行銷價差，設 P_{X_1} 與 P_{X_2} 為批發價格，P_{X_f} 為產地價格，並運用

$$1 = \left[W_1 \left(\frac{\partial P_{X_1}}{\partial X} \right) \left(\frac{\partial X}{\partial P_{X_f}} \right) + W_2 \left(\frac{\partial P_{X_2}}{\partial X} \right) \left(\frac{\partial X}{\partial P_{X_f}} \right) \right] - \frac{\partial X}{\partial P_{X_f}}$$ 與

$$\frac{\partial X}{\partial P_{X_f}} = \left[W_1 \left(\frac{\partial P_{X_1}}{\partial X} \right) \left(\frac{\partial X}{\partial P_{X_f}} \right) + W_2 \left(\frac{\partial P_{X_2}}{\partial X} \right) \left(\frac{\partial X}{\partial P_{X_f}} \right) \right]^{-1} \left[1 + \frac{\partial X}{\partial P_{X_f}} \right]$$

可得 X 產品之產地價格彈性為（η_{X_f}）：

$$\eta_{X_f} = \eta_X \left(1 - \frac{\partial X}{\partial P_{X_f}} \right) * \frac{p_{X_f}}{A_X} \tag{2-16}$$

式中：$A_X = W_1 P_{X_1} + W_2 P_{X_2}$；或：

$$\eta_{X_f} = \eta_X \left[(A_X - X)(1 - \frac{\partial X}{\partial P_{X_f}}) \right] A_X^{-1} \qquad （2\text{-}17）$$

若考量加成的行銷價差（MM），則式（2-16）成為式（2-13）。

4. 總彈性的觀念

由前述各彈性之定義，得知不論言及哪一種彈性，均有「假設其他條件不變」等字語，意味論及各彈性時均採取偏微分的方式，僅考慮特定影響因素之效果，而略去因素間的互為作用效果。事實上，由於消費者所面對的是具有風險性與動態性，致因素間的互為作用就具有重要性。1958 年美國學者 Buse, R.C. 指出，為正確估計實際市場行為，不適利用傳統的需求彈性觀念，遂提出總需求反應曲線（Total demand response curve, TDRC）之理念。

所謂 TDRC 係指同時考量其他產品之價量變動，其彈性可作為預測之適當基礎，圖 2-5 表示 TDRC 之理念。

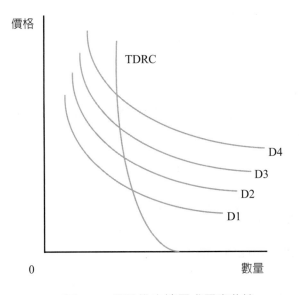

圖 2-5　假設性之總需求反應曲線

該曲線實際上表示某一產品需求界面（Demand surface）之一系列均衡點，而用以表示此曲線之彈性稱為總彈性（Total elastirity, η_{Ti}）。

依 Buse, R.C 之理念，假設第 i 商品之代替品 j，則：

$$\eta_{Ti} = \eta_{P_i} + \eta_{ij}S_{ji} \qquad (2\text{-}18)$$

式中：S_{ji} 表示 P_i 變化百分之一誘使 P_j 變化之百分比。由於對替代性商品而言，η_{ij} 與 S_{ji} 為正且小於 1，而 η_{P_i} 為負且大於 η_{ij}，則 η_{Ti} 常為負數，且絕對值小於 η_{P_i}。

四、農產品需求之特性

（一）特性

綜合上述，可發現農產品需求具有下列特點：(1) 為民生必需品；(2) 均具價格與所得之乏彈性；(3) 交叉彈性不易測定；(4) 價格彈性、所得彈性及交叉彈性具有互為牽制之關係；(5) 由於影響需求量變動之因素頗為複雜，遂有總彈性的提出；(6) 各市場階段之價格彈性易受行銷價差的影響。

（二）影響需求彈性變動之因素

一般而言，各需求彈性並非具固定性，常隨一些因素而變動。通常促使需求彈性變動之因素有：(1) 對農產品之界定，若以整體而言，則呈乏價格彈性，然若予以細分，則彈性變大，如花卉之彈性大於整體農產品，而小於蘭花之價格彈性；(2) 隨時間的經過，彈性是會變大的，即消費者改變習慣與所得增加之故；(3) 農產品愈具有特性，其彈性愈大，各加工品之品項彈性大於其非加工品之彈性，如良質米和有機米的彈性大於一般稻米；(4) 消費地的彈性大於產地的彈性。

第二節　農產品供給及其特性

一項產品的供給力量是決定其價格之一不可或缺因素，依供給法則（Law of supply），所謂供給係指在其他條件不變，產品的供應者面對可能價格與願意出售

產品數量之間的可能組合，具有正的關係。前已述及農產品的生產，尤其生鮮的部分，除具生物性外，更需依賴自然條件，促使農產品供給在其價格決定之角色異於非農產品的部分。本節係針對此一理念，敘述農產品之供給及其特性。

一、農產品供給之定義與類型

（一）農產品供給之定義

依經濟學原理，供給曲線的形成係由個別廠商的邊際成本（Marginal cost, MC）曲線誘導而來，即其 MC 大於市場價格以上之 MC 線，而市場或產業之供給線則可界定為 $S(Q_i^s) = \sum_{k=1}^{m} MC_k$。此一定義，隱含下列宜注意者：(1) 此係假設每一廠商的成本結構是一樣的，致可採用水平相加的方式；(2) 市場供給（曲線）的位置深受廠商生產成本變動的影響；(3)市場價格水準決定個別廠商在市場營運的條件。

以上係就理論觀點說明農產品市場供給線如何形成，實是間接地由廠商 MC 線求得。然就實務觀點，為確認供給是可直接計算，可採用糧食平衡的可操作性定義（Operational definition），示如：

$$供給量(Q_i^s) = 生產量 (PRO_i) + 存貨量 (STO_i) + 淨進口量 (NIO_i) \qquad （2\text{-}19）$$

依式（2-19），通常所謂供給並不等於生產，即當存貨量與淨進口量為零時，則 $Q_i^s = PRO_i$。由於農產品常具有易腐性，且有些常受進出口限制，若有符合此等情形，則可謂供給等於生產，否則兩者之間是不相等的。

（二）農產品供給之類型

就農產品特性與生產者行為，常言及之農產品供給的理念類型有：(1) 個別與市場之供給；(2) 單向與雙向之供給；(3) 動態與靜態之供給；(4) 短期與長期之供給，以下依序解釋之。

1. 個別供給（Individual supply）與市場供給（Market supply）

如同前述需求面之觀念，所謂個別供給係指於其他條件不變，某一農產品生產者面對市場可能價格與其願意提供銷售數量之間呈正方向關係；此一供給的觀念，常不適用於個別生產，理由是：(1) 除其他條件不變需予修正外，農產品的價格決定常有政府的干預；(2) 農民常有急於求現的心態，尤其在採收行銷期間，致常有價格低而供給多的情形；(3) 由於農產品之易腐性，尤其對受進出口限制的產品，或於開發中國家，對個別農民而言，生產常是自家利用為主，致常會破壞供給法則。

市場供給係指在其他條件不變，某一農產品市場內所有供應者所面對可能價格與願意供應量之間為正的關係，此係由上述個別供給之水平加總的結果。一般此供給係為決定價格之一力量，本節所討論的亦以此為範圍；同樣地，應用市場供給在解釋農產品價格決定時亦需注意：(1) 常因政府或農民團體的干預價格決定，致供給線不為正的斜率，如呈水平的形狀；(2)於收穫期間，農產品供給線常為垂直的形狀。

2. 單向供給（One-way supply）與雙向供給（Two-way supply）

所謂單向供給係指當市場價格上升，生產（或供給）自然是增加，然於價格稍呈下跌，基於農民以生產量增加，以求取銷售多一些，以彌補價格下跌之損失；此一現象，示如圖 2-6。

設原先之需求與供給之曲線分別為 Q_{i0}^D、Q_{i0}^S，其均衡點為 E_{i0}，價格為 P_{i0}^*，交易量為 Q_{i0}^*；若需求曲線朝右上方移動至 Q_{i1}^D，則因需求增加，價格上升至 P_{i1}，供給量增至 Q_{i1}^*，均衡點為 E_{i1}，供給量增加；現若因需求減少，需求曲線向左移動至 Q_{i2}^D，若按正常供需運作，此時之均衡點應移至 E_{i1}'，價格降為 P_{i1}'，供給量減為 Q_{i1}^*。然農民往往不按照此原理，其為充分利用限有之生產因素，增加個人農產品之供給量，致可多出售產品，以彌補價格下跌之損失，且若所有農民大多增加供量，其結果是促使價格繼續下跌至 P_{i2}，而非 P_{i1}，此時之均衡點為 E_{i2}，供給量為 Q_{i2}^*，較 Q_{i1}^* 不減反增。若現在需求又增加，需求曲線由 Q_{i2}^D 朝右上移至 Q_{i3}^D，價格上升為 P_{i3}，供給量增至 Q_{i3}^*，均衡點為 E_{i3}。

由此，發現價格上升，農產品供給量增加；價格稍微下跌，供給量亦為增加；價格回升，供給量更增，此即單向供給之現象，其動態軌跡為 $Q_{i0}^S \rightarrow E_{i0} \rightarrow E_{i1}' \rightarrow E_{i2} \rightarrow E_{i3} \rightarrow Q_{i1}^S$。

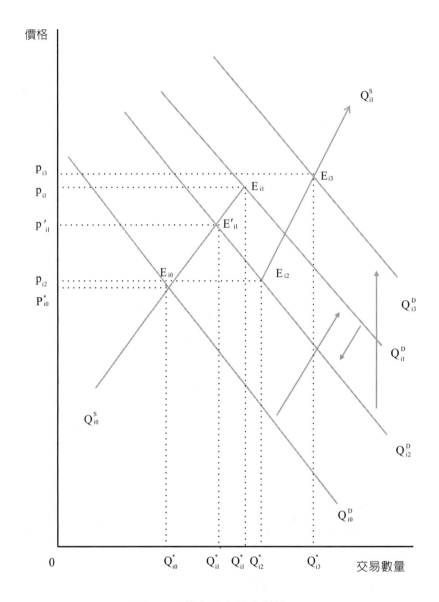

圖 2-6　農產品之單向供給

　　1963 年，美國學者 Hathaway, D. E. 指出農產品具有單向供給現象，乃是導致農業所得相對偏低之一原因，而農業部門之所以會產生單向供給，揆其理由，一是 1958 年由美國學者 Cochrane,W.W. 提出的農業磨坊論（Agricultural treadmill），

二是 1955 年由美國學者 Johnson, G.L. 與 L.S.Hardin 提出的固定資產論（Fixed assets）。

所謂農業磨坊論，旨在闡釋農產品的長期擴張生產與長期失衡的關係，該理論假設短期間農業供給完全缺乏彈性，農業生產增加主要來自新技術之貢獻，而大部分之新技術皆可降低成本、增加產出，此對農民具相當的誘力；因此，農民可能競相採用新技術。

就採用新技術之時間觀點，先知先覺者是最先採用新技術，初期利潤大增，至較後期，農民普遍接受後，由於整個農業產業總產量增加，利潤又回降；後知後覺者發現大多數農民均採用該新技術後，產量大增，價格乃跌，結果利潤可能不增反減。因此，農民大多數均在新技術之採用，致利潤受到擠壓下，不斷重蹈覆轍，上述的重覆循環情形，可示如圖 2-7。

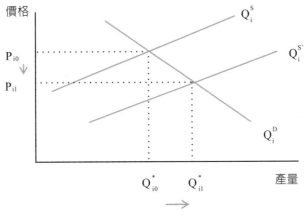

圖 2-7　農業磨坊論

固定資產論原是用以解釋美國農業之供給函數與產量行為之關係，後來 Johnson, G. L. 界定，所謂一項固定資產係指其邊際價值生產力（Marginal value productivity, MVP）在其目前的用途既不符其最低必要性，謂為最低必要價格或重置價格（Acquisition price, AP），亦不符其出售處理，謂為殘值（Salvage value, SP）。

申言之，一項資產：(1) 在其現時之用途，不多買用，亦不出售；(2) 當 MVP_w

> $P_{w} = AP_{w}$ 時，可能繼續買用，因其有利；(3) 當 $AP_{w} \geqq MVP_{w} \geqq SP_{w}$ 時之資產，即稱為固定資產；上述之 w 代表生產因素。

此理論可應用在單一資源投入之調整與兩個（或多個）資源投入調整之情形，單一投入資源之調整，示如圖 2-8。產品價格下跌，但因 AP 與 SP 間存有價差，故農民仍將生產投入用完較為有利，亦即生產可能不減少，反而增加，此即造成單向供給之主要原因。當 MVP_{w1} 降為 MVP_{w2}，農民可能生產 Q_{i}^{3}，而非 Q_{i}^{2}。兩個（或多個）資源投入調整之分析，雖情形較為複雜，然所得到的結論如同上述。

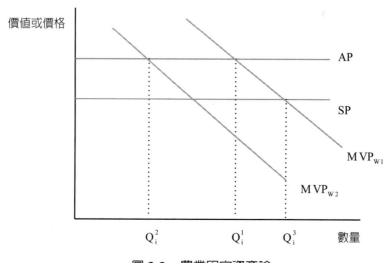

圖 2-8　農業固定資產論

所謂雙向供給係指當價格上升供給量亦增加，而價格下跌供給量隨之減少；一般根據經濟理論所指的供給即為雙向供給的概念，產生的原因乃係基於其（或甚接近）完全競爭的假設，如即時調整而無規劃與生產之時間落差。以圖 2-9 表示雙向供給的情形，其變動的軌跡點如 $E_{2} \leftrightarrow E_{3}$。

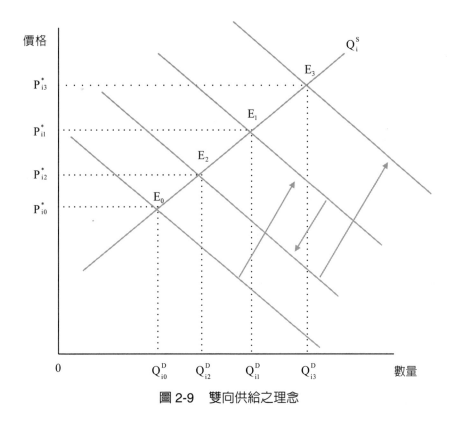

圖 2-9　雙向供給之理念

3. 短期（**Short-run**）與長期（**Long-run**）之供給

時間在認定農業供給關係乃為一重要因素，於其他條件不變，生產者可因時間的改變而影響其調整生產因素之利用，一般而言，可允許調整的時間愈長，對已知價格變化之反應是愈大的。依此，農產品供給與時間的關係可以圖2-10予以說明。

Q_i^{S1} 表示極短期（The very short run）的供給線，表示在當農產品係在採收期，不論價格如何，於採收期之產量已呈固定，未克因價格高價而調整其收穫量；當然此一情況較適用於易腐性與無進口存貨之農產品供給。Q_i^{S2} 與 Q_i^{S3} 為短期供給線，當農民對某項農產品生產時可調整其肥料施用量，則此一時間謂為短期，即某項農產品由種植（或進養蛋中雞）至該產品收穫時（或該蛋母雞已屆淘汰），此一期間即具有 Q_i^{S2} 或 Q_i^{S3} 之屬性。通常所謂的供給常是此短期的供給，即假設某些生產因素是固定的而其他的因素是可變動，有許多農產品所謂的短期大約是一至二年期間，當然有些蔬菜是一年之內。

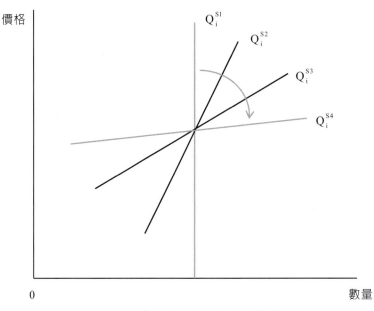

圖 2-10　假設性農產品之短期與長期供給線

　　長期的供給，示如 Q_i^{S4}，如具有可調整蛋雞的飼養數量，所有老母雞已淘汰而重新進養一批蛋中雞，且其飼養規模可能有所增減。於長期，假設所有生產因素是可變動的，如土地、建物及機械之利用量皆可增加或減少，前述的固定資產效果在此長期供給就較不具作用。

　　由以上的說明，發現農產品之供給，一方面隨時間的經過，供給線愈趨平坦，即農民愈可因價格變動來調整其生產因素與產量規模；二方面呈現在極短期時，農產品的價格決定於農產品之需求，此時之供給不克影響價格，意味尤其在豐收時期，為何會有穀賤傷農的情形，由此可獲得理論方面的解釋。

4. 靜態與動態之供給

　　農產品的生產面最受生物性與自然條件的影響，又加上前述的單向供給行為，常促使生產者所面對的不是靜態供給，而是動態的供給。所謂靜態的供給係指農民可即時因應價格變動而調整其生產行為，就實務觀點，如農民在種植前的生產決策調整。所謂動態供給係指當農民面對價格變動之生產調整具有時間的落遲性，示如圖 2-11。當價格由 P_{i1} 上升至 P_{i2}，供給並非由 Q_{i1}^* 增加至 Q_{i2}^*，而是由 $Q_{i1}^* \rightarrow Q_{i3}^* \rightarrow Q_{i4}^*$ $\rightarrow Q_{i2}^*$，即動態供給線之軌跡為 $Q_{i0}^S \rightarrow Q_{i1}^S \rightarrow Q_{i3}^S \rightarrow Q_{i4}^S \rightarrow Q_{i2}^S \rightarrow Q_{i1}^S$ 等之實線部分。

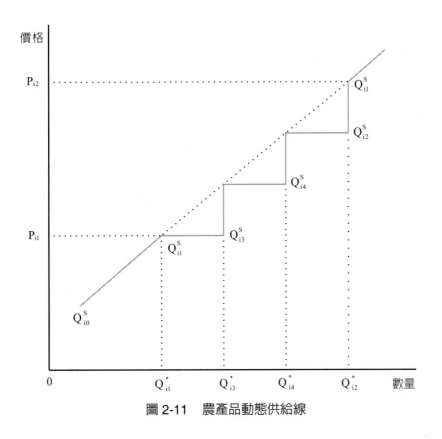

圖 2-11　農產品動態供給線

二、農產品供給函數及其影響因素

（一）供給函數

　　農產品供給函數（Supply function of agricultural products）係指依變數之供給量與如產品價格、因素價格或技術等自變數之間的函數關係，以數學式示如：

$$Q_i^S = f(P_i, w, RE, TECH, P_j, R, T, W, ...) \tag{2-20}$$

式中：Q_i^S 表示第 i 種農產品之市場供給量；P_i 表示第 i 種產品之價格；w 表示生產因素價格，RE 表示對抗產品之報酬；TECH 表示農業生產技術；P_j（i ≠ j）表示聯合產品之價格；R 表示單位收穫量（Yield）與價格之風險；T 表示制度；W 表示氣候與病蟲害因素。

式（2-20）之解釋變數僅列舉主要的影響者，尚如存貨、進出口及農民的經驗等亦不可忽視，唯以下的說明乃會於相關的變數予以一併陳述。應用上述供給函數除滿足一般供給函數之各項假設外，供給函數乃可應用生產函數、利潤函數或成本函數之對偶性（Duality）予以求得；因而大體而言，凡影響此等函數之因素，亦可直接或間接的影響供給函數，如因素價格影響成本函數，亦同時左右供給函數。此外，於實證時，除考量供給函數的形式外，值得重視的農產品供給函數可同時包括風險與理性預期的變數，且對隨機殘差項的不同形式亦是常困擾供給函數之實證。

（二）供給函數之變動

依式（2-20），誘導農產品供給函數變動的是函數內自變數之變動。P_i 之變動僅促使供給量的變動（Changes in quantity supplied），即在原來供給曲線之點移動；由實證結果，顯示 P_i 變動對解釋總農業產量的變動是相對地小比率，此可稱為靜態供給之變動。由 P_i 以外之解釋變數變動所引起供給函數之變動，稱為供給變動（Changes in supply），表示供給曲線的移動，如短期產量變數常受氣候與病蟲害之影響，而長期則較受技術面因素之左右。

一般而言，供給變動有二種類型：(1) 供給線平行移動，即供給線之截距項位置改變而斜率不變，如豐收與欠收時不同供給線，或種植總面積的增減，或中性的技術進步；(2) 供給線結構性變動，即該線之截距項與斜率均變動，促使移動前後的供給線之位置與形狀全然不同。

（三）影響農產品供給函數變動之因素

依前述，這些因素是式（2-20）除本身價格以外的因素，以下進一步說明其對供給函數影響的情形。

1. 生產因素價格（w）

就生產經濟理念，因素價格一方面是構成生產成本的主體，另一方面亦是決定因素用量水準。依此，因素價格對供給的影響則可透過個別生產者之邊際成本變動、因素用量及其種類變動。

農產品生產所用的生產因素，廣義是包括土地、資本、勞動及管理等四大類型。就土地而言，由於農產品生產是大量依賴土地，當然目前有許多資本集約的經

營方式，尚可緩和對土地需求的壓力；農業內各產品之競爭利用土地對供給影響的情形，則與對抗產品有關，通常土地因素對個別產品供給的影響係表現在該產品之總產量，即單位面積（頭）產（重）量乘以總種植面積（飼養頭數）。

　　資本方面的因素，則含蓋種類甚為複雜，大致上對農產品供給的影響端視資本的項目而定，如機械、飼料或肥料。勞動因素對供給的影響，一是透過利用量，如勞動投入量，尤其是屬勞動密集型的農產品，此一因素就顯得特別重要，另一是勞力的素質，如經驗與態度。管理因素，一方面與勞力素質有關，二方面與生產技術有關。以下係就一般性的因素價格與用量變動，說明其對農產品供給之影響，而不再對個別因素予以分類。

　　由於因素價格的上升或下跌，皆相對應促使農產品生產的總成本增加或減少，即誘導個別廠商邊際成本的上升或下降；換言之，邊際成本線的位置產生移動，其結果是引導供給線的移動。此一影響情形，可由圖 2-12 予以說明，Q_i^{S0} 表示當因素價格為 w_0 時之供給線，當因素價格由 w_0 降為 w_1 時，促使個別生產者的邊際成本線亦由左向右移動，相對應的供給線亦由 S_i^{S0} 右移至 Q_i^{S1}；由此，呈現因素價格下跌導致供給右移，在 P_i^* 不變時之產品供給量由 Q_i^{0*} 增加至 Q_i^{1*}。

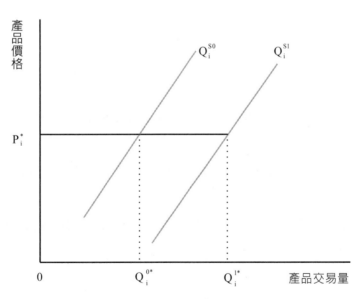

圖 2-12　因素價格變動與農產品供給之關係

　　因素價格尚可透過價格比（＝產品價格÷因素價格）的變動影響產品的供給，而此一因素通常是該產品生產成本的主要部分，如家畜產品之飼料，或是勞力密集產品之工資。茲以毛豬為例說明，所謂「毛豬－玉米」價格比率（HC）可示如：

$$HC = \frac{\text{毛豬價格（元／每公斤）}}{\text{玉米價格（元／每公斤）}} \qquad (2\text{-}21)$$

　　由於玉米是養豬飼料之主要成分，而飼料又是占養豬成本的大部分，致可用 HC 的數字作為養豬生產決策依據；一般而言，HC 的值愈大是愈好，如美國的情形，HC > 20 以上，則養豬戶就開始進養中、小豬；若 HC < 13，則開始進行縮小飼養規模。近年來，由於飼養技術進步與專業化大規模的經營，該 HC 的數字在毛豬生產與供給的角色似較不重要。於臺灣地區，如蛋雞的飼養亦是如，飼料成本對雞蛋供給的影響亦是如此。總之，生產量或供給量確實是因產品價格相對於主要因素價格之變化而隨之變動。

　　生產因素價格對產品供給尚可藉由因素用量水準予以影響，由經濟理論，因素利用量決定於：

$$MP_x = \frac{p_x}{p_i} \qquad (2\text{-}22)$$

式中：MP_x 表 x 生產因素之邊際產量（Marginal product）；x 表示第 x 生產因素；P_x 為 x 生產因素之價格（w）。

　　式（2-22）係表示當利潤最大時之生產因素最適利用量，即當 P_x 增加，其他因素價格不變，則少用 x 生產因素，致需有較大的 MP_x 來抵消較高的 P_x。因為一項產品的生產需用多個因素，致最適因素利用量乃取決於相對因素價格之變動；若兩因素或產品價格變化幅度一樣，則不改變因素利用量。關於此一情況可以臺灣地區 1968 年左右農業勞動外移而工資上升為例予以說明，當時農村勞力因應工業化與經濟起飛，而有大量勞力外移，尤其在農忙時勞力尤顯不足，工資呈大幅上揚，致當時乃推廣農業機械以取代勞力。

2. 對抗產品的報酬（RE）

所謂對抗產品（Competitive commodities）係指於同一時間競爭利用相同的生產因素，如在同一地區有許多農產品競爭利用土地，此一競爭利用的情形常隨時間改變。於臺灣地區，水稻幾乎在西半部是主要的作物，尤在屏東地區為然；1970年代，該地區因蓮霧受產期調節的影響而提早生產致其價格居高，當時就有水稻田間作蓮霧；1980～1985年，由於檳榔的高價格而低成本，平地部分開始有蓮霧園間作檳榔。有一段很久的時間，呈現檳榔在屏東是取代水稻與蓮霧，在嘉義是檳榔取代柑橘，在南投是檳榔取代枇杷；2018年，二林地區則以火龍果取代葡萄。

由以上的例子，發現只要是對抗作物可獲得較高的利潤，則此一產品供給線必隨之向右移動。如近年來的臺灣稻米供給，除有政策面的干預外，主要是其利潤太差，致有轉作其他產品。另如美國的中部與南部，玉米與大豆是互為對抗的作物，1960年代，於中西部玉米具有較高的獲利，然在南部，則是大豆利益優於玉米。

3. 農業生產技術（TECH）

技術對生產或供給的影響是較具長期效果，所謂的技術進步係指同樣產量可以較少因素利用量而獲得，或相同的因素利用量可生產較多的產量；就生產函數觀點，農業生產技術可分為「產品—因素」、「因素—因素」及「產品—產品」等三大類型的技術。所謂「產品—因素」關係之技術，係指生產因素之投入與其所生產產品間之關係，如肥料與稻穀之關係，可用 Cobb-Douglas 生產函數予以表示，此函數旨在求其利潤最大時之因素最適用量。所謂「因素—因素」關係之技術，係指為求固定產量而不同因素投入量之組合，如為生產一百公斤的稻穀，為達最低成本，則農藥與肥料之投入多少方為最適用量。所謂「產品—產品」關係之技術，係指固定因素量最適分配於兩種以上不同的產品之生產，如一公頃土地在同一時間如何配置在大豆與紅豆的生產，目的在求取最大毛收入。以上三種技術類型，分別列示於圖 2-13、2-14 及 2-15。以圖 2-13 為例說明農業技術影響農業生產的情形，當技術進步之後，表示稻穀與肥料關係之曲線，稱為總產量曲線，由 EY 向上方移為 EY'，則肥料利用量為 0FT，產量由 0RICE 增加為 0RICE'。

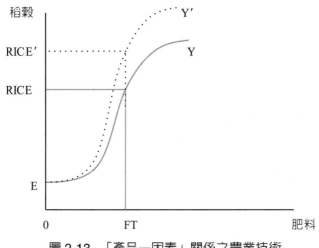

圖 2-13 「產品—因素」關係之農業技術

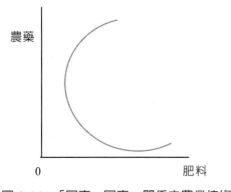

圖 2-14 「因素—因素」關係之農業技術

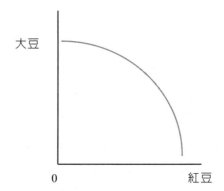

圖 2-15 「產品—產品」關係之農業技術

　　就技術之內涵觀之，農業技術有生物性、機械性及管理性等分類。所謂生物性技術，係指農業生產所使用的種子（畜禽）、肥（飼）料及農藥（劑）等用量增加或品質的改善，促使產量的增加，此即所謂的綠色革命（Green revolution），如稻米品種的改良；此類技術主要的特性有：(1) 可大幅度提升產量；(2) 來自農業外，為新式投入之一；(3) 常用在開發中的國家，以解決糧食不足的問題。所謂機械性技術，係指農產品生產過程利用各式的農業機械，如插秧機，或臺灣地區的畜產自動化；此類技術主要特性有：(1) 目的是資本取代勞力，或可作為資本集約的表徵；(2) 來自農業外；(3) 常用在大規模經營的農場。所謂管理性技術，係指應用企業組織與管理學的技術，以改善農產品生產的技術效率，如農場或食品加工廠內部因素

利用的調整，或產品線的變化；此類技術的主要特性係表現在軟體面，即影響技術效率或規模效率，較間接方式影響生產或供給。

就生產因素相對利用量而言，農業生產技術有資本密集（或勞動粗放）與勞動密集（或資本粗放）之分類。所謂資本密集技術，係指農產品生產過程之因素利用相對地資本用量大於勞動用量，諸如一般所謂的設施農業或蛋雞業自動化生產方式等皆屬資本密集技術。所謂勞動密集技術，係指農產品生產過程之因素利用相對地勞動用量大於資本用量，如傳統方式的水稻育苗或蔬菜的生產等皆屬勞動密集技術。此等定義的農業技術對農產品生產的影響，除改變資本或勞動的邊際產量曲線外，對總產量的影響則端視因素密集利用的情況而定，如蛋雞的自動化生產則可大量提高雞蛋生產量。

4. 聯合產品的價格（P_j）

前述於農產品需求曾論及聯合產品的觀念，於供給面之聯合產品，一方面可沿用在需求面之定義，另方面可界定為於同一時間與地點，有兩種或以上的農產品同時利用相同的生產因素，而對產品間的生產過程或產量是具有互補作用。依需求面的定義，如大豆、大豆粉及沙拉油的生產，或是牛乳、乳酪及起司之關係，當大豆沙拉油漲價，則誘導大豆的生產或供給亦隨之增加。依供給面的定義，如農產品之間作，於同一塊土地內種兩種或以上的產品，或漁牧綜合經營；當臺灣鯛價格上升，因需較多的毛豬排泄物當飼料，致引申增加毛豬的飼養。基於上述，發現凡兩種產品（i 與 j）具有聯合產品之關係，若 P_i 上升，則 Q_j 隨之增加。

5. 風險因素（R）

供給面所謂的風險，一指農民之風險態度，二指風險程度大小。一般將風險態度分為風險偏好者、風險中性及風險逃避者，而於理論或實證觀點，大都假設農民是風險逃避者，當然屬先知先覺的極少數具有創新能力之農民，則為風險偏好者。以圖 2-16 說明農民為風險逃避者，OC 表示總收入線，OA 表示風險中性（或無風險）之情形，當農民維持其收入在 $\bar{R}$ 水準，其為逃避者之銷售量有 TQ_1，而無風險下是 TQ_2；申言之，當農民是一位風險逃避者，其必需以較高的價格來出售其產品，以彌補其所承擔的風險。

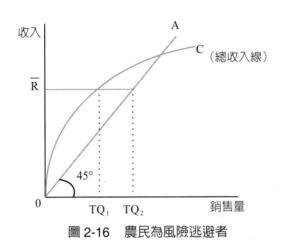

圖 2-16　農民為風險逃避者

言及風險程度之大小，首需瞭解農民在供給所面對的風險類型，主要有來自產品本身、市場風險及非市場風險。來自產品本身的風險係指農產品本身的生物性及由此涉及的生物性技術對產量的影響，如農產品的易腐性、生產時序性與季節性或單位面積（頭）之產（重）量。市場風險主要是來農民對市場價格資訊之不完全性，致有價格風險與議價能力的薄弱，此方面有國內與國外市場之分。非市場風險主要是受自然條件與政府政策的影響生產行為，如颱風與保價水準的調整。

一般表示風險程度大小之指標，常用者有經濟變數之標準差、變異係數或預期變異數。當風險程度愈大則產量減少，致供給線會往左方移動，示如圖 2-17，當風險係數由 R_1 增加至 R_2，則供給線由 $Q_i^S(R_1)$ 移至 $Q_i^S(R_2)$。

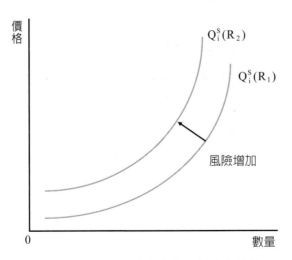

圖 2-17　風險與農產品供給之關係

6. 制度或時間（T）與氣候因素（W）

有關 T 變數之意義，可有多種的含義，它可指農民（或生產者）之經驗與態度、政府的農業政策及時間，由時間對供給的影響，除已見前述長短期因素外，尚可表示技術因素，前亦已述及，致以下之 T 變數僅就農民態度與農業政策予以說明。

農產品的生產尤其生鮮的部分，主要係由農民來完成，農民的經驗影響其對農場管理的效率，而此經驗可來自傳承、學習及時間累積。由此經驗造成其對農產品生產的態度，即對產品生產的認知與經營習慣，此為關係農民因應技術變動之重要因素。如 1970 年左右，臺灣地區大力推廣稻作機械化之際，當時就有農民仍習慣使用役牛；另如 1985 年之後，推廣稻田轉作，當時仍有農民不願接受；由此，農民經驗與態度乃透過技術採用或因應調整來影響農產品供給，此亦是農民行為僵硬性之主因，促使農產品供給有分配落遲的現象。

政府農業政策對農產品供給的影響是多方面的，亦視政策類型而定，除貿易政策透過進出口影響農產品供給外，於國內方面，主要影響農產品供給之政策可廣義界定為供給管理（Supply management）。通常供給管理的類型有：(1) 生產因素之供給管理，如對農地的休耕與轉作；(2) 生產階段之供給管理，如限制生產量的生產配額；(3) 行銷階段之供給管理，如限制上市之行銷配額；(4) 價格干預之供給管理，如保價收購與不足額支付；(5) 藉由農民組織之產銷計畫，如美國的行銷訓令（Marketing agreements and orders）。就臺灣地區的例子，於 1974 年實施稻穀保價收購，導致 1976 年促使臺灣稻米創歷史最高的產量。

就供給面而言的氣候（W）因素，可界定為廣義自然條件，如氣候、土壤條件及病蟲害等因素，前在農產品價格特性亦已論及此等因素對農產品生產的影響。於此欲強調的是，此方面的因素最易造成供給面的波動，如氣候之颱風因素嚴重影響生產數量的多寡，而如土壤與病蟲害則易影響農產品的品質。

三、農產品供給彈性與供給反應（Supply response）

同樣地，為釐清影響農產品供給變動之每一因素的影響程度，仍有賴彈性的理念與計算，而此為供給彈性的範圍，為偏微分的觀念，係意味供給線是可逆的

（Reversible），即當價格上升後再下跌，供給量會回復至原來的水準。由於前述農產品具有單向供給的特性，致傳統供給線在農產品的應用則需予以修正，致有供給反應線與彈性的觀念。

（一）農產品供給彈性之意義與類型

應用式（2-2），所謂供給彈性係指在其他條件不變，式（2-20）之任一自變數變化百分之一，促使 Q_i^s 變化之影響百分比。由於在農產品供給通常較重視本身價格（P_i）對 Q_i^s 之影響，致以供給之價格彈性為供給彈性之代表。

1. 價格彈性（ε_{P_i}）與浮動係數（F_s）

農產品供給之價格彈性公式示如：

$$\varepsilon_{P_i} = \frac{\Delta Q_i^s \Big/ Q_i^s}{\Delta P_i \Big/ P_i} \tag{2-23}$$

依前述供給函數的說明，正常情況之 ε_{P_i} 為正值，然就實證結果，顯示 ε_{P_i} 常為乏彈性，即 $0 < \varepsilon_{P_i} < 1$，表示農產品供給變動幅度是小於價格變動的幅度，此乃受限於農業生產之生物性、大量依賴土地及農民缺乏完全資訊。

所謂供給之價格浮動係數（F_s），意義上是 ε_{P_i} 之倒數，即：

$$F_s = \frac{\dfrac{\Delta P_i}{P_i}}{\Delta Q_i^s \Big/ Q_i^s} \tag{2-24}$$

係指供給量變化百分之一，促使價格變化之百分比，由於 ε_{P_i} 之乏彈性，致 F_s 之值常是很大，即如颱風期間，蔬菜產量的大幅減少，常促使其價格呈大幅上升的情形。

2. 短期與長期之供給彈性

前已指出，時間對農產品供給的重要性，形成隨時間的加長，農產品供給線愈呈平坦的結果，一方面意味農產品供給彈性隨時間而變，另方面亦顯示長期的彈性（$\varepsilon^*_{p_i}$）大於短期的（ε_{Ps}）。而導致 $\varepsilon^*_{p_i} \geq \varepsilon_{Ps}$ 的原因，不外乎是：(1) 於短期內某些農業生產因素之固定性；(2) 不完全資訊或不確定性；(3) 習慣性；Nerlove, M. 亦於 1958 年指出，若農民對價格的預期不為靜態，則 $\varepsilon^*_{p_i}$ 不必然大於 ε_{Ps}，且其證明非靜態預期提供 $\varepsilon^*_{p_i}$ 必然大於 ε_{Ps} 之另一解釋。

至於測定短期與長期之供給彈性，依 Nerlove 的部分調整觀點，設長期供給函數為：

$$\overline{Q^s_{it}} = d\,P_{t-1} + e \tag{2-25}$$

式中：$\overline{Q^s_{it}}$ 為事先規劃之長期產量，e 為殘差項。令動態調整方程式為：

$$Q^s_{it} - Q^s_{it-1} = r\left[\overline{Q^s_{it}} - Q^s_{t-1}\right],\ 0 < r \leq 1 \tag{2-26}$$

式中：Q^s_{it} 為目前規劃產量，r 為一固定比率，稱為調整係數。將式（2-25）代入式（2-26），得一可實際推估的方程式：

$$Q^s_{it} = dr\,P_{t-1} + (1-r)Q^s_{it-1} + e \tag{2-27}$$

以估計式（2-27）之 dr 為短期供給彈性，而長期供給彈性為 dr/(1-r)。

若依 Adelaja（1991）的理念，產業的短期供給彈性被界定為：

$$\varepsilon_{P_i} = \sum_{k=1}^{n} S_k \varepsilon_{P_k} \tag{2-28}$$

式中：S_k 表示第 k 個農場產出占總農業產出之比率，ε_{P_k} 為第 k 農場之短期供給彈

性。由此,產業之長期供給彈性則被界定為:

$$\varepsilon_{P_i} = \sum_{k=1}^{n} S_k(\varepsilon_{P_k} + \lambda_i + \beta_i) = \sum_{k=1}^{n} S_i(\varepsilon_{P_k}) \tag{2-29}$$

式中:λ_i 表第 k 農場之平均產量規模;β_i 表示第 k 農場之總產量。

(二)供給反應

所謂供給反應係指式(2-20)之自變數亦隨價格變動而影響產量變動之現象,即供給反應涉及供給曲線之點移動與位置之改變,致供給反應是一種不可逆的函數關係,即當價格上升與下跌之供給反應彈性是不同的。論及供給反應,乃基於價格變動可能與其他自變數之變動有關之假說,尤其當農產品價格上揚,誘使新生產技術的產生,即價格上揚有促使農民沿著靜態供給線來增加其產量與其有移至新供給線的效果。當此一技術被採用後,常為農民在價格下跌時亦繼續利用,導致在價格下跌的供給反應是小於價格上升之反應。

以上的供給反應可由圖 2-18 予以說明,當價格為 P_i^1,生產者供應 Q_i^1 之產量,當價格上升至 P_i^2,產量沿著 AB 向右擴張為 Q_i^2。當價格由 P_i^2 回跌至 P_i^3,產量的回縮調整係沿著 Q_i^{S2} 而減為 Q_i^3。因此,供給反應之軌跡為 A → B → C。

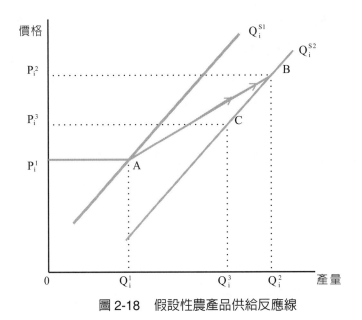

圖 2-18　假設性農產品供給反應線

四、農產品供給的特性

由上述影響供給函數的因素，得知農產品供給水準與變動受許多因素之左右，亦由此可引申農產品供給有許多的特性，而此等特性可由農產品本身特性與經濟觀點分予說明。

（一）由農產品本身特性所引申者

因農產品之生物性，促使農產品供給具有季節性，亦因受限於自然條件，供給有地區性與產品差異的特性，即品質在地區間或農戶間有顯著的差異。

（二）由經濟觀點所引申者

農產品供給乏價格彈性，由此導致農產品短期間之價格波動大，此即單向供給或供給反應的主要特性。

（三）由非經濟因素所引申者

歸納上述，非經濟因素主要是時間、技術、政策及農民的態度，即時間促使農產品供給有長短期的區分，而技術因素，尤其生物性技術，長期下促農產供給大幅增加。政府的農業政策，常改變供給的位置與形態，而農民的態度促使供給的調整有分配落遲的現象。

第三節　農產品價格決定及其應用

上述已深入解說有關農產品需求與供給之內涵及其影響因素，亦由此引申農產品供需之特性。本節主要目的是結合上述供需力量，說明農產品價格的決定，然基於上述供需特性，欲應用此一理論的決定方式，是有其限制的，尤其在考量動態、開放經濟及產業結構變動，應用農產品供需定價的原理是需予適當的修正；因此，本節亦陳述實務面的應用例子。

一、農產品價格之決定

（一）個別產品在特定市場階段之價格決定

本節所指的是個體經濟學範圍之個別產品價格的決定，非為總體經濟學的物價水準決定；依此，某項農產品的價格係由其市場供需力量所決定，示如圖 2-19。由式（2-1）與式（2-20）在假設其他因素不變，僅考量 P_i、Q_i^D 及 Q_i^S 之間的關係，則均衡價格為 P_i^*，均衡交易量為 Q_i^*。當價格由 P_i^* 上升為 P_i^1，則產生供給量大於需求量，在短期與完全競爭的前提，價格會再向均衡點移動；反之，當價格由 P_i^* 下跌為 P_i^2，因供不應求，促使價格朝均衡點回升。

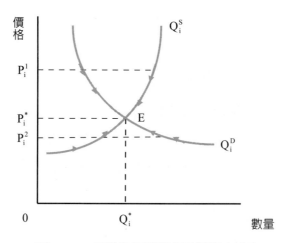

圖 2-19　假設性個別農產品價格之決定

以上的價格決定方式，若以簡單的線性方程式表示，則個別產品的價格決定模式可示如：

$$供給函數 \quad Q_i^S = c + dP_i, \quad (c, d > 0)$$
$$需求函數 \quad Q_i^D = a - bP_i, \quad (a, b > 0) \tag{2-30}$$
$$均衡條件 \quad Q_i^S \equiv Q_i^D$$

於此暫不考慮模式設定問題，式（2-30）為簡單的農產商品市場模式，三個內生變數，有三條方程式；由此可解得均衡之價格和數量分別為：

$$P_i^* = \frac{a+c}{b+d}; \quad Q_i^* = \frac{ad-bc}{b+d} \qquad (2\text{-}31)$$

（二）不同市場階段農產商品市場價格之決定

由前述之價格決定理論，隱含生產者和消費者之間並不存在行銷勞務或價差，然不同市場階段之農產商品價格決定，則需藉由價差予以連結，示如圖 2-20。產地階段（Farm-gate）（乙市場）價格（P_f）係由原始供給（Primary supply）與引申需求（Derived demand）予以決定，而中間階段如批發市場價格（P_w）決定於引申供給與引申需要，以及零售市場價格（P_r）（甲市場）則由引申供給和原始需求決定之。其間由原始供給（或需求）誘導引申供給（或需求）則是價差的功能，即原始供給（或需求）加（或減）價差等於引申供給（或需求）。

依上述關係，結合市場階段的分類，農產品零售市場需求（R^d）和供給（R^S）可依次表示為：

$$R^d = f_1 (P_r, I) \qquad (2\text{-}32)$$
$$R^S = f_2 (P_r, P_w, Z) \qquad (2\text{-}33)$$

式中：I 表示影響零售需求之外生變數如消費者所得等；Z 表示影響零售供給之外生變數如各項行銷勞務價格等。依圖 2-20，式（2-32）和式（2-33）可分別解釋為原始需求和引申供給。同樣地，農產品中間階段市場需求（W^d）和供給（W^S）則可依次界定為：

$$W^d = f_3 (P_r, P_w, Z) \qquad (2\text{-}34)$$
$$W^S = f_4 (P_w, P_f, X) \qquad (2\text{-}35)$$

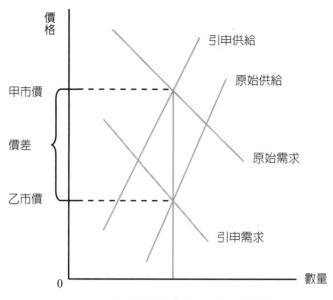

圖 2-20　農產商品價格決定與市場階段之關係

式中：X 表示中間階段市場成本；依圖 2-20，由產地市場觀點，式（2-34）和式（2-35）亦可依序解釋為引申需求和原始供給。最後，農產品產地市場需求（F^d）和供給（F^S）亦依序界定為：

$$F^d = f_5 (P_w, P_f, I) \qquad (2\text{-}36)$$
$$F^S = f_6 (P_f) \qquad (2\text{-}37)$$

上兩式即為圖 2-20 之引申需求和原始供給。

　　基於上述，依據加成決價模式，零售價格（P_r）和中間階段市場價格（P_w）可分別表示為：

$$P_r = f(P_w, Z) \qquad (2\text{-}38)$$
$$P_w = f(P_f, X) \qquad (2\text{-}39)$$

該兩式一方面表示加成決價原則，二方面呈現價格在不同市場階段間之傳遞行為；至於該兩式的函數形式（Functional forms），則視某農產商品之生產技術、規模報償和市場結構而定。

二、農產品價格決定論之應用

由於在農業經濟學或農產行銷學應用上述價格決定論之例子甚多，以下僅就農產價格政策與市場失衡方面之應用例子予以選擇性說明。

（一）有關農產價格政策之應用

在價格政策方面，包括政府收購、消費補貼、生產或供給控制及價差補貼。

1. 政府收購

政府訂定最低保證價格，當價格低於此水準時，由政府負責收購過剩的部分，直到價格回升至最低保證價格。假設政府訂定一最低保證價格 P_2 且市場供需如圖 2-21 所示，此時農民收益的增加，但政府財政支出及消費者支出亦增加，亦導致政府的財政負擔 abQ_2Q_1 及消費者剩餘的減少。

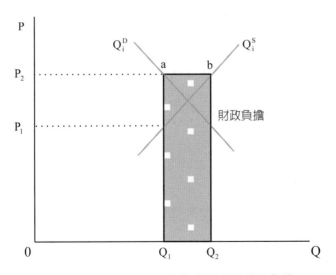

圖 2-21　政府保證價格收購對價格的影響

2. 消費補貼

　　為增加產品銷路，常藉由補貼消費者或出口，使得需求曲線右移，以達提高價格與農民收益之目的。假設未採行消費補貼前的需求曲線為 Q_i^D，如圖 2-22 所示，當進行消費補貼（如貧民救濟、兒童營養午餐等），將使價格上升及農民收益增加。

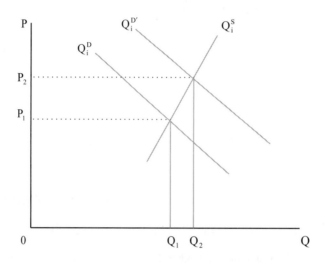

圖 2-22　消費補貼對價格的影響

3. 生產或供給控制

　　為達提高產品價格及降低政府的財政負擔，採取限制出售量（採配額制）及面積限制。假設未採取限制供給的均衡價格與數量分別為 P_1 及 Q_1 如圖 2-23 所示，若將供給限制在 Q_1，且 $Q_2 > Q_1$，則其價格將由 P_1 增為 P_2。

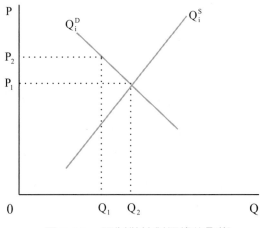

圖 2-23　限制供給對價格的影響

4. 價差補貼

政府訂定一價格支持水準,當價格低於此水準時,將由政府支付價差給農民,此價格支持措施,政府無須負擔產品貯存及處理費用。假設未採取價差補貼時的供需如圖 2-24 所示,若政府訂定一價格支持水準 P_2,此時將使供給由 Q_1 增至 Q_2,市價將因供給大於需求,以致由 P_1 降為 P_3,故政府應支付 P_2P_3 的價差給農民。

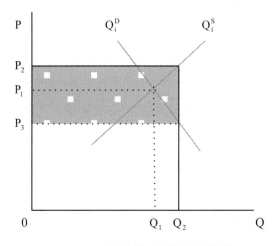

圖 2-24　價差補貼對價格的影響

上述四項應用之共同特色,即促使農產品價格高於市場的均衡價格,藉以提高農民收益,亦有助於穩定價格,惟消費者需支付較高的價格。其中之政府收購、消

費補貼及價差補貼等三項措施，較易導致政府龐大的財政負擔；生產或供給措施控制的財政負擔相對較小，然爲發揮其效果則需依賴較嚴謹的契約，以規範種植面積及產量。

（二）有關市場失衡（Market disequilibrium）之應用

一般市場失衡理論之主要內涵，計有某些市場可能不在均衡狀態、藉由價格和數量的調整及當事者（agents）因應價格和數量信號而有所反應等三方面。個體經濟方面的市場失衡僅考量價格信號；因而失衡模式的類型示如圖 2-25。如臺灣雞蛋市場運作之特性，如蛋價形成，似較符合價格不完全調整（Imperfect adjustment of prices）的配給模式（Rationing models），即當供需不一致，市場實際交易量（Q_{it}）「等於」市場需求量（Q_{it}^D）和市場供給量（Q_{it}^S）之最小者，以符號示如 $Q_{it} = Min（Q_{it}^D, Q_{it}^S）$；本文以該類型模式爲說明的範圍。

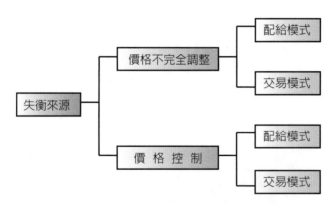

圖 2-25　個體經濟方面市場失衡模式之分類

1. 基本理念

Benassy 於 1982 年指出，依傳統的（Conventional）經濟學理念，經濟學家藉由市場均衡（Market equilibrium）模式之供需均衡條件來分析交易價格和數量之水準，由此界定均衡價格，作爲分配稀有經濟財之充分市場信號（Sufficient market signals）。然於現實的經濟社會，Benassy 指出，一方面該均衡假設未克確切呈現短期的市場功能，如農產品市場的運作，蓋受行政決價、不完全競爭以及產品特性等諸影響；據此，很少有產品價格會隨時達到均衡價格。Buiter（1980），Rao 和

Srivastava（1991）認為儘管於理性預期假設下，然事實上資訊是不完全收集，致價格調整遲緩（sluggish），促使價格亦不達到均衡。經濟行為的落遲性、不確定性和資訊的不完整係構成市場失衡之必要條件，綜觀農產品的特性，短期的市場運作存有非均衡的現象。換言之，若該價格不為均衡價格時，則市場出現超額供給或超額需求的現象，此市場即處於失衡狀態。

上述市場失衡的理念，可由短邊原則（Short-side rule）予以說明，並示如圖 2-26。該原則指出「市場交易量是由市場供需之極小值所決定」，即於某一時點，當市場出現超額供給時，市場交易量等於市場需求量；反之，當市場出現超額需求時，市場交易量等於市場供給量；依此，在市場失衡時，市場運作如圖 2-26 實線所表示的部分，但不含 E 點。

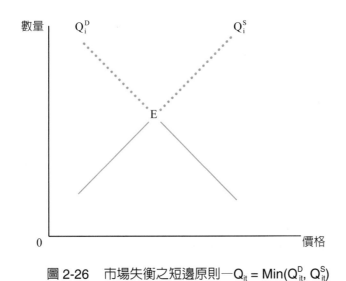

圖 2-26　市場失衡之短邊原則─$Q_{it} = Min(Q_{it}^D, Q_{it}^S)$

資料來源：Benassy, J.P. (1982) *The Economics of Market Disequilibrium*, New York, N.Y.:Academic Press, P.8.

2. 市場失衡之特性

Benassy 於 1982 年已證明，短邊原則是自願交易性（Voluntary exchange）、市場效率性（Market efficiency）和可操作性（Manipulability）的結果；即圖 2-26 不含 E 點之實線部分，茲依序扼要陳述之。

(1) 自願交易性

該特性之經濟意義，係指沒有任何當事者被迫出售超過其所願供給量或購買超過其所願需求量，以數量符號示為：

$$D_i^* \le D_i，對所有\ i；S_i^* \le S_i\ 對所有\ i \qquad （2\text{-}40）$$

式中：i 為第 i 個當事者；D^* 和 S^* 分別表示實際購買量和實際出售量；D 與 S 則各表示需求量及供給量。參照圖 2-26，當事者之實際交易量應落於不含 E 點之實線以下的部分。

(2) 市場效率性

若市場當事者之間實現互利交易（Mutually advantageous trades），則達到所謂的市場效率性，即每一當事者皆可實現其供需量。於上述自願交易特性，理性需求者與理性供給者往往無法同時出現，故短邊原則之需求量和供給量之較小者，乃為該市場當事者的實際需求量或實際供給量，即：

$$Q_i^D \ge Q_i^S \to Q_i^{S^*} = Q_i^S；Q_i^D \le Q_i^S \to d_i^* = d_i \qquad （2\text{-}41）$$

申言之，市場效率性係在圖 2-26 落於不含 E 點之實線的部分。

依式（2-40）和式（2-41），若考量市場內之所有當事者（n）總合交易量為總合需求量與總合供量之最小者，以符號示如：

$$\sum_{i=1}^{n} d_i^* = \sum_{i=1}^{n} S_i^* = Min(\sum_{i=1}^{n} d_i, \sum_{i=1}^{n} S_i) \qquad （2\text{-}42）$$

或經簡化可示為：$Q_{it}^{D^*} = Q_{it}^{S^*} = Q_{it} = Min(Q_{it}^D, Q_{it}^S)$，即為短邊原則之一般概念式。

(3) 可操作性

若某當事者因其有較高的需求，逐繼續增加交易量，即交易量為需求量之遞增函數，此謂可操作性，示如圖 2-27；另以符號示為：$d_i^* = f(d_i)$，$f > 0$。

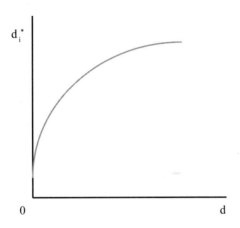

圖 2-27　市場之可操作性

資料來源：Benassy, J.P. (1982): *The Economics of Market Disequilibrium*, New York,N.Y.: Academic Press, P.25.

筆記欄

CHAPTER 3

農產品之行銷通路

依前兩章得知，農產品有其先天的宿命特性，因為此等特殊性，帶來農民、中間行銷商及消費者在相關的決策，受到相當程度的影響。因一個農產品自農民採收後，到消費者手中的產品，可能是全然異於在產地階段的產品。不但如此，這些宿命特性，在農產品行銷過程，一方面可能帶來行銷成本的增加，另方面可能提升此等產品之市場價值。隨著資訊科技的進步，農產品的行銷通路亦隨之改變，此改變亦受這些宿命特性的影響，由最直接的「生產者→消費者」到多層次的通路（如前述的稻米和雞蛋）。準此，本章將據農產品的宿命特性，說明其與行銷通路之形成、影響行銷成本、通路類型及選擇等之關係。

第一節　行銷通路之意義與繁簡

由前述稻米和雞蛋的行銷通路，顯示其是多層次，由生產者透過此通路行銷商將其產品送到消費者手上。在現代化的時代，農業生產當然是以銷售市場為目的，而促進農產品由農產品生產者流動到消費者手上的活動，概稱為在通路過程所提供的行銷職能。

一、行銷通路之意義

農產品的流動很像水的流動，由價格低的地方流到價格高的地方，此乃形成農產品行銷通路。申言之，農產品在不同市場間有價格差異，此價格差異引起農產品的市場間移動，此移動的途徑就是行銷通路。行銷通路可以代表一種產品的行銷特性，如一種農產品到底經過何種通路？由哪些行銷單位來負責哪些行銷工作？所完成的行銷職能是否很複雜？行銷職能的執行是否重覆？而簡化後仍無損於消費者的滿足？行銷職能的執行順序，是否可以調整而節省行銷成本等等問題，可由行銷通路圖，如前所述之稻米和雞蛋，獲得初步的瞭解。

一般而言，若行銷通路多層次，則在一定時間內通過此通路的產品數量是有限的，如前所述雞蛋由蛋農銷售給末端消費者之百分比就很低。但錯綜複雜的行銷

通路，必然由眾多行銷業者所組成，交易的層次必然較多，致有較大的行銷價差。但若過於有限的通路選擇，可能限制有效競爭機會，恐買賣雙方形成寡頭獨占的局面。

二、行銷通路的繁簡

（一）影響因素一：產地的構成

雖前已指出農產品「適地適種」的原則，然一因消費者的需求，農民仍會在其周邊種植，二因有些農產品因季節和其他自然條件限制，產地非常集中，如臺灣中部的葡萄、屏東的洋蔥，又宜蘭的三星蔥，致其行銷通路較不複雜；反之，產地非常分散時，則行銷通路比較複雜。

（二）影響因素二：消費地之分布

經過行銷通路後的農產品，最後目的是消費者，故最後消費地的分布情形，就影響行銷通路的形成。通常因末端消費者分布於全國或世界的每一角落，故所形成的通路就比較複雜。但有些農產品有特定的消費者，故所形成的通路就比較簡單。

（三）影響因素三：消費者對行銷職能（或服務）的需求

有些產品，如大部分水果，採收後就可以立即消費，故通路就簡單些。若需不同程度的加工，如前述的稻米，或毛豬須加以屠宰分切等，此等產品就非得經過加工職能和相關的通路商。有些農產品為了方便貯藏或運輸，必須予以精製或製罐；有些農產品為了保鮮，須加以冷凍或冷藏；有些為提高其市場價值，須予適當的分級和包裝。這些因應消費者需求之服務，對行銷通路的形成有不同程度的影響。

（四）影響因素四：一般經濟活動的規模

隨經濟發展或成長，和資本與技術密集度增加，則其經濟活動規模隨之擴大。早期的臺灣，在產地購買農產品者謂之「販」，如豬販、菜販、果販及魚販等；在消費地零售食品者謂之「攤」，如肉攤、菜攤、水果攤及魚攤；因此期間，他們的資本和技術有限，但在經濟成長和資本增加及技術進步，如現在的超市和大賣場，所形成的通路規模就比上述販與攤大的很多。

第二節　農產品特性與行銷通路

一、生產特性

（一）小農制度

因農場規模小，所生產的農產品數量少，行銷數量更有限，以這種農民為對象的產地集貨商販的經營規模必然很小，而形成的通路在產地階段必然是非常的細小。由此零細規模的農民可供行銷的產量很小，必須集中多數農民的全部產量才能符合「經濟規模的行銷單位」。因此，在產地階段必須有集貨的工作，難免將行銷通路拉長了。

（二）季節性生產

大部分農產品的生產，深受自然條件的限制，具有很明顯的季節性。因生產有季節性，行銷亦隨之有季節性，由此可能導致市場供需之失衡結果。另方面，消費者的需求大多是周年性的，為了調節供求的時間脫節，必須有加工或貯藏的行銷服務提供，此結果不是行銷業務的時有時無，難以養成專業性的通路，就是必須配合其他行銷服務的提供而拉長了通路。

（三）分散性

因動植物的生產依賴土壤、陽光、水分的程度較高，必須分散在廣大的空間裡，不像工業生產可集中在小範圍的空間內。因生產分散性，遭受自然風險比較多，不僅產量不穩定，品質也無絕對把握，結果助長了通路的不安定與多層次性。

（四）生物性與不可分割性

因農產品皆具有生命性，需要一定的時間和空間來成長，故具有不可分割性。目前雖然農產品生產技術已進步很多也很專精，仍然無法絕對控制品質。由此產品品質無法絕對控制，大小不一、形狀不一、甜度不一、外觀不一、重量不一，故必須在起運前或販賣前進行分級與標準化。此等行銷服務雖不能提高產品本身的品

質，但卻能使品質畫一，增加其市場價值。分級與標準化等行銷服務的提供，使流動與交易數量增加，有助於縮短行銷通路之流程。

二、消費特性

（一）消費零細

農產品大都屬民生必需品之糧食類型，且很多是直接或間接提供消費者維持生存的消費。這種消費是以家庭為單位，不論先進國家的小家庭制度，或是開發中國家的大家庭制度，消費成員數目相當有限，每一消費家庭的購買量是很零細的。尤其現在小家庭或單身族有增加的趨勢，更造就農產品消費的零細化。

（二）經常性

糧食是民生必需品，大部分都是一日三餐沒有間斷，而農產品多易腐敗又不耐貯藏，或者體積龐大不易貯藏，故一般家庭都每天或每隔一天即往市場採買新鮮的果菜魚肉。

（三）需要固定性

就大多數消費者而言，農產品是生活必需品，無論如何一定要消費的。在此情形下，農產品消費的需要，受價格或所得變動的影響較小，即缺乏需求的價格和所得彈性，不論價格怎麼漲或所得怎麼跌，最低限度的消費總是要確保的。

（四）習慣性

一般消費者對產品消費的習慣是根深蒂固的，如東方人主食是米飯，西方人主食是麵包，對食品種類和吃法都有特別的偏好。

因此，農產品消費特性對行銷通路的影響是多方面的，這些特性對固定多層次而難以改變的行銷通路的形成，具有決定性的作用。

三、商品特性

（一）易腐性

雖各農產品的易腐程度有差異，然幾乎農產品都生鮮且很容易腐敗，商品壽命很短。為了保持產品的新鮮度與其他品質特性，在貯藏期間和運輸途中必須有良好的低溫等設備，或必須有急速冷卻、加工處理等作業。農產品的生鮮與易腐性，加長了整個行銷通路且擴大了總行銷價差。

（二）笨重性

一般農產品因笨重性，致其單位價值或比值都很小。此一特性，一來增加運輸、貯藏、包裝上的麻煩，二來提高相關作業與營運成本。農產品消費者價格與農民所得比例特低，就是比值較低的直接結果。因體積大、重量大、行銷作業的實施較不容易，此也助長多層次行銷通路的形成。

（三）品質差異大

誠如前述，農產品生產受自然條件影響程度很大，又具生物的生命成長過程，所以其品質差異頗大。因差異大，不易用品質標準呈現其正確性的絕對品質。同一種產品，如香蕉，因其品種（山蕉或改良的褐色蕉、或蕉皮有黑色斑點與否）、產地（在高雄旗山或南投集集）、分級（外銷或本地消費）及包裝（在超市有些有包裝，傳統水果攤則沒有）及貯運（由旗山或集集運臺北）的不同，市場價值或許有一倍或以上的差異。因此差異，生鮮農產品不容易據樣品或述狀實施交易，致在果菜或毛豬等批發市場就非得實物「看貨」不行，遂形成通路就難免狹窄了。

（四）價格波動大

農產品價格不僅在一年內或一個月內有大幅波動，有時在一天之內可能很頻繁或大幅變動。農產品價格不穩定與品質迅速變劣，或重量減少等，皆是農產品行銷風險的來源因素。這些行銷風險的存在，最後助長行銷通路的不確定性。

第三節　通路類型與選擇

儘管目前的資訊科技、網際網路和電子商務的高度發展，然有些農產品的行銷通路仍維持幾年前的多層次通路，有一些農產品行銷通路也因應這些發展有所調整，或直接 B (business) to C (consumer) 似有增加的趨勢。

一、常見的通路類型（Huang, 2016）

（一）生產者→消費者

此通路可概分為五種型態，其一是傳統方式的，由生產者採收農產品後，透過路邊攤、到傳統市場（早市或黃昏市場）或流動攤車等直接賣給消費者。其二是有機農夫市集，此在農政單位推動友善農業而透過第三方認證的農場，農民將其生產的有機農產品，定期拿到指定的地點擺攤，直接賣給消費者；如在中興大學之每周六和周日就有此等有機農夫市集的展場。

其三是消費者透過網路或電話向生產者訂購，再由生產者透過宅配送貨給消費者。其四是生產透過由消費者來產地（自有農場或觀光工廠）體驗或採收（果）之後，消費者向生產者購買相關的農產品。其五是特殊單位為特定活動辦理農產品的展示（覽）場，消費者來此直接向擺攤的農民購買所需的農產品（黃萬傳，2008、2009）。

（二）生產者→零售商→消費者

此通路有四種型態，其一是零售商向生產者採契作，農產品收穫後送到零售商售給消費者，如超市向稻農契作，稻穀收割、碾製稻米後，以超市品牌來銷售此包裝米。其二是農民團體（如農會）協助會員農產品在自營超市售給消費者。

其三是有些有機認證單位（第三方）為其認證的產品在此單位自營零售店出售此等產品；也有農會也是如此，如竹北農會為其認可自然農法的農產品在其超市內銷售。其四是有些農產品加工食品，是透過網路行銷商（如博客來），消費者可透過網路向其訂購此等加工食品。

（三）生產者→販賣商→零售商→消費者

此通路有二種型態，其一是地方販賣（運）商專門向小地區性的小農收購農產品，而集中成較大行銷單位後，運往稍微遠之地給零售市場之商人。此販賣商之主要職能是集貨、分級、包裝及簡易處理及運輸等。目前有些公益平臺（如一些青年基於協助當地小農而成立的平臺），也類似此型態的運作。

其二是一些農產品加工品或需包裝者，先透過此等販賣商（有些是食品加工業者）來進行一些必要的加工和分級包裝後，再將此等農產品售給零售商，由零售商再賣給消費者；如上所述之博客來平臺，有些加工食品由博客來接受消費者訂貨後，再轉知販賣商出貨。

（四）生產者→販運商→批發商（或零批商）→零售商→消費者

此通路是在國內外常見的通路，如在 Chapter 1 所呈現的臺灣稻米和雞蛋的行銷通路，就可見其一斑。因前述的農產品之許多特性，影響農產品通路的形成，大都是多層次的型態。若以產業的總體行銷觀點，前述的三大類型或許是總體行銷通路的一個附帶通路，由前述稻米和雞蛋之通路就可看出前述三類型之一。只是在網路電子商務運作下，前述第一類型會逐漸地盛行。

二、選擇通路之考量因素

依前述之通路類型，看起來農民有很多通路可以選擇，但究竟農民應該選擇哪一類型通路可獲得最好價格和最大報酬？或哪一類型通路有最少的價差，對消費者最有利？通常選擇通路，有以下的幾項原則（黃萬傳、許應哲，1998）。

（一）長期性——農業是一永續性的事業，僅有一次的有利機會是不可取的。

（二）公開性——行銷商所提供的條件如不能公開，則這種條件頗有問題。

（三）安定性——風險很大的通路，雖然條件可能稍佳，但其十足兌現的可能性並非絕對可靠。

（四）集團爭議——儘量爭取集體爭議力量的發揮，個別農民的力量畢竟非常有限，培養集體的力量爭取大家的共同利益，才有發展的可能。

雖是如此，就一般小規模農民而言，通常可參考上述各通路類型，依自己的區位性、習慣往來的販運商及透過農民組織（農會或合作社）來決定通路的選取，然目前因資訊科技發達及青農有逐漸返鄉務農的趨勢，或一些公益平臺的協助，小農可充分應用網路作為行銷通路之一選擇。至於較大規模的農戶或農企業，大都有能力來選取對自己農場有利的通路，尤其在本書 Chapter 14，強調像此較大規模的農場，宜儘速採農企業管理之行銷策略。第三，農民組織宜採取如美國或紐澳的行銷訓令或協議會，為自己的社（會）員開拓產品的行銷通路。第四，農民可和較具規模的農企業，如大型碾米廠、超市或大賣場，進行契作，不但確保價格固定，而且自己不用擔心產品銷路的問題。第五，農民可儘量配合政府所推動的認證策略，如 CAS、產銷履歷、GAP 或有機經營，在品質大保護傘下，則可將產品銷往高端的市場。

筆記欄

CHAPTER 4

農產品之市場力量

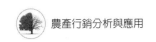

本章係依 Silk（2006, pp.26-31）之 5Cs 的理念，應用產業組織與市場結構之理論來解析相關農產品市場力量之運作，而「市場結構—行為—績效」（Market structure-Conduct-Performance）一向是產業經濟學或產業組織學研究的主要課題。一般常將市場集中率、市場需求彈性、進入障礙（Barrier to entry）等變數，歸屬於市場「結構」的元素，而廠商間彼此的反應或臆測則視為「行為」方面的變數，至於「績效」的變數主要是以寡占度（Degree of oligopoly）或「價格—成本」差距（Price-cost margins）的指標來表示。

寡占並不像完全競爭、壟斷性競爭和獨占一樣具有唯一、完整的模型，蓋因寡占市場之廠商間相互依存的關係或其性質不易確定所使然；此外，各廠商行為與策略也不易捉摸，使得寡占市場顯得不確定。因此，經濟學者發展出許多寡占模型，每一種模型卻僅能提供一狹義的行為假說。通常在研究寡占市場結構的範疇，有一共通的準則能輕易的認定這些模型，而其行為假說能清楚地說明廠商間相互依存的特性。事前（ex ante），猜測變量（Conjectural variation, CV）構成廠商決策過程的重要因素；事後（ex post），廠商之市場份額（Market share）受到競爭行為的影響。因此事前與事後的觀念以及相互依存的形式，無論對於廠商的決策者抑或產業結構的研究都很重要。

基於上述，本章旨在應用有關產業組織與市場結構之理念，探討與解析市場力量之意義、衡量指標及其分析方法。國內外農產品市場由於廠商之垂直或水平整合日漸普遍，因此本章除強調寡占市場結構外，尚以臺灣雞蛋市場結構作為實務驗證之例子。

第一節　產業組織與市場結構

產業組織之理論分析，是經由確認市場結構、市場行為及市場績效，來評判產業競爭之本質與營業的策略及其基本獲利之潛能，它是以整體產業層次為分析的重點，對競爭策略具有許多意義。除應用於整體產業分析外，亦能作進一步的分析之

用，對大多數的產業內廠商各有不同的競爭策略，如不同程度的產品線寬度或垂直整合等，這些策略使廠商獲得不同的市場占有水準。「產業組織理論」（Industrial Organization）以「市場結構 - 行為 - 績效」為分析架構，用以明瞭產業組織（市場）結構以及賣方或廠商之行為如何影響經濟福利與企業績效。

產業組織理論在研究企業或產業績效時，大多以市場結構作為解釋變數，而最常被引用之衡量市場結構指標有產業集中度、產業需求成長率、廣告占銷貨比率等。事實上，市場占有率大小反映企業策略作為之方向與結果。

產業經濟學之價格決定理論，不同於一般傳統觀點。傳統價格理論皆假設在自由競爭的經濟體系，價格是決定於商品的供給與需求，當供需的任一方發生變化時，讓商品價格隨之改變。然而，在現實的社會，市場大部分並非是完全競爭，「管理價格」（Administered prices）常被引用。強調不完全的競爭市場，廠商大多根據成本加某一比例之利潤來定價，即所謂的加成定價（Mark-up pricing）或管理定價（Administered pricing）。該定價方式，使產業內具有某種程度力量的既有廠商，對於價格便具有相當程度的控制能力，而此種市場力量（Market power），常以產業集中度來衡量，若在產業內則以廠商的市場占有率加以估算。因此，產業集中程度的不同，或市場占有率的不同，足以影響價格行為，造成利潤（績效）的差異。

一、產業組織理論概說

（一）廠商特質

1. 廠商規模

雖然長久以來於經濟理論提及技術變動所帶來的影響，然於分析架構仍處於靜態。一直到 Schumpeter（1911）之技術創新的假說提出以後，引起一連串熱烈的討論及各種不同的詮釋，創新行為所導致廠商的技術動態效率才廣泛的受到重視。

技術創新主要由大型傳統廠商所帶動，技術創新的過程充滿風險與不確定性，而大型廠商比小型廠商具有較強的動機和能力去從事技術創新活動。就資金來源、風險承擔、研究發展人力及行銷據點的優越性觀點，規模愈大的廠商，愈有可能進行技術創新活動；因此，其認為大型廠商即具有市場力量。另外，技術創新本身亦

有規模經濟存在，規模太小的創新發展投資很難發揮其效率。

Marquish（1982）肯定 Schumpeter 的觀點，認爲技術創新確能增加市場力量的功能，提出藉由互相模仿和互相競爭來提升廠商間的技術創新。Markham（1965）並認爲廠商規模與技術創新支出間呈非線性關係，在廠商規模較小時，技術發展支出將隨規模擴大而遞增，規模到一個定點後，因研究發展本身的規模經濟發生作用，反呈遞減現象。

當時的傳統派則反對 Schumpeter 的說法，提出「競爭假說」（Competitive hypothesis），認爲廠商規模及市場力量愈大，規模經濟可能減少，並且技術創新會影響廠商規模及市場力量，愈可能產生一些對創新不利的因素。例如：大廠商的決策管道複雜，易導致決策效率低落，且大廠商本身具有相當的壟斷力，沒有很大的誘因去從事冒險性的投資。因此，技術創新經費密度（技術創新經費占銷售額百分比）會隨著規模擴大而下降。

2. 稅後利潤

由於技術創新資金大部分來自廠商的流通利潤，惟具有充分現金流量的廠商，才能支應爲數可觀的技術創新經費支出；就投資的觀點，稅後利潤亦爲廠商從事技術創新活動的必要條件。但有若干學者根據新古典理論，利用 Solow（1956）模型分析，認爲利潤的減少可能對廠商產生龐大的壓力，去從事技術創新以及重新取得未來市場的競爭優勢，因而對技術創新活動具有負面影響。

3. 銷售成長率

市場規模預期對於誘導廠商進行技術創新活動，具有決定性影響，技術創新活動主要多受需求拉動（Demand pull）的影響。廠商開發新產品主受三種力量驅使：

(1) 需求拉動

因所得的提高，或因消費者需求的改變，促使廠商開發新產品，以開拓市場。

(2) 技術推動

又稱「供給推動」（Supply push），可分成「主動型」（Active type）與「被動型」（Passive type），前者爲廠商經營經驗的累積，有能力改善製程，降低產品不良率，改善產品品質；後者爲有效運用其閒置的設備及人力，乃從事新產品的開發。

(3) 競爭壓力

廠商在競爭壓力下，不得不努力創新以因應。產業特性若是技術進步快、產品生命週期短，則這類廠商在技術創新活動具有比較利益。知識的調適和應用取決於從事技術創新活動的相對獲利性，而相對獲利性則取決於市場大小；因此，銷售成長率應對技術創新有正面的影響。

4. 外銷比例與品牌策略

具有市場力量的廠商有益於技術創新，並認為由國內市場來看，當該項產品進口比例愈高時，廠商面臨國外競爭威脅愈大，愈不易從技術創新活動中獲益。外銷比例對廠商技術創新活動的影響，尚需進一步觀察廠商的品牌策略；因若以自有品牌方式出口行銷，則出口比例的提高，擴充產品市場，有益技術創新活動的進行；若採代工方式出口行銷，則廠商只負責製造，可做較少的技術創新，或根本不做技術創新，仍有較高的外銷比例。

5. 廠商成立時間

成立愈久的廠商，由於經驗累積或學習效果，對於技術創新較能得心應手。歷史愈久的廠商也可能因為組織管理因循日久、缺乏彈性，阻礙創新活動的進行。

6. 產品多樣化

產品多樣化的廠商，其技術創新商業化的機率較大，致願意從事較多的技術創新活動。廠商若朝向無關產品多樣化發展，則全體技術創新密度會下降，致產品多樣化與技術創新活動的影響關係不易確定。

7. 前期技術創新經驗

當科技知識充足時，進行的技術創新次數雖少，但因學習效果的存在，提高成功的機率。因此，前期技術創新活動對當期技術創新活動應具正向關係，前期的技術創新支出對廠商當期技術創新活動有顯著正向的影響。

8. 負債占淨額比例

國外學者一般均重視內部資金對技術創新的正面影響，但國內由於制度因素，可能使外部資金成本低於內部資金成本。依國內廠商融資組合的型態來看，製造業廠商資金籌措方式主要為對外舉債。廠商偏好舉債，如因此而降低資金成本，則廠商之負債占淨額比例在某一範圍內對技術創新支出可能有正向影響。

（二）產業特性

1. 產業集中度

Schumpeter 認為長期來看，寡占或壟斷市場結構有較高的創新誘因。Galbraith（1956）則主張競爭產業的廠商比壟斷廠商有較高的降低成本之創新誘因，故競爭市場的結構有益於技術創新。Scherer（1980）提出在競爭市場結構，技術創新之報酬大於獨占者；一般而言，除新產品的引進立即被模仿的競爭市場外，具有某種競爭程度的市場較能促進新產品的開發和引進。Schroeter（1988）則提出折衷的看法，認為兩者間主要的差別在於兩者對競爭對手模仿新技術的能力與速度之假設不同。

綜合而言，若考慮成本負擔和風險問題，不完全競爭廠商較有能力進行技術創新，若完全競爭廠商的預期利潤足以彌補其技術創新成本，仍有可能進行研究發展投入。

Schroeter（1988）的研究，產業集中度對研究發展人員總數有顯著正向影響；在扣除廠商規模效果後，Rosenberg（1976）的研究結果，產業集中度對技術創新發展人員亦有顯著正相關，此支持 Schumpeter 的說法，即寡占的市場結構有較高從事技術創新的誘因。

2. 進入障礙

技術創新不只影響既存廠商的競爭行為，也影響新廠商的加入，因其技術創新成效形成既存廠商的競爭優勢，構成新廠商的進入障礙。此外，由其他因素（如規模經濟）所形成的進入障礙，亦使既存廠商從事研究發展的壓力較低於新廠商。

當具有新技術的廠商易於加入某種產業時，既存的大型廠商將會迅速模仿新產品，以免喪失市場占有率，故可假設進入障礙程度與技術創新成負向相關。

3. 技術機會

產品改良的機會較多時，將提高此類產品的敵對性，因而刺激廠商投入創新支出以改良產品；技術機會增加時，會提高產業或市場的技術進步。由此得知技術機會的多寡會影響產品發生差異化，進而影響廠商的技術創新支出。

4. 產品差異性

由產業組織理論得知，廠商透過產品差異化的努力是取得競爭上優勢的重要手段之一。此努力通常依四種管道進行：一為選擇較競爭對手好的廠址或營業位置，

以降低顧客的交易成本（即減少購買的交通時間）；二為提供比競爭對手更佳的服務；三為努力改善產品的品質；最後透過廣告以建立品牌信譽，提升產品在顧客心目中的形象。新產品開發活動的進行，即為廠商形成產品差異的重要手段，以形成進入障礙、創造及維持競爭優勢。光是改善產品品質而廣告作的少，不易將廠商的努力傳達給顧客知道，故廣告與活動在產品差異化的努力具有相當的互補性。因此，廣告支出或廣告密集度技術創新（廣告支出占廣告銷售額比例）對技術創新有正面的影響。

二、市場結構

市場結構主要可藉由產品型態和特質、廠商數的多寡、進出產業的自由度及廠商間之競爭方式來描述市場特性（Rhodes and Dauve, 1998; Tomek and Robinson, 1990）。以下應用上述產業組織之理念就產地、批發和零批及零售等三階段，分別析述臺灣雞蛋各市場階段之市場結構特性；所引用的數據是 1990 年代的資料，但本小節主要是應用市場結構之理念，來驗證此一個案產品之市場結構，以讓讀者瞭解進行實務驗證之流程與考量因素。

（一）產地階段

構成該階段的賣方是一般蛋農與行銷（或加工）合作社，買方則有各級行銷商和洗選加工商。首觀賣方的市場結構，有關蛋雞場的數目方面，依 1997 年 5 月業者組織的調查資料，在養雞場數有 1094 場；若依 1993 年 4 月中華民國養雞協會蛋農班的資料，則有 1516 場；雖此等數據有時間上的差距，然蛋雞場數尚屬「許多」（many）的範圍。由於當時之四個行銷合作社由 70% 左右之蛋農所組成，但市場占有率卻不及 20%，依據 Bain（1956）的市場集中度（Concentration ratio, CR）的界定，廠商數的多寡較符合純粹競爭市場結構。

其次，檢視產品型態和特質；當時雞蛋型態有 68% 帶殼鮮蛋（未經處理）和 32% 的精選、洗選及加工品（含一級和二級加工），產品多具易腐性。其次，所有未經處理的雞蛋具有齊一（homogeneous）的特性。第三是進出產業自由度，於法

規方面，有牧場登記規則與暫緩新建和擴建之行政命令；於生產因素如投資成本方面，以投資飼養規模 30,000 隻的總成本約需土地 0.75 甲，資金 450 萬元（1992 年之幣值），致進入市場未受礙於高的資本成本；依此，大致而言，進入蛋農行業尚具高的自由度；惟受產業自動化的影響，大規模蛋雞場的投入，則影響此一自由度。最後，觀察蛋農間的競爭方式，當時的包銷方式導致蛋農所得蛋價與所生產雞蛋品質並未發生關連，且在當時報價制度下，蛋農為價格接受者，致蛋農間並未存在任何價格或非價格競爭；若依洗選蛋觀點，雖獲有 CAS 認證者有其品牌，惟包裝規格和大小分級是一樣的（王祥，1993；陳宗玄，1992），在 Chapter 1 已說明目前的包裝和大小分級已更趨多樣化。

至於洗選加工商之買方市場結構，當時有三十六家從事雞蛋洗選，屬一級加工之廠商，亦僅有少數幾家；若以賣加工蛋品觀之，其具備異質寡占的市場結構。彙結上述，產地階段的市場結構特性示如表 4-1。

表 4-1　1990 年代臺灣雞蛋產地階段之市場結構特性

	賣方		買方（洗選加工商）	
	一般蛋農	行銷合作社	買雞蛋	賣洗選加工蛋品
產品性質	齊一	齊一，有洗選和加工	齊一	異質
廠商數	許多	4 家	少數	少數
進出自由度	高	高	有相當限制	有相當限制
競爭方式	無	價格 非價格	無	非價格
市場結構	純粹競爭	寡占	非獨買或寡買	異質寡占

（二）批發和零批階段之市場結構

本階段的賣方是大盤商和中盤商，買方是零售商，當時國內大盤商和中盤商有 2500 家之多，廠商數具有「許多」的特性；於市場占有率方面，由於大、中盤進貨的市場占有率約在 70%；另由臺北市的雞蛋行銷通路，得知大盤和中盤是壟斷北市雞蛋的來源。職此，整體而言，此一廠商數的特性較偏向獨占競爭（Monopolistic competition）的市場結構。

其次，觀察該大、中盤商所出售產品的型態，依表 4-2，顯示以銷售未處理的帶殼鮮蛋（87%）為主，11% 左右的洗選或加工蛋品；依此，該階段的產品特性是「大同小異」，差異的是大盤商銷售精選和液態蛋，中盤商則強調洗選蛋。再者，觀察進出該市場階段之自由度，蛋商僅需有商業登記就可加入蛋商公會；至於投入因素限制方面，主要營運的資本項目是運輸設備，平均每家之投資金額未超出 400 萬元，不在高的投資成本之列。最後，該市場階段的競爭方式，由前述蛋商公會的職能，得知其有協議訂定大盤價格的行為；又依表 4-2，其銷售產品種類有某種差異程度。

表 4-2　1990 年代臺灣雞蛋大盤和中盤商銷售雞蛋產品的類別

單位：%

| | 帶 殼 鮮 蛋 | | | 液態蛋 | 其 他 * |
	未處理	精 選	洗 選		
大盤商	87.2	7.3	0.0	5.0	0.5
中盤商	87.9	2.5	8.0	0.2	1.6

* 指破蛋和損耗

彙結上述，該階段的市場結構特性示如表 4-3，結果顯示其較偏向獨占競爭的市場結構，蓋一方面其有決定價格的行為，類似獨占者之行為，二方面由人數、進出自由度和產品特性，類似純粹競爭市場者之行為。

表 4-3　1990 年代臺灣雞蛋中間商與零售商之市場特性

	大 盤 商	中 盤 商	零 售 商
產品性質	大同小異	大同小異	互有差異
廠商數	多	多	許多
進出自由度	高	高	很高
競爭方式	價格為主 非價格為輔	價格為輔 非價格為主	非價格
市場結構	獨占競爭	獨占競爭	獨占競爭

（三）零售階段之市場結構

本階段的賣方是零售商，買方是一般消費者、大消費戶或外銷，當時資料顯示，零售商數有 5,000 家以上，符合「許多」的特性；於市場占有率方面，零售商進貨的市場占有率在 85% 以上。其次，觀察零售商出售產品的型態，59% 是未處理的帶殼鮮蛋，23.4% 的洗選蛋，17% 的精選蛋，0.6% 的損耗。第三是關於該市場階段之自由度，於法規方面，受工商登記和零售市場管理規則之規範，唯雞蛋收入占其總零售收入之比率並不高，尤其生鮮超市之該比率僅有 0.65%，導致零售商賣雞蛋與否對其營運影響程度甚低，因而賣蛋與否有高度的進出自由度。最後，零售階段賣雞蛋競爭方式，由於其進貨價格係依蛋商公會報價，致其亦為價格接受者，因而競爭方式採非價格。綜合上述，零售階段的市場結構特性示如表 4-3，較偏向獨占競爭的市場結構；但若觀諸未處理帶殼鮮蛋，零售商所販賣產品性質並無差異，致亦可界定零售商賣帶殼鮮蛋之市場結構宜判定為純粹競爭。

第二節　市場力量衡量指標及其來源

市場力量是經濟學方面較為模糊的名詞或理念，許多經濟學者似乎因認為其缺乏嚴謹之定義而少引用，遂用獨占（Monopoly）或市場控制（Market control）等來替代。

一、市場力量之界定

有關市場力量之界定，就相關文獻之查考，Mason（1959）對市場力量謂為：「競爭之存在，即市場力量之排除；市場力量是防止價格競爭到面臨短期邊際成本」。依此，其意義有：(1) 若市場為競爭狀況，則市場力量極小或無力量（little or no power）；(2) 市場力量之最後結果表現在價格行為，並在廠商追求最大利潤之目標下，希望確保其價格（P）能維持在短期邊際成本（SMC）之上，即 P > SMC；是故，可知 Mason 對市場力量之界定較偏重短期力量（Short-run power）。

　　Kaysen 和 Turner（1965）謂市場力量是：「只要廠商能在一相當時間過程中，持續地扮演一個異於競爭市場的角色，而使得其他競爭廠商面臨成本和需求的條件，如此，謂該廠商具有市場力量」。職此，其含義：強調廠商須在一相當時間過程，具有市場力量，為一長期力量（Long-run power）；市場力量發生於具有競爭優勢廠商之價格（P）遠高於平均成本（AC），有超額利潤；具有市場力量之廠商可使得其他競爭廠商需求等於供給，即 P＝AC 之境界；申言之，促使其他競爭廠商達到競爭市場之境界而獲正常利潤，而本身卻因具市場力量而獲超額利潤，異於滿足競爭市場 P＝AC 之條件。

　　Brandow（1969）認為 Kaysen 和 Turner 對市場力量之定義不直接，且只討論長期力量，不甚符合現實社會之狀況，致 Brandow 之定義為：「假使廠商之價格、生產、行銷或購買決策之行使能直接且實質影響其他廠商或所得；或廠商能改變其參與市場之平均價格、總產量、行銷決策或購買決策，則此廠商謂具有市場力量」。依此，Brandow 進而指出市場力量是廠商直接影響其他市場參與者（Participants）或市場變數（Market variables）的一種能力（ability）。其區分短期力量與長期力量，認為短期力量大致是指廠商能影響市場或其他參與者二至三年以上之時間過程，而長期力量則為十年或更長。職此，其界定含有：具有市場力量之廠商，能影響其他廠商或所得；具有市場力量之廠商，能影響其參與市場之市場變數。Kolhs 和 Uhl（1991）對市場力量有如下之定義：「市場力量是一種影響市場、或市場行為（Market behavior）、或市場結果（Market results）之優勢能力」。Schiller（1991）認為市場力量是一種改變良好價格（good price）或服務之能力；良好價格係指競爭市場下 P＝AC 之均衡價格，而服務則泛指一切的市場活動。

　　綜合上述，所謂市場力量宜具有下列之一理念，一是市場力量與市場結構關係密切，蓋市場競爭程度影響市場力量之大小；二是市場力量促使具有市場力量廠商之 P＞AC，而無力量廠商之 P 接近或等於 AC，依經濟理論，知市場力量與超額利潤之大小及有無之關係密切；三是具市場力量廠商能影響市場變數，致影響其他廠商或所得，而市場變數尤以價格為最直接且最終的表現指標。

二、市場力量之衡量指標

據上述觀念，主要的市場力量衡量指標，其一是農民分得比率（The farmer's share of the consumer's dollar）（Kolhs and Uhl, 1991）；供需彈性之大小常視為表現市場力量產生之條件，蓋供需彈性小，對價格反應相對較小，故其市場力量亦小。例如農場階段之供給彈性小，而零售需求彈性大，導致農場對中間商之市場力量較小，零售市場對中間商而言，則市場力量較大。依此，農民分得比率較大（小），意味消費者有較低（高）的需求之所得彈性和農民有較高（低）的供給彈性；申言之，農民分得比率愈大，農民利益較大，在市場階段中亦較具力量，但此缺乏比較準則與成本投入之估算。

其二是超額利潤（Higher than normal profits）（Lanzillotti, 1960; Brandow, 1969; Kolhs and Uhl, 1991），前已指出市場力量與超額利潤之大小及有無之關係密切，蓋因獲取高利潤是市場力量運作的主要目標（Brandow, 1969），且依經濟理論，廠商於追求最大利潤之目標下，雖長短期力量可能會有衝突，或廠商可能有其他目標（Galbraith, 1956），但仍以追求利潤極大為終極目標。雖不易認定與估計正常利潤（Normal profits），然超額利潤實為業者追求之目標，超額利潤愈大，表示市場力量愈大，有超額利潤，即擁有市場力量；無超額利潤，謂市場力量極小或無力量。

三、市場力量之來源

綜合 Brandow（1969）與 Kolhs 和 Uhl（1991）所列舉市場力量來源之項目，茲依序列述之。

（一）市場集中度

一般來說，擁有較大市場占有率的廠商，其較有能力改變市場狀況與市場變數，且較易成為價格的領導者，故其較具市場力量。就組織而言，若水平廠商間組成之組織愈強大，占有率愈高，則其潛在的市場力量愈大。

（二）廠商之數目與規模

就市場結構之觀點，水平廠商間若數目愈多，則愈趨向競爭，市場力量愈小；反之，若數目愈少，則愈趨向寡占或獨占之市場結構。於規模方面，通常規模較大或具經濟規模之廠商，其市場力量較大，而規模較小或不具經濟規模之廠商，其較無市場力量。

（三）區位配置

農場和行銷商的區位配置，影響行銷商的運輸成本，而行銷商本身之區位配置，若具良好配置，可降低行銷成本，則行銷商在區位配置上占有優勢；若行銷商在配置上能擁有各自獨立銷售區域，則行銷商之間較不競爭，增加市場力量；反之，則較呈競爭狀況，較不具力量。

（四）廠商之財務來源

通常具有雄厚財務來源的廠商，較同業間具水平力量，致較能抵抗成本或其他策略之競爭，較能承受風險及錯誤；該財務來源因素，通常與市場占有率、垂直整合與產品差異化等具相關。就廠商之收入而言，若該產品項目為其主要收入來源，則其較專注該項產品之市場價格與經營。

（五）廠商之固定成本與變動成本之比例與大小

一般而言，若廠商具相對高的固定成本，則可能面臨長期超額產能（Excess capacity）之問題，且對價格的反應較不敏感，導致其較不具市場力量。

（六）廠商之供給控制程度

通常愈有能力控制產品供給量並提供給市場的廠商，其市場力量愈大；若賣方之產品易腐或缺乏儲存空間，則乏市場力量，且常導致頻繁的價格波動。

（七）產品多樣化程度

基於產品多樣化能使市場銷售決策較有彈性且能降低風險之觀點，在比較廠商垂直力量時，大致上，銷售多樣化產品比銷售齊一性產品較具市場力量。

（八）產品差異性大小

通常廠商具有較高差異或新產品，其較能利用需求來製造較高之利潤，故其較具市場力量。觀諸生鮮產品，使產品差異化，通常應用品牌、促銷和廣告等策略，促使消費者心中之產品印象產生差異。

（九）市場之供需彈性大小

依前述，通常供需彈性之大小，可表現市場力量產生之條件，蓋供需彈性小，對價格反應相對上亦小，故其市場力量也小。行銷商通常可利用零售階段對產品缺乏需求彈性，來影響零售價；同理，可利用產地階段缺乏供給彈性來影響產地價；若產地和零售等階段皆乏彈性，則行銷商可能具影響產地價及零售價之雙向力量。職此，由市場階段之彈性大小，可推知市場力量之大小。

（十）垂直整合

垂直整合（Vertical integration）是指連結二個或數個行銷階段或數個行銷階段之生產和行銷階段，整合之原因有（彭作奎，1991）：市場交易之低效率和不適當、可降低行銷成本及可降低價格及採購之風險。依此，雖垂直整合可降低行銷成本，然未確保消費者獲得較低之零售價或生產者得到較高之產地價；事實上，垂直整合是增加市場力量之手段，以增進本身的利益則是其目的。職此，垂直整合之廠商利用整合上游或下游之市場，致具有較低成本之市場優勢，在其市場階段占有優勢力量，且獲得因整合而帶來之利益。

（十一）資訊之有無

資訊是促使由市場獲利之一種力量，若廠商有較多資訊，則較具優勢力量。一般而言，市場價格資訊效率，可用隨機變數機率分配之峰度（Kurtosis）係數來衡量。峰度係數係衡量該機率分配尾部的厚度，若峰度係數等於 3，則該分配為常態；若該係數小於 3，則該分配為低闊峰；反之，若係數大於 3，則為高狹峰。若所計算的係數大於 3，其意含的經濟意義有兩方面，其一是樣本市場價格分配較集中於平均價格，其二是表示有效的價格資訊。

（十二）市場議價能力

議價能力（Bargaining power）是買賣雙方影響交易價格或其他交易項目之相對力量，而議價能力大小端視市場力量支持的程度，故通常具議價能力之一方較具市場力量。

（十三）決策控制

廠商本身之決策控制，若控制應用得宜，可帶給廠商本身一些力量。依此，良好決策之應用，使廠商降低風險或增加利潤，甚而改變市場變數，故決策控制得宜之廠商較具市場力量。

第三節　市場力量之分析方法

據前述市場力量的理念，當可敘述性描述市場力量的情形，然為較嚴謹衡量市場力量，則有賴數學化之分析方法，本節除概括性說明市場力量分析之四種類型外，重點是介紹中間投入價格法與猜測變量方法。

一、研究市場力量之方法

有關市場力量之研究方法，可概分為四種類型：

其一為 Gardner（1975）在完全競爭市場之假設，建立一種產品和兩種投入（原料農產品和行銷勞務投入）的零售、產地市場及勞務供給之部分均衡模式，用彈性來解釋零售需求、產地供給及勞務供給函數變動對「產地─零售」價比之影響。其所建立之理論為一經典之作，且後來之相關研究（Conner, 1981; Gisser, 1982; Mueller and Marion, 1983）亦廣泛引用；但該方法卻未明確表現行銷通路之市場力量，僅能從價格傳遞彈性知其價差變化對農民分得比率之影響。

其二為「結構─績效法」（Structure-performance approach），如 Collins 和 Preston（1968）利用「價格─成本」價差當作績效變數，並檢定其與集中度和資

本密集等結構變數之關連。Cowling 和 Waterson（1976）針對上述理念，首先發展一個理論模式，針對英國耐久財和非耐久財，解析「價格—成本」價差變動與集中度變動之關係，結果發現耐久財有正向關係，而非耐久財則無。Hall, Schmitz 和 Cothern（1979）研究美國牛肉加工廠集中度和「批發—零售」價差之關係，Azzam（1992）指出此類研究不能明確表現出行銷通路間具何方向之市場力量。

其三為猜測變量模式（Conjectural variation model），Appelbaum（1982）首先應用猜測彈性（猜測變量乘以市場份額）進行價差模式之推估，由此針對四種產業之產品市場寡賣力量予以實證，檢驗市場競爭性與測定市場力量之大小。Schroeter（1988）進一步應用上述方法對美國牛肉包裝業予以實證，假設原料牛肉與包裝後之牛肉同質且成分一樣，另假設因素與產品市場之猜測彈性相等；經檢定，棄卻猜測彈性等於零之假說，即棄卻市場為完全競爭之假說，再以衡量市場力量之指標來計算牛肉加工商對因素與產品市場的市場力量。Azzam 和 Pagoulatos（1990）則設定二市場具不同猜測彈性，經檢定，棄卻猜測彈性為零之假說，再驗其寡買和寡賣力量之程度。Holloway（1991）在價差系統模式引入猜測變量，藉以測試食品行銷商對零售市場間之競爭情形。Schroeter 和 Azzam（1991）以豬肉之「產地—批發」之價差模式，認為受產業邊際成本、寡買、寡賣力量與產出價格風險等所影響，並利用猜測彈性驗證廠商對產出面和因素面之市場競爭程度。由上述，發現此類方法之主要缺失，誠如 Tirole（1989）謂猜測變量模式涉及遊戲理論（Game theory），將動態觀念引入靜態之模式架構，使得猜測變量之實證意義與理論不合。

其四為中間投入價格法（Intermediate input price approach），為 Azzam（1992）之首創，不同於上述之研究方法，蓋其僅需中間投入價格之資訊，就可檢驗價差、競爭性與通路成員間市場力量之關係。

二、中間投入價格模式

誠如前述，在不完全競爭市場，行銷價差隱含因素市場或產品市場可能存有價格扭曲現象，使得中間商獲超額利潤，致行銷價差等於行銷成本加上超額利潤，而超額利潤大小乃是測試市場力量之最終指標。前已指出，猜測變量模式和中間投入

價格模式能同時檢視市場競爭狀況與通路成員間之市場力量關係，下文首先介紹中間投入價格模式。中間投入價格模式與猜測變量模式一樣，皆須成本資料，但投入價格模式僅需中間投入價格之資訊，就可進行檢驗價差、市場競爭性和通路成員市場力量間之關係，可謂其一大優點，但中間投入價格變數選擇之不易是其缺點。

（一）理論模式

考慮三個垂直相關之行銷通路組織，上游原料供應廠（農場供應原料）給一專買（Monoposony）中間加工廠，其後結合中間投入，並專賣（Monopoly）給下游廠商（如零售商），其後結合行銷投入成為最終消費品，模式之架構示如 圖 4-1。

該模式之基本假設：(1) 上、下游廠商皆為完全競爭市場；(2) 廠商追求最大利潤行為；(3) 廠商所面臨中間投入價格皆相同；(4) 廠商產出可用對偶（dual）成本函數表示；(5) 無損耗之情況；(6) 無考慮風險情況。

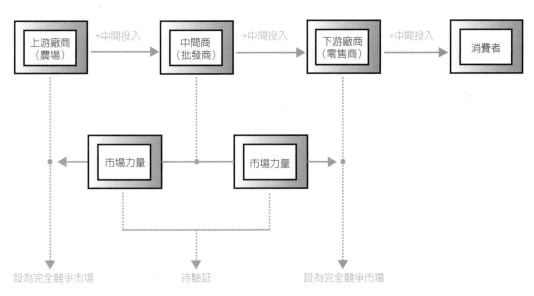

圖 4-1　中間投入價格模式之架構與原理

依廠商追求利潤最大化原則，N 個上游廠商（如農場）之均衡條件為：

$$P^f = \theta C_n^f (X_n^f, w) / \theta X_n^f \qquad （4\text{-}1）$$

式中：P^f 表上游廠商（農場）之產出價格（產地價）；

X_n^f 表上游廠商之產出（$n = 1, 2, ..., N$）；

w 表上游廠商之中間投入價格向量；

$C_n^f(X_n^f, w)$ 表上游廠商之對偶成本函數（$n = 1, 2, ..., N$）。

令水平加總之上游廠商（農場）總合成本函數為：$C^f(X^f, w) = \sum_{n=1}^{N} C_n^f(X_n^f, w)$。

上游廠商供給決策，以原始供給函數表示：

$$P^f = \theta C^f(X^f, w) / \theta X^f = G^f(X^f, w) \qquad （4\text{-}2）$$

再者，令 $X^w = F^f(X^f, p)$ 表示加工廠（中間商）之產出，其中 p 表中間加工廠之中間投入價格向量，用來使產品（可視為原料要素）從 X^f 變為 X^w；另依 Dund 和 Hein（1985）之論點，設 X^w 和 X^f 之間有一固定比例關係，可改寫加工廠之產出為：

$$X^w = \min\left[X^f / k, h(p)\right] \qquad （4\text{-}3）$$

式中：k 為 X^f 變為 X^w 之固定比例（以鮮蛋為例，k = 1/(1-c)，c 表損耗率，故 k 相當於損耗率之另一表示）。

中間加工廠的間接成本函數可寫成（Brorsen, et al.,1985）：

$$C^w(X^f, P^f, p) = P^f k X^f + C^w(X^f, p) \qquad （4\text{-}4）$$

式中：$P^f k X^f$ 表原料要素成本；

$C^w(X^f, p)$ 表中間加工廠投入成本函數。

若設 k = 1，中間加工廠的利潤函數為：

$$\pi^w = (P^w, P^f) X^f - C^w(X^f, p) \qquad （4\text{-}5）$$

式中：P^w 表中間加工廠產出 X^w 之價格。

同樣地，考慮 M 個下游廠商（如零售商），其間接成本函數為：

$$C_m^r(X_m^r, P^w, z) = P^w k' X_m^r + C_m^r(X_m^r, z) \qquad (4\text{-}6)$$

式中：z 表下游廠商（零售商）中間投入價格向量；

　　　k' 表 X^f 變為 X^r（下游廠商產出）之固定比例；

　　　$C_m^r(X_m^r, z)$ 表下游廠商投入成本函數。

若假設 k' = 1，即無損耗之情形，下游廠商（如零售商）之利潤極大化命題可寫成：

$$\pi^r = (P^r, P^w) X_m^r - C_m^r(X_m^r, z) \qquad (4\text{-}7)$$

式中：P^r 表下游廠商（零售商）之產出價格（零售價）。

對 X_m^r 微分式（4-7），可得：

$$P^w = P^r - \theta C_m^r(X_m^r, z) / \theta X_m^r \qquad (4\text{-}8)$$

最後，令 $C^r(X^r, z) = \sum_{m=1}^{M} C_m^r(X_m^r, z)$，則下游廠商之引申需求函數為：

$$P^w = P^r - \theta C^r(X^r, z) / \theta X^r = P^r - G^r(X^r, z) \qquad (4\text{-}9)$$

將式（4-9）與式（4-2）代入式（4-5），得中間加工廠之利潤函數，即：

$$\pi^w = \left[P^r - G^r(X^r, z) - G^f(X^f, w) \right] X^r - C^w(X^f, p) \qquad (4\text{-}10)$$

式中：P^r 表下游廠商（零售商）之產出價格（零售價）。

對 X^r 微分式（4-10），並整理後可得：

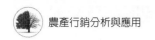

$$\text{sprd} = P^w - P^f = u(X^r, w) + d(X^f, z) + \theta C^w(X^f, p) / \theta X^r \qquad (4\text{-}11)$$

式中：$u(X^r, w) = X^r\, \theta G^r(X^r, w)/ \theta X^r$ $\qquad\qquad\qquad$ （4-12）

$\qquad\quad u(X^f, z) = X^f\, \theta G^f(X^f, z)/ \theta X^f$ $\qquad\qquad\qquad$ （4-13）

$\qquad\quad \text{sprd} = P^w - P^f$，表示「產地－批發」價差。

（二）經濟意義

依式（4-11），加工廠（中間商）與上游原料廠（農場）之價差，即產地與批發間之價差（$P^w - P^f$）包含三個項目，之一是表示邊際加工成本（Marginal processing cost）之 $\theta C^w(X^f, p)/ \theta X^r$；之二是式（4-12）表示加工廠（中間商）對上游原料廠（農場）之專買扭曲（Monopsony distortion）；之三是式（4-13）表示加工廠對下游工廠（零售商）之專賣扭曲（Monopoly distortion）。

若式（4-12）和式（4-13）皆為零，即價差等於邊際加工成本，意味完全競爭市場價格等於邊際成本（P＝MC）之概念，表示加工廠（中間商）無獲超額利潤，處於市場競爭狀況，呈現市場力量極少或無市場力量。若式（4-12）不等於零或式（4-13）不等於零，分別表示中間商具專買力量使要素面有專買扭曲或中間商具專賣力量使產品面有專賣扭曲；或兩式皆不為零，表示中間商同時具專買和專賣力量；依此，存有扭曲，則表示價差大於邊際加工成本，處於不完全競爭狀況，有超額利潤存在，致中間商具市場力量。圖 4-2 表示應用中間投入價格模式，驗證不同行銷階段間市場力量之理念。

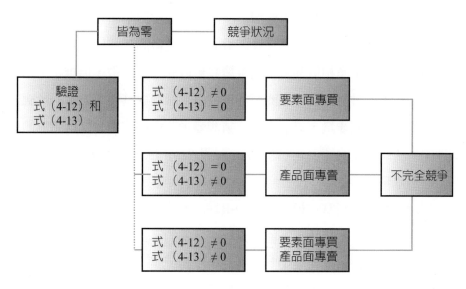

圖 4-2　中間投入價格模式之驗證理念

三、猜測變量模式

（一）猜測變量之意義

　　就完全競爭和獨占市場而言，其共同的特徵就是廠商在做價格和數量決策時，皆考慮其他廠商的反應。前者因為每個廠商皆認為本身對市場價格之影響力微乎其微，以致不會引起對手之注意；後者則是本身並無競爭對手。如果考慮動態模型，廠商需考慮潛在進入者（Entrants）的反應。然而完全競爭市場僅係理論上的一種理想，事實上並不存在；獨占市場也畢竟少見。因此，在現實社會中，絕大部分市場介乎此二種極端模型之間，每一廠商對總供給量和市場價格也就具有某些影響力，這種相互依存的特性對企業數目很少的寡占市場尤其顯著。寡占市場的這種特性納入利潤極大化之模型，在動態模型，廠商視競爭對手產出不變以求短期極大的行為假說；此假說予以一般化，並假設每一廠商在預期競爭對手可能的產出反應後，決定本身之最適產出，這些對手可能的反應為「猜測變量」。

　　由前述相關文獻得知，可由猜測變量定義廠商的反應函數。假設廠商利潤極大

化之產出決定於競爭對手的產量，廠商之產出是其競爭對手產量的函數，而可由廠商的反應函數說明這項關係，因為反應函數的斜率是廠商利潤極大化的產出隨著對手產出變動的比率，廠商相信其對手也會擁有類似的反應函數，但誰也不知道任何人的反應函數為何。雖然如此，廠商可加以推測，廠商對其競爭對手的反應函數斜率的猜測值就稱為猜測變量，以 r_j 表示。猜測變量若為固定值，隱含猜測的反應函數是線性的；猜測變量的值為 0（即 Cournot 假設（Friedman（1977））隱含所猜測的反應函數是水平的。

以猜測變量觀念分析寡占模型是一種很好的方式（Varian, 1984），因為它不但能說明廠商間相互依存的特性，亦能求出一些特殊的寡占解。例如，當一個寡占廠商在決定產出時，它需猜測產業中其他廠商可能的反應，倘若該廠商認為其他廠商對其產量的變動毫無反應，則該廠商之行為是一種 Cournot 極大化的行為（Cournot maximizer）；假使該廠商認為其他廠商將會調整它們的產出以維持市場價格水準不變時，則該廠商之行為是一種 Cournot 極小化的行為。

（二）理論模式

以下就簡單的數學式定義猜測變量，並以此觀念說明上述的例子。設有一生產同質的非競爭性產業，其所面對的市場總需求量和需求價格分別為 Q 和 P，而且表示第 j 家廠商的產量 q_j，W 為生產因素價格向量，$C_j(q_j, W)$ 為該廠商之生產成本。假設每個廠商係追求利潤極大，第 j 家廠商之利潤函數可定義為：

$$\text{Max } P(Q)q_j - C_j(q_j, W) \tag{4-14}$$

對 q_j 微分，可得利潤極大化之一階條件：

$$p(Q) + \left(\frac{dP(Q)}{dq_j} \right) q_j - C'_j(q_j, W) = 0 \tag{4-15}$$

上式之一階條件僅說明廠商的邊際成本等於邊際收益，值得注意的是 $\frac{dP(Q)}{dq_j}$。

該項是說明某廠商如何假設市場價格對其產出變動的反應，亦即為此一廠商之價格猜測變量（Conjectural price variation），其可有下列兩種不同的形式：

1. $\dfrac{dP(Q)}{dq_j} = \dfrac{dP(Q)}{dQ} \dfrac{dQ}{dq_j} = \dfrac{dP(Q)}{dQ} K_j$ （4-16A）

式中：$K_j = \dfrac{dQ}{dq_j}$

2. $\dfrac{dP(Q)}{dq_j} = \dfrac{dP(Q)}{dQ} (1 + r_j)$ （4-16B）

式中：$r_j = d(\sum_{k \neq j} q_k)/dq_j$

式中之 K_j 與 r_j 在相關文獻皆定義為猜測產量變量（Conjectural output variation），簡稱猜測變量。前者的含意為第 j 家廠商產出變動預測對整個產業產量變動的影響；後者則對本身以外之廠商產出可能變動的預測，兩者間的關係為 $K_j = 1 + r_j$。因此上述之一階條件可依次改為：

$$P(Q) + P'(Q)K_j q_j - C'_j(q_j, W) = 0 \qquad （4\text{-}17A）$$

或

$$P(Q) + P'(Q)(1 + r_j) q_j - C'_j(q_j, W) = 0 \qquad （4\text{-}17B）$$

就根據上述兩種猜測變量的定義，說明廠商可能發生的行為：

1. 當 $K_j = 0$ 或 $r_j = -1$ 時，隱含著近似完全競爭（Quasi-competition）行為。因為在此一情況下，廠商相信其數量變動將不致影響市場價格；或者廠商認為產量變動將使其他廠商產出做等量但反方向的變動，以維持市場價格水準不變。

2. 當 $K_j = 1$ 或 $r_j = 0$ 時，隱含 Cournot 行為。此處廠商相信其產出的變動不會

改變其他廠商之產出決策（即 $r_j = 0$）。因此，第 j 家廠商產出變動一單位，整個產業的產量亦將變動一單位（即 $K_j = 1$）。

3. 當 $K_j = \dfrac{Q}{q_j}$ 或 $r_j = \dfrac{Q}{q_j} - 1$ 時，隱含勾結行為（Collusive behavior）。將 K_j 與 r_j 的值分別帶入上述的一階條件，可得到與獨占者完全相同的一階條件。

由上述可知，猜測變量提供一種分析寡占廠商行為的基本理念。雖然猜測變量有兩種形式稍異的定義，本質上都是相同的，故無論使用何種定義皆可為人接受。為避免混淆起見，除非特別聲明，否則本書採用 K_j 之定義。

據上述可知，不同的猜測變量值隱含不同的競爭模式，致直接根據式（4-15）進行分析（例如：探討外生變數對內生變數的影響）；由此，可容易地瞭解不同市場結構或競爭模式對廠商決策與市場均衡結果所造成的影響，這正是使用猜測變量模型作為分析工具的優點。無論如何，儘管猜測變量模型擁有上述優點，然而由於它並未交代是怎麼猜的，致它至多只是一個總括式的模型，並無法對寡占廠商實際行為增加多少瞭解。

（三）實證模式之建立——雞蛋洗選廠之例子（王祥，1993）

假設蛋雞業擁有 N 個雞蛋洗選包裝廠，以生產同質產品（洗選蛋），其中有 n 個蛋農洗選廠及 N-n 個非蛋農洗選廠，整個洗選蛋的總供給量 $S = q_1 + q_2 + ... + q_n + ... + q_N$，於均衡時，必須等於洗選蛋需求量 Q。假設每一廠商使用 m 種的投入要素，即 $x_j = (x_j^1, x_j^2, ..., x_j^m)$，j = 1, ..., n，設第 j 家洗選廠商的成本函數為 $C_j = C_j(q_j, W)$，而 q_j 是其產出量，W 是其投入的價格向量。

假設所有雞蛋洗選包裝廠所面臨的洗選蛋需求函數為：

$$Q = Q(P, Z) \tag{4-18}$$

式中：P 為廠商所面對的洗選蛋價格；Z 為其他影響需求之變數向量；其中 $\dfrac{\partial P}{\partial Q} < 0$，表示 Q 變動對 P 之影響為負。

於因素市場，假設所有廠商皆面對相同的要素價格，其要素價格可使用 Shephard's Lemma，由成本函數導出：

$$x_j = \frac{\partial C_j(q_j, W)}{\partial W} \text{，} j = 1, ..., n \tag{4-19}$$

式中：x_j 是第 j 廠商的投入需求量；$\frac{\partial C_j}{\partial W}$ 是 W 對 C_j 之部分微分的行向量。

若廠商皆以追求最大利潤爲目標，第 j 個廠商之利潤函數如下：

$$\text{Max } \pi_j P(Q)q_j - C_j(q_j, W) \tag{4-20}$$

式中：π_j 爲第 j 個廠商之利潤水準。

式（4-20）之 P 爲式（4-18）之 Q 的反函數，致對 q_j 求利潤極大化的最適化之一階條件爲：

$$\frac{\partial \pi_j}{\partial q_j} = P + \frac{\partial P}{\partial Q}\frac{\partial Q}{\partial q_j}q_j - \frac{\partial C_i(q_j, W)}{\partial q_j} = 0 \tag{4-21}$$

式中：$\frac{\partial Q}{\partial q_j}$ 爲廠商 j 對其產品市場之猜測產量變量。

爲獲得猜測彈性，可將式（4-21）改爲：

$$P + \frac{\partial P}{\partial Q}\frac{Q}{P}\frac{\partial Q}{\partial q_j}\frac{q_j}{Q}P = MC_j(q_j, W)$$

$$\Rightarrow P(1 - \theta_j \varepsilon) = MC_j(q_j, W) \tag{4-22}$$

式中：ε 是市場需求彈性的倒數。其定義爲：

$$\varepsilon = -(\frac{\partial P}{\partial Q})(\frac{Q}{P}) \qquad\qquad (4\text{-}23)$$

而 θ_j 為廠商 j 對產品市場之產出猜測彈性，其定義為：

$$\theta_j = (\frac{\partial Q}{\partial q_j})(\frac{q_j}{Q}) \qquad\qquad (4\text{-}24)$$

式（4-24）包含市場份額和猜測變量兩部分。由於並未限制猜測變量（K_j）為任何特殊的形式，故猜測彈性（θ_j）可以代表一般的行為模式。

依前述所討論的 K_j 值分別等於 0，1 和 $\frac{Q}{q_j}$ 值來觀測 θ_j 值以及它所代表的特殊行為之意義：

1. 在準競爭情況下 $K_j = 0$，相對於 $\theta_j = 0$，故 θ_j 為 0 代表準競爭行為。

2. 在 Cournot 行為下 $K_j = 1$，相對於 $\theta_j = \frac{q_j}{Q}$，即當 θ_j 為第 j 家廠商的市場占有率時，廠商屬於 Cournot 行為。

3. 在獨占情況下 $K_j = \frac{Q}{q_j}$，致 $\theta_j = 1$ 表示勾結行為。

由上述之推論可知，θ_j 值應介於 0 和 1 之間，提供檢定上述的行為假說，同時它也能提供認定市場結構的基準。此外，由式（4-22），定義第 j 家廠商的寡占度（Degree of oligopoly）如下：

$$\alpha_j = \frac{P - MC_j(q_j, W)}{P} = \theta_j\varepsilon = \frac{S_j}{\eta} \times K_j \qquad\qquad (4\text{-}25)$$

式中：S_j：第 j 家廠商之市場占有率；η：市場之需求彈性；K_j：第 j 家廠商之猜測變量。

由此，顯示上式是最基本的「結構—行為—績效」關係式，因 S_j 屬於結構，K_j 屬行為，α_j 屬績效。上述寡占度的測度是由需求彈性的倒數以及猜測彈性兩部分

所構成，若 $\theta_j = 1$，則 j 廠商爲一勾結者，是僅爲需求彈性的倒數而已；值得注意者，邊際成本爲非負項，隱含 $\alpha_j \leq 1$，且 $P-\partial C_j/\partial q_j \geq 0$，隱含 $0 \leq \alpha_j$。換言之，寡占度值應介於 0 和 1 之間。

依據式（4-25）定義整個產業的寡占度，以廠商的市場占有率 $S_j = \dfrac{q_j}{Q}$ 爲權數，求算產業之寡占度如下：

$$L = \sum [(P - MC_j)/P]S_j = \sum_j \alpha_j S_j = \sum_j \theta_j S_j \varepsilon \qquad (4\text{-}26)$$

再以式（4-24）之 θ_j 之定義帶入式（4-26），產業之寡占度可改寫爲：

$$L = \sum_j \frac{\partial Q}{\partial q_j} S_j^2 \varepsilon \qquad (4\text{-}27)$$

由上式可知：寡占度的測度是整個產業中個別廠商市場占有率平方之加權總和乘上需求彈性的倒數，而權數是猜測變量 $\dfrac{\partial Q}{\partial q_j}$，式中的市場占有率平方和稱之爲賀氏指數（Herfindahl index），又稱 Herfindahl-Hirchman index（Hirchman, 1964）。此外，假如所有廠商的猜測變量皆相同，例如 $\dfrac{\partial Q}{\partial q_j} = K$，則式（4-27）可寫爲 $L = K\varepsilon \sum_j S_j^2$，亦即 L 是賀氏指數的某一比例，且在 $\varepsilon(\dfrac{\partial Q}{\partial q_j})= 1$ 的特殊情況，L 等於賀氏指數。因此，$\sum \theta_j S_j \varepsilon$ 之測度便構成 Lerner（1934）指數的一般式。

筆記欄

CHAPTER 5

農產行銷成本與行銷價差之關係

　　前已述及，行銷價差係具相似性質農產品之零售價格與產地價格之差距，亦可以不同市場階段予以計算，如零售價格減批發價格亦為行銷價差的一種。農產品的行銷價差常隨時間、空間及行銷通路等而異，主要原因是產地價格與消費地零售價格並不固定，且行銷過程中的損耗因氣候變化而不同。此外，於能源價格、工資迅速上漲及行銷服務不斷增加的情況下，各種農產品的行銷費用呈增加的趨勢。損耗與失重亦隨各種產品的特性而異，該等費用比較大的農產品如蔬菜之葉菜類、需經加工之穀類及需屠宰之禽畜產品，導致該等產品之行銷價差大。中間商販的利潤，則視產品轉手的次數與商販的營業規模大小而定，若產品在行銷過程之轉手次數較多或商販的營業規模較小，則每單位重量所折算的利潤較高；商販的營業規模又受社會環境如人口密度、教育水準及就業需求等影響。

　　基於行銷過程之創造價值，如行銷通路就衍生一些行銷成本；而上述指出，在不同市場階段有不同價格，由此影響不同階段行銷商之收入。本章是連結創造價值與獲取價值之兩階段，故除說明不同市場階段價格與行銷價差之關係外，主要是詳述行銷價差的理念及說明行銷價差之評估指標，間接作為評估行銷效率之工具。

第一節　不同市場階段之價差決定

　　依圖 5-1，得知於不同市場階段之農產品價格的決定有賴行銷價差的連結；申言之，一項農產品由產地市場至批發（或零批）市場，最後至零售市場，不同市場的價格尚受市場結構的影響。因此，本節說明其間的關係，由此顯示行銷價差之形成。

一、市場階段之價差形成

　　由於每一市場階段皆有價差的產生，對行銷價差研究較重要的理論依據，大致可歸納為兩大類，一是聯合供需理論（Theory of joint supply and demand）（Marshall, 1920），二是個體經濟學之廠商理論，下文擬連結二者觀念，並示如圖 5-1。

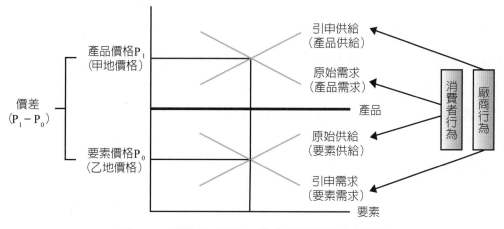

圖 5-1　消費者、廠商、聯合供需與價差之關連

　　依圖 5-1，一種農產品由乙地運到甲地出售，中間商視進貨產品為其營運要素，並以乙地價格為其進貨價或要素價格，然後附加行銷勞務後在甲地出售，其甲地價格為銷貨價或產品價格，而兩地價格之決定則各由其階段市場供需決定，致所謂價差是甲地價格減乙地價格或產品價格減要素價格。

二、不同市場結構之價差形成

　　於個體經濟學之廠商理論，市場概分為產品與要素二大市場，有完全競爭與不完全競爭之產品與要素市場理論，示如圖 5-2。依市場競爭程度之劃分，除雙邊獨占（Bilateral monopoly）之價格考慮買賣雙方之議價能力，形成價格上下波動區間而不確定之外，其餘市場結構與價格決定，示如圖 5-3。其經濟意義，其一是在完全競爭之價差（P-W）最小，而當產品面具專賣和要素面具專買時之價差最大，蓋農產品行銷系統如不能完全滿足競爭市場模式之要求，由於獨占力量，行銷商會保留所有或部分因成本減少之利益，而轉嫁較高之成本給消費者或生產者，以增加其利潤；依此理論，廠商產品面之專賣（或寡賣）和要素面之專買（或寡買）實為價差擴大之因。其二，市場力量等級（Degree of market power）之大小可劃分為：(1) 產品面具專賣力量，要素面具專買力量，具有兩方面之強大力量；(2) 要素面具

專買力量，具有向上單方面之力量；(3) 產品面具專賣力量，具有向下單方面之力量；(4) 產品和要素面皆為競爭市場，則無市場力量。由此，市場力量強度大小之衡量，無非是視其價差擴大之程度。其三，因超額利潤可為市場力量之一衡量指標，亦為衡量市場競爭性之指標，如 Mason 於 1959 年指出，競爭之存在，意謂市場力量之排除；依此，不完全競爭市場之市場力量，其價差擴大等於行銷成本加上超額利潤，不似競爭市場之行銷價差等於行銷成本，而無超額利潤；超額利潤之存在，似呈現價差有不合理之虞。

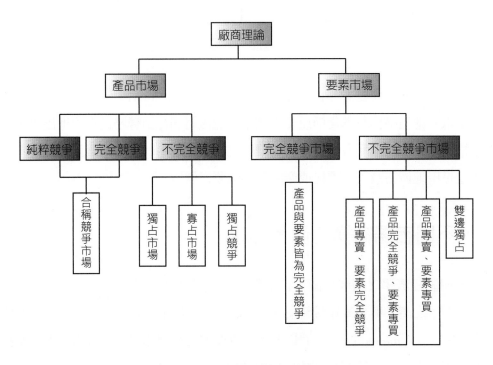

圖 5-2 產品與要素市場之劃分

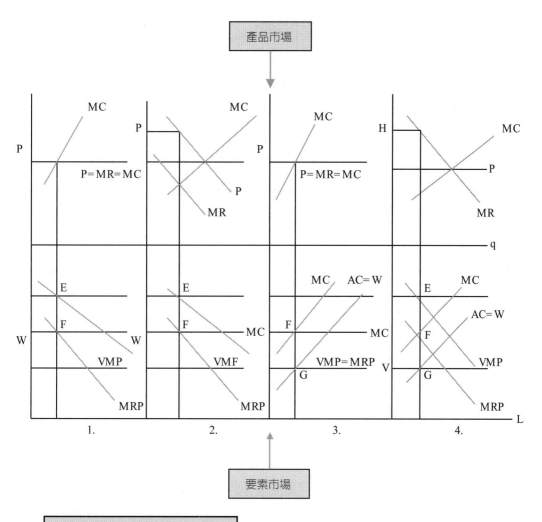

圖 5-3　各種競爭性之產品與要素市場（或市場階段）價格決定與價差之關連

第二節　價差與農產價格之關係

一、基本理念

　　就行銷價差之定義而言，其一是指產地價和零售價之差距，產地價又稱農民所得價格，零售價是消費者所付價格；其實農產品行銷價差不僅指產地與消費地之間，尚指發生在整個行銷過程之不同市場階段間之價差。因農產品常藉由集中、均衡與分散等過程始達消費者手中，致產生不同市場階段之價差，產地價和零售價之差距，可視為各階段價差之總和。其二指執行所有行銷職能所需勞務之價值總和，行銷勞務項目包括集貨、加工、儲藏、運輸、銷售等，用來滿足消費者之時間、空間及形式等效用。於完全競爭之市場結構，上述兩者所算之價差恰好相等，即行銷價差等於行銷成本；反之，若在不完全競爭者，前者除包含後者之外，尚隱含行銷商（中間商）對要素市場或產品市場之扭曲（distortion），而獲得的超額利潤，因而行銷價差等於行銷成本加上超額利潤。

　　由於「合理的」行銷價差似乎很不易界定，就經濟理論界定「合理的」行銷價差，係指在完全競爭之市場結構下所形成之價差；換言之，完全競爭市場之「理論價差」，即為「合理價差」，此一理論價差等於行銷成本，而不含超額利潤。如價差不合理，即表示市場可能處於不完全競爭狀況，於不完全競爭下之「理論價差」除含行銷成本外，尚有超額利潤之存在。基於此，本書所謂的行銷價差的合理性，一方面以理論價差作為比較的基準，即指行銷階段價差分配的合理性，二方面則指行銷價差變動的相對範圍。

二、行銷價差之計算

　　依前述二種行銷價差之定義，行銷價差之計算類型遂有二種：其一為產地價和零售價之差距，即零售價減產地價之差額；其二為執行所有行銷職能所需勞務之價值總和，即行銷成本。

以行銷成本之構成因素而言，其分類方法大致有：

（一）以生產因素報酬分類：包括勞動工資、資金利息、設備租金及企業利潤。

（二）依行銷機構報酬分類：包含販運商、批發商及零售商等階段。

（三）依行銷職能分類：農產品之生產大多數係種植面積或飼養規模小，個別農場生產量有限，不足以構成經濟行銷單位運往消費地出售；消費者方面，則要求品質新鮮、種類多，每次購買數量少，不可能親赴產地向生產者直接購買以滿足其需要。為使產品能迅速且順利的由零星分散的產地移轉到眾多的消費者手中，就須依賴販運商、承銷人及零售商等中間行銷商的介入，將產品由產地市場運至消費地批發市場，再運往市區內各零售市場賣給消費者；此間為執行集貨、分級、包裝、運輸、儲藏及銷售等行銷職能，必須投入相當的人力、物力，於是產生行銷成本，如運費、包裝費、工資、損耗、營業費用及毛利潤等項。

由於上述各項行銷成本隨著各行銷階段而繼續投入，逐漸累積；因此，其價格自然隨不同行銷階段而異，產生相當的價差。基於上述，行銷價差之大小，主要取決於三大因素，即行銷費用、行銷過程的損耗和失重及行銷商利潤。

三、農產品價格與行銷價差之關係

由前述，得知行銷價差係指生產者所得價格與消費者所支付價格之差距；一方面，其為衡量決價效率之一指標，二方面生產者與消費者雙方均關心行銷價差之大小、變動及價差變動之歸屬問題。理論方面，價格和價差之間的關係有兩大類型（Kohls and Uhl, 1991），其一是成本加成（Cost-plus）之關係，稱為浮動行銷價差，其二是引申需求（Derived demand）之關係，稱為固定行銷價差。

（一）浮動價差理論（Cost-plus theory）

浮動行銷價差理論係指零售價格（P_r）是由產地價格（P_f）加上行銷產品至零售市場所需的成本（MM），即 $P_r = P_f + MM$；當零售市場價格上漲時，其是由產地價格上漲或行銷成本增加所造成的結果。依圖 5-4，若假設農民分得比率是固定的，即 P_f/P_r 皆為 40%，當行銷成本增加時，對產地價格和零售價格的影響是很明顯的，致於農民和消費者皆是價格的接受者時，行銷價差是變動而非固定的。

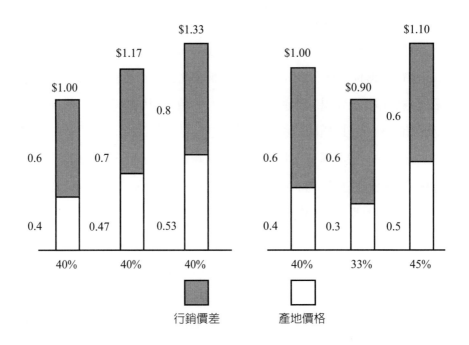

圖 5-4　浮動行銷價差（左圖）與固定行銷價差（右圖）之理念

資料來源：Kohls, R.L. and J.N. Uhl (1991): *Marketing of Agricultural Products*, 7th Editon, Macmilan Pub. Co., P. 198.

　　浮動價差通常在長期的觀念是比較合理的，因其「農民所得占消費者元之比率」乃是涵蓋所有產地價格和行銷成本。就長期觀點，隨著通貨膨脹，產地價格或行銷成本上漲時，消費者可以減少消費或轉購較低價位的代替品，以抵制物價上升。

（二）固定價差理論（**Derived demand theory**）

　　固定價差理論係指產地價格的決定，是由零售價格減去行銷成本之後所形成的，即 $P_f = P_r - MM$。根據此理論，得知當行銷成本增加，零售價格不變時，則產地價格下跌，農民分得比率減少。於實際產銷而言，固定價差理論較適用在短期的行銷行為，蓋經常會發生當零售價格下跌時，則產地價格下跌至生產成本以下，使農民發生虧損，但很少聞及批發價格下跌至低於行銷成本使批發商利潤減少的情形。

　　就短期而言，以貨幣價差表示的行銷價差是相對穩定的，行銷價差的穩定性是相當重要，因其會影響決價效率的高低、產地價格的穩定性及農民分得比率的大

小。申言之，因應產地價格和零售價格發生變化，當零售價格上升，固定價差誘使農民分得比率增加；反之，零售價格下跌，農民分得比率下降，即當物價發生波動時，行銷商不承擔價格風險，其風險全由農民承擔，致不影響行銷商之營運。依圖5-4，採用固定價差時，零售價格的任何波動，立即傳遞至產地價格，產地價格的波動亦立即傳遞至零售價格，遂造成產地價格的不穩定與農民分得比率有較大幅度的波動。若根據零售價格和產地價格的變動，適當的調整行銷價差，則產地價格和農民分得比率將趨於穩定。

基於上述，就決價效率的觀點，所獲得的結論是，若採取「浮動行銷價差」，則其決價效率是高效率；究其原因，蓋「固定價差」所造成的結果，有時導因於農產品或食品行銷公會組織內部控制的結果，致形成不完全的競爭，行銷商則是行銷價差形成的主控者，遂促使「固定價差」常遭受消費者和農民的批評。一般而言，具有高度的決價效率，當零售價和產地價波動時，其波動部分，宜由行銷商、農民及消費者共同分擔。依此，產地價格和農民分得比例的調整，似比「固定價差」的決定更為重要。

第三節　價差評估與行銷效率

於現今分工專業化的社會，隨著消費者對產品品質和加工包裝程度之需求提高等因素，行銷價差往往有擴大的趨勢，故探討價差多少才算合理之問題，基本上，須考慮產品之種類與特性、市場通路及市場結構等層面。依經濟學之觀點，價差合不合理端視行銷商有無獲超額利潤，及其超額利潤大小為何，此合理性即隱含各因素都獲得其合理之報酬。職此，為衡量與估測行銷價差是否合理，茲彙整有關衡量指標之意義、理由、計算方式及其優缺點，作為評估不同產品特性之價差合理性的參考指標。

一、價差分析類

（一）行銷價差百分比

1. 意義

由行銷價差百分比變動之長期時間數列，區隔出一個合理之變動區域，用以界定合理價差之變動範圍。

2. 理由

應用統計之區間觀念，認定行銷價差應在某一趨勢下的一個合理區間變動，超過此區間即為不合理。

3. 計算方式

(1) 公式：行銷價差百分比＝（行銷價差／零售價）×100%

(2) 應用：如以近十年每種農產品之行銷價差百分比，以其平均值為中位數，上下各加減 2.5%，以 5% 之區域估計值作為合理的行銷價差百分比之估算值。

4. 優缺點

(1) 缺點

①不能解決年間之季節性價格變動問題。

②平均數易受 10～15 年內特高或特低數值之影響。

③沒有會計上之成本觀念。

(2) 優點

易求出一個大概合理之變動範圍。

（二）統計 F 分配之檢定

1. 意義

設某一「產品之零售商並無獲取超額利潤」的虛無假說，用 F 統計量來檢定「零售價格和批發價格的變異數相等」或「零售商和批發商之總收益變異數相等」。

2. 理由

首先，以 F 統計量界定「零售價和批發價的變異數相等」之假說，由於農產品

的行銷成本具有黏著性（Sticky cost）特質，故行銷成本相當固定，透過價格之傳遞，零售價和批發價應同步變動，其二者變異數應相等；若是零售價的變異數大於批發價之變異數，顯然行銷價差不再維持固定，若每單位行銷費用不變，則零售商有獲取超額單位利潤之可能。

其次，爲同時考慮數量的變動，同樣以 F 統計量來檢定零售商和批發商之總收益變異數，確實瞭解零售商有無獲取超額利潤，在此是假設批發階段常是透過拍賣或議價方式來形成一個較接近完全競爭市場之價格，故認爲批發商只賺正常利潤，而用零售商和批發商總收益之變異數進行 F 分配檢定。

3. 計算方式

(1) 應用：如以「蔬菜零售商並無獲取超額利潤」的假說，用 F 分配來檢定「零售價格和批發價格的變異數相等」和「零售商和批發商的總收益變異數相等」，結果證實零售商可能有超額利潤之情形，因此具不完全競爭之市場結構，並可能有不合理之市場價格。

(2) 用 F 檢定「零售價格和批發價格之變異數」時，須注意零售價變異數之本質上比批發價變異數爲大之情形，須作轉換，以加成定價法舉例說明如下：

令 $P_i = \dfrac{C_i}{1-K}$

$$Var(P_i) = Var(\frac{C_i}{1-K}) = (\frac{1}{1-K})^2 \times Var(C_i) \text{，} \qquad (5\text{-}1)$$

且 $0<K<1$，故 $Var(P_i) > Var(C_i)$

式中：P_i：零售價；C_i：批發價；K：固定加價成數。

假設 $Var(P_i^*) = \sigma_p^{*2} \times (1-K)^2 = \sigma_p^{*2}$，故 $H_o : \sigma_p^{*2} = \sigma_p^2 ; H_a : \sigma_p^{*2} > \sigma_p^2$。

(3) 用 F 檢定「零售商和批發商之總收益變異數相等」時，零售商利潤函數爲 $\pi = P(x) \times (1-t)x - rK - wL - C(x)$，其中 t 代表損耗率，C(x) 爲進貨成本，(rK + wL) 是行銷成本，假設爲常數；若維持正常利潤（$\pi = 0$），則 $Var[P(x) \times (1-t)x] = Var[C(x)]$，意味 $Var(TRr) = Var(TRw)$，其中

TRr 和 TRw 分別為零售商和批發商之總收益變異數，以此作 F 檢定。

(4) 前述函數之設定，只是舉例，函數之設定須視產品特性和其他情況而定。

4. 優缺點

(1) 缺點

①此方法須假設以某一中間商獲得正常利潤為比較之基礎，否則只能知道二個中間商所獲得利潤大小之關係，有可能二者同享超額利潤之情形。

②該方法僅測定有無獲正常利潤，但無合理價差可供比較。或許謂當期如檢定獲正常利潤，視該期價格變動之區間為合理之價差，然似太籠統。

(2) 優點

大致上，該方法可得知各種行銷階段之獲利大小關係，使研究者知道哪一階段之價差有不合理現象。

（三）編製不同產品之價差指數

1. 意義

由價差指數之編列，可長期作研究與觀察價差變化情形，若能界定合理之價差為基期指數，則可界定一合理價差指數波動之範圍，而隨時檢視。

2. 理由

一般物價水準有如消費者物價和蠆售物價等指數之編列，若能針對單項農產品中間價差作一指數編列，其指數波動則完全歸諸於中間過程，且由此可進一步分析價差，此即編列價差指數之主要理由。

3. 計算方式

茲引用早期臺灣省物價統計年報的蠆售物價指數編列方法，將價格改為價差，其公式係採用價比基期值加權算術平均式：

$$I_{oi} = \frac{\sum \frac{P_i}{P_0}(P_0 Q_0)}{\sum P_0 Q_0} \times 100 \qquad （5\text{-}2）$$

式中：P_i：計算期價差；P_0：基期價差；$P_0 Q_0$：基期供給值。

4. 優缺點

(1) 缺點

①此編列耗費太大，且時間長，最好由政府編製。

②公式之選擇，影響指數計算。

③農產品之品質不一，其價差不一。

(2) 優點

①可長期供學術研究之用。

②可作為經濟指標，供政策參考。

二、分得比率分析類

（一）農民分得比率

1. 意義

農民分得比率旨在衡量行銷價差幅度之大小，進而瞭解行銷商所獲價差之合理性。

2. 理由

此比率可說明消費者每花一元，農民所得到收入之幅度；相對上，可知中間商之所得。在應用方面，可將個別農產品之農民分得比率，區隔成一個合理變動區間，來認定價差之合理性。

3. 計算方式

(1) 公式：農民分得比率＝（生產者所得價格／消費者支付價格）×100%

(2) 應用

①以農民分得比率之比較，得知早期臺灣果菜行銷價差相對偏大。

②以次級資料計算臺灣農民分得比率，與美國和日本之農民分得比率之比較；提出農民分得比率高低，不能絕對衡量行銷制度、行銷效率之良窳，應用時須更謹慎且合理的下周延之結論。

4. 優缺點

(1) 優點

計算公式簡單是其優點，但界定一合理之變動區間，須有適當處理。

(2) 缺點

農民分得比率並不能絕對表示行銷效率，或用此來顯示生產者之福利，或某行銷成本過高；該比例之變動似只反應行銷投入成本之變動，或是農民投入成本之變化而已。

（二）農民分得比率最高、最低及眾數的應用

1. 意義

以農民分得比率來代表行銷價差，並利用其最高、最低點及眾數作為農民分得比率波動之分析，並依此利用三年或五年之資料作為推估合理價差之依據。

2. 理由

使用統計分配之概念，在除去不正常之價差變動後，以農民分得比率的眾數作為其價差常態下出現之波峰，認定於正常情況下之合理價差的比率，低於此比率表示價差已有不合理現象；並以其最低點作為認定價差極度不合理的臨界點，低於此表示價差極度不合理，完全是統計上分配區間之概念。

3. 計算方式

(1) 後平均法：先求個別農產品各年農民分得比率之最高點、最低點及眾數後，再求三年最高點、最低點及眾數之平均。

(2) 先平均法：先求個別農產品三年各月農民分得比率之平均後，再找出平均後之 12 個月農民分得比率之最高點、最低點及眾數。

(3) 除去三年來受災前一旬及受災後二旬，其絕對價差擴大而農民分得比率卻減少的不合理變動，再利用前述之前、後平均法求農民分得比率之最高點、最低點及眾數。

4. 判定原則

(1) 低於眾數，表示價差已漸有不合理現象，須注意。

(2) 低於最低點，表示價差極度不合理。

(3) 災害後，如農民分得比率低於眾數，表示價差中可能有超額利潤，須注意。

(4) 在淡季，如農民分得比率相對較低，表示價差中可能有超額利潤，須注意。

5. 優缺點

(1) 缺點

①農民分得比率只考慮價之關係，未考慮量之關係，如果只用此來認定合理波動，似未考慮「價乘量」的收益關係。

②未將行銷商各階段之合理性突顯出來。

③用平均農民分得比率，雖說當下農民分得比率變動不大，但未保以後，因為例如農民在產地處理等因素，而使農民分得比率發生重大變化。上述之合理判定原則，似乎較保護農民，例如為何低於眾數就開始認定有不合理現象，如依眾數之左右範圍列一合理變動，應也是一種認定方式。淡季、颱風不合理之認定，似有不夠精確之嫌。

(2) 優點

以平均法和極大、極小及眾數值之統計分配觀念，作為區隔個別產品合理變動區間，不失為一判定之臨界準則，且平均法也消除一些趨勢或循環波動。

三、效率分析類

（一）測定價差和滿足時間、地域和形式等三大效用所需行銷成本之差距

1. 意義

價差等於滿足效用所需之成本，表示市場處於競爭型態，效率高且獲得正常利潤，為一合理之價差。

2. 理由

將價差分為滿足時間、地域和形式等三大效用之價差，用來測試因季節性、地區性和形式上所產生之價差，分別剖析其價差是否等於分別滿足該三大效用所需之成本，來判別其是否為一合理價差。

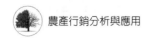

3. 計算方式

(1) 通式：(a) Pa – Pb > Cs 表示有超額利潤，價差可能不合理且效率低。

(b) Pa – Pb = Cs 表示獲正常利潤，價差合理且效率高。

(c) Pa – Pb < Cs 表示資源利用不經濟。

(2) 季節價差之測試—如通式；此時：Pa 為非盛產期價格；Pb 為盛產期價格；Cs 為儲藏單位成本。

(3) 地區價差之測試—如通式；此時：Pa 為商品運至 A 市場之價格；Pb 為商品從 B 市場運送前之價格；Cs 為商品由 B 市場運送至 A 市場之單位成本。

(4) 形式價差之測試—如通式；此時：Pa 為製成品價格；Pb 為所需原料單位成本；Cs 為加工製造單位成本。

4. 優缺點

以往研究行銷價差，大都將行銷過程之每一項成本，加以分析比較；以上三種之測定，則不同以往之分析法，其是將成本分為滿足效用之三大部分而加以剖析，用來判定其價差是否合理。

(1) **優點**

①容易判定是哪一滿足效用過程所發生的問題。

②該間接測試法，不必依傳統方法去研究中間商每一項成本，僅研析一個滿足效用環節上是否合理。

③方法上容易，資料收集也容易，因其較直接測試法中將不同經營型態的每一行銷過程之每一行銷成本項目加以分析比較來得容易。

(2) **缺點**

基本上，單位成本是平均成本（AC）之觀念；用上述方法，未能解決最適規模之問題，即形成所加總的平均單位成本有可能無規模經濟，但等於價差之情況。市場上可能無滿足三大效用之價格形成，須合併計算，忽略隱含成本和風險等之估算。

（二）市場結構之指標

1. 意義

市場結構是指一個市場在組織方面之特性，該等特性具有影響市場競爭和價格決定之力量。

2. 理由

依經濟理論，完全競爭之市場結構，廠商只得到正常利潤，所形成之價格為一合理價格，獨占或寡占之市場結構，短期存在超額利潤，價格似有偏高之虞。

3. 計算方式—僅列舉常用之衡量方法：

(1) 獨占度：Lener 指標——$(P - MC)/P$ 或邊際利潤率 $= (P - AVC)/P$。

(2) 集中度：如 CR_4。

(3) 市場占有率：如個別廠商銷售量占市場總供給量之比例。

4. 優缺點

(1) 缺點

①獨占市場之效率可能也很高，過分競爭似亦視為行銷效率低之指標，雖達成完全競爭是理想目標，但其衡量方法缺乏一致性、精確性和客觀性。

②相信市場結構之競爭是衡量效率之重要指標，但此為靜態之研究方法，缺乏比較之標準和忽視經濟社會之規範。

③「結構—控制—績效」分析法，雖可作為評定市場情況之分析工具，但其因國家開發程度不同，而有不同分析標準。

(2) 優點

市場結構分析，大致可從績效變數中之利潤率或獨占度等，來測定一個合理利潤率大致為何，進而推導出合理價差。其不只分析價格，尚分析廠商行為，為較長期且較為廣泛之分析；換言之，廠商可能不僅只追求短期利潤極大，而且可能追求長期之利潤及穩定之占有率。

（三）計算平均行銷成本曲線之最低點

1. 意義

價格等於平均成本最低點，表示其為最合理之價格。

2. 理由

假設在完全競爭市場，若 P = min(AC)，表示廠商只賺取正常利潤，故在此行銷量下之行銷成本等於行銷價差；在 min(AC) 下之行銷量表示充分利用行銷設備，使成本最低，是最有效率之行銷數量，且 P = min (AC)，故 P = MC 也表示行銷資源最適分配。

3. 計算方式

先依計量方法求出平均行銷成本曲線，次將 AC 曲線垂直編成幾個區域，中間含 min (AC) 之區域所對應之行銷成本，為較合理之行銷價差變動區間。

4. 優缺點

   (1) **缺點**

      ① AC 之形狀影響編製合理之區間。

      ②到底含 min (AC) 之區間多大，才是合理變動區間。

   (2) **優點**

      ①符合經濟理論，達到最適分配和最有效率。

      ②能算出一個確切之合理價差與區間。

（四）估算機率邊界行銷成本函數

1. 意義

經濟理論說明等行銷量曲線和等行銷成本線相切點為最有效率下之行銷量，依此來界定其行銷是否有效率，其因素報酬是否合理，即其價差表現是否合理。

2. 理由

該法符合成本最低和最適行銷量，此時行銷量所需行銷成本為合理行銷成本，即為合理行銷價差。

3. 計算方式

依據對邊界（Frontier）設定與估計方法，大致有確定性無參數邊界（Deterministic nonparametric frontier）、確定性參數邊界（Deterministic parametric frontier）、確定性統計邊界（Deterministic statistical frontier）及隨機邊界（Stochastic frontier）。

以 Farrell（1975）之方法，圖解意義為：

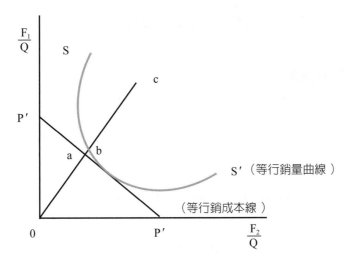

圖 5-5　機率邊界行銷成本函數

效率指標為：

$$\text{行銷作業效率：OE} = \frac{ob}{oc} \qquad \text{行銷決價效率：PE} = \frac{oa}{ob}$$

$$\text{行銷效率：ME} = \frac{oa}{oc} = \frac{ob}{oc} \times \frac{oa}{ob} = OE \times PE$$

理論上，ME = 1 時最好，即可求得最適之行銷量、投入使用量為何、成本若干及價差多少為合理等問題之解答。

4. 優缺點

(1) 缺點

①假定規模不變，即假定因素使用量不變，但通常規模是多變的。

②效率是相對的，而各最適規模不知為何？

③較難以函數來估計管理因素。

(2) 優點

　　雖對合理價差之界定較模糊，但不失爲評定效率之方法，即可作爲改進行銷體系，進而提高效率、降低行銷成本，尋求一合理價差。

四、利潤分析類

（一）利潤率

1. 意義

由利潤率之高低，得知各階段行銷商之獲利狀況，並由此探討其獲利合理性。

2. 理由

當一個市場爲競爭狀況時，其應無獲得超額利潤，而只得正常利潤，此時的行銷價差等於行銷成本。若行銷商有較高之利潤率，可能獲得超額利潤，則將使行銷價差擴大。

3. 計算方式

(1) 公式

　　①毛利潤率＝〔銷貨淨額－（進貨成本＋行銷費用）〕／銷貨淨額

　　　　　　　＝毛利潤／銷貨淨額

　　②毛利潤率＝毛利潤／（進貨成本＋行銷費用）

　　③淨利潤率＝營業淨利／銷貨淨額

(2) 應用

　　①比較各階段中間商之毛利潤大小。

　　②經營規模問題，可按某一期間（如每月）銷售數量分組，比較各規模獲利程度之差異性。

　　③分別計算中間商之營業淨利潤率，並與貨幣市場年利率比較。

　　④利用利潤率折算利潤額，進而求每人每日或每月之所得，並與農家或非農家之所得或製造業勞工所得來比較。

4. 優缺點

(1) 缺點

單比較利潤率，只考慮到單位利潤，未考慮總利潤。在應用時，遇季節性盛產或缺貨時，毛利潤率可能變動很大。由利潤率折算回利潤額，再求每月或年所得時，會產生很大偏差，因販運商之價格風險和利息負擔等因素，可能有賺有賠，單純之算數法折算，可能誤差極大。

(2) 優點

比較利潤率之高低，其法簡單，確實給予一個有無獲超額利潤之概念。

（二）與企業投資報酬率之比較

1. 意義

農企業的投資報酬率（ROI），應和相關產業的 ROI 相近或相等，如此才能達到資源分配最適效率。

2. 理由

在農企業，行銷價差的組成即受成本、損耗和利潤等三大因素之影響，若產業間的報酬率達到均等化，則全部的產業會處於一個「競爭均衡」之狀態，而此狀態下各個產業的社會剩餘將最大，資源分配為最適，各產業之價格也最合理。

3. 計算方式

(1) 產業間報酬率達到均等化狀態，是指 $P = min(AC) = MC$ 所實現之報酬率，此時只獲正常利潤，價格最合理。本小節提出農企業之 ROI 和相關產業 ROI 作比較，或與產業的平均報酬率作比較，經比較後，再求出一個較合理的 ROI 波動區間，在此區間波動之價格可謂為合理價格。

(2) 報酬率之公式，依分析目的而異其類型，在此不予列述，但可利用行政院國發會所發布之相關產業銷貨利潤率，或應用證券交易所所公布之各類股東權益報酬率予以比較。

4. 優缺點

(1) 缺點

①經濟循環會影響各產業，甚少產業能免於景氣繁榮或蕭條之影響，產

業的報酬率時有波動且不一致，於應用比較時，宜以同性質產業之
ROI 予以比較爲佳。

②產業的平均報酬率，或上市公司之股東權益報酬率，僅包括提出之公
司或企業，此一平均值可能只是參考值，並非絕對準確。

(2)優點：該比較提供一個實務上企業移轉機會成本之概念，如長期下，可知
產業間之報酬應是相差不多，亦同時消除經濟循環之因素。

（三）損益平衡點之分析

1. 意義

由該法計算損益平衡點，表示廠商只獲正常利潤，作爲求算合理價差之依據。

2. 理由

損益平衡點係指總收入與總成本相等之銷售量或銷售金額，將正常利潤設算在
總成本之內，達到平衡點之行銷成本等於行銷價差。

3. 計算方式

(1) 平衡點下某經濟活動之數量

$$= \frac{某經濟活動之總固定成本}{某經濟活動產品之單價 - \left(\dfrac{總變動成本}{某經濟活動之實際量} \right)} \qquad （5\text{-}3）$$

(2) 平衡點下某經濟活動之銷售金額

$$= \frac{某經濟活動之總固定成本}{1 - \dfrac{總變動成本}{實際總銷售收入}} \qquad （5\text{-}4）$$

4. 優缺點

(1) 缺點

①因總收入線與總成本線未必爲直線，故損益平衡點有時不只一點，難
以肯定爲某一點。

②如產品不只一種，平衡點下之銷售數量，無太大意義，應分門別類統
計才行，且面臨成本分擔之問題。

(2) 優點

可算出精確之合理成本水準，為會計之概念。

筆記欄

CHAPTER 6

行銷過程之價格發現

　　一般而言，價格決定與價格發現（Price discovery）有其差異，前者謂於不同市場和期間，經濟因素影響價格理論與方法，後者謂買賣雙方達成交易價格之過程。自由經濟體系下，廠商以追求最大利潤爲目的，在考慮成本與配合消費者的需要，求取最適產出的均衡價格，此種獲致最適產出最大利潤的決價分析，通稱爲價格決定理論（Theory of price determination），定價的準則爲邊際收益等於邊際成本。定價理論是建立在特定假設條件下始能成立，然而實務上頗爲複雜且非完全競爭，市場上廠商的行動、產品的不可分割性和需求的變動，使得定價理論應用至實務有所困難，因此決價的理念與方法應運而生。決價（Pricing）是在不完全競爭市場的廠商，爲應付其他廠商可能採取的行動，以爭取有利的市場採取的訂價策略，通常在不能達到最大利潤的情況下，在既定的決價策略上，以擴展產品市場、增加銷售來促進利潤的增加。質言之，決價的目的可歸納爲四大項：(1) 決價以達到投資的預期收益；(2)決價以求穩定價格及產量；(3)決價爲實現追求的市場占有率；(4)決價以求競爭地位之保持。

　　準此，本章開始起動「獲取價值」階段之決價，首先說明價格發現之意義與類型；其次，介紹農產品價格決價之方法及回顧 1990 年代之臺灣菸價及相關國家蛋價之價格發現之案例；最後，陳述農產品期貨市場與價格發現之關係。

第一節　價格發現之類型與評估

　　依 Tomek,W.G. 和 K.L.Robinson 於 1990 年對價格發現之定義，意指買賣雙方在達成特定價格與其他交易條件之過程，諸如拍賣與議價就是價格發現之方式。由於農產品市場受國民所得增加與消費者多樣化需求之影響，農產品市場結構除有近似純粹競爭外，尚有許多農產品的產銷涉及垂直整合（Vertical integration）的情形，致普遍存在寡占與獨占競爭之市場結構，已在前述章節驗證臺灣雞蛋市場不同階段之市場結構。因此，農產品的價格發現之類型則有多種。

一、農產品價格發現之類型

在國外，產地階段的價格發現，依建立農產價格之制度或機能，常用方式有個別議價（Private treaty pricing）、有組織市場交易或拍賣（Trading on organized exchanges or auctions）、公式決價（Formula pricing）、生產團體之集體議價（Collective bargaining）以及行政決價（Administrative pricing），下文依序說明之。

（一）個別議價

指買賣雙方之交易藉由面對面或以電話達成協議，當買賣雙方可獲得完整的市場資訊，則此議定價格頗近於競爭市場之均衡價格。一般而言，每筆交易決價不盡相同，常在某種範圍內，此亦反映出許多產品由於品質或地點不同而產生實質差異，另亦受議價技巧和能力之影響。早期美國的屠體牛肉、新鮮豬肉及牛乳皆曾利用該決價方式。惟受高交易成本之影響，且愈朝向商業化，則不採用該方式。

（二）市場交易或拍賣

謂藉由拍賣商、經紀公司或電腦化操作系統而達成交易價格的決定，該方式常用在現貨市場（Spot market）和期貨契約（Futures contracts），即以期貨價格作某程度調整，而成為現貨價格。拍賣市場是提供較難以標準化產品如牲畜或蔬菜之決價，而電子拍賣制度，賣方需依據產品之正確描述以替代實際觀察來進行交易，如早期美國雞蛋依其等級進行決價。當符合下列條件，則該決價方式之價格接近於均衡價格：(1) 交易量大；(2) 交易產品的品質可代表全部產品；(3) 買賣雙方參與交易人數眾多，故難操縱價格；(4) 交易者可得正確而完全資訊；(5) 價格在政府支持水準以上。當買賣雙方人數眾多，每筆電子交易成本將很小，同時亦可獲取更多有關議價情報，如 1990 年代美國之棉花、蛋類和豬肉即採用此種方式；正確描述產品和雙方互為信任，是電子交易制度有效運作之必要條件。近來來，臺灣之果菜、花卉及毛豬等的批發市場，也採用電子拍賣的制度（Huang, 2016）。

（三）公式決價

謂為計算交易價格之一個方程式，以公開市場報價為計算基礎，諸如中心市場

報價或特定地區支付生產者價格皆可作為此報價之基準。此種決價方式優點是具有非人為迅速和低成本來調節價格，然公式中的基價（Base price）正確性或代表性常是構成爭議焦點。近年來，美國農產品採用該決價方式呈增加之勢，如蛋類、豬肉批發和牛乳。

（四）集體議價

謂農民團體與買方議價，其議價能力視該團體對相關產品總供給之實質控制比率，另亦視銷售廠商特性和產品需求價格彈性。一般而言，由於中間商能將上漲之價格轉嫁給消費者，而其實質銷售量又不致遭受損失，若零售市場愈乏需求價格彈性，生產團體越容易議得高價，美國農民常藉由行銷訓令作為此議價之法令依據。

（五）行政決價

謂藉由政府機關或擁有實質市場力量之廠商所決定之價格，如政府保價收購、契作定價和加拿大雞蛋生產成本決價等即為行政決價之例。

上述價格發現方式，常隨經濟力量和市場結構而改變；前者如相對價格和成本因素，後者如農產品買方逐漸集中或廠商規模變大；依此，國外的上述決價方式似有朝向期貨市場和電子決價方法。

二、價格發現效率之評估準則

（一）價格發現效率（Pricing efficiency）之意義

Rashid 和 Chaudhry（1973）界定發現效率乃是要求在某一特定貨幣量下獲最大的產出；或在一定的產出下，可以最少的資源完成。Kriesbery 和 Steele（1974）提出發現效率乃指如何維持行銷競爭的局面，使消費者在市場上所願支付的價格恰好是某一產品適當產量的最佳標準。Kriesbery（1986）界定發現效率是關注行銷勞務的價格是否合理反映用於提供行銷勞務之生產資源的成本，即意味行銷過程是隨消費者欲望而予以調整。Kohls 和 Uhl（1991）謂發現效率是所決定的價格於配合消費者偏好下，促使資源作有效率分配之能力。陳新友（1981）認為發現

效率是指在現有技術與知識水準下，行銷業者或產業可以在最大可能的低成本基礎上營運，同時全部可能實現的經濟利益，均反應於市場運行之價格與價差之謂。

由以上可知，市場價格的形成、市場的競爭情形、行銷商的職能及農民分得比率等，皆與發現效率有關。在衡量發現效率之前，必須假設下列條件成立（Kriesbery, 1986），即：(1) 消費者能有充分的自由選擇市場中的產品；(2) 產品的價格能充分反應其所代表的價值；(3) 廠商能充分的自由進出市場；(4) 消費者所面對的市場之間存在競爭關係。

（二）價格發現效率之評估準則

決價效率的概念雖然很抽象，但仍可尋得幾個指標作為探討該行銷系統是否有效之基礎。下文係綜合整理幾個判定價格發現效率的傳統指標，茲說明如下。

1. 市場結構與競爭

該準則係以「完全競爭」作為比較的基準，即探討市場結構是否遠離「完全競爭」，當有超額利潤存在時，即表示具非完全競爭；若超額利潤愈大，則更遠離完全競爭之型態，亦即效率愈低。一般而言，以產業內廠商的特性為判定的基礎，如廠商數目、集中程度、產品特性、產品差異及新加入者參與之難易等，致所謂的「完全競爭」市場需具備許多的廠商、產品齊一性、進出容易及有完全的資訊。惟此種衡量方法缺乏一致性、精確性及客觀性。

2. 行銷價差

誠如 Chapter 5 指出，所謂行銷價差（Marketing margin, MM）是消費者所付價格與生產者所得價格之間的差距，是一個被廣泛採用衡量發現效率的指標。高行銷價差均被認為發現效率低的證據，主要原因歸諸於中間商太多，或是有壟斷性的中間商存在。若以行銷價差評估發現效率，需注意下列幾點：(1) 行銷價差高是否由於現代技術的應用，使產品生產成本大幅降低而造成；(2) 產品的生產地區，是否遠離市場地區，其主要是為降低生產成本，但卻增加運輸成本，所降低的生產成本足以抵銷所增加的運輸成本而有餘，因此仍具有效率，反之，無效率；(3) 針對易腐性的產品，為保持產品的鮮度，須額外支付冷藏成本，因而增加行銷價差；(4) 產品的形式是否改變，使消費者能立即消費，因而增加行銷價差；(5) 造成行銷價

差擴大，是否來自勞力成本的提高，尤其是零售階段，通常需要較多的勞力。基於此，若以行銷價差作爲評估發現效率之指標，則必非常審慎應用之。

3. 農民分得比率

所謂農民分得比率，係指消費者所支出的每一元之中，農民所獲得的比率。一般觀念，認爲農民分得比率愈低，則發現效率愈低；實則尚需考慮其他因素的影響，諸如行銷服務、行銷成本、利潤、市場情報等。

4. 消費者價格

通常消費者價格下跌，則認爲是發現效率高，反之，消費者價格上升，是否表示決價效率低，則頗值得商榷。由於影響商品價格變動的因素很多，如季節因素、貨幣供給、消費者所得、代替品與互補品的價格、一般價格水準、代替品的供給、行銷價差及政府的價格政策等。因此，以消費者價格之上升作爲判定發現效率的指標，似宜詳加考慮上述的影響因素。

5. 價格季節性變動率

價格之所以產生季節性變動，固然與供需之調節、儲藏功能及行情變動等有關，若價格的季節性變動率比一般標準爲高，則表示發現效率低。

6. 價格敏感度指標

此即所謂的價格傳遞（Price transmission）關係，價格敏感度指標乃表示各階段市場情報之流通程度，假如各市場之間價格漲跌的平均落遲天數愈少，則表示市場情報流通迅速，意味發現效率高。

第二節　價格發現方法與實例

就實務的觀點，爲實現上述之價格發現，農業方面亦常見有許多的價格發現方法，本節一方面介紹依據行銷學之決價（Pricing）策略常用的方法（Silk, 2006），二方面亦著重農產品價格支持的決價方法。另外，以 1990 年代之臺灣菸價和雞蛋產品爲例，說明臺灣與國外主要國家於 1990 年代有關蛋價之價格發現方式。

一、依決價策略（Pricing strategy）之發現方法

（一）成本加成決價法（**Cost-plus pricing**）

此方法最為企業界所普遍採用，即成本加上適當的比例作為價格，計算方法示如：

$$P = \frac{C}{q}(1 + \gamma) \qquad\qquad （6\text{-}1）$$

式中：C 為總成本，q 為總產量，γ 為利潤率。此種決價方法具有兩種不確定性，其一為成本估計，其次為適當比例（Markup）之選取。

一般公司對此兩種不確定性之處理方法，有關成本之處理是選擇一標準成本作為基本成本，基本成本是估計勞動單位成本、原料單位本及單位產出應分攤的營運共同成本（Overhead costs of operation）。然此單位成本並非以預計的全部產出單位求出，而係根據一個期間全部產量的 2/3 至 3/4 之標準產出為計算基礎。關於第二種不確定性，目前仍沒有確定的處理方法，一般乃選擇為維持價格長久穩定，並避免其他競爭者乘虛而入的主觀公平合理比例，若用於政府政策考慮，則以政策目標為訂定比例之依據。

成本加成法由於具有：(1) 簡單；(2) 在需求未知時能保證適當的利潤；(3) 價格穩定，不因需求之變動而變動；(4) 就公共關係而言，易為消費者接受等優點，已廣泛被採用。但此法亦有其缺點：(1) 未考慮購買者願望及購買力所表示的需求，並缺乏考慮未來之成本與需求；(2) 成本的觀念不正確，因不是以實際產出為成本估計基礎；(3) 缺乏對競爭者的反應及可能加入競爭的新廠商反應的考慮。由於有以上的缺點，此種決價法就廠商而言，只有在需求彈性或競爭結構未知的情況下較宜採用。

（二）變動比例決價法（**Flexible or variable markup pricing**）

此方法與上述方法相近，但不如上述方法被廣泛採用。該方法以基本成本加上變動的比例，所謂變動比例係隨景氣而變動，繁榮時期所加比例較大，不景氣時則

減少此比例。此方法因多少考慮需要在決價的條件，故較優於第一法。但因有以下缺點，而較少為廠商所採用：(1) 必須常對需求加以估計，花費較多的時間與精力；(2) 廠商在景氣蕭條時較喜歡用成本加成法（Cost-plus method），以維持較大之價格與成本之差距；(3) 差距（Margin）或比例可以變動，就失去公正價格的意義。

　　基於上述，一般農產品之成本加成決價型態有三種，一是固定數額之加成型態，即以成本為基礎，再加上某一固定數額之決價法；二是百分比加成型態，即以成本加上某一特定百分比之訂法；三是混合型的加成型態，即以成本為基礎，加上某一固定數額及某一特定百分比而形成之決價方法；上述各方法之計算公式示如：

　　1. 固定數額加成型態：售價＝成本＋某一固定數額

　　2. 百分比加成型態：售價＝（1＋某一特定百分比）× 成本

　　3. 混合型加成型態：售價＝某一固定數額＋（1＋某一特定百分比）× 成本

（三）差別決價（Differential pricing）

　　差別決價係指按購買者之不同購買量、不同地區、不同時間或不同用途而訂不同的出售價格。適用差別決價的商品必能滿足以下的條件：(1) 購買者的需求彈性不同；(2) 市場可按需求彈性的差異加以分割；(3) 分割的市場可加以隔絕，不致使低價的商品流入高價市場。差別決價依其程度可以分為三等級：(1) 第一級差別決價，即按每單位銷售量訂不確定價格；(2) 第二級差別決價，係每隔若干單位的銷售量作差別取價；(3) 第三級差別決價，則按購買者之所得、地理位置、個人嗜好以及消費習慣或其他因素之不同而差別決價。

二、農產品價格支持之發現方法

　　農產品價格支持水準的決價方法，主要可區分為五種：(1) 等值價格；(2) 等值所得；(3) 機會成本；(4) 生產成本加合理利潤；(5) 前期成交價格加最近數期平均價格變動率，茲依序分別說明之。

（一）等值價格（Parity price）

　　其目的在維持某產品價格水準，在計算期的購買力與基期購買力相等，購買力

係以「對等指數」（Parity index）或農民所付物價指數來平減。等值價格的計算可分為三個步驟，步驟一是求計算期的農民所付物價指數，步驟二是計算基期價格，步驟三係將前二項予以相乘即可得等值價格，其計算公式示如：

$$
某產品的等值價格＝基期產品價格 \times （計算期農民所付物價指數 / 100）
$$

$$
(6\text{-}1)
$$

此公式除便於計算等值價格外，尚可避免因價格支持水準而產生行政上溝通協調的困擾。惟此公式的運用，至少應注意二個事項：(1) 基期價格具有代表性或合理性，亦即基期的政治、經濟及社會秩序需為安定的時期，且採用數年的平均以減少循環變動的影響；(2) 計算期與基期的成本結構與技術水準應相當。

（二）等值所得（Parity income）

其目的在維持農民合理的所得水準，計算公式示如：

$$
某產品每公頃粗收益＝基期每公頃粗收益 \times （平均每公頃農業粗收益指數 /100）
$$

$$
(6\text{-}2)
$$

式中：每公頃粗收益等於每公頃產量乘以產品價格。

據此，由基期的粗收益可估算出計算期粗收益，若產量不變，則可估算產品之價格，以此價格作為保證價格。

（三）機會成本

生產因素用於生產某產品的機會成本，為利用其生產其他產品（對抗作物）所能獲得的純收益。將此機會成本加上生產成本即可得保證價格，其計算式示如：

$$
某產品的保證價格＝生產成本（含直接及間接生產成本）＋對抗作物的純收益
$$

$$
(6\text{-}3)
$$

此公式的運用，至少應注意四個事項：(1) 某產品的生長期與對抗作物的生長期是否相同？(2) 因素投入的結構是否相同？(3) 同期間因不同地區的對抗作物是否相同？(4) 生產成本應如何計算？

（四）生產成本加合理利潤

其目的在確保農業經營的「合理」利潤，根據生產成本再加某一百分比的利潤率作為保證價格，其計算公式示如：

$$某產品的保證價格＝生產成本（不含地租及利息）×（1+利潤率）+地租+利息 \tag{6-4}$$

此計算方式最大爭議在於生產成本的計算，其次為「合理」利潤的認定問題。一般而言，利潤率的決定往往涉及政治與經濟因素。

（五）前期成交價格加最近數期平均價格變動值

以前期成交價格作為基礎，較接近市場均衡價格，再藉由最近數期的平均價格變動率，來消除季節變動或循環變動，進而可得到較接近長期趨勢的價格水準，作為保證價格。此法雖可避免生產成本計算的困擾，亦有助於穩定價格，但對於提高農民所得之效果，尚有待探討，尤其對於實質價格的長期趨勢值有持平或下降的傾向者，除非其成本相對節省或下降，否則農民所得將難以有效提高，反而有降低之虞。

上述有關「等值」（Parity）的概念，係源自美國 1933 年的農業調整法案（Agricultural Act），其包括等值價格及等值所得，前者旨在維持每單位農產品的購買力，基期為 1910～1914 年；後者係在確保農家合理的相對所得水準，冀能與非農家達到相同的所得水準。美國等值的計算方式如前所述，但通常以等值價格的若干百分比作為支持價格，其百分比需視政治及經濟因素而定。由於等值價格在追求農產品價格的改善，以致背離市場均衡，如 1985 年和 1986 年的農產品市場價格均為等值價格的一半。在等值價格與等值所得政策的運作下，例如自 1964 年起的農家平均所得（包括農場所得與非農場所得）已超過全美家庭所得分配的中位數（Median），至 1983 年已達中位數的 118%；但另一方面，在當時也導致美國沉重

的財政負擔及某些農產品生產過剩，同時由於生產效率的提高，使得生產成本有降低的趨勢，因而有以生產成本作爲價格支持基礎之倡議。

三、價格發現之實例

（一）臺灣菸價之計算公式（劉欽泉、黃萬傳、黃炳文，1992）

1. 原公式與仿日公式

往昔的臺灣菸葉收購價格之計算公式迭有修正，如自 1981～1982 年至 1989～1990 年期的修正著重於成本計算內容，諸如人工基數、地租和資本利息等。此階段的計算公式係以調查之生產成本爲基礎，再以成本的 20% 作爲利潤，即生產成本加「合理」利潤作爲收購價格，其特點在於保障合理的菸農生產利潤。由 1990～1991 年期迄 1992 年底，採用仿日菸葉收購價格之計算方式，將物價指數列入考慮，此有助維持菸農的購買力。

(1) 原公式（1986～1990 年期所採用的公式）－計算公式爲：

$$每公頃總菸價 ＝（每公頃第一種生產費） \times 1.2 ＋設算地租＋資本利息$$

$$(6-5)$$

式中：

a. 每公頃第一種生產費

＝（每公頃人工基數）×（當地人工別各月份平均工資）＋機工費＋（苗床堆肥基數）×（當地當時堆肥別價格）＋（本圃堆肥基數）×（本圃堆肥別價格）＋（燃料基費）×（燃料別價格）＋農舍費＋材料費＋農藥費＋農具折舊費＋水利費＋雜費

b. 每公頃設算地租

＝（每公頃三七五租額）×40%（菸葉負擔率）×58%（自耕地比例）＋（租入土地租額）×42%（租入地比例）＋苗床地費

c. 資本利息

＝〔直接成本＋間接成本（不含地租）〕×0.0425×1.2× 調查期間／12

　　(2) 仿日公式（1990～1991 年期迄 1992 年底採用的公式）－計算公
　　　　式為：

$$每公頃總菸價 = Pb \times \beta \times \left\{ \frac{I_t}{I_o} \times K + \frac{W_t}{W_o} \times L \right\} \times 1.2 \qquad (6\text{-}6)$$

式中：P＝前五年平均訂定每公頃總菸價；

　　　b＝（前五年平均每公頃生產費）÷（前五年平均每公頃繳菸價款）；

　　　I_0＝前五年平均農作物生產所付物價用品類指數；

　　　I_t＝當年 3～5 月平均農作物生產所付物價用品類指數；

　　　W_0＝前五年平均農作物生產所付物價人工類指數；

　　　W_t＝當年 3～5 月平均農作物生產所付物價人工類指數；

　　　K＝前五年除自家勞力外生產費比例；

　　　L＝前五年自家勞力占生產費比例；

　　　K＋L＝1。

2. 菸價計算公式的特質

　　(1) 原公式的設算，係以生產成本為基礎，再加上「合理」或「目標」的
　　　　利潤率，此一決價方法可謂「成本加成決價法」（Markup pricing），
　　　　即如前述決價方法之生產成本加合理利潤。仿日公式基本上是一種
　　　　「等值」（Parity）價格的理念，故可稱為「等值價格決價法」（Parity
　　　　pricing），即前述決價方法之等值價格。

　　(2) 原公式和仿日公式的菸價計算，均以生產成本為基礎。

　　(3) 原公式和仿日公式的利潤率均設定為 20%，此 20% 的利潤率主要決定
　　　　於「政策」因素。

　　(4) 原公式計算之菸價變動的來源，主要是生產成本的變動。仿日公式計算
　　　　之菸價變動的來源，則較為複雜，就公式之結構而言，影響菸價變動的

因素可區分為三方面：①前五年平均訂定每公頃總菸價之水準；②生產
技術水準（包括生產成本及自家勞力費所占比例）；③外在因素（氣候
及物價水準的波動）；質言之，當其他條件不變，生產成本降低，將使
菸價降低；而當每公頃訂定總菸價、物價上漲、氣候惡劣以及繳菸價款
降低，均會促使菸價上漲；再者自家勞力費所占比例降低，可略微平抑
所付物價人工類指數的漲幅，使菸價變動不致太大，但若該比例提高，
則可能因人工類指數漲幅相對大於用品類指數，以致菸價變動加劇。

（二）臺灣雞蛋之價格發現方式

1. 價格形成之方式

例如，1997 年 6 月 1 日以前，按蛋商公會的報價制度，若 4 月 30 日產地蛋農
出貨予合作社或大盤商，以 5 月 2 日報載大盤價格扣除 2.0 元／臺斤，為合作社或
大盤商付予蛋農（4 月 30 日的散裝未洗選雞蛋）的結帳價格，5 月 2 日所刊載的是
5 月 1 日的行情價格。依此，欲知今日出貨的產地價格需待後天報紙大盤價減 2.0
元；由此，蛋價對反映雞蛋供需有時間落遲性。該公會界定的行銷價差大致為 7 元
／臺斤，即其中大盤商運費及利潤為 2.0 元，中盤商 3.0 元，零售商 2.0 元。由此，
每一行銷階段之價格形成示如圖 6-1，即蛋商公會決定大盤商的價格，由此價減 2.0
元即為蛋農所獲之產地價格，由大盤價格加上 3.0 元則為中盤商銷貨價格，再往上
加 2.0 元即為零售商的銷貨價格。

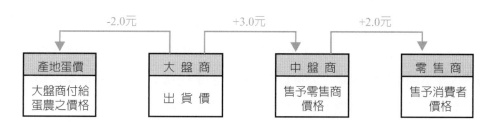

例：17元／臺斤←19元／臺斤→22元／臺斤→24元／臺斤
註：本例是未經處理散裝帶殼鮮蛋之各階段價格形成

圖 6-1　早期臺灣雞蛋價格的形成方式

由臺灣雞蛋報價之演變和運作，發現臺灣雞蛋價格之報價制度特點示如表
6-1。於決價主體方面，1990 年之前大致是生產者（團體）和行銷商間之更替，蓋
受雙方利益孰重之影響；1991 年～1997 年之間是兩方主體並存，但在 1997 年 6 月
以後，則以生產者為主。決價基礎方面，視決價主體而有不同的基礎。決價之市場
水準方面，亦是產地和中大盤互為交替。決價方式，除 1968 年之前以外，大致循
公式決價和集體議價；惟值得一提者，臺灣的公式決價異於國外者，一是基價的來
源，臺灣是由協議方式而得，國外則以自由市場之交易價格，二是該公式屬買賣雙
方的調整部分，臺灣是採固定金額的調整，國外則是按買賣雙方議定。

表 6-1　早期臺灣雞蛋價格之決價方式

	決價主體		決價基礎		決價之市場水準		決價方式*		
	生產者	行銷商	生產成本	行銷成本	產地	大中盤	I	II	III
1968 年之前	✓		✓		✓		✓		
1969～1981 年	✓	✓	✓	✓	✓	✓		✓	✓
1982～1985 年	✓		✓		✓	✓			✓
1986～1990 年		✓		✓		✓		✓	
1991～1997 年	✓	✓	✓	✓	✓	✓		✓	✓
1997 年 6 月之後	✓		✓		✓		✓	✓	

* I 是產地市場交易結果；II 是公式決價；III 是集體議價

2. 對臺灣雞蛋價格形成之評述

(1) 各報價制度合法性之爭議（黃萬傳，1992c）

由於過去蛋價形成大部分採用蛋商公會的決價系統，致首先詳述其合法性。
依據過去商業團體法的規定，公會負有下列之法定任務：①國內外商業之調查、統
計、研究、改良及發展事項；②原料來源之調查及協助調配之事項；③會員生產、
運銷之調查、統計及推廣事項；④技術合作之聯繫及推展事項；⑤會員合法權益之
維護；⑥會員業務狀態之調查；⑦會員產品之展覽等共十五項。上述有些活動具促
進競爭的效果，因為企業間訊息的流通，將使廠商更有效率的進行競爭，也可能使
廠商的規模經濟得以實現，因而增強其競爭力量。但若競爭者間的訊息交流，合作

演變成正式的聯合行為，如早期蛋商公會的聯合協議報價及壟斷特定地區的蛋源，勢造成減緩競爭，提高產品價格的危險。

依上述公會的法定任務，公會的活動意含：①公會只能主導過去、現在的價格與生產量；②對價格改變的事前通知，不能經由公會通知其他的競爭者；③公會不能發布遵守某一價格的協議；④公會不能公布黑名單，或鼓勵同業杯葛的做法；⑤提供同業公會成員的訊息，對其他的人也要能夠提供；⑥公會成員不能主張或提供特定價格、銷售條件或生產數量。職此，早期蛋商公會的報價顯係與法不合，即就當時的公平交易法觀之，其可能涉及聯合行為和不公平競爭之規範。

另觀察其他的報價機制，當時主要是行銷合作社來主導；雖其依合作社法成立，而該法亦未有授予決價之權力，因而其合法性是有爭議的，其一是當時農產品市場交易法第六條，是否操縱價格；其二是當時公平交易法的聯合行為之外，或未容許蛋農自由決定價格。

(2) 缺乏明確的決價基礎

早期不論是蛋商公會或合作社的報價，共同的缺點是其價格協議的基礎不明，如蛋商公會對蛋價調整的決定，常端視少數委員的存貨多寡，而無確切的行銷成本或生產成本作為協議的依據。而當時國外利用自由市場報價或如美國農業部報價為基價，亦遭質疑；早期國內之上述報價亦被當作公式決價基礎誘導該基價正確性與代表性的問題，遂導致相關業者、政府、消費者和學者之質疑。

(3) 不合農產行銷原理

依消費者導向和零售商營運風險較大之原理或事實，依調查結果（黃萬傳，1994a），雞蛋的行銷價差固定且零售階段又較小，各行銷階段的價差並非如 2-3-2 之固定，即「大盤—中盤」階段的行銷成本是各階段最高者，其價差比率為 1.36-3.65-1.71，呈現中盤商有超額利潤，即壓低付予大盤的價格；職此，此種價差固定顯係違反行銷原則，且構成違反轉售價格之規範，中盤商和零售商未具備自由決定價格的意願。再者，由前述得知價格形成與雞蛋供需有時間落遲性，今日供需所決定的價格需待後天方得知；依此，上述的決價制度似是雞蛋市場常有失衡現象之主因，遂提升蛋農所面臨的短期價格風險；依 1991 年月別各行銷階段蛋價所計算的不穩定係數，顯示產地階段價格不穩定程度較其他階段來得大得以佐證之。

(4) 蛋價未反映雞蛋品質

依經濟理論，價格係市場供需力量運作的結果，需求代表消費者對產品價值的評價，而供給表示生產者投入因素應獲報酬的之水準，價格就是生產者和消費者對該產品有同一評價之表示。準此，早期除洗選蛋或加工蛋品受附加勞務影響而有不同等級售價外，一般的帶殼鮮蛋，在同一市場階段具一致的蛋價，尤其在產地階段，蛋農不僅是價格接受者，而且其接受程度不因雞蛋品質而異。基於此，當時的報價制度似促使「劣蛋驅逐良蛋」，致存有不適當的換羽制度，即一方面影響蛋農生產效率，二來促使雞蛋品質的惡化。

（三）國外主要國家雞蛋之價格形成

1990 年代，加拿大實施兩價制度，即區分帶殼鮮蛋和加工用雞蛋的價格；後者價格係以確保加工業者可獲得國際競爭價格，以美國中西部加工存貨為計算基礎，顯示政府未干預此加工價格的決定。至於帶殼鮮蛋部分由加拿大雞蛋行銷局依生產成本公式決定生產者價格，即分級站依此價格向蛋農收購雞蛋，未干預批發商和零售商之轉售價格；由此，顯示該國對蛋價的決定僅及於產地階段之生鮮用部分，其餘行銷階段或用途為自由市場決定。

同上述年代，英國方面受歐盟共同農業政策的影響，其雞蛋價格屬選擇性保證的一種；一方面透過干預價格（Intervention price）來維持國內市場價格之穩定，即當歐盟價格低於指導價格（Guide price）或目標價格（Target price）5～10% 時，以干預價格或經由一組係數與換算因素，計算干預收購價格（Intervention buying-in price）收購過剩雞蛋；二方面藉由管制水閘價格來調節進口部分，即當進口價格加水閘價格之 7% 的進口捐仍高於歐盟價格時，以國際穀物價格及穀物門檻價格（Threshold price）之價差比率換算附加稅率，另徵收變動稅，致稅後價格等於或高於歐盟價格；職此，呈現當時英國的雞蛋決價係以政府干預為基礎，用在產地、零售和加工用等階段。

1990 年代，美國雞蛋價格的形成與 Urner Barry 報價有關，該一報價係每天發布行銷系統各市場蛋價的變化，且作為大部分地區蛋價之參考價格，即為協議公式決價的方式；申言之，該決價方式係基於連接買賣雙方私下協議價格和 Urner Barry

報價（Base price）之數學公式，大多數美國東部雞蛋決價用此報價。另當時美國農業部市場消息，反應零售商支付包裝蛋之價格變化，亦作爲參考價格之一種，西海岸雞蛋決價以此爲主。於美國，公式決價方法用在直接貿易、契約結合、議價及期貨契約；由於美國雞蛋產業是契約結合之類型，該決價方式係用在「集貨—分級」站賣雞蛋予批發商之階段，以及分級雞蛋賣予零售和糧食服務門之階段。依此，顯示當時該國對蛋價的決定，以報價爲主，加上此報價和交易價格之考量因素。

同樣地，1990 年代之日本蛋價，則採平準基金制，決價公式爲：

$$P_1 = P_0 \times I \times L \times V$$
$$I = C_1/C_0 \qquad\qquad\qquad (6\text{-}7)$$
$$L = 1 - ((Q_1 - Q_2)/Q_0) \times J$$

式中：P_1：基準價格；P_0：基準年雞蛋交易價格；I：生產成本指數；C_1：當年估計雞蛋生產成本；C_0：基準年平均雞蛋生產成本；L：供需修正指數；Q_1：當年估計雞蛋供給量；Q_2：當年估計雞蛋需求量；J：供給彈性；V：年間平均價格與最低月價格之比率。

上述基準價格係作爲蛋價安定基金補貼蛋農之依據，即產地市場交易價格低於基準價格，透過契約會員（全農或全雞聯）支付參加蛋農之價差。職此，呈現該國對蛋價的決定，並不直接干預各級市場，僅以基準價格作爲政府或產業團體安定蛋價之基準。

由早期各國決價方式，發現其共同點：(1) 考量蛋農生產成本，即決價方式係立足於生產者立場；(2) 除英國外，加拿大、美國和日本對批發或零批和零售階段之價格形成均依自由市場機能。相異點方面：(1) 就產地價格水準而言，形成方式由自由市場決定至政府或團體決定，即日本採自由市場，美國採報價加上協議價格，加拿大是法定團體決定，英國是政府干預決定；(2) 僅加拿大涉及帶殼鮮蛋和加工蛋等兩價制度，其他國家則關心帶殼鮮蛋之決價；(3) 日本的蛋價形成較具穩定價格之功能，而加拿大的蛋價穩定則間接透過控制母雞數量之配額制度；(4) 除

美國外，其他國家的蛋農所得價格皆含蓋規費（Levy），用來支持雞蛋產業的相關發展。茲就上述分析結果，摘其重點示如表 6-2。

表 6-2　1990 年代先進國家雞蛋價格形成方式之比較

	決價方式	決價基礎	影響市場階段	穩定蛋價之手段	含規費	依雞蛋形態
加拿大	成本加成	生產成本	產地	間接	是	是
英　國	政府干預	目標價格和進口價格	各市場階段	直接	是	否
美　國	公式決價	報價	產地	無	否	否
日　本	自由市場*	市場交易價格	產地	直接	是	否

*：當低於基準價格時，有安定基金之干預
資料來源：黃萬傳（1992b）：*為實施運銷協議會對於現行雞蛋之運銷通路、市場結構與價格形成之綜合調查分析*，臺中：國立中興大學農產運銷學系所，第 85 頁。

第三節　期貨市場功能與價格之關係

　　國外期貨市場（Futures markets）的起源甚早，日本早在 1730 年設置稻米期貨市場，美國則於 1848 年成立芝加哥交易所（Chicago Board of Trade, CBOT），於 1865 年始有期貨交易；發展迄今，芝加哥、紐約、東京及倫敦等地為世界期貨市場的重鎮。就期貨市場的交易項目而言，其種類不一而足，依契約量之多寡，主要有金融商品、農產品、股票指數、通貨、貴金屬及能源等；就美國而言，農產品期貨市場已是玉米、大豆、活牛、糖、小麥及毛豬等產品之重要決價的機構，亦構成另一農產品的行銷制度。

　　期貨市場乃藉由期貨交易（Futures trading）予以運作，所謂期貨交易係指買賣雙方按照期貨交易所（Exchange）之規定，從事上市契約的買賣，約定未來指定日期，按目前所約定的價格付清價款並交割某特定標準之特定商品的契約交易。其可提供多種經濟功能，諸如風險移轉（Risk shifting）和價格發現（Price discovery）；一般而言，期貨交易制度的設計，主要使避險者（Hedgers）得以移

轉價格風險於投機者（Speculators），使避險者得以透過期貨交易制度，預先鎖定未來在市場上買進或賣出的價格，從而穩定其成本或利潤。投機者則採用與避險者相反的操作策略，承受避險者既有的價格風險；由此，投機者不僅有助於提高市場流動性而且充裕市場的可用資金，有助於市場穩定。

基於此，本節主要著重農產品期貨市場之功能，尤其是藉由不同期貨交易方式之價格發現功能。

一、期貨市場及其特質（Atkin, 1989; Barker, 1989）

所謂期貨市場是一有組織的單位，提供藉由期貨契約以完成期貨交易的一種場所。由此，期貨市場是一種投資的媒介，其是金融市場，亦是藉著自由市場的機能，可發現商品的遠期價格，即透過對沖或投機運作，它是商品價格發現的地方。為促使期貨交易順利的進行，其需有期貨交易所，以公開方式作為買賣期貨契約的特定場所，它是一個會員制的組織，僅有交易所會員才有資格在交易所進行交易，其並不影響價格的運作，交易所成立的目的僅提供會員交易所需的設備，訂定公平的交易規則。交易所內除設有理事會、各委員會及行政部門外，結算所（Clearing house）是一個重要組織，主要作為期貨交易結算工作的單位，並且保證與監督每筆交易契約的履行，與督導實質商品的交割。

綜合上述，可歸納期貨市場具有下列特質：

（一）藉由高度標準化合約（**Highly formalized and standardized contracts**）的市場活動

期貨契約是在一個有組織的交易所進行買賣，除契約價格係由公開方式決定外，其對買賣雙方身分、上市商品規格、數量、品質、交割時間與地點及價格變動幅度等都有明文規定。準此，期貨契約是一個高度標準化合約，交易者不需考慮品質之差異，也不用尋求特定的買方或賣方，交易因此而得以活絡，參與者可隨時進出。

（二）在最後交易日前期貨契約必需結清（Settlement of contract）或平倉

期貨契約是定型化契約，市場參與者在委託期貨經紀商買進或賣出後，建立空頭或多頭的方式（Position），如欲了結已建立的方式可於契約到期前做反向沖銷交易（offset），或於契約到期月或到期日進行交割。事實上，大部分期貨交易者目的不在取得實質商品，幾乎 98% 以上之契約，均在契約期間，以一數量相等、方向相反之契約予以平倉，而不進行交割。

（三）期貨市場具純粹市場的條件

依個體經濟學，一個完全競爭市場具備：(1) 買賣雙方人數眾多，致無人對價格具影響力；(2) 齊質性的產品，其特性可客觀地衡量與說明；(3) 自由進出；(4) 參與交易者對生產、存貨、價格及配銷具充分的資訊；(5) 決策與運作具獨立性與非人格化（Independence and impersonality of decisions and operations）。依上述條件，首先在一個活躍的期貨市場是有許多參與交易活動者，如加工業者、行銷商、運輸業者及其他交易避險者和投機者，其來自世界各地；另在期貨市場內每一跳動的點（One tick）需確保交易量的最大化，以防止獨占的發生，由此意味其是極小化個人對交易活動的影響；由此，期貨市場交易滿足上述的第一條件。

依前述期貨契約的特性，得知該契約係經由嚴格的契約設定，一個期貨契約的重要特性是具可交換性且其品質特性可明確地認定；準此，期貨交易滿足上述的齊質性的第二條件。就自由進出的條件觀之，由於有結算單位的制度，即使交易者僅有小額保證金，亦可能進場買賣且可進行反向沖銷，期貨市場運作滿足上述的第三條件。

於期貨市場，所謂充分資訊，一是指交易量必需是公開，交易者由此可瞭解該交易量所產生的價格，即由交易所所記錄的價格是對所有的人完全公開；二是指有關交易商品的資訊，期貨市場本身收集與公布可用的資訊，包括交易商品之產量、存貨流向及用途的大量資訊；由此，期貨市場滿足上述的第四條件。最後，關於獨立性與非人格化的條件，乃是基於對市場參與者藉由組織與規範來達成，所有契約均在交易所內進行，融資的擴張是禁止的，所有買賣者對提出買價和賣價均具均

等機會，大多數交易者不知道其交易對方是誰；然就實際運作的觀察，交易活動有時會受利益團體的破壞；依此，於法規和理論面，期貨貨市場是滿足上述的第五條件，惟於實際運作觀點，則不能完全滿足「獨立性」的條件。

綜觀上述，除第五條件外，期貨市場是滿足完全或純粹競爭市場的條件，意味期貨市場的價格尚足以呈現供需的實況，致參與交易後似可導致社會之淨福利最大；另方面意味期貨市場是一個有效率的市場，致可應用有效率市場的假說（The efficient markets hypothesis, EMH）。

二、農產品期貨市場之條件及其功能（Kohls and Uhl, 1991）

依期貨的發展歷史，得知農產品是最早在期貨市場交易的標的物，發展至今仍屬重要的期貨商品。過去曾有的與目前存在之農產品及其加工品之期貨市場類型，包括穀物料（玉米、燕麥、稻米）、林產（柱材、木材）、油籽（大豆、葵花仔油）、織品原料（棉花、絲）、牲口商品（豬腹脅肉、毛豬、活牛）及食用商品（馬鈴薯、鮮蛋、橘汁、可可、咖啡、茶、糖）。另就該商品之儲藏性與存貨觀點，該類型可分為：(1) 具可儲藏有連續性存貨，如穀物，其基差（Basis）深受存貨、利率、物價及其他變數之影響；(2) 半易腐有少量存貨，如蛋類、馬鈴薯及洋蔥，其基差亦受上述因素影響，然程度較輕；(3) 易腐性無存貨，如活牛和毛豬，其基差受當期和預期之供需的影響。

（一）農產品期貨市場之條件

1. 標的物之條件

就交易標的物之屬性條件而言，首先是與標的物直接相關的條件有齊質性（Homogeneous）、具可分級且標準化（Grades and standardization）、具大的供給量與需求量、價格具不穩定或波動大及具可儲藏性；其次是與標的物間接相關的條件，如屬原料性產品、需有廠商支持及無法規障礙和政府干預。

以農產品為契約標的物的條件，有下列各項：

(1) 農產品價格具波動性（Price volatility）：由於受農業生產、農產品消費、農產品存貨或自然條件等變動引起農產品價格之波動，促使參與期貨交易具有風險且衍生投機利潤之可能性。

(2) 具齊質性：此是界定「滿意契約」的必要條件，由此齊質性，農產品在期貨市場方得以品質分級和標準化。

(3) 農產品市場結構需具「競爭性」：此即滿足前述完全競爭市場的條件，即需有多數之消費者、生產者及交易者，否則不滿足上述價格波動性的條件，另可免除其控制市場的機會；由此，意味在交易之交易量值需足以支持期貨交易之規模。

據 Atkin 於 1989 年指出，上述條件並不構成期貨交易存在之必要和充分之條件，但上述條件提供解釋許多農產品為何無期貨交易的有用線索。此外，由前述期貨交易的分類，得知農產品的儲藏性已不再是重要條件，蓋如活牛、毛豬及鮮蛋等在目前的期貨交易是頗為活絡；其次，由於美國肉雞（Broilers）和大豆油（Soybean oil）之市場活動具供給面高度集中現象，然其期貨市場亦為活絡，致「競爭性」條件亦受質疑；最後，玉米、大豆及小麥是農產品期貨市場的主要標的物，然其供需與市場結構深受美國政府農業計畫的影響，即政府干預的產品亦可成為期貨市場熱門的交易對象。

2. 成功期貨市場之條件

觀察研究有關期貨市場之文獻，早期認為設置一個期貨市場的條件大致著重在過去經驗所提出的期貨商品的條件。1977 年，Hieronymus 指出期貨市場不被利用，乃導因於利用者未獲得利潤；然誠如前述，成功的期貨市場是零和賽局，對買長和賣短者同具吸引力。一般而言，探討期貨市場成功的條件可由歷史和理論觀點予以說明。

(1) 依期貨市場歷史之成功條件

①法規的條件：除有無規範外，主要是某些期貨商品在違反期貨法規的規定，致予以取消其交易，如美國的洋蔥和馬鈴薯期貨。

②市場需符合存在的經濟基礎：就農產品而言，所謂經濟基礎係指交易量足夠大、具轉嫁風險、生產或需求具季節波動性及政府不可太過分干預價格形成。就美國的期貨而言，儲藏蛋（Storage egg）不滿足上述經濟基礎，交易量逐漸萎縮。

③期貨契約條件對買賣雙方是公平的：蓋契約條件不公平，基於零和賽局觀點，買賣雙方的利潤係以對方的犧牲而獲得。如美國的火雞期貨長期不利於生產者，致該商品交易亦淡出期貨市場。

④不受利益團體的抵制：因一個活絡的期貨市場表示競爭程度的提升，促使買賣雙方處在競爭狀態，致若有利益團體介入期貨市場活動，阻礙期貨交易的競爭性，則該期貨市場注定走向失敗之途。如早期美國洋蔥和棉花油籽之期貨乃受利益團體藉由政治或生產者抵制，致未能繼續期貨交易。

⑤市場需具投機行為：就對沖廠商（Hedging firms）而言，買長和賣短方式（the short and long positions）似永無平衡，投機性對對沖方式和活絡市場是重要的。

(2) 依理論觀點之成功（必要）條件

①技術面的可行性：首先是契約條件，誠如前述，對買賣雙方需公平，由此意味於交割過程需有最小化不完全性的功能。其次是有關產品的特性，如生產具季節性和可儲藏性，蓋訂定此等商品的期貨契約相對較為簡單，第三需有利用期貨市場的經驗。

②經濟面的可行性：該條件涉及對沖買賣的潛在需求與配合交易成本的需求；前者如滿足對沖的產量、移轉價格的風險潛力、增加對沖利潤、有對沖的潛在代替品（如現貨遠期契約）；後者如需有許多買賣雙方，即在活絡市場內單一交易之價格效果是小的，致其利用市場的成本亦是小的。由此，意味許多買賣雙方係促使市場力量分散，吸收投機商從事交易以利活絡市場。

（二）農產品期貨市場之功能（Atkin, 1989）

前已述及期貨市場乃是風險管理之一種，雖其與保險計畫是一體兩面，然前者較為複雜，且在風險管理更具重要角色。農產品是期貨市場重要契約項目，基於農產品不同於其他期貨商品，下文進一步析述農產品期貨對農業的功能。

1. 價格發現與活絡市場之功能

由於期貨市場的參與者除避險者外,尚有為數眾多投機者參加;因此,形成近似完全競爭之市場,復以套利者(Arbitrageurs)利用現貨與期貨市場二個不同市場或二個不同期間之期貨市場操作或不同之期貨市場,使得各不同期間的期貨價格不致與現貨市場價格背離,從而產生合理期貨價格。該價格代表所有市場參與者對未來市場價格之預期,其所含的價格訊息比個人估計值正確,最足以正確反應商品的供需情況,該貢獻為期貨市場價格發現的功能。期貨市場係以公開方式進行交易,交易完成時即將成交價格透過媒體傳送各地,由此呈現商品之未來的現貨價格資料,期貨市場自然為決定商品價格的地方。

農產品期貨市場乃是眾所關注的農產價格之信息來源,當修訂買賣契約經由結算所之結算,價格資料立即輸入交易所的電腦報價系統,透過資訊網路傳送予海外市場行情。期貨價格為一純價格(Pure price),即所有交割和品質等均具標準化。就歷史觀點,如芝加哥期貨交易所對建立該等資訊是重要的。

為建立公平價格,在市場內需有許多的買賣雙方。市場活絡性對期貨市場的成功是重要的,蓋其可促成有效率買賣活動;一般而言,一個成功的期貨市場需有「對沖者」的支持與「投機者」的參與。就主要農產品的期貨價格而言,它是世界商品貿易重要的參考價格。

2. 藉由對沖和儲藏價格的決定建立現貨與期貨之價格關係

由於農產品較具供給的季節波動,需求較為穩定,由此引起價格波動時供需雙方皆不利;由此,足夠的倉儲設備將可減少現貨價格波動,然需有儲藏利潤方足以誘導倉儲行為。因現貨價格變動是否足以含蓋儲藏成本,致儲藏過程具有價格風險,糧商可藉由期貨市場來降低該風險程度。早期的研究強調期貨市場具有決定儲藏性產品價格的特性,即二個月後期貨價格等於現貨價格加二個月儲藏成本,但此種貼水(Premium)常因對沖而等於所有的儲藏成本。若期貨價格大於此種費用,則誘導儲藏行為,以賺取其間差額。在一個正常的期貨市場,遠期期貨(Distant futures)價格應高於近期期貨(Nearly futures)或現貨之價格,該關係表示在現貨市場有剩餘的商品,致誘導未來的儲藏。一般而言,未來的商品價格等於現在價格加儲藏成本;因此,若市場呈現相反的儲藏成本,則不再儲藏拋售至現貨市場,此

種情況常發生在「歉收後之季節且對下一期具豐收的預期」的情況，期貨價格將不利於儲藏至下一期的產品。

因大部分期貨契約到期並無交割發生，但其可能採實物交割，若期貨價格太高，套利出售期貨買入現貨並予儲藏；反之，則買期貨，賣現貨；此等行為促使現貨與期貨之價格連結，導致當期貨契約到期時，兩種價格是一致的。基於此關係，商品存貨持有者藉由賣期貨契約來對沖其存貨，因無完全對沖，致所有對沖者均具基差風險。期貨市場並不是由實質商品交易而去除風險的機構，該市場提供價格變動風險由對沖者轉移至投機者之機能。顯然地，對沖者與投機者之差異在於風險態度，影響期貨市場運作與市場活絡性。

3. 建立遠期價格（Forward prices）的功能

依上述價格發現功能且允許對沖，則期貨市場可確切地建立未來不同時期之價格，然此非對未來現貨價格的預測。未來供需的預期影響現貨與期貨之價格，對遠期價格的建立需視存貨與期貨價格配置存貨原則而定；無論如何，在農產品的期貨價格存在「預期」因素。就易腐性和不具儲藏利潤之農產品而言，期貨價格是接近未來現貨價格之預測值，如美國活牛、毛豬和馬鈴薯，該等期貨市場係關注傳送供需決策信號予未來的現貨市場。

4. 減少價格波動與不確定的程度

農產商品價格是相當不穩定的，由此衍生此等商品生產者之所得不穩定，導致短期行銷與長期投資之決策困難。事實上，期貨市場有利於緩和不穩定的衝擊；當價格不穩定的路徑是不確定的，則不穩定的價格確是一個問題，由於期貨市場的存在，致此等不確定可藉此而降低。其次，期貨市場可消除不穩定的水準，當不穩定對投機者具吸引力，投機者的活動可削減此一波動。一般而言，投機者對高價出售和低價買進頗具敏感性，此來可敉平高低的價格，於淺盤的期貨市場，藉由投機者增加交易量有助減少對片斷資訊的敏感性。

（三）期貨市場之價格發現

價差交易（Spread trading）係指在同一市場或相關市場，買進一筆期貨，同時又賣出一筆期貨之交易，其種類有同市場不同交割月份之價差交易、不同商品間的

價差交易及不同市場間之價差交易等七種組合；價差交易對於期貨市場提供市場流通性（Liquidity）及促使偏離常軌之價格關係趨於正常。

　　屬大宗物資之農產品期貨，包括玉米、黃豆及小麥等，價格透過價差交易或套利與現貨價格產生關聯，當基差到期時趨向於零，致期貨到期時之價格一定等於現貨價格。於未到期前，期貨價取決於現貨價、尚存期限、利率、購買現貨成本及持有成本等因素。若期貨價格（Fit）不等於現貨價格（Pit）加上持有成本（COt），則有套利活動。應用持有成本理論與預期理論，期貨價格應等於投資者預期未來交割日的現貨價格。

　　令 Et(Pit) 為風險中性投資者在時間 t 時預期到期時（T）之現貨價格，則據預期理論，有 Fit, T = (PiT)；投資者在時間 t 依據其所有資訊預期 T 時點之遠期商品現貨價格 Et(PiT) 為目前即期價格 Pit、持有成本（COt）及機會成本（ORt）之和，即 Et(PiT) = Pit + COt + ORt；依此，現貨價格為 Pit = Et(PiT) – COt – ORt。若考量風險逃避之投資者與未來價格之不確定性，則投資者持有現貨應承擔之價格風險，宜加入風險報酬（REt），即 Et(PiT) = Pit + COt + ORt + REt，致考量風險時之現貨價格為 Pit = Et (PiT) – COt – ORt – REt。

CHAPTER 7

行銷過程之價格傳遞

　　一般而言，由個體經濟學（Microeconomics）所探討的價格行為模式，概分為：(1) 長期的競爭均衡模式，價格水準視生產函數內的因素價格而定；(2) 依利潤最大化假設的短期價格行為，含供需決定的均衡價格、失衡價格及同時考量產出和存貨的決價行為；(3) 短期的加成決價模式（Markup pricing model），如 Heien 於 1980 年針對該加成形式的決價，驗證美國二十二種糧食商品的不對稱決價行為。

　　就農產行銷觀點，Kinnucan 和 Forker 於 1987 年界定價格傳遞（Price transmission），係指一農產品價格在不同市場階段間的因果（Causality）、領先—落遲（Lead-lag）和不對稱（Asymmetry）等諸關係；其亦指出，一般價格傳遞之理論模式，並未完整含蓋前述三項關係，而只偏在解釋價格傳遞過程之經濟因素、或描述傳遞過程的動態特性、或認定影響價差（Price spreads）的非傳統因素。就查考國外相關價格傳遞之研究文獻（Miller, 1979; Boyd and Brorsen, 1985; Pick et al., 1990），一方面發現大部分對價格傳遞的研究著重在畜產品（如豬肉和牛肉）項目，二方面顯示價格傳遞行為，除受產品特性影響之外，行銷制度及其變動是影響該行為不可忽視的因素（Ziemer and White, 1982）。在國內方面，對農產品價格傳遞的研究，亦以畜產品如豬肉、牛肉、雞肉及雞蛋為主題。

　　依上述，得知價格傳遞的分析，乃構成研究行銷過程之決價行為不可或缺的一環。本章首先說明價格傳遞的基本觀念，其次解析價格傳遞的衡量方法，並綜合說明不同市場階段間之價差與價格傳遞之關係，最後以 1990 年代臺灣地區雞蛋價格傳遞作為實證例子。

第一節　價格傳遞之模式

　　依前述所界定的價格傳遞意義，得知價格傳遞係由「困果關係」、「領先與落遲」及「不對稱性」所組成；因此，本節分就此三部分的意義予以說明，由此發展農產品市場間之價格傳遞模式。

一、因果關係與領先落遲

因果關係主要是涉及價格在前述不同市場階段之間的影響方向，首由 Granger（1969）提出檢定因果方向的統計方法，即有兩個時間系列，$\{Y_t\}$ 和 $\{X_t\}$，存在下列關係：

$$Y_t = \sum_{i=1}^{k} \alpha_i Y_{i-1} + \sum_{i=1}^{k} \beta_i X_{i-1} + \mu_t \qquad (7\text{-}1)$$

若 $\beta_i = 0$（$i = 1, 2, ..., k$），則 X_t 未克成為 Y_t 變動的原因（X_t fails to cause Y_t）。另 Sims（1972）提出與式（7-1）類似的概念，其略去式（7-1）右邊的第一項，增加第二項 X_t 的未來訊息，示如：

$$Y_t = \sum_{j=-k_1}^{k_2} \beta_i X_{t-j} + \mu_t \qquad (7\text{-}2)$$

檢定 $\beta_{-j} = 0$（$j = 1, 2, ..., k_1$），即未來 X_t 訊息的係數為 0，則表示如同 Granger causality（1969）之意義。表 7-1 係依式（7-2）的理念，界定因果方向的判斷條件。

表 7-1　判定因果方向之條件

迴歸關係	未來訊息之係數	方　向
Y_t 對 X_t X_t 對 Y_t	顯　著 不顯著	由 X 對 Y 之單向影響
Y_t 對 X_t X_t 對 Y_t	不顯著 顯　著	由 Y 對 X 之單向影響
Y_t 對 X_t X_t 對 Y_t	顯　著 顯　著	X 對 Y 之間有雙向影響
Y_t 對 X_t X_t 對 Y_t	不顯著 不顯著	X 對 Y 之間是獨立

資料來源：Heien, D.M. (1980) "Mark-up Pricing in a Dynamic Model of the Food Industry." *Amer. J. Agri. Econ.* 62: 10-18.

「領先─落遲」的關係是說明某一市場（如零售）階段的價格變動對其他市場（如批發或產地）階段價格變動的反應，並不是即時的，而是具有落遲分配的特性。Kinnucan 和 Forker（1987）指出，導致此「領先─落遲」關係的因素，不外是：(1) 由於農產品的儲藏、運輸和加工所引起的常態惰性（Normal inertia）；(2) 某一市場階段重新訂價的代價；(3) 市場結構的不完全和資訊傳布的差異；(4) 價格報導和收集方法的特性。基於此，Ward（1982）指出，該等「領先─落遲」關係可藉由分配落遲函數（Distributed lag function）表示之。

二、不對稱性的反應

至於不對稱性的反應（Asymmetric responses），首由 Tweeten 和 Quance（1971）依可逆轉（Reversibility）關係從事變數分割而提出此概念；爾後，Wolffram（1971）依據供給函數不可逆轉（Irreversibility）的特性予以說明，即：

$$Q_t = a_0 + a_1 WPU_t + a_2 WPD_t \qquad （7\text{-}3）$$

式中：Q_t 表示在時間 t 之供給量，WPU_t 和 WPD_t 分別表示在時間 t 的價格（P_t）上升和下跌之各期總和，表示為：

$$
\begin{aligned}
WPU_t &= \sum_{i=1}^{t} \Delta PU_i \\
\Delta PU_i &= P_i - P_{i-1} \qquad 若\ P_i > P_{i-1} \\
&= 0 \qquad\qquad\ 其他
\end{aligned}
\qquad （7\text{-}3'）
$$

$$
\begin{aligned}
WPD_t &= \sum_{i=1}^{t} \Delta PD_i \\
\Delta PD_i &= P_i - P_{i-1} \qquad 若\ P_i < P_{i-1} \\
&= 0 \qquad\qquad\ 其他
\end{aligned}
\qquad （7\text{-}3''）
$$

Houck（1977）與 Kinnucan 和 Forker（1987）據此予以修正和擴展，彼等認為導致價格不對稱性之現象，主要是受產品特性如偏好或代替品和有限資訊等的影響，並將式（7-3）修正為：

$$Q_t = a_0 + a_1 P_t + a_2 TWPU_t + a_3 TWPD_t \qquad （7\text{-}4）$$

式中：$TWPU_t = \sum_{i=1}^{t} \Delta PMIN_i$, $\Delta PMIN_i = PMIN_i - PMIN_{i-1}$, $PMIN_i$ 指在時間 i 之最低價格；$TWPD_t = \sum_{i=1}^{t} \Delta PMAX_i$, $\Delta PMAX_i = PMAX_i - PMAX_{i-1}$, $PMAX_i$ 指在時間 i 之最高價格。依此，若式（7-4）之 $a_2 < 0$，則導致價格不對稱性之緣由是來自「偏好」因素，由圖 7-1a 表示 Q_t 和 P_t 之間受此緣由影響而形成的不對稱性（Young, 1980）；若式（7-4）之 $a_3 < 0$，則由圖 7-1b 表示因代替品而形成的不對稱性。若式（7-4）之 $a_2 > 0$，則因有限資訊導致不對稱性，如圖 7-1c。

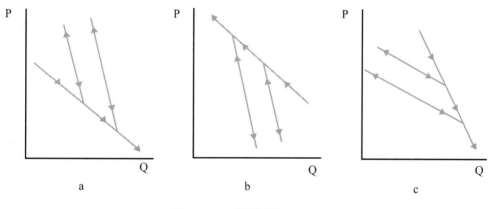

圖 7-1　不對稱關係的類型

三、價格傳遞模式

綜合上述構成價格傳遞三大關係之說明，並參照圖5-3，就任何兩個（甲和乙）市場階段間之價格傳遞模式，可表示為：

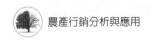

$$R_t = \alpha_0 T_t + \sum_{i=0}^{m_1} \alpha_{1,i} FU_{t-1} + \sum_{i=0}^{m_2} \alpha_{2,i} FD_{t-1} + \alpha_3 MS_t + \varepsilon_t \qquad (7\text{-}5)$$

式中：R_t 表示甲市場價格；T_t 表示時間趨勢；FU_t 和 FD_t 分別表示乙市場價格上升和下跌之變數；MS_t 表示該兩市場間之行銷勞務或價差；ε_t 表示隨機殘差項。$\alpha_{1,i}$ 和 $\alpha_{2,i}$ 分別表示乙市場價格上升和下跌對甲市場價格影響之淨效果；若甲和乙市場價格作同步上升和下跌，則 $\alpha_{1,i}$ 和 $\alpha_{2,i}$ 是呈正號；若甲市場價格對乙市場價格上升和下跌的反映具對稱性，則可預期 $\alpha_{1,i} = \alpha_{2,i}$。

第二節　價格傳遞之衡量

以上是說明價格傳遞之基本觀念及由此建立理論模式，由於為實證的需要，本節就進一步說明於實證的過程，對於「因果關係」、「領先─落遲」及「不對稱性」等成分之計算方式。

一、價格領先與落遲之測定方法（Sims, 1972）

茲介紹 Almon（1965）Lag 之方法來測定價格落遲，蓋其最適落遲具最明顯均衡乘數（Equilibrium multiplier），藉由乘數效應影響經濟行為與其效果朝向均衡水準。

Almon Lag 為一有限分配落遲模式（Finite distributed lag model），其計量模式為：

$$Y_t = \gamma + \beta_0 X_t + \beta_1 X_{t-1} + \cdots + \beta_n X_{t-N} + e_t \qquad (7\text{-}6)$$

$$\beta_i = w_0 + w_1 i + w_2 i^2 + \cdots + w_p i^p \qquad (7\text{-}7)$$

式中：Y_t 表示因變數，X_{t-N} 表示自變數，N 表示落遲期數，p 表示階次，e_t 假設符合平均數為 0 且變異數為 σ^2 之常態分配。計量推估方法，係採用 LS（Least squares）系列予以推估，估計式具有最佳線性不偏（Best linear unbiased estimator,

BLUE）。在計量實證推估之前，須先決定最適落遲期數（Lag length）和最適階次（Order），藉由該最適落遲期數之決定，作爲判定價格供給反應落遲之依據；在決定最適落遲期數時，設定階段（P）等於推估不同落遲期數之落遲數（N），即：

$$P_N = N_N \Rightarrow \beta_i = w_0 + w_1 i + w_2 i^2 + \cdots + w_N i^N \qquad （7\text{-}8）$$

以 LS 系列方法分別推估之。一般決定最適落遲期數的判定方法有：R^2 最大法、$\bar{R}^2$ 最大法、SC（Schwarz criterion）最小法、AIC（Akaike information criterion）最小法以及 t-test 或 F-test。基於推估係數顯著性以增加模式之配適度（Goodness-of-fit）的考量，主要採取 t-test 或 F-test 之判定，並輔以其他判定方法；t-test 判定法以最大落遲期數（Maximum lag length）（M）分別推估 Almon Lag 模式，直至落遲期數爲 0，而後分別檢測不同 Almon Lag 模式中之最大落遲係數之 t 值，以第一個出現顯著者爲最適落遲期數。F-test 亦以最大落遲期數爲判定起始值，述之如下：

首先設立虛無假說（Null hypothesis, H_0^i）及對立假說（Alternative hypothesis, H_a^i）序列：

$$
\begin{aligned}
&H_0^1 := M - 1 \quad (\beta_M = 0) &\quad &H_a^1 := N = M \quad (\beta \neq 0) \\
&H_0^2 := M - 2 \quad (\beta_{M-1} = 0) &\quad &H_a^2 := N = M - 1 \quad (\beta_{M-1} \neq 0) \\
&\qquad \vdots &\quad &\qquad \vdots \\
&H_0^1 := M - i(\beta_{M-i-1} = 0) &\quad &H_a^1 := N = N - i - 1 \quad (\beta_{M-i-1} \neq 0) \\
&\text{且} i = M > P
\end{aligned}
\qquad （7\text{-}9）
$$

上述之假說檢定爲條件式檢定（Conditional test），即前一虛無假說並不被拒絕（Rejected）時，下一個虛無假說方可被繼續檢定，其含義爲若前一個虛無假說被拒絕，則對立假說所設之落遲期數即爲最適落遲期數。依此，以最大落遲期數開始推估檢定，而最先虛無假說被拒絕之對立假說所設的落遲期數，即爲最適落遲期數。其判定統計量爲最大概似比率（Maximum likeligood ratio）（λ_i）：

$$\lambda_i = \frac{SEE_{M_{-i}} - SSE_{M_{-i+1}}}{\delta^2 M_{-i+1}}, SSE_{M_{-i+1}} = (Y - X_{M_{-i}} + B_{M_{-i+1}})'(Y - X_{M_{-i+1}} + B_{M_{-i+1}});$$

$$B_{M_{-i+1}} = (X_{M_{-i+1}}{}' X_{M_{-i+1}})^{-1} X'_{M_{-i+1}} Y ; Y = X_{M_{-i+1}} B_{M_{-i+1}} + E ; B'_{M_{-i+1}} = [\gamma\beta...\beta_{M_{-i+1}}]';$$

$$X_{M_{-i+1}} = \begin{bmatrix} 1 & X_1 & X_0 & \cdots & X_{-(M_{-i+1})+1} \\ 1 & X_2 & X_1 & \cdots & X_{-(M_{-i+1})+2} \\ \vdots & \vdots & \vdots & & \vdots \\ 1 & X_T & X_{T-1} & \cdots & X_{T-(M_{-i+1})} \end{bmatrix} ; \sigma^2 M_{-i+1} = \frac{SSE_{M_{-i+1}}}{T - (M_{-i+1}) - 2}$$

$$(7\text{-}10)$$

式中：T 表示樣本數目；λ_i 為 F 分配，判定準則（F-value）為 F（1,T-M$_{+i-3}$）。有二個問題需予說明，之一是最大落遲期數如何決定，Jugde, et al.（1988）認為應不超過落遲十期，而 Gujarati（1988）指出應低於資料筆數之 20%；之二為顯著水準（Significance level）問題，即若設定一般起始顯著水準問題，即若設定一般起始顯著水準為 α，則真正顯著水準 (α_i') 應是：$\alpha_i' = 1 - \prod_i (1 - \alpha)$。

二、不對稱性之測定方法

關於不對稱性反應（Asymmetric responses）關係，最早由 Tweeten 和 Quance（1971）依可逆轉（Reversibility）關係從事變數分割，把變數變動之上升及下跌視為兩種變數；後由 Wolffram（1971）依據供給函數不可逆轉（Irreversibility）的特性予以修正，把變數改成累加方式；Kinnucan 和 Forker（1987）亦提出修正和擴展，彼等認為價格不對稱現象，蓋受產品特性如偏好或代替品和有限資訊等影響。

設有 $\{X_{ik}\}$ 數列，i = 1, 2, ..., n；k = 1, 2, ..., m；X_k' 表示 X_k 變數上升；X_k'' 表 X_k 變數下跌。首先 Tweeten 和 Quance 處理方法是：

$$X_{ik}' = 0 \quad 當 \ X_{ik}'' > 0 \tag{7-11a}$$

$$X_{ik}'' = 0 \quad 當 \ X_{ik}'' > 0 \tag{7-11b}$$

其次，Wolffram 處理方法是：

$$X_{ik}' = X_{ik}$$
$$X_{nk}' = X_{n-1,k}' + \Phi(X_{nk} - X_{n-1,k}) \tag{7-12a}$$
$$X_{ik}'' = X_{ik}$$
$$X_{nk}'' = X_{n-1,k}'' + (1+\Phi)(X_{nk} - X_{n-1,k}) \tag{7-12b}$$

式中：X_{1k} 為 X 數列之第一項資料；若 $(X_{ik} - X_{i-1,k}) > 0$，則 $\Phi = 1$；若 $(X_{ik} - X_{i-1,k}) \leq 0$，則 $\Phi = 0$。

第三，有關 Houck 處理方法是：

$$X_{ik}' = \sum_{i=2}^{n}(X_{ik} - X_{i-1,k})；若 X_{ik} > X_{i-1,k}$$
$$= 0 \qquad\qquad ；其他 \tag{7-13a}$$
$$X_{ik}'' = \sum_{i=2}^{n}(X_{ik} - X_{i-1,k})；若 X_{ik} < X_{i-1,k}$$
$$= 0 \qquad\qquad ；其他 \tag{7-13b}$$

以上對價格上升變數與下跌變數之計算結果，係作為式（7-5）之實證計算之用，而計量結果可用 F-test 檢定不對稱公式（Kinnucan and Forker, 1987）：

$H_o：\Sigma$（上升變數係數）$= \Sigma$（下跌變數係數）

$H_a：\Sigma$（上升變數係數）$\neq \Sigma$（下跌變數係數）。

三、行銷價差與價格傳遞之關係

依上述構成價格傳遞之三個關係，並參照圖 5-1 和圖 5-3，以下試圖連結價格傳遞和價差，擬透過任何兩個市場間價差之價格傳遞關係，來表達與價差相關連之某市場價格變動到底對價差有無影響？當價格上升變數和價格下跌變數之變動，價

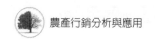

差反應是否具對稱性？若不對稱，則通路成員之得失如何？申言之，價差之價格傳遞模式似可間接表現市場力量大小之關係，以計量模式示如：

$$M_t = a_0 + \sum_{i=0}^{n_1} a_{1,i} \quad PU_{t-1} + \sum_{i=0}^{n_2} a_{2,i} \quad PD_{t-1} + \varepsilon_t \qquad （7\text{-}14）$$

式中：M_t 表示兩個市場間之價差；PU 和 PD 依次表示某一價差關連之市場價格上升和下跌變數；n_1 和 n_2 分別為 PU 和 PD 之分配落遲期數；ε_t 表示隨機殘差項；a_0 表示價差成分在內之截距項；$\Sigma a_{1,i}$ 和 $\Sigma a_{2,i}$ 分別表示市場價格上升和下跌對價差影響之淨效果。若 $\Sigma a_{1,i}$ 呈正號或 $\Sigma a_{2,i}$ 呈負號，分別表價格上升變動或價格下跌變動使價差擴大。若 $\Sigma a_{1,i}$ 呈負號或 $\Sigma a_{2,i}$ 呈正號，則分別表示價格上升或價格下跌變動使價差縮小。若價差對市場價格上升和下跌的反應具對稱性，則可預期 $\Sigma a_{1,i} = \Sigma a_{2,i}$。

據式（7-14）為含截距項之行銷價差反應價格傳遞式，然各階段價差是否存在一個固定加價之定價行為而形成截距項，則需藉由計量方法進行價差型式之檢驗（Margin form test）。

$$\begin{aligned}
\text{若 } PR &= PW + MM，且\ MM = a + bPW & （7\text{-}15） \\
&= PW + (a + bPW) \\
&= a + (1 + b)\,PW \\
\text{即：} PR &= A + BPW & （7\text{-}16） \\
\text{令 } a &= A，B = (1 + b)，則\ b = B - 1
\end{aligned}$$

式中：PR ＝ 零售價；PW ＝ 批發價；MM ＝ 零售價－批發價 ＝ 價差；a、b、A、B 皆為常數。

若求得 B，依 B ＝ (1 + b) 可求得 b，並代入式（7-15），求得價差方程式 MM ＝ a + bPW 之迴歸式（7-15）後，若 a 之 t 值顯著，表示價差有固定價差之決價行為，若 b 之 t 值顯著，則表價差有依價格加成之決價行為。若迴歸式（7-16）之 A

的 t 值顯著，表示價差有固定因子存在，若 B 之 t 值顯著，表示價格變動性關連很高，但不一定代表 b 也顯著，表示價差有依價格加成之決價行為。雖式（7-15）與式（7-16）之係數可互求，但其迴歸式之統計意義卻有所差異，此為有些文獻判定價差型態用兩市場價格迴歸，所犯的統計推理上之錯誤。

四、價格資訊與價格傳遞

由前述，得知資訊不完整性為導致價格傳遞不對稱性之一要素，而資訊的不完全、高成本與不對稱傳遞（Asymmetric transmission）等導致資訊的不完整性（McCalllum, 1976; McDonough, 1963）。Stigler（1961）與 Garbade 和 Silber（1976）指出，資訊不完整性是隨時存在，儘管在高度競爭市場亦不例外。Grossman and Stiglitz（1976）研究顯示，即使市場主事者擁有完全的資訊，其仍無法充分反應所有可用的資訊，顯然在理性預期假說下，資訊完整性是值得商榷。

依企業管理，得知資訊是決策之母，即資訊為現代經濟決策的重要依據（Koontz and Weihrich, 1990）。所謂資訊理論（Information theory），係指闡述「資訊來源→傳播管道（含外來干擾）→接受者→資訊目的地」之原理與方法（McDonough, 1963）。就個體水準，影響單一產品市場供需因子的資訊均會影響其價格的決定，致價格是資訊的綜合表現。基於此，市場價格的決定乃是一資訊問題，含蓋價格離散和資訊效率。

Rothshild（1973）指出，價格離散係起因於市場價格受連續隨機性影響和供需雙方不易收集資訊，致價格呈現為一個分配；Stigler（1961）進而指出，「價格離散是衡量供需雙方面對資訊不完整性之工具」。依圖 7-2，DD' 表示需求者資訊收集強度對價格離散度之反應，S(D) S'(D) 表示供給者對需求者資訊收集強度增加之價格離散反應，即供給者價格離散反應為需求者資訊收集強度之函數；於 DD' 和 S(D)S'(D) 之交點 E，表示有完整資訊的單一商品市場，價格離散與資訊收集強度的均衡水準。依 Paroush（1986）的分析結果，一方面得知若需求者之價格離散度愈大，其資訊收集強度愈強；二方面發現當供給者面臨需求者增加資訊收集強度，其價格離散度會減少。

一般而言，測定市場價格離散宜包括：(1) 各市場階段之價格差異；(2) 各市場價格分配特性及其極值分配範圍；(3) 各市場階段議價能力。由變異數分析（Analysis of variance, ANOVA），計算各市場階段間之價格差異性；依 R.A. Fisher 的最小顯著差異（Least significant difference, LSD）（Ott, 1977）計算每一市場階段內之價格差異性。至於價格分配特性，可以 Lilliefors Test（Sandy, 1990）檢定其是否為常態分配，分配的範圍則以全距（Range）表示之。

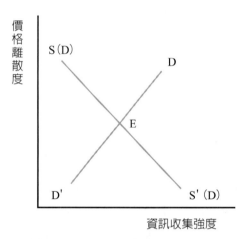

圖 7-2　資訊與價格離散之關係

資料來源：Paroush, J.(1986) "Inflation, Search Costs and Price Dispersion." *J. of Macroeconomics* 3: 329-336.

有關衡量市場階段議價能力，以價格分配之偏態（Skewness）表示，即由此顯示市場買賣雙方何者之議價能力較強。若價格分配為左偏態，意味該市場價格之平均數（Mean）小於其價格之中位數（Meadian），賣方的議價能力小於買方，即前者為價格接受者；反之，若價格分配為右偏態，表示賣方的議價能力大於買方，後者為價格接受者。若市場價格為常態分配，則呈現買賣雙方對價格同具競爭決定力量。

利用 Lilliefors（1967）Test 來測試 n 個樣本市場的價格分配是否為常態分配，其虛無假說是第 i（i = 1, 2, ..., n）市場價格分配為常態分配，對立假說則為第 i 市場價格不為常態分配。若所有市場價格棄卻常態分配的虛無假說，意味市場價格分

配爲一非對稱分配；由此，一方面說明此等市場價格爲一分配，而非單一價格，致符合前述 Rothschild（1973）之「價格呈現爲一個分配」之論證；二來表示「樣本市場價格分配的形狀和位置，可以利用該市場的平均價格和標準差予以描述」。

依各市場價格所計算的偏態係數（Coefficients of skew），若係數爲負，表示該分配爲左偏態；反之，若係數爲正，則該分配爲右偏態。至於所計算的樣本係數值，可藉由常態分配予以檢定（Ott, 1977）。若產地市場價格均爲左偏態，表示生產者相對缺乏議價能力，而各中間商市場價格皆爲右偏態分配，表示各中間商階段之市場賣方較具議價能力。就產地水準而言，由於生產者是價格接受者，致呈現買方（大盤商）有足夠的市場力量（Market power），因而形成買方有決定價格的力量。

一般而言，可用一隨機變數機率分配之峰度（Kurtosis）衡量市場價格的資訊效率（林俊明，1990）；峰度係數（Coefficient of kurtosis）係衡量該機率分配尾部的厚度（Heaviness of the tails of a distribution）（Ott, 1977）。若峰度係數等於 3，則該分配爲常態；若該係小於 3，則該分配爲低闊峰；反之，若係數大於 3，則爲高狹峰。若所計算的係數大於 3，其意含的經濟意義有兩方面，其一是樣本市場價格分配較集中於平均價格，其二表示較有效的價格資訊。

第三節　價格傳遞之實證

由於在 1991 年至 1994 年之間，國內農產物價的變動，頗受生產者、消費者及政府的重視，遂當時政府單位研提「改進農產品產銷穩定價格措施」以因應之，而穩定雞蛋價格亦爲被選定的九大產品對象之一。細觀該措施的內涵，建立合理的價格形成與交易之制度，乃爲改善雞蛋行銷制度之重點；依此，一方面意味臺灣雞蛋決價制度是促使蛋價波動和市場失衡（Market disequilibrium）之主因，二方面呈現該制度左右市場間的價格傳遞（Price transmission）。

臺灣雞蛋的行銷制度，於 1997 年 6 月 1 日以前，呈現包銷制度與固定行銷價差的報價制度之特性，由此衍生蛋價落遲反映雞蛋的供需關係；質言之，該落遲現

象是否意味蛋價在各市場階段間（產地、大盤、中盤和零售等市場）的傳遞有不對稱性的存在？由蛋商主控蛋價的決定，對產地和零售市場間的價格具有何種因果關係？凡此，逐構成本節以早期臺灣雞蛋為價格傳遞實證例子之主要原因。

一、模式設定（王祥，1993）

依據圖 7-1，由於蛋商主控蛋價的形成，致各市場階段間之蛋價呈現大盤（P_1）階段的蛋價是主導產地（P_f）、中盤（P_m）和零售（P_r）等階段的蛋價，即依序存在 $P_f = f(P_1)$、$P_m = f(P_1)$ 及 $P_r = f(P_m)$ 之關係；依此，該形成方式異於一般所謂「產地」→「批發」→「零售」之因果連鎖（Heien, 1980）。另外，為瞭解行銷價差的變動受價格變動的影響程度，亦設定 $P_r = f(P_f)$ 之關係。由於行銷勞務隨時間而改變（Kinnucan and Forker, 1987），因而 Pick, et al.（1990）指出，可用一個趨勢變數（Trend variable）衡量於分析期間有關行銷勞務成本的制度變動。基於上述，針對前述不同市場階段的蛋價關係，而形成 $P_f = f(P_1)$、$P_m = f(P_1)$ 及 $P_r = f(P_m)$ 和 $P_r = f(P_f)$，逐可依序改寫式（7-5），作為蛋價傳遞之實證模式：

$$PF_t = a_0 + a_1 PLU_t + a_2 PLD_t + a_3 T + e_{1t} \tag{7-17}$$

$$PM_t = b_0 + b_1 PLU_t + a_2 PLD_t + b_3 T + e_{2t} \tag{7-18}$$

$$PR_t = c_0 + c_1 PMU_t + a_2 PMD_t + c_3 T + e_{3t} \tag{7-19}$$

$$PR_t = d_0 + d_1 PFU_t + a_2 PFD_t + d_3 T + e_{4t} \tag{7-20}$$

有關上述各式右邊，表示價格上升和下跌變數的計算方法，以下採用和比較 Tweeten 和 Quance（TQ）（1971）、Wolffram（WO）（1971）和 Houck（HO）（1977）等可（或不可）逆轉之處理方法。

上述表示蛋價傳遞的實證模式，已符合不對關係的條件，由圖 5-1，雖可表示市場階段間的因果關係，惟需藉由表 7-1 的判定條件予以計量認定；另對落遲行為，以 Almon Lag 予以推估。最後，以表 7-2 列示有關實證所用變數之意義與資料處理。

表 7-2　有關實際模式所用變數之意義和資料說明

變數意義	資料處理與說明
雞蛋產地價格（PF）	產地價格（F，新臺幣元／公斤），有週（1989 年第 1 週至 1992 年 8 月第 4 週）、月（1987 年 1 月至 1992 年 8 月）及季（1981 年第 1 季至 1992 年第 2 季）資料之區分；$PF_t = F_t - F_o$，0 為上述資料別之第一項資料
雞蛋大盤價格（PL）	大盤價格（L，新臺幣元／公斤），僅有如同上述期間之週資料 $P_{L_t} = L_t - L_o$
雞蛋中盤價格（PM）	中盤價格（M，新臺幣元／公斤），僅有如同上述期間之週資料 $PM_t = M_t - M_o$
雞蛋零售價格（PR）	零售價格（R，新臺幣元／公斤），有關週、月和季資料期間如同產地價格之區分；$PR_t = R_t - R_o$
各價格上升變數（PLU、PMU、PFU）	計算方法示如式（7-11）至式（7-13）
各價格下跌變數（PLD、PMD、PFD）	計算方法示如式（7-11）至式（7-13）

二、實證結果與說明

（一）因果方向之檢定結果與說明

依據第 123 頁圖 5-1 所誘導各雞蛋行銷階段間之價格關係，利用 SHAZAM 和 RATS 等套裝軟體，經由式（7-1）的 Granger causality 和式（7-2）的 Sims causality 等檢定結果，示如表 7-3；因缺乏月和季的大盤與中盤價格資料，故未列檢定結果。於 Granger 的因果檢定方面，首觀週資料的檢定結果，除「產地←→大盤」與「中盤→大盤」不具顯著外，餘皆在 t 分配之顯著水準（α）為 1% 下顯著；基於 Granger 因果係以檢定落遲的影響關係，致此等結果尚符合前述雞蛋報價與蛋價形成架構的特性；對月和季資料的檢定結果，呈現月資料意味產地與消費地間具有落遲互動的關係，而季資料的檢定結果，顯示消費需求影響蛋農的生產決策。其次，Sims 的因果檢定結果方面，除週資料的「中盤→大盤」與季資料的「產地→零售」不具顯著外，餘皆具統計意義；由此隱含的經濟意義，一是月資料呈現產地與消費地間具有領先互動的關係，二是消費需求的預期對蛋農的活動具有重要的影響。

基於上述，經由 Granger 或 Sims 的因果方向檢定，一來發現「大盤對產地」、「大盤對中盤」及「中盤對零售」確具影響關係，二來是資料週期左右各市場階段的價格關係，似是週期愈短愈能顯現該等價格的關係。

表 7-3　1990 年代臺灣雞蛋不同行銷階段市場價格關係之因果方向檢定

迴歸關係	Sims Causality Test			Granger Causality Test		
	季資料	月資料	週資料	季資料	月資料	週資料
PF 對 PR[1]	顯著 **[2]	顯著 **	顯著 **	顯著 **	顯著 **	顯著 **
PR 對 PF	不顯著 *	顯著 **	顯著 **	不顯著 *	顯著 **	顯著 **
PM 對 PR	−	−	顯著 **	−	−	顯著 **
PR 對 PM	−	−	顯著 **	−	−	顯著 **
PL 對 PM	−	−	不顯著 *	−	−	不顯著 *
PM 對 PL	−	−	顯著 **	−	−	顯著 **
PF 對 PL	−	−	顯著 **	−	−	不顯著 *
PL 對 PF	−	−	顯著 **	−	−	不顯著 *

1. PF、PL、PM 及 PR 已界定在表 7-2
2. ** 和 * 分別表示以 t 分配檢定 α 之水準為 1% 和 5%

（二）領先－落遲關係之檢定結果與說明

前已述及各行銷階段的市場價格之因果關係，然為估計各價格間的不對稱關係，乃應用分配落遲模式的 Almon 落遲（或謂 Polynomial lag）類型予以檢測各市場價格之「領先－落遲」關係，其結果示如表 7-4。在領先關係方面，週資料的計算結果，呈現：(1)「產地－大盤」間之價格互有領先 7 星期；(2)「大盤－中盤」間之價格，則是中盤領先大盤 1 星期；(3)「中盤－零售」間不具領先關係；(4)「產地－零售」間亦互有領先 7 星期。月資料的計算，「產地－零售」間亦互有領先 3-4 星期之關係，但季資料卻有產地領先零售 9 個季。

表 7-4　1990 年代臺灣雞蛋不同行銷階段市場價格之「領先—落遲」關係之檢定

	領先期數		落　遲　期　數		
	原始資料	原始資料	TQ 處理[2]	WO 處理[2]	HO 處理[2]
	週月季	週月季	週月季	週月季	週月季
PF = f(PL)[1]	7 − −	2 − −	10 − −	5 − −	4 − −
PL = f(PF)	7 − −	2 − −	1 − −	5 − −	5 − −
PM = f(PL)	0 − −	0 − −	10 − −	5 − −	5 − −
PL = f(PM)	1 − −	0 − −	1 − −	5 − −	5 − −
PR = f(PM)	0 − −	0 − −	10 − −	4 − −	4 − −
PM = f(PR)	0 − −	0 − −	1 − −	5 − −	5 − −
PR = f(PF)	7 4 9	0 0 9	10 6 4	5 9 6	5 9 6
PF = f(PR)	7 3 0	0 0 0	7 4 7	5 7 6	5 6 5

1. 同表 7-3 之註解，如 PF 等已界定在表 7-2
2. 係依序利用式（7-11）、式（7-12）和式（7-13）處理原始資料後所形成之資料系列

　　至於「落遲」關係方面，原始資料之檢定，僅有週的「產地—大盤」間互有 2 個星期的落遲，以及落遲 9 個季的產地價格反應到當期的零售價格。若將原始資料依式（7-8）、式（7-9）和式（7-10）的可（或不可）逆的處理，發現各市場價格關係均互有落遲關係，且 WO 和 HO 所處理的資料系列呈現的落遲關係較為一致，即週資料具有 5 個週的落遲，月資料有 6-9 個月的落遲，季資料則介在 4-7 個季的落遲。

（三）不對稱性之測定結果與說明

　　依據前述因果方向和「領先—落遲」等檢定結果，配合式（7-17）至式（7-20）之設定，以最小平方法（Ordinary least squares, OLS）進行迴歸分析，結果示如表 7-5。由於表示有關行銷勞務成本之制度變數（T）不具統計意義，且與 Pick 等人（1990）之實證結果一致，蓋受驗證期間過短，致勞務成本變動幅度相對地小，故於實證結果未列示該變數的結果。大致而言，不論資料類別和處理方法，各迴歸關係之 R^2 配合 F 值之檢定均在顯著水準 1% 下顯著；而各偏迴歸係數，除月資料以 TQ 處理之下跌變數之係數不顯著之外，其餘的均在 t 分配檢定之顯著水準 1% 下顯著；換言之，上述迴歸結果具統計意義。

　　首觀 HO 處理之不對稱性，週資料顯示：(1) 雞蛋產地價格的變動相對上較具

反映大盤價格下跌的情況，即其幅度較反映上升者高出 4.94%，但由於上升和下跌之係數皆為正號，致產地價隨大盤價做同方向的調整；(2) 中盤價格的變動相對上較反映大盤價格上升的情況，即 3.55%，因係數符號皆為正，致兩者價格亦朝同方向變動；(3) 零售價格的變動似對中盤價格的上升和下跌的反映具對稱性，但兩者亦作同方向的調整；(4) 零售價格的變動相對地反映產地價格的上升，即 8.28%。而以月或季資料，零售價格變動相對地反映產地價格的上升，其幅度各為 4.00% 與 7.27%。

其次，觀察 WO 處理之不對稱性，由於受此處理方式之影響，所得上升變數之係數全為正號，而下跌變數皆為負號，以下的比較採係兩者係數之絕對值。週資料顯示：(1) 雞蛋產地價格變動較具反映大盤價格下跌，幅度為 7.79%；(2) 中盤價格的變動較反映大盤價格的上升，幅度為 0.11%；(3) 零售價格的變動較反映中盤價格的下跌，幅度為 0.15%；(4) 零售價格變動相對地反映產地價的上升，即 0.58%。該處理方式的月或季資料，皆呈現零售價格變動較具反映產地價格的上升，幅度依序為 5.05% 和 3.89%。

最後，觀察 TQ 處理之不對稱性，發現不論資料類型或迴歸關係，均呈現依變數的變動（如產地價格）均具反映自變數（如大盤價格）的上升，且其幅度頗大。基於該處理方式所獲得的 t 值或 R^2 值均遜於前述兩種處理方式，又所得的反映幅度似不符合實際，致不採用 TQ 處理的計量結果。

綜合 HO 和 WO 處理之不對稱性的計量結果，一來發現產地價格較偏向因應大盤價格下跌而變動，其幅度界在 5%～8%，揆其理由，蓋受固定行銷價差報價制度之影響，即由蛋商公會決定大盤價後，依圖 6-1 的架構，扣 2.0 元 / 臺斤作為付予蛋農的價格，而該結果與黃萬傳（1992b）驗證結果是一致的，即雞蛋價格向上調整的速度小於向下調整的速度，尤其當有市場超額供給時，當期均衡價格與上一期價格水準之差距遠大於市場處於超額需求之情況。第二的發現，是零售價格較偏向因應產地價格上升而變動，其幅度界在 4%～8%，導致此結果的理由如同前述。第三的發現，是「大盤－中盤－零售」間之價格變動似具同步調整，但其間之中盤價格變動較反映大盤價格上升的部分，此結果可由 1993 年 1 月份蛋價下滑（產地和大盤皆降低），但中盤商仍然維持原價之現象得以佐證；另大中盤間的行銷價差

雖為 3.0 元／臺斤，但依黃萬傳（1992b）結果呈現其價差為 3.65／臺斤，此乃受中盤商較缺乏反映大盤價格下跌，致拉大該階段的價差。

表 7-5　1990 年代臺灣雞蛋各市場階段行銷價差對相關市場價格傳遞之不對稱檢定

	截距項	上升變數係數之和	下跌變數係數之和
MAR1=f(PFU , PFD)	0.0308***	0.36246	0.37609
MAR1=f(PBU , PBD)	-0.0041	0.32628***	0.23729***
MAR2=f(PBU , PBD)	0.0162***	0.04588***	0.02388***
MAR2=f(PMU , PMD)	0.0175***	0.02066**	0.00760
MAR3=f(PMU , PMD)	0.0362***	-0.19520***	-0.11116*
MAR3=f(PRU , PRD)	0.0325***	-0.05350	0.06484
MART=f(PFU , PFD)	0.0756***	0.69242***	0.77538***
MART=f(PRU , PRD)	0.0899***	0.5557***	0.59765***

*　：表在 10% 顯著水準下顯著（t 值雙尾檢定）
** ：表在 5% 顯著水準下顯著（t 值雙尾檢定）
***：表在 1% 顯著水準下顯著（t 值雙尾檢定）

筆記欄

CHAPTER 8

行銷過程之價格風險與不確定性

不論就個體農民或總體農業的觀點，由於受農產品供需特性的影響，導致風險一方面影響個體農民的決策與態度，另方面亦影響總體農業產出的水準。一般而言，論及風險常有風險大小與風險態度的區分，前者係指如何衡量風險的程度，後者係指農民面對風險的態度；此外，於農業或農產觀點所面對的風險，有價格、單位產量及收入等類型，本章僅說明在行銷過程之「獲取價值」所涉及價格風險的部分。

由於此等風險不僅影響農產數量，而且亦嚴格考驗農民或行銷商的風險負擔能力，致其常採用不同的價格預期行為，作為規避或減輕價格風險對其產銷量的衝擊（Pratt, 1964）；因此，本章的內容之一亦涉及農產品市場之不確定性。

第一節　價格風險及其衡量

長久以來，許多農業經濟學者一方面認為價格不穩定對農業帶來某些程度的經濟影響效果，二方面價格風險確實影響農民或行銷商的決策。綜合過去的實證結果，發現價格不確定對農業、農民或行銷商的影響結果有二方面，一是面對不確定的農業生產者所利用的生產因素常較面對確定性者為少；二是不確定性愈大，所生產或行銷的量愈少。當市場缺乏效率時，價格風險愈具重要性，然其重要程度則視單位產出變異、農民和行銷商對價格預期之本質、風險規避程度及需求特性等而定。基於此，本節旨在說明價格風險觀念與衡量，下一節則陳述風險態度觀念與衡量。

一、風險之概念（Brorsen, et al., 1985）

導致農產品價格風險的來源是多方面的，然主要是來自農業體系內之自然氣候與生物系統本質不穩定。一般的風險觀念可由：(1) 缺乏機率資訊的決策原則；(2) 安全第一原則；(3) 預期效用最大化原則等予以認定。

（一）缺乏機率資訊的決策原則（**Decision rules requiring no probability information**）

此方面的原則有：(1)Minimax loss 或 Maxmini gain；(2)Minimax regret；(3)Hurwicz α 指數（1945）；(4)Laplace 的不充足理由原則。實質上，以上的四原則因決策者忽略機率訊息，並無直接提供風險的觀念。

（二）安全第一決策原則（**Safety-first decision rules**）

該原則所指的風險係指損失機會（Chance of loss），在安全第一原則之風險被界定為：

$$P(\pi \leqq d) \leqq \alpha \qquad\qquad (8\text{-}1)$$

式中：P 表機率，π 表任一價格水準所引起的隨機所得，d 為配合達到機率 α 之所得水準。由圖 8-1 與圖 8-2 說明以損失機會與變異數表示風險衡量之差異，於圖 8-1 之分配 1 係以損失機會可明確表示其風險較分配 2 來得大。然在圖 8-2，則以分配 1 較分配 2 更具風險，主要理由是在此二個圖形之 α_1 均大於 α_2。若以變異數界定風險，在圖 8-1 是分配 2 較分配 1 具風險性，因其 $\sigma_1^2 < \sigma_2^2$，然於圖 8-2 則是兩個風險大小相等，蓋 $\sigma_1^2 = \sigma_2^2$。

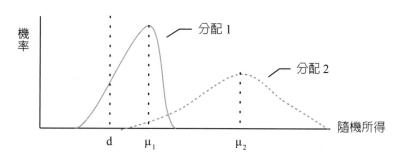

註：$\alpha_1 > \alpha_2$，$\sigma_1^2 < \sigma_2^2$；μ_i　σ_i^2 為分配 i 之平均數與變異數

圖 8-1　損失機會衡量風險大小

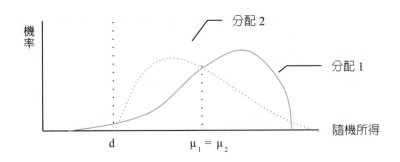

註：$\alpha_1 > \alpha_2$，$\sigma_1^2 = \sigma_2^2$；$(M_3)_1 < (M_3)_2$，$(M_3)_i$ 表分配i之偏態

圖 8-2　變異數衡量風險大小

（三）預期效用最大化原則（Expected utility maximization, EUM）

一個具風險性行為 a 之預期效用可由下式予以評估：

$$(EU)_j = \sum_{j=1}^{N} \left[\pi(Q_i, a_j) \right] P(Q_i) \qquad （8\text{-}2）$$

式中：$\pi(Q_i, a_j)$ 表示第 j 行為在第 i 狀態之所得水準，$V[\pi(Q_i, a_j)]$ 表示於所得水準 π 之效用等值，$P(Q_i)$ 表示產生第 i 狀態之機率。

就行為 j 之平均數 μ_j 對效用函數採泰勒系列（Taylor series）展開，則第 j 行為之預期效用可示為：

$$(EU)_j = f(\mu_j, \sigma_j^2, M_{3j}, M_{4j}, ...) \qquad （8\text{-}3）$$

式中：μ_j，σ_j^2，M_{3j}，M_{4j}，... 表示行為 j 所產生結果之機率分配的平均數、變異數、偏態、峰度及高階的動差。至於式（8-3）宜包括多少元素，則視決策者之效用函數而定，如效用函數為二次式，則式（8-3）成為 $(EU)_j = f(\mu_j, \sigma_j^2)$，由此可明確地表示風險指數；一般而言，在 EUM 下之風險常是由機率分配的動差向量予以表示。

二、風險衡量（Hurt and Garcia,1982）

　　據上述概念，約略指出風險可由損失機會、變異數及預期效用予以衡量，然為實務計算，則需有更明確的計算方式。在說明此等公式之前，有必要區別不確定（Uncertainty）與不穩定（Instability）；不穩定的價格將不是不確定的，致不誘導任何風險規避反應。申言之，不確定性係來自實際結果 (P_t) 與預期結果 (P_t^*) 之差異，致在時間 t 之價格風險可視為 $(P_t^* - P_t)$ 之函數，於實務方面常採離差之平方或絕對值，即 $(P_{t-j}^* - P_{t-j})^2$ 或 $\left| P_{t-j}^* - P_{t-j} \right|$。

（一）傳統方法

　　係指價格風險可由價格數列之變異數（Variance）或標準差予以表示，首先如 J. R. Behrman（1968）採用過去可觀察價格的移動標準差予以界定價格風險，其公式：

$$R_p = \sqrt{\frac{1}{m-1} \sum_{j=1}^{m} (\overline{P} - P_{t-j})^2} \qquad (8\text{-}4)$$

式中：R_p 表示價格風險大小，m 表示觀察期間，$\overline{P}$ 表示價格平均數。

　　T. J. Ryan（1977）亦採用類似式（8-4）來界定價格風險，假設適應預期情況予以界定價格風險可由總價格變化予以表示，Brorsen, et al.（1985）等人則界定前期價格變動絕對值之加權移動平均以作為衡量風險大小之據；以上各個定義，均排除價格預期與價格風險的關係。

（二）價格差異函數法

　　係界定價格風險為一實際價格與預期價格差異之函數，首是 Just, R. E.（1974）界定價格風險是實際與預期價格離差的平方，而預期價格係以適應預期（Adaptive expectation）為基礎。設 Z_t 是含有價格變數之 n×1 向量變數，就適應預期的觀點，可界定為：

$$Z_t^* = \theta \sum_{k=0}^{\infty} (1-\theta)^k Z_{t-k-1} \tag{8-5}$$

式中：Z_t^* 為決策者對價格主觀預期向量，θ 為常數參數，則可界定實際可觀察的風險為：

$$\left[Z_{i,t} - Z_{i,t}^*\right]^2 = \left[Z_{i,t} - \theta \sum_{k=0}^{\infty}(1-\theta)^k Z_{i,t-k-1}\right]^2 \tag{8-6}$$

式中：$Z_t = \left[Z_{1,t} \cdots Z_{n,t}\right]'$, $Z_t^* = [Z_{1,t}^* \cdots Z_{n,t}^*]'$

依此，決策者可視過去可觀察風險的幾何加權平均形成對風險的預期 (W_t^*)。設 Φ 是一常數幾何參數，W_t^* 是由 $W_{i,t}^*$ 所構成之 $n \times 1$ 向量，而

$$W_{i,t}^* = \Phi \sum_{k=0}^{\infty}(1-\Phi)^k [Z_{i,t-k-1} - Z_{i,t-k-1}^*]^2 \tag{8-7}$$

其次是 Hurt 和 Garcia（1982）界定價格風險是預期價格 (P_t^*) 與實際價格 (P_t) 之離差平方，即：

$$R_t = (P_t^* - P_t)^2 \tag{8-8}$$

依上述 Just 的觀念，即按適應預期的架構，則預期價格與風險變數可由下式予以誘導：

$$P_t^* = \beta \sum_{i=0}^{q} r_i P_{t-i} \tag{8-9}$$

第三是 Traill, B.（1978）發展為誘導式（8-9）之方法，即以迴覆過程（Iterative procedure）配合落遲分配模式，分別是 Geometric Lags 與 Almon Lags 的方式。

（三）理性預期之風險計算

令 R_t 表示價格風險，E_{t-1} 表示基於時間 $t-1$ 所有資訊的預期計算者，$X_t^* = d_1 X_{t-1}, U_{1t} = X_t - X_t^*, Z_t^* = d_2 Z_{t-1}, U_{2t} = Z_t - Z_t^*$；由此，一個包括價格風險的理性預期模式可表示為：

$$Q_t^s = a_1 E_{t-1}(P_t) + a_2 X_t + a_3 E_{t-1}(R_t) + e_{1t}$$
$$Q_t^d = b_1 P_t + b_2 E_t + e_{2t} \qquad (8\text{-}10)$$
$$Q_t^d = Q_t^s$$

依此，可解得：

$$P_t = (\frac{1}{b_1})(a_1 E_{t-1}(P_t) + a_2 X_t - b_2 Z_t + a_3 E_{t-1}(R_t) + e_{1t} - e_{2t}) \qquad (8\text{-}11)$$

對 P_t 取 $t-1$ 之預期，得：

$$E_{t-1}(P_t) = (\frac{1}{b_1 - a_1})(a_2 X_t^* - b_2 Z_t^* + a_3 E_{t-1}(R_t)) \qquad (8\text{-}12)$$

由此可界定價格風險為：

$$R_t = (P_t - E_{t-1}(P_t))^2 \qquad (8\text{-}13)$$
$$E_{t-1}(R_t) = E_{t-1}(P_t - E_{t-1}(P_t))^2$$

第二節　風險態度及其衡量

一、風險態度之概念（Rothschild and Stiglitz, 1970; Pratt, 1964）

（一）單一決策目標的觀點

　　一位決策者的風險態度（Risk attitudes）乃導因於其效用函數的形狀，線性效用函數意含風險中性（Risk neutrality），凹向原點效用函數表示風險逃避（Risk aversion），凸面的效用函數表示風險偏好者。以上的概念，係依據預期效用模式（Expected utility model, EUM），該模式的效用函數示如：

$$\max_{j} EU(x) = \sum_{i} U(x_{ij})P(s_i), j = 1, 2, ..., n \qquad (8\text{-}14)$$

　　依據 Arrow（1974）與 Pratt（1964）的觀念，為表示個人之間的態度可以比較，設有絕對風險逃避態度（$R_a(x)$）與相對風險逃避態度（$R_r(x)$）：

$$R_a(x) = -U''(x)\Big/U'(x) \qquad (8\text{-}15)$$

$$R_r(x) = -xU''(x)\Big/U'(x) \qquad (8\text{-}16)$$

（二）多決策目標的觀點

　　此一觀點所依據的效用函數為辭典編纂效用（Lexicographical utility），又稱為安全第一模式（Safety-first models），意謂在考慮第二個以後目標之前，即依其門檻水準先選取最高優先的目標，致達成較優先目標被視為達到其後次要目標之限制條件。所有目標的達成對總效用並不具效果，然一個無限的負效用則與未達成的目標有關。

一個辭典編纂效用函數可示如：

$$U = f(Y_1, Y_2, ..., Y_n) \tag{8-17}$$

式中：Y_s 表示一系列之目標。

該方法於實證方面具有其重要性，雖無理論基礎或一些公理指引此等目標之順序，然序列安排的概念確實有利於啟發式之需，排序結果與行為面研究結果之目標層級是一致的。於風險分析常以安全第一原則作為辭典編纂效用函數之形式，該原則係說明一位決策者針對所面對的環境以安全觀點首先滿足其偏好，然後以利潤導向採取行動；通常安全第一原則有三種型態，即 SF1、SF2 及 SF3。

SF1 假設決策者受限於報酬機率小於或等於特定量（E-min），是不超過所規定機率（P）以求得預期報酬（$\overline{E}$）的最大化。SF1 原則可示如：

$$\max \overline{E}$$
$$\text{s. t. } P(E \leqq E\text{-min}) \leqq P \tag{8-18}$$

決策者首先決定所得的門檻水準與超過此水準所得的機率，此等數字是在 SF1 原則下之風險態度的主要指標；然後，決策者考慮滿足上述限制的不同行動；最後，依據最高預期值選取主要的行動。依圖 8-3，AF 曲線表示一組行動的較低所得信賴限制，就已知高於 E-min 機率 P 的觀點，僅有高於 E-min 線之計畫有其所得水準，如 A 與 F 之計畫是不適當，於合格的各計畫之中，因 G 計畫有最高的預期所得，致決策者偏好 G 計畫。

第二個第一原則（SF2），係指受限於小於或等於較低限制所得（L）的機率不超過已設定的機率，以求獲取所得最大之計畫，SF2 可示如：

$$\max L$$
$$\text{s.t. } P(E < L) \leqq P \tag{8-19}$$

依圖 8-3，SF2 情況下所選取的計畫為 C，蓋其不僅大於 E-min，且其在信賴限制機率（P）下可產生最大報酬。

第三個安全第一原則（SF3），係指低於某些特定水準所產生報酬之機率為最小之計畫，即：

$$\min P(E < E\text{-min}) \tag{8-20}$$

例如，若報酬為一常態分配，則以 E-min 距預期值有最大標準差之計畫為一最適者，即如圖 8-3 之 C 計畫符合此一準則。

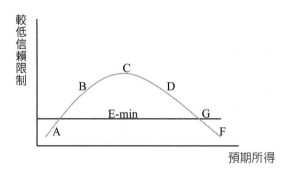

圖 8-3　安全第一原則之圖說

二、風險態度之衡量

大多數的實證研究集中於涉及農產行銷決策者風險態度之衡量，然研究方法則視研究目的而定；若為規範性研究（Normative studies），則假設決策有特定的效用函數；若為敘述性研究（Descriptive studies），則焦點為風險態度類型；尚有其他型態研究，重點放在以風險態度衡量的實證結果進行風險選擇之預測；以下說明研究風險態度的四種方法。

（一）效用函數的直接表示法（**Direct elicitation, DEU**）

此方法涉及決策者直接設定其風險態度，其效用可能是單值效用函數、辭典編

纂效用或較廣泛的多目標概念，大多數的 DEU 方法的應用是涉及預期效用方法。有多種直接表示效用的程序，然其皆利用涉及貨幣利得與損失的假設性遊戲，每一程序在「效用—貨幣結果」空間產生一系列的點，用以表示效用函數。

最為眾人週知的 DEU 方法有 Von Neumann-Morgenstern（VN）方法、修正 VN 方法及 Ramsey 方法（Graham, et al., 1990），每一方法均可獲得預期效用之確定性等值公理（Certainty equivalent axiom, CE）。VN 方法是決策者為有利結果去認定 U(CE) = P(1.0) + (1-P)(0.0) = P 之機率，由此產生不同風險方案與確定方案之間的無差異，是有利結果與不利結果之平均數。修正 VN 方法係對有利與不利結果設定相同的機率，由此對決策者引申其確定性等值。Ramsey 方法係為克服有關遊戲或所選定機率之可能誤差，就一系列風險方案計算確定性等值。

DEU 方法常受到一些批評，如有不同受訪者所產生的誤差、對特定機率的偏好、受額外變數之干擾、朝向賭博之負面偏好、乏遊戲理論之真實性、乏參與者熟悉假設者選擇之時間與經驗及誘導過程具有誤差等。不適當的效用函數形式，亦導致風險態度有負面之意含。雖上述批評有其適當性，然由此方面的研究亦提供一些個別決策風險的重要參考；當然這些觀點是可以改善的，此方法最大優點乃在其效率性，然在經濟分析的應用，此方法是一耗費成本的技術，比較適合個體決策情形與有關農民（或行銷商）風險態度之基本研究。

（二）風險區間方法（Risk interval approach, RIA）

由於 DEU 具有不完全正確衡量效用函數之缺點，致有風險態度區間衡量方法之提出，旨在明確考量在衡量過程之可能誤差。該方法係以 Arrow-Pratt（1974）衡量絕對風險逃避之信賴區間認定為基礎，而絕對風險逃避係藉由詢問決策者有關機率密度函數配對比較之順序予以估計。

首先，RIA 方法承認在一小範圍內之固定風險逃避衡量（λ）是絕對風險逃避衡量（R(X)）之一個好的近似值；其次，計算 λ，以致二個機率密度函數 f(x) 與 g(x) 之預期效用是幾近相等。當一個決策者面對 f(x) 與 g(x) 之選擇時，若偏好 f(x)，則平均的 R(x) 係數大於 1；若偏好 g(x)，則平均 R(x) 係數小於 1。由此，對此一問題的反應，則將 R(x) 空間一分為二，就其他的選擇方案而言，包括決策者

風險函數之 R(x) 空間則被縮小。問題分析者可就風險逃避衡量之信賴區間設一個期望範圍，於極端值方面，區間有無限寬度，或是收斂爲一直線；後者類似可完全對選擇排序之單一值效用函數（Single-valued utility function）。

當免除誤差衡量是不可用時，該方法給予分析者在衡量風險態度與風險效率分析有些彈性空間。就風險效率分析而言，利用一個大的區間是不可能由風險效率集合排除一個偏好選擇。無論如何，一個大的區間較缺乏排序能力，且不可能產生一個效率集合之適當大小。若利用一個小的區間，將改善排序能力，但增加排除一個被偏好選擇之可能性。對分析者之最好區間大小，則視選擇集合大小與排除被偏好選擇之間的抵換而定。該方法同時允許在決策者之 R(x) 與貨幣價值水準之間的關係可更爲一般化；申言之，一個人的 R(x) 在某一貨幣價值範圍內能夠增加、減少或維持固定；相反的，具代數意義所設定效用函數有其特定的 R(x) 型態。

（三）實驗法（Experimental methods）

該方法係基於在幾個星期內做一系列訪查之遊戲情況，藉由建立受訪者對保護或增加財富之誘因來考量財務補償之遊戲情形。於參與遊戲之前，參與者將採取或多或少之風險逃避；參與之後，對所假設遊戲情形之反應則參與前並無差異。

於時間過程，所控制實驗是允許參加者對每一決策皆可表達意見，互相討論或得利於過去的經驗。研究者需額外花時間去教導參與者認識遊戲情形，由此減少產生錯誤。除上述特性外，該方法較類似 DEU 方法，如應用財務補償與學習過去經驗之機會，則呈現與傳統 DEU 方法之相同觀點。

（四）觀察經濟行爲方法（Observed economic behavior, OEB）

該方法係基於決策者實際行爲與由實證模式之預測行爲的關係，由此對風險態度之推論。例如，設二個決策者在二個投資方案進行選擇，一個是較具低預期報酬與風險，若每一決策做不同的選擇，則偏好較低投資風險者是一位較具風險逃避者。若實證方面可對這些決策者之選擇集合與準則進行建立模式，則風險大小與態度是可被衡量的。

以下的例子涉及當作物單位面積產量爲一隨機變數時，農民風險態度影響其肥

料利用量。根據 Anderson（1977）與 Young（1979）之方法，預期效用最大導致一階條件如：

$$E(MPV_i) = MFC_i + R_aI_r \qquad （8-21）$$

式中：$E(MVP_i)$ 表示投入因素 i 之預期邊際產值（Marginal value product, MVP）；MFC_i 表示因素 i 之非隨機邊際成本（Marginal factor cost, MFC）；R_aI_r 表示基於農民風險逃避係數（R_a）與風險對因素利用邊際貢獻（I_r）之風險調整。

假設 $I_r > 0$，風險逃避（$R_a > 0$）意味一個正的風險調整，即一個風險逃避農民將在 E（MVP）與 MFC 不相等時停止生產。$R_a = [E(MVP_i) – MFC_i] / I_r$ 可供實證衡量 R_a 之理論觀念，然若對隨機事件不做嚴謹假設，則不易推估 I_r。

該方法有下列優點，誠如 DEU 方法，它可數量化衡量風險逃避，促使分析者可處理大樣本資料，而可花較少成本訪問許多的研究對象。其次，可避免遊戲情況之假設。無論如何，該方法亦有缺點，如欲區分實際廠商績效與假設目的之績效，該方法可對決策者風險態度之整體差異予以區分；然實際上除風險外乃有許多因素影響可觀察的行為，如除去利潤與風險之目標是重要的外，尚有決策者之資訊品質、預期、天賦資源、資本限制及反應風險之可用方法等因素。

第三節　農產品市場之不確定性

誠如前述，農產品生產過程深受生物特性影響，致由農業生產者所生產的農產品則具易腐性。無論如何，農產品易腐性對生產者或行銷商之重要性，端視所出售農產品市場不確定性而定。顯然地，於出售價格水準，若一位生產（行銷）者能夠永遠處理（或出售）其產品，則此產品易腐性對他而言並不具重要性；另方面，若該生產（行銷）者於出售產品時面臨市場不確定性，則其需關注產品易腐性；尤其當該生產（行銷）者未具影響其產品出售價格力量時，則更需關注產品易腐性，此亦為政府與農民組織規範農產品市場運作之一緣由。

考量農產品市場不確定性與易腐性關係的潛在重要性尚未被重視,蓋一方面為十分關切生產(行銷)者不確定性環境,二方面僅關注價格和產品的不確定性。基於此,本節擬就經濟觀點予以分析此等潛在重要性。就文獻評述觀點,過去國外有 Hymans(1966)與 Green(1980)等學者分析和驗證消費者和生產者在不確定性環境下之買賣行為;在農業經濟領域內,僅有 Livingstone 和 Hazelwood(1979)與 Kanbur(1982)等學者應用不確定性分析灌溉用水問題。職是之故,對一位面對易腐性且不確定性產品市場的風險逃避(Risk-averse)生產(或行銷)者行為,以下則進一步做理論之探討。

一、不確定性之經濟模式

基於上述,本節擬就市場不確定性觀點,建立逃避風險生產(或行銷)者規劃生產(或行銷)易腐性產品模式,來分析上述相關業者之行為。一般而言,農產品市場不確定性概分為價格不確定性、產出不確定性及需求不確定,本節僅限定對需求不確定性與易腐性關係所做的經濟分析。當市場需求小於產出水準,則剩餘產品將為腐化;相反地,市場需求大於產出水準,則超額需求未可被滿足;本節模式將探討不確定性和遞增不確定性對農民(或行銷商)計畫生產(或行銷)數量之影響效果。以下就應用 Newbery 和 Stiglitz(1981)理論建立經濟模式,即指出市場不確定性效果視農民或行銷商是否於出售產品時做需求配給而定;尤其若無此配給,則市場不確定性會導致計畫生產(或行銷)量的減少。

由 Newbery 和 Stiglitz 發展的風險逃避模式,得知其假設此業者之生產(或行銷)函數僅考慮本身勞動力一項生產因素,且生產(或行銷)單一產品,而其經營目標旨在追求最大化其效用函數,該函數具有所得和休閒之可分割性。由此意味當在確定性環境下,其將選擇最適勞動投入,以最大化:

$$U(I) - w \times \ell \qquad (8\text{-}22)$$

式中:I 是所得;U(I) 是所得效用函數,具有 U'(I) > 0 和 U"(I) ≤ 0 等特性;w 是工

資率；ℓ 是勞動投入量。上述模式，有不同方式導入農民（或行銷商）所面對的不確定性，如 Newbery 和 Stiglitz 同時考量價格和產出不確定性，後者係導源於農產品產銷過程；本節首先導入需求面的不確定性，然後納入價格不確定性而不考慮產銷量不確定性。

基於上述，業者所面對市場不確定性之經濟涵義，在出售價格水準下，其實際銷售量小於實際的需求量（X）和實際的（等於計畫的）生產（行銷）量（Y）；由此意味：

$$I = \begin{cases} P \times X & \text{當} X < Y \\ P \times Y & \text{當} X \geq Y \end{cases} \tag{8-23}$$

依此，預期效用函數是：

$$E(U(I)) - w \times \ell = \int_0^Y U(PX)\, f(X)dx + \int_Y^\infty U(PY)\, f(X)\, dx - w \times \ell \tag{8-24}$$

式中：P 是價格；f(X) 是含蓋需求不確定性之主觀機率密度函數。就式（8-24）對 ℓ 之導數，得一階條件（First order condition, f.o.c.）為：

$\int_Y^\infty U'(PY) \times P \times g'(\ell)f(X)dx - w = 0$，式中之 $Y = g(\ell)$，具有 $g'(\ell) > 0$ 和 $g''(\ell) \leq 0$ 之特性；就 f.o.c. 予以移項整理，得：

$$U'(PY) \times P \times g'(\ell) \quad \int_Y^\infty f(X)\, dx = w \tag{8-25}$$

式（8-24）的二階條件需滿足需求量大於產銷量的遞減機率，即 $U''(I) \leq 0$ 和 $g''(\ell) \leq 0$。就最適點而言，式（8-25）的經濟意義是，其投入勞動的邊際負效用等於由放棄一單位勞動投入而獲得的預期邊際效用。

二、理論分析及其涵義

（一）理論探討

1. 考慮需求不確定性

首先，觀察納入銷售面不穩定之效果，由式（8-25）得知於無配給政策（No rationing）和確定性下之需求是 $\int_Y^\infty f(X)dx = \ell$；於此，所謂無配給政策是指需求力量永遠大得足以誘導生產（行銷）者能夠賣出其預計產銷量。依此，銷售量小於生產量之機率為 $\int_Y^\infty f(X)dx < \ell$；申言之，式（8-25）之均衡條件唯有透過減少勞動投入（和最後結果減少產銷量）來達成；再者，由式（8-25）得知，即使其是風險中性者（Risk natural）（即 $U'(I)$ 為常數），上述結果亦同時存在。換言之，導入需求不確定性將減少邊際勞動力的利益；此來導致不論其風險態度，其將減少最適勞力投入。若在某些出售量（X_r）有需求配給時，生產（或行銷）者就限定其實際生產（或行銷）量小於其預期水準，即 $U'(PX_r) \times P \times g'(\ell) > w$；依本情況，導入此需求配給之需求不確定性，似可能促產（銷）量增加超過當初的配給水準，即在當初的配給水準下，此結果則視由增產（銷）而獲得的預期邊際效用是否大於勞動投入之邊際負效用而定。

2. 考慮市場不確定性

其次，考量市場不確定性的增加，對農民或行銷商最適努力水準的影響效果，於此所指市場不確定性，仍是僅含需求不確定性水準的增加。Rothschild-Stiglitz 的方法是評估一個特定參數不確定性增加效果的標準方法，即首先決定當事者（Agent）所面對特定參數之一階條件是內凹性（Concave）或凸面性（Convex），進而就此參數機率密度尾部比重增加，來決定此條件值之增加或減少。據 Kanbur（1982）研究指出，此特定參數係以扭曲形式（in a kinked fashion）來影響當事者決策原則，此形式意味當事者一階條件的誘導會遭遇不連續性（Discontinuity）的問題，致未克應用凸面性或內凹面性原則；依此，由式（8-24）得知 Rothschild-Stiglitz 方法不適用在本模式。依 Kanbur（1982）所導出決定不確定性增加效果之條件，得知其條件包括當事者風險逃避特性之限制和改變當事者主觀機率密度函數。

就本模式而言，後者條件即係市場需求量超過產銷量之機率；參照式（8-25），得知若需求不確定性的增加，導致市場需求量超過產銷量之機率增加（減少）則其最適勞力水準是增加（減少），而與其風險態度無關。

依 Sandmo（1971）衡量不確定性增加的方法，此增加表示於固定平均數和不改變型態下，一個機率密度函數的向外伸張（Stretching），以數學式示如：

$$X = r(X - \overline{X}) + \overline{X} \qquad (8\text{-}26)$$

式中：$\overline{X}$ 是預期需求；r 是一個邊際單位的增加，在不改變預期需求下，需求不確定性的增加率。代式（8-26）入式（8-25），並就 r 取導數得：

$$- U'(PY) \times P \times g'(\ell) \times \frac{\partial F(Y)}{\partial r} \qquad (8\text{-}27)$$

式（8-27）的符號視 $\frac{\partial F(Y)}{\partial r}$ 符號而定。依 Sandmo 衡量法，$\frac{\partial F(Y)}{\partial r}$ 意味當 $X \leq \overline{X}, G(X) \geq F(X)$；當 $X > \overline{X}, G(X) \leq F(X)$；式中之 F(X) 是 X 之原始累積密度函數，G(X) 是 X 之連續累積密度函數。依此，可得：

$$\frac{\partial F(Y)}{\partial r} \begin{smallmatrix} \geq \\ < \end{smallmatrix} 0 \quad 當 Y \begin{smallmatrix} \geq \\ < \end{smallmatrix} \overline{X} \qquad (8\text{-}28)$$

利用式（8-27）和隱函數定理（Implicit function theorem），可得：

$$\frac{dY}{dr} \begin{smallmatrix} \geq \\ < \end{smallmatrix} 0 \quad 當 Y \begin{smallmatrix} \geq \\ < \end{smallmatrix} \overline{X} \qquad (8\text{-}29)$$

上式之經濟意義，若生產量已超過預期需求，則減少其最適勞力；上述結果與當事者風險態度特性無關。

依 Sandmo 方法所獲結果，若所投入勞力之成本和獲得效用之相對水準，可足

以判定大於預期需求之產（銷）量，則需求不確定性的增加將導致投入更多的勞力水準；就此狀況而言，當事者一來發現放棄收入的潛在效用損失是足夠認定已有剩餘產（銷）量存在，二來發現需求不確定性的增加僅擴增此損失，因而導致投入勞力的增加。另一方面，若成本和效用之相對水準不足以認定之，則需求不確定性的增加僅促使當事者採取更謹慎的行為，進而減少其生產性的投入。

3. 考量價格不確定性增加之情形

最後，考量上述結果與價格不確定增加效果之比較。為簡化說明，設當事者面對價格不確定性，而又與需求不確定性無關，則式（8-25）可改寫為：

$$E(U'(PY) \times P) \times g'(\ell) \int_Y^\infty f(X) d_x - w = 0 \qquad （8\text{-}30）$$

應用 Rothschild-Stiglitz 方法，當價格不確定增加，對當事者最適勞力水準之影響，視式（8-30）對價格（P）二次積分之結果而定：

$$g'(\ell) \int_Y^\infty f(X) d_x \left[E(U''(PY)(1-R)) - E(U'(PY) \times \frac{\partial R}{\partial P}\right] \overset{>}{_<} 0 \qquad （8\text{-}31）$$

式中：$R = (^{-}U''(PY) \big/ U'(PY)) * PY =$ 當事者相對風險逃避（Relative risk aversion）係數。式（8-30）顯示，若 R < 1 和價格增加，則減少勞力投入；當 R > 1 和價格減少，則勞力投入增加；申言之，當事者的反應端視其風險態度之特性。

基於上述，同時考量農產品易腐性和市場不確定性之問題，是異於農民或行銷商所面對價格不確定之問題，尤其前者不需農民或行銷商風險態度之訊息，而是需要農民或行銷商期初的農產品產銷量水準是否大於或小於預期需求之訊息。

（二）評述

本節應用單一產品和因素生產函數模式，旨在理論性探討農民或行銷商面對易腐性農產品市場不確定性之行為。由分析結果，得知所考慮的不確定性是農民或行銷商所面對的一般不確定性之一特例；申言之，決定市場需求面不確定性增加對農

民（行銷商）為影響之因素，全然不同於價格不確定性對農民（行銷商）為影響之因素；後者需有農民（行銷商）風險逃避態度和特性之訊息，前者並不需要此訊息。

由分析結果，得知前者需有農民（行銷商）期初產（銷）量水準是否大於或小於預期需求之訊息，若期初產（銷）量大於預期需求，則需求不確定性的增加將導致提升需求超過產（銷）量之可能性，進而有正面努力的反應；相反地，若期初產（銷）量小於預期需求，則需求不確定性增加，將導致減少需求超過產（銷）量之可能性，進而有負面努力的反應。產（銷）量和預期需求關係，則視投入勞力之效用和成本間相對水準而定。

就政策涵義而言，上述分析結果顯示，易腐性農產品市場不確定性的增加，導致產（銷）量不穩定的結果。然而，若農民（行銷商）並不是風險逃避者，價格不確定性的增加將誘導較少勞力之投入；但市場需求不能衍生增投勞力因素，相反地，則減少勞力因素之投入。申言之，市場需求不確定性之增加趨使鼓勵增加投入勞力；職此，尋求一項易腐性農產品市場不確定性最小化之政策，即在建立此等市場供需間之穩定關係。

筆記欄

CHAPTER 9

政府對行銷市場價格之干預

　　前述章節已明確指出，依經濟學的理念，價格係由產品市場供需所決定，其是市場經濟支配生產和消費等活動之指標；農產品價格亦不例外，惟受農產品供需特性的影響，於農產品價格之水準及其穩定度等方面常產生一些不同程度之問題，致支持與穩定農產品價格遂為各國農業政策之一目標（Knutson, Penn and Boehm, 1990）。換言之，就政策基於農村和糧食經濟的重要性，並考量農產品價格的特性，不論是先進國家或開發中國家，遂常藉由相關的措施干預農產品價格及其市場運作。

　　政府干預農產品價格已日益受到國際之重視，尤以世界貿易組織（World Trade Organization, WTO）曾將農產品列入在烏拉圭回合之優先談判目標為然。世界各國對農產品價格的干預措施，大致分為邊境措施和國內價格政策，前者如關稅和歐盟（European Union, EU）之變動課徵（Variable levy），後者如價格支持計畫。

　　美國自 1920 年代末期開始對穀物、棉花、菸草、糖和牛乳等採行價格支持，在 1990 年代已占有近半數的農民現金收入（Kohls and Uhl, 1991）；日本自 1942 年制定米穀法之後，亦因應產品性質採不同的干預措施和程度；歐盟基於保護歐體內各國利益，對農產品進口採行變動課徵（Barker, 1989）；於開發中國家方面，如巴基斯坦於 1990 年代初期採行僅及邊境價格 60% 的支持價格，牙買加採行出口稅（Bale, 1987）。我國亦於 1966 年採行砂糖外銷保價收購之後，陸續實施多項干預措施（臺灣省政府農林廳，1984）。

　　由各國的干預經驗，發現政府對農產品價格的干預具有下列特性：干預效果視國家經濟發展或成長之程度、產品供需彈性以及價格扭曲程度而定；干預情形常受價格水準、政治權力的平衡性以及干預態度等的影響；干預的程度常界在自由市場決價與公用事業決價之間，由此衍生政府干預之定位問題；干預的內涵不僅是農產品價格政策的精髓所在，而且常為一般農業政策（Farm policy）的主體（Kohls and Uhl, 1991）。

　　基於上述，本章以「鑑古知今」之理念，來解析政府對行銷市場之農產品價格干預之類型及其效果；申言之，由干預類型列述各國家在早期所實施的干預策略，考量理論基礎與實務效果，由此解析該等干預措施之利弊，進而作為臺灣農政單位修正農產價格政策之借鏡。

第一節　價格干預之目的與類型

　　由於許多農產品價格的問題，係導因於農業近似於完全競爭的性質、大部分農產品缺乏需求彈性以及低度的所得彈性。就價格接受者的觀點，農民常企圖藉由增產來改善其利潤水準，但此舉卻在缺乏彈性下而導致農產品供給線的往右移，一來農民不易因跌價而調整其產量，二來面對「成本－價格」凍結的問題。另方面，雖上述的缺乏彈性，可提供農民限制生產和提高價格的誘因，但受限於農民人數眾多、地區分散以及複雜的經濟情形，致其不易調整生產組織；再者，農民不如其他企業可藉由廣告、促銷或其他市場開發工具來影響糧食的需求。基於上述，農民在出售產品時，實際上是面對不完全競爭的糧食行銷制度（Kohls and Uhl, 1991）。

　　基於農產品是主要糧食的特性，促使政府更積極干預農產品之產銷和消費，適量的供給和合理的定價影響社會的安定和國際力量關係。就農產品為一策略商品的觀點，許多國家基於糧食自給立場常對糧食生產的經濟效率有所抉擇，社會大眾亦傾向主張干預「不能提供合理生產和分配」之自由市場。另外，農業政策常因有價格支持計畫鼓勵增產的同時，而面臨為減少供給實施產銷控制之窘境，此等的不一致性可能是導因於多項的政策目標、不可預期的政策結果、政策決策者的意願不一或是需考量長期和短期的目標；依此，農產品價格政策絕不是一個簡單或很直接的政策設計。

　　世界各國均關心糧食價格的問題，消費者企求便宜的糧食價格，尤其當此等價格上漲之時，消費者和政策決策者則更關注之，蓋一來農產品為主要糧食，價格上升影響個別消費者之支出，二來糧食價格上升與全面通貨膨脹具有密切關係；由此衍生消費行為對糧食價格變動之政治敏感性，遂誘導政府有時候直接對糧食或農產品價格的干預（Knutson, Penn and Boehm, 1990）。

一、干預之目的

　　農業政策或其中之價格政策，其目的常隨時間而調整，但誠如前述，支持和穩

定農產品價格則在政策發展之中具一項重要且連結性的角色。一般而言，政府對農產品價格的干預常欲達成下列一項或多項之目的（Tomek and Robinson, 1990）。

（一）支持或提升農業所得

此是先進國家干預農產品價格之一目的，贊同者謂農民有公平的因素報酬，則政府的干預是有必要。另方面，儘管經濟學家常對干預價格高於均衡水準並非是最有效率或公平的提升所得予以批評，但美國政府仍續利用此價格制度作為所得移轉的機能；然自 1970 年代之後，則以直接支付（Direct payments）漸取代價格支持計畫。無論如何，1990 年代的日本和歐盟對此目的之重視程度尤甚於美國。而綜觀我國干預農產價格的措施，支持目的遠大於穩定目的（黃萬傳，1991a, 1992a）。

（二）維持或保護小農，緩和離村率

關心農村地區農場數和人口減少亦是支持政府干預農產品價格之另一緣由，如早期歐盟和日本實行農產品高價（Overpricing）政策，即以保護小規模農場為目的。

（三）確保糧食自給自足，以減少依賴進口

就糧食不足的國家而言，價格支持計畫旨在達成減少進口依賴度、節省外匯和隔絕國際價格不穩定等目的。先進國家如英國、日本和歐盟等的早期價格干預均以此為主要目的，但面臨長期糧食不足的開發中國家，亦採取正面價格政策（Positive price policies）來刺激生產。

（四）降低價格和所得之不穩定

穩定價格或減少價格波動幅度，乃是政府干預目的之一，但就實務觀點，價格穩定措施與價格支持政策並無明顯差異，蓋當價低時，農民企求收購貯藏，反之，則期冀抛售以處理存糧。然在價高時，對採行穩定措施之爭議則有避免代替市場的損失、可保護消費者及提供生產者規劃生產之較好指標。另方面，較大的價格波動不利生產者和加工業者，蓋價高誘導生產過量，價低時則迫使資產流動化；若政府干預可達成此目的，則對資本利用效益具正面貢獻。

（五）減少消費者支出，增加糧食消費水準

由於消費者保護意識的抬頭，或通貨膨脹的加速，先進國家政府常依此採行「下降」或「凍結」價格，然開發中國家常基於農產品決價具有「都市偏誤」（Urban bias），而採取低糧價（underpricing）政策。

二、干預措施之類型

按前述的干預目的，若依干預措施對價格影響之方向而言，則發現政府干預農產品價格之措施，可概分為支持或提高商品價格、壓低或降低價格以及穩定價格等三大類型，茲依序說明之。

（一）支持或提高農產品價格水準之干預措施

1. 政府購買、倉儲和處理計畫

政府藉由產品收購以達成希望的價格支持水準，爾後於較高的價格期間拋售此等存量，或藉由無償方式予以處理或是銷毀。就美國的經驗，該措施常需配合供給控制如面積分配和行銷配額，或學校午餐計畫；美國牛乳價格的支持，即為常用此措施的例子。

2. 價格支持貸款

對市場價格設定一貸款價格或比率（Loan price or rate），作為政府支持商品價格之依據。當產品收穫時，農民可用其產品向政府貸款，且由其儲藏，待價上升出售後以償還，或價跌則政府收購，農民可不償還貸款，致常謂此為無償貸款（Nonrecourse loan）；該措施亦為達成秩序行銷之一工具，同時支持價格和所得。以往美國常用此措施之產品，有小麥、飼料穀物、棉花、糖、菸草和蜂蜜。

3. 保證或標的價格（Target price），或稱不足額支付（Deficiency payment）

所謂標的價格是確保參與特定計畫商品的農民可獲得的單位報價水準，此價格係提供不足額支付的依據，即不足額支付等於標的價格與平均市場價格之差額，通常標的價格僅支持所得。在早期，此措施在美國大部分利用於糧食穀物、飼料穀物和棉花等產品；在日本則用在牛乳、稻米和麥類等；在我國如稻米、夏季蔬菜和玉米等產品；在歐盟有穀物、糖、生乳、菜仔和葵仔等設有標的價格。

4. 直接或間接出口補貼

此一措施旨在藉由低利融資或糧食援助等達成拓展外銷，如現金出口補貼、兩價計畫、綜合融資、直接外銷融資、外銷信用保證、PL480 法案及外銷 PIK 等。

5. 供給減少計畫

如採行生產或銷售配額、限制種植面積、農地休耕或轉作以及買斷計畫（Buy-out programs）；上述各方式大都著重在生產面的管理，以間接達成提高價格之目的。

6. 政府授權民間團體的限制供給

旨在藉由民間產銷團體提升價格，其程度則視政府授予權利之大小而定，如行銷訓令或行銷協議會，其運作詳見 Chapter 10 之價格穩定措施與 Chapter 12 之先進國家制度。

7. 國內糧食補貼或配送計畫

旨在擴張國內糧食需求以提升價格，如發行糧券、學校午餐計畫、補助婦女幼童計畫、由政府配送過剩糧食，及以現金代替糧券之補助。

8. 限制進口的措施

旨在藉由關稅或非關稅障礙來提升國內有關產品的價格，如變動課徵、進口配額或其他在限制進口量之型態；但此等措施是否達成提高價格，則端視國內產量低於消費者在進口價格下願購買數量之差距而定。如早期美國實施牛肉進口配額，而歐盟最常用變動課徵。

上述各措施，涉及直接提升價格者有第 1、2、3 和 8 等項，其他者則為間接促使價格的上升，本節對干預效果的彙整則以直接影響者為範圍；另上述各措施亦有涉及價格穩定者如行銷訓令和政府收購。一般而言，上述支持或提升措施大部分係實施在已開發國家，但常面臨之困擾有（彭作奎，1991）：(1) 此等措施常與其他政策或總體經濟目標相違；(2) 難藉由計畫來實施上述措施；(3) 即使可克服前一困難，但對提升經濟效率則受爭議，如常因有保證收購而衍生處理糧食過剩之誘發效果。

（二）壓低或降低農產品價格之干預措施

通常基於對消費者提供便宜的糧食，開發中國家常採行不利於農業的價格差別取價的干預，此舉被視為該等國家農業停滯之主因（Byerlee and Sain, 1986）。Bale（1987）指出，開發中國家採行此種低糧價干預的動機有：受政府決策者具有

「都市偏誤」的影響，讓消費者付出較低的價格；爲完成社會政策如所得分配之任務；受市場失靈（Market failure）或外在干擾的左右；爲確保政府財政收入，而採行出口稅；由於農業不當的投資、緩慢的採用新技術以及糧食進口的增加。依此，經常被此等國家採用的措施有：國內價格控制如採行價格上限（Price ceilings），並配合糧食配給方案；如菲律賓在 1960 年代對某項產品加糖之專買和專賣，生產者或消費者價格均低於世界價格；對出口採行出口許可證、獨占出口或出口稅，此係構成開發中國家農業對經濟發展具有資本和外匯貢獻之重要來源（Johnston and Mellor, 1961）。

其次，先進國家亦偶而爲因應國內糧食短缺預防糧價上升，而採行放鬆進口管制或釋出政府所控制的存糧，該等措施顯與價格穩定較具密切關係。最後，是先進國家如美國自 1970 年以後曾採行的出口禁運（Export embargoes），旨在設定出口的絕對限制量，以降低美國的商品價格下降，進而確保國內糧食的不虞匱乏。

（三）穩定農產品價格之干預措施

Branson 和 Norvell（1983）指出，一般政府直接干預市場穩定之方式有行銷協定和訓令、行銷協議會、價格支持計畫和國際貿易協定，後兩者已見前述有關提升或壓低之措施，且我國早期亦有倡議引用前兩者來改善行銷制度，致下文僅扼要介紹行銷訓令、行銷協議會及其他有關的穩定措施（黃萬傳，1991, b、c；Huang, 1989）（另詳見 Chapter 12）。

l. 行銷協定和訓令（Marketing agreements and orders，以下簡稱行銷訓令）

行銷訓令係美國農業政策之一行銷計畫（Marketing programs）內之措施，據美國農業行銷協定法案（Agricultural Marketing Agreement Act, AMAA），行銷訓令是結合產業和政府，共同規範有關農產品在市場銷售數量和品質之一種農產品行銷計畫。此政策工具旨在建立和維持農產品秩序行銷的條件，進而緩和農產品價格波動，及穩定地對消費者提供適當農產商品品質。一般而言，依農產品別，美國聯邦或州的行銷訓令有兩大類型，其一是牛乳產品，市場價格直接依其用途而定，鮮乳部分歸爲第一類用途（Class I usage），乳製加工品是第二類用途（Class II usage）；其二是果蔬、核果及特用作物，透過控制銷售數量以達成價格穩定是此類行銷訓令之標的。

　　由農業行銷協定法案之既定政策目標得知,為達成農民獲得對等價格,每一行銷訓令得有供給管理、品質控制及市場支持等措施。供給管理包括:季節間的總銷售量的數量管理,由生產者配額、市場分配和庫存調節等所組成;季節內銷售量分配之市場流量控制,由行銷限量和限日上市量所組成。品質控制策略旨在改進產品形象,以期保證品質對產銷雙方皆有利,由建立分級、大小和成熟度等標準所組成。市場支助活動係基於有效的產銷研究和產品促銷需龐大經費支持,若由所有生產者來負擔此經費,則生產者之付出僅占其個別生產成本之極小部分;其主要措施有包裝標準、研究、促銷和廣告。

2. 行銷協議會（**Marketing board**）

　　本政策工具係加拿大、英國、紐西蘭、澳洲和南非等國政府干預相關農產品行銷之策略,協議會為一法定單一政府機構或法人團體,直接負責特定農產商品總產量之行銷活動,即以商品生產者名義,來完成任何行銷職能之法定且強制性的行銷機構（M. Diplling, 1990; Veeman, 1987）。此一策略旨在提升和穩定生產者所獲價格,進而抵銷商品購買者在市場運作的優勢。

　　行銷協議會所採行的措施,常視協議會之目的和類型而異,主要的措施有市場資訊的蒐集與傳遞、促銷與新產品開發、生產與行銷研究、研擬與執行農產品等級標準、營運或監督銷售操作、集體議價和價格訂定以及產品的購買、貯存及銷售。

3. 與價格控制有關之穩定措施（彭作奎,**1991**）

　　此類措施多應用在一國生產量能提供該國內大部分的消費,甚至可外銷之產品,以減少價格不穩定為主要目的。此等措施係藉由設定價格波動之合理範圍而控制價格使之不超過此一範圍,其方法有兩種:(1) 平準實物制度:首先訂定合理價格波動範圍之上下限,於價格低於下限時,利用基金收購儲藏,使價格回升至下限以上;當價格超過上限時,予以拋售,平抑價格。在實施此種制度時需考慮:此項產品之供給彈性要小、行銷通路要單純、基金要在生產過剩時充分收購以及要有充分之儲藏設備。(2) 平準基金制度:亦先設定價格波動範圍之上下限,當價格超過上限時,則由其中抽取金額或特定比例金額,於價格低於下限時,以其補貼予生產者,使生產者不致盲目擴充或減少生產,進而穩定市場價格。其實施條件之一是須有足夠基金以補貼生產者在價格低於下限時的損失,之二是行銷通路要單純,以期能公平補貼或徵收基金。

第二節　價格干預措施之效果

依前述的干預類型，下文就理論與實務經驗彙整有關直接干預措施之結果。屬支持或提升價格之直接措施有政府收購、價格支持貸款、標的價格（或不足額支付）、進口關稅或配額以及變動課徵；屬壓低或降低價格之直接措施有出口稅和出口禁運；屬穩定價格之直接措施則在 Chapter 10 另有所說明。

一、直接干預「支持或提升價格」措施之結果

（一）政府收購措施之結果

在理論方面，由圖 9-1 表示政府收購之經濟效果；假設政府欲支持的價格水準在 P_2，高於均衡價格之 P_1。於實施供給控制之前，對應 P_2 的高價格有 Q_2 的產量，然為維持 P_2 水準，政府需收購（$Q_2 - Q_1$）之數量，生產者可獲得〔消費者支出 $0P_2AQ_1$ + 政府收購支出 ABQ_2Q_1〕之和。政府支出成本的大小視需求的價格彈性大小、價格支持水準和供給彈性大小等而定；一般而言，產品供需彈性愈大，則支出成本愈高。政府收購之後可能遭受的損失，則決定於再拋售時間、產品種類及拋售價格。

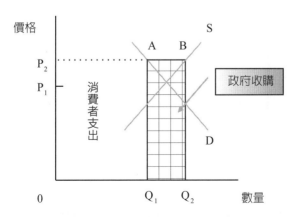

圖 9-1　政府收購（Government purchases）之經濟效果

資料來源：Tomek,W.G and K.L.Robinson (1990): Agricultural Product Prices, Third Edition, Ithaca: Cornell University Press, P.276.

在實務經驗方面，顯示該收購措施通常係在價格支持下來運作，但常有特定專案的收購，為達成特定的政策目的或消除暫時性的糧食過剩，如早期美國對玉米和肉牛的收購計畫，此常構成政爭力量的來源。另外，此措施未能有效處理長期糧食的剩餘，同時誘導剩餘糧食的處理問題，如美國在 1980 年代中期之穀物和乳品剩餘，以及歐盟的小麥、牛肉、乳油、低脂乳粉和橄欖油等產品。依此，政府收購措施產生下列結果（Knutson, et al., 1990）：(1) 收購行為僅暫時性地提升市價；(2) 若收購的糧食再經由政府予以配售，則減少民間業者銷售市場的空間；(3) 除非盡快拋售收購的糧食，否則有龐大的儲藏和有關處理成本之負擔；(4) 有利於相關的糧食加工業者；(5) 若丟棄或銷毀收購的糧食，則受制於不公正和腐化之困擾。

（二）價格支持貸款措施之效果

1990 年代，美國採行本措施之原本目的，一是提供農民倉儲的資金來源，二是預防所有收穫量皆為上市量。當豐收且價低時，政客與農民皆要求提升貸款率，但帶來供需不平衡而有產量過剩的結果；因此，設定高於均衡價格之支持政策，產生增產與誘導政府再採行控制生產計畫之兩難困境。Knutson, Penn 和 Boehm（1990）指出，當貸款率低於均衡價格時，對市場價格並不產生任何效果；但當所設定的貸款率高於均衡價格，示如圖 9-2，一來此貸款率是市場價格的底價（Floor price），二來有過剩產量（Q_tQ_e）的後果，遂誘導出口需求的減少，促使實施國家（如美國）的價格在國際市場缺乏競爭力。

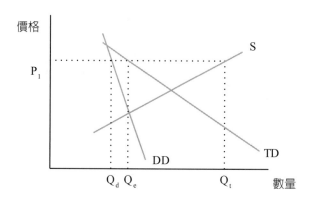

圖 9-2　高貸款率之經濟效果

資料來源：Knutson, R. D., J. B. Penn and W. T. Boehm (l990): Agricultural & Food Policy, Second Edition, New Jersty: Prentice Hall.

在實務經驗方面，美國自 1938 年起授權商品信用公司（Commodity Credit Corporation, CCC）執行該措施，結果顯而對穩定飼料穀物價格沒其成效，然常因政治壓力而設定高於均衡價格之貸款率，遂導致：(1) 貸款率提供農民增產之誘因，減少其行銷風險，致有過多的生產資源留在農業；(2) CCC 貸款計畫延伸生產者有 9-12 個月的行銷期，且有大量存糧（貨）；(3) 外銷數量減少，且國內價格隔絕於世界市場，使美國採出口補貼或直接糧食援助；(4) 隨生產成本的增加而提升貸款率（Knutson, et al., 1990）。

美國基於上述後果，自 1985 年的農業法案（Farm bill）起實施行銷貸款（Marketing loan），係指價格償還率可能低於已宣布的貸款率之一種無償貸款措施，在提供價格支持貸款率的彈性化，且緩和無償貸款對競爭市場價格之干擾。本措施的實施效果有：(1) 當不利用行銷保證（Marketing certificates）時，行銷價格償還率即為市場的底價；(2) 導致價格更為不穩；(3) 促所實施的商品在世界價格下更具競爭力，致增加外銷，進而促使與之競爭的外銷國家農業之成本增加，此等國家生產者報酬減少；(4) 因無償貸款率與償還貸款率之差額係屬無限支付，故誘導有更多的農民參與該計畫；(5) 由於仍有大量存貨，致政府財政負擔大增；有利於國內穀物利用者（Knutson, et al., 1990）。

（三）標的價格（或不足額支付）措施之效果

在理論方面，該措施一來可消除消費者付價和農民所獲價格之直接關聯，二來可免除政府收購餘糧或減少供給之計畫；由圖 9-3 說明該措施（指無限不足額支付計畫）之經濟效果。設標的價格 P_3 大於均衡價格 P_2，因而總供給量為 Q_2，消費者付價為 P_1 且低於均衡價格；由此所產生的政府支出為 P_3ABP_1，消費者因支付較均衡價格為低而獲利，而生產者則得較高於均衡價格的報酬；同時，因總產量（Q_2）大於實施前之支持計畫產量（Q_1），故亦有利於消費者和農企業廠商。供需彈性是決定不足額支付大小之關鍵因素，若供給較需求具有彈性，則在保證價格下生產者極欲增產，且消費者付價更下降，由此帶來擴大保證價格與消費者付（市場）價之差距，致政府支出增加。另方面，若實施有限度的不足額支付，則政府支付勢可減少，然需輔以生產配額。就糧食不足或欲增加自給率的國家而言，不足額支付制度

則優於採行進口關稅或進口配額的方式，蓋不足額支付較具提升國內增產幅度，且消費者付出較進口為低之價格；不足額支付措施對糧食出口商的不利影響遠小於採行進口配額或關稅（Tomek and Robinson, 1990）。

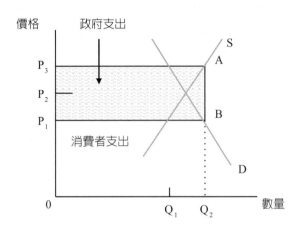

圖 9-3　不足額支付之經濟效果

資料來源：Tomek, W. G. and K. L. Robinson (1990): Agricultural Product Prices, Third Edition, Ithaca: Cornell University Press, P.280.

在實務經驗方面，美國於 1970 年對棉花採行保證價格，另在 1973 年對小麥、玉米、高粱和燕麥亦實施之；本措施當時在日本、歐盟和我國亦被廣泛的採行。誠如前述，在 1990 年代，美國已將不足額支付作為增加所得之策略。大致而言，各國採行本措施的結果是（Knutson, et al., 1990；Barker, 1989；彭作奎，1989）：(1) 因標的或保證價格高於均衡價格，致刺激生產、誘導市場價格下降以及減少糧食和飼料成本；(2) 因市場價格下跌，促使實施此措施的國家在世界市場較具競爭力，如同看不見的出口補貼；(3) 就提高農民所得而言，本措施優於收購支持措施；較高的保證價格帶來沉重的財政負擔；(4) 不足額支付因基於生產數量之運作，故相對有利於大農；(5) 減少生產者所得風險，致提升獲得融資能力。

（四）進口關稅和配額等措施之結果

在理論方面，該等措施的結果，視關稅類型、實施國家（大、小之分）及配額類型而異（Houck, 1986）；本節不擬深入分析，僅就部分均衡觀點，摘述此等

措施之獲利者、損失者及其福利影響。首先於生產方面，此等措施有利於國內因實施關稅或配額產業之生產者，蓋其在進口障礙下可獲得較高價格與更多的產出，由此誘導利於提供生產因素予該受保護產業之上游業者；進而由此影響與受保護產業（如牛肉）有關的產業（如家畜禽或乳製品）。對消費者而言，則有不利的影響，包含消費受保護產品與相關產業的產品，蓋其面對較高的市場價格，致消費量減少；另方面因進口量減少，促使有關處理此進口產品之個人或廠商將失去市場和賺款。對政府而言，因有進口關稅而增加財政收入。總之，實施關稅或配額之獲利者有受保護產品之國內生產者、與該產品有關之上游業者、相關產品生產者、政府財政及持有進口配額者；損失者有消費者和涉及保護產品之進口商（Houck, 1986）。

在福利方面的考慮，示如圖 9-4，消費者因價格由 P_1 增加至 P_2，致其剩餘減少面積為 A + B + C + D；生產者剩餘增加 A 的面積，C 面積可能是政府財政收入或支持進口配額者之經濟租（Economic rent），B 是整體經濟之生產效率損失，而 D 則是社會無謂的損失（Deadweight loss）。

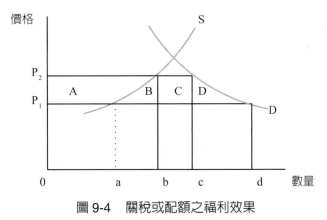

圖 9-4　關稅或配額之福利效果

資料來源：Houck, S. P. (1986): Elements of Agricultural Trade Policies, N.Y. Macmillan Publishing Company, P.54.

在進口關稅實務經驗方面，幾乎世界各國均實施進口關稅，旨在限制某些商品的進口以及增加稅收。大致而言，實施進口關稅的結果有（Knutson, et al., 1990）：(1) 有效提高進口品在國內的售價，因而削弱國外產品在國內之競爭優勢；(2) 在任何價格下，均減少進口數量；(3) 關稅較配額具透明化，致誘導利於具有效

率之生產者；(4) 因配合實施平衡稅或反傾銷稅，而抵銷其他國家的出口補貼，致保護實施關稅國家之生產者；(5) 增加財政收入；(6) 進口關稅所誘導價格變動的絕對量與自由市場具相同幅度；(7) 消費者因關稅而付出較高的價格；(8) 由大進口國家如歐盟、美國和日本等採行進口關稅易壓低世界價格。

在進口配額之實務經驗方面，旨在限制個別產品的最高進口量，期冀免於國外競爭而保護國內生產者或執行前述的價格支持計畫；同樣地，亦有許多國家實施進口配額，除前述美國牛肉配額外，尚對乳製品和糖採進口配額；而日本對牛肉和家禽之進口亦採配額制，通常此措施具有高度的政治意味。採行進口配額之結果大約有（Knutson, et al., 1990）：(1) 因進口配額限制國內可用供給量，致提升國內價格；(2) 可能增加國內原料之需求，如紡織品的進口配額，減少國內棉花之外銷需求，但國內的總需求可能因消費價格提升而減少；(3) 進口配額有利於緩和前述政府收購之存糧壓力；(4) 持有進口許可證者因配額而有暴利；(5) 進口配額式的供給控制導致較自由市場爲大的價格波動；(6) 配額制度不利於藉由競爭而提升生產效率；(7) 非農產品配額的報復導致農產品外銷的減少；(8) 由大進口國家如歐盟、美國和日本等所採行的進口配額易壓低世界價格。

（五）變動課徵措施之結果

在理論方面，此措施在國際貿易政策方面是最具保護效果（Houck, 1986, P.62），若配合前述的標的或保證價格，則此措施對受保護部門提供更堅固的價格保護；此措施係歐盟之共同農業政策（Common Agricultural Policy, CAP）之核心。由圖 9-5 說明歐盟實施變動課徵之結果，設歐盟對某一特定產品如玉米的支持價格爲 P_s，產量爲 S_e，需求量爲 D_e，外銷量爲 $D_e - S_e$；由此，世界價格爲 P_c，其他國家之需求量爲 D_c，供給量爲 S_c。此措施之重要特性是變動課徵量是固定地隨 P_s 與世界價格之差距而調整，致歐盟價格永遠被支持在 P_s 的水準，而世界價格因應 Q_e 的進口量而隨之調整，所有價格的調整反映至世界市場，而提高世界價格的變動幅度，歐盟藉由變動課徵的調整來吸收此變動，而在歐盟內之供需變動則轉嫁至世界市場進口需求變動。

在實務經驗方面，本措施保證歐盟農民所獲（飼料穀物）價格高於世界價格，

與變動課徵有關的價格干預措施是標的價格和門檻價格,因而其結果有(Knutson, et al., 1990):(1) 有效地減少進口量,致提升國內價格達事先預訂的水準;(2) 不利於自由貿易的競爭性;(3) 當世界價格低於保證價格時,變動課徵對進口國家構成一項稅收來源;(4) 帶來國內價格的穩定,然卻助長世界市場價格的不穩定。

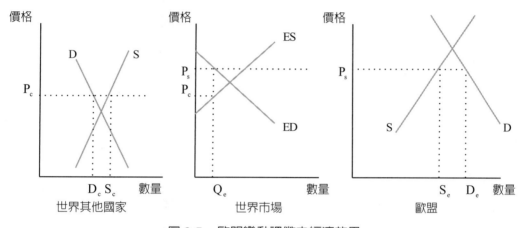

圖 9-5　歐盟變動課徵之經濟效果

資料來源:Knutson, R.D., J.B. Penn and W.T. Boehm (1990): Agricultural & Food Policy, Second Edition New Jersey: Prentice Hall, P.136.

二、直接干預「壓低或降低價格」措施之結果

(一)出口稅措施之結果

　　在理論方面,該措施一來保護國內買者因而壓低國內價格,二來為財政收入之一來源,其福利效果示如圖 9-6。設自由市場價格為 P_1,實施出口稅國家之出口量為 ad,國內產量為 0d,國內需求量為 0a;出口稅促使國內價格降為 P_2,致國內消費量增加 ab,而生產量減少 cd,出口量減少 bc。依此,該國生產者剩餘減少 A + B + C + D 之面積,A 構成消費者剩餘增加的來源,C 為政府稅收,B 和 D 皆為社會無謂的損失。依此,此措施的直接受害者是國內生產者和可能的國外買者,間接受害者是出口商和該出口產品之生產因素提供者;受益者有國內消費者、政府稅收及可能的國外販賣商。

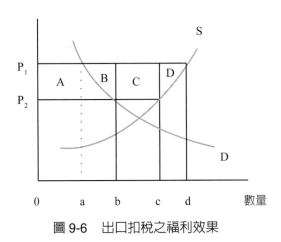

圖 9-6　出口扣稅之福利效果

資料來源：Houck, J. P. (1986): Elements of Agricultural Trade Policies, N.Y.: Mcmillian Publishing Commpany, p.60.

　　在實務經驗方面，有許多開發中國家（低所得者）對其主要糧食如稻米、小麥或蔬菜油的外銷採行之，如泰國於 1985 年之後對稻米外銷採 2.5% 從量扣稅（Sethoonsarng, et a1., 1995），尤其是對小麥產品的政府干預遠大於其他農產品。Bale（1987）指出，開發中國家於 1980～1982 年因採行不同低糧價政策（含出口稅），導致此等國家平均的國內價格僅及世界價格的 51%，例如奈及利亞之國內稻米價格較邊境價格低 20%；致其指出此種價格干預產生：(1) 資源誤用、生產量減少、農民所得下降及帶來農村的更加貧窮、延緩新技術的採用、降低新式投入的採用水準、農業成長下降、農村勞力外移以及減少外銷量和外匯收入等問題；(2) 增加國內消費量，以生產者為代價而有利於消費者。但 Byerlee 和 Sain（1986）指出，開發中國家的低糧價政策對生產者是否不利，則未有一致結論，然其肯定此等措施是絕對有利於都市消費者。

（二）出口禁運措施之結果

　　在理論方面，該措施乃導源於政治不協調、國際性的策略行動或實際的軍事爭議；一般而言，該措施勢必破壞世界市場的貿易秩序。實施禁運的兩個嚴格條件，一是該國家在世界生產有獨占或近乎獨占力量，或可說服潛在供給者不增產，二是不可能經過第三國來轉運的產品。依美國在 1973、1977 和 1980 年等三次的經驗，其結果有（Knutson, et al., 1990）：(1) 減少外銷量且降低國內價格；(2) 有損「可

靠外銷供給者」的信賴度，因而減少外銷對象；(3) 促使其他國增產，以求提升自給率；(4) 促使出口國家增產。

第三節　干預措施之利弊

由前述得知政府直接干預措施的效果，受國家發展或成長的階段、干預類型和方式、配合干預措施的有效性、有關產品供需彈性以及政策決策者態度等的影響。本節擬依據前述各措施的結果，就達成干預目的之情況以及干預措施對特定團體或部門的影響等觀點，由此歸納直接干預措施的利弊。

一、達成干預目的之檢視

參照前述五大干預目的與各干預措施的結果，表9-1列示政府直接干預措施達成干預目的之情形。首觀，「提升農業所得」之干預目的，所有「支持或提高農產品價格」之干預措施均達成該一目的；相反地，所有「壓低或降低農產品價格」之措施則未達成提升所得之目的；干預價格穩定措施之中有不足額支付和供給安定基金亦達成此目的，至於行銷訓令、行銷協議會和平準制度可否達成此目的，則端視產品特性、供需彈性和管理效率等因素。

其次，觀察「保護小農」之干預目的，提高價格措施之中除政府收購和不足額支付之外，其餘措施尚具保護小農效果，尤以有關進口保護措施為然；同樣地，所有降低價格干預措施均未有正面保護小農之效果；至於穩定措施方面，除平準制度的不確定效果之外，其他穩定措施則可達成本目的。第三，關於「提升糧食自給自足」方面，提升價格的干預措施皆可達成此目的；反之，壓低價格的措施則否；至於穩定措施則有平準制度和不足額支付顧及此目的，其他穩定措施則並不確定。

表 9-1　檢視政府直接干預農產品價格措施與干預目的之關係

		提升農業所得			保護小農			提升自給自足			降低價格和所得之不穩定			保護消費者		
		是	否	不確定	是	否	不確定	是	否	不確定	是	否	不確定	是	否	不確定
干預提高之措施	1. 政府收購	√				√	√				√				√	
	2a. 價格支持貸款		√		√			√			√					√
	2b. 行銷貸款	√		√			√									√
	3. 保證或標的價格（不足額支付）		√		√		√						√	√		
	4a. 進口關稅	√		√			√				√				√	
	4b. 進口配額	√		√			√				√				√	
	5. 變動課徵	√		√			√			√	√				√	
干預降低之措施	1. 出口稅	√		√				√					√	√	√	
	2. 出口禁運	√				√		√					√	√	√	
干預穩定之措施	1. 行銷訓令		√	√					√		√					√
	2. 行銷協議會		√		√					√	√				√	
	3a. 平準實物（或基金）制度		√		√				√		√					√
	3b. 不足額支付	√				√		√			√					√
	3c. 供給安定基金	√				√			√		√				√	

　　第四，有關各干預措施達成「穩定價格或所得」之情形，所有穩定措施對此目的均具正面意義；而所有壓低價格措施對此目的，則呈現不確定的效果；至於提高價格之干預措施對此目的達成，則不一致，僅有政府收購、價格支持貸款和變動課徵對此目的有正面效果。最後，在「保護消費者」之目的方面，僅有各壓低價格之干預措施具有此方面的功能；而除不足額支付的提高價格措施之外，其餘者均不利

於消費者；於穩定措施方面，除供給安定基金之外，其餘措施對此目的均未有正面效果，尤以行銷訓令和行銷協議會為然。

彙結上述，發現政府直接干預措施可否達上述全部或之一的干預目的，則視干預措施類型而定。提高價格的干預措施對「提升所得」和「提升自給自足」之二個目的最具正面效果，而對「保護小農」和「穩定價格或所得」等目的則是其正負兩面的效果，此等干預措施則絕大部分未顧及消費者；由於本類型的措施大部分係由先進國家所採行，由此呈現的經濟意義，之一是先進國家在採行此等措施的著眼點是強調農民所得水準和整體國家的糧食安全，之二是其國內農產價格政策較偏向大農或商業化農場，然有關進口保護措施則具產業保護效果，之三是先進國家採行此等措施，即提高農產品價格是以消費者為代價。由開發中國家所實施的有關壓低農產價格措施，則是全著眼在消費者和整體經濟發展的立場，即一來企求農業對其經濟發展有所貢獻，二來此等國家的干預措施則以犧牲農民或農業為代價。最後，有關穩定價格的干預措施，亦是大部分由先進國家所採行，確實可達成穩定價格或所得之目的，至於是否可達成其他干預目的，則端視各措施附帶的目的而定，如行銷訓令和行銷協議會可兼顧保護小農之目的。

二、干預措施對特定團體或部門之影響效果

（一）對農業部門的影響

由前述得知政府直接干預措施，對農業部門的影響有農產價格水準、價格穩定、農業增產和其他等方面。首觀，對農產價格水準的影響，除「壓低價格」的干預措施促使價格水準下降之外，「提升價格」干預措施則是促使價格水準上升，有行銷訓令和行銷協議會亦具此功能；依此，一方面在農產品需求缺乏價格彈性下，該價格上升可望帶來農業所得或生產者剩餘的增加，二方面如價格支持貸款和不足額支付則具有誘導增產的效果。

其次，有關穩定的效果，誠如前述，干預穩定之各措施均具有此方面的效果，但亦有一些措施如行銷貸款、進口關稅或配額和出口禁運等則誘發更不穩定的結

果。干預措施對農業部門所帶來的其他問題則頗為複雜,之一如政府收購措施可能引起跟民間業者爭奪市場空間,而如何處理生產過剩的農產品則是此措施所帶來較具爭議性的問題;之二如開發中國家的壓低措施帶來資源的誤用,而提升價格措施亦有增加生產因素留駐農業部門的傾向;之三是進口配額或關稅有帶來生產效率損失和產生社會無謂損失的後遺症;之四是行銷訓令或行銷協議會之運作雖視政府授權而定,然而有增加農民的市場力量,致常遭付予「獨占」之議。

（二）對消費者之影響

前已述及各干預措施對消費者保護的情形,然糧食價格水準的上升或下跌則常用來作為判定該保護的指標,致干預措施對消費者之影響,端視干預之後誘導農產價格水準上升或下跌程度,以及由此而衍生的福利變化等結果而定。同時,前已指出,僅有開發中國家之低糧價政策、美國的穀物禁運和不足額支付等壓低農產價格之效果,因而此等措施可帶來消費者剩餘的增加。就開發中國家而言,Byerlee 和 Sain（1986, P.968）指出,該等國家的低糧價政策卻是誘導穀物進口快速增加之主要原動力。於穩定措施之行銷訓令和行銷協議會,對消費者尚具提供「高品質」之不可計量效果。儘管提升價格之干預措施具增加糧食價格的直接效果,然因其有增產後果,致政府採行擴張或刺激國內消費的措施,如糧券、學校午餐計畫及對婦幼補貼計畫等,均對消費者帶來間接的正面效果。

（三）對政府部門之影響

大致而言,政府部門與干預措施有財政負擔與決策態度之關係。前述各措施之中,增加財政負擔者有政府收購、價格支持貸款、不足額支付、行銷協議會、平準制度和供給安定基金,增加財政收入者有各有關進口保護的措施和出口稅,而行銷訓令則與財政具中立性關係;依此,發現大部分的國內農產價格政策與財政負擔呈正面關係,而邊境價格政策則具增加財政收入效果。至於決策態度方面,由於政府對農產品價格的直接干預常受政策導向和政客意向的影響,如前述提升糧食自給率之目的,不僅涉及社會大眾所關心的民生問題,而且更關注國家或社會安全的考量;另標的價格或貸款率的措施,其水準的高低則常受政治壓力大小而予以調整;再如一個國家發展或成長階段,亦影響採行干預類型之抉擇,先進國家偏向提升且

穩定的策略，而開發中國家則強調低糧價政策；最後，如進口保護措施之關稅和配額制，則易引起相關國家政治報復的後遺症。

（四）對行銷和貿易活動之影響

綜觀前述干預結果，發現干預措施對貿易（行銷）活動的影響有進口量增減、實施干預國家農產品在世界市場的競爭力及對世界市場價格穩定度等方面。對進出口量的影響方面，屬進口保護的干預措施、出口稅和出口禁運皆減少相關產品的進口數量，但前述已指出，開發中國家的低糧價反有增加進口量之長期效果；進口配額的措施因非農產品的配額，受前述報復的影響，帶來不利於農產品外銷的結果。干預措施對競爭力的影響，其削弱競爭力的干預措施有價格支持貸款和行銷貸款，而不足額支付和行銷協議會則具增加競爭能力。至於對世界市場價格穩定性的影響，進口保護的關稅、配額和變動課徵等易帶來較不穩定的後果，尤其是大的進口國家若採行此等措施則加劇之；另其他貿易措施對價格不穩定的效果，示如表 9-2 和表 9-3。

表 9-2　貿易政策對進出口國家農產品價格穩定之影響

		干預後價格不穩定與自由貿易價格不穩定之比較	
		出口國家	進口國家
進口國家貿易政策	特定關稅	相同	相同
	從量關稅	較小	較大
	固定配額	較大一些	較大一些
	比例配額	較大一些	較大一些
	價格固定	較大	較小（=0）
	變動課徵	較大	較小
出口國家貿易政策	特定關稅	相同	相同
	從量關稅	較小	較大
	固定配額	較大一些	較大一些
	比例配額	較大一些	較大一些
	價格固定	較小（=0）	較大
	出口控制	較小	較大

資料來源：Bale, M.D. and E. Lutz (1979):"The Effects of Trade Intervention on International Price Instability." *Amer. J. Agr. Econ.*, 61, P.513.

表 9-3　大國家採行市場干預的效果

		出口國家				世界市場		其他國家		
		Q_s	Q_d	P_s	P_d	Q	P	Q_s	Q_d	P
當事國為出口國家	生產控制	-	-	+	+	-	+	+	-	+
	生產補貼	+	+	+	−	+	−	−	+	−
	出口控制	−	+	?	−	−	+	+	−	+
	出口補貼	+	−	+	+	+	−	−	+	−
	政府收購	+	−	+	+	−	+	+	−	+
	最低價格	−	−	+	+	?	?	?	?	?
	最高價格	−	−	−	−	?	?	?	?	?
	生產稅	−	−	−	+	−	+	+	−	+
	成本減少計畫	+	+	+	−	+	−	−	+	−
當事國為進口國家	生產控制	−	−	+	+	+	+	+	−	+
	生產補貼	+	+	+	−	−	−	−	+	−
	進口配額	+	−	+	?	−	−	−	+	−
	進口補貼	−	+			+	+	+	−	+
	政府收購	−	−	+	+	+	+	+	−	+
	最低價格	−	−	+	+	+	+	+	−	+
	最高價格					+	+	+	+	+
	生產稅	−	−	−	+	+	+	+	−	+
	成本減少計畫	+	+	+	−	−	−	−	+	−

＊：Q_s 表示生產量，P_s 為供給價格，Q_d 為需求量，P_d 為需求價格，P 為世界市場價格，Q 為貿易量

資料來源：Gardrer, B.L. (1987): *The Economics of Agricultural Policies*, N.Y.: Macmillan Publishing Company, P.46.

（五）對相關行銷業者之影響

主要者有糧食加工業者、持有進口許可證或配額者以及出口商，大致觀之，國內農產價格政策如政府收購、價格支持貸款和不足額支付等均有利於糧食加工業者，蓋此等措施常帶予此等業者，一是原料成本的減少，二是較可靠的加工原料供應，三則為擴增此等業者對原料的需求。而對進口商持許可證或配額，均有正面的效果，尤其進口配額制，受配額值資本化的影響，該制度常帶予持有者有「暴利」的機會，其與政府財政瓜分配額制之利（Bale and Lutz, 1979）。開發中國家的低糧價政策和出口禁運，則不利於農產品出口商，蓋其一來有稅的負擔，二來出口數量減少。另外如價格支持貸款，因有隔離國內市場價格與世界市場價格的副效果，似亦帶來縮減出口商參與貿易的機會。

三、綜合評述

一個國家的政府常基於考量農產品或農業產業之特性、消費者糧食支出、政治條件或為彌補自由市場運作的「市場失靈」，對農產品市場價格採行不同類型和程度的干預。由前述，歸納得知先進國家大都採行「提升」和「穩定」價格的干預類型，而開發中國家則強調「壓低」價格的干預措施；就干預目的之觀點，先進國家較偏向支持農業部門和國家的糧食安全，相對上較犧牲消費者，致其干預結果為高糧價政策，且穩定措施尚可達成穩定價格之干預目的，然開發中國家則以消費者為考量重點，致其干預結果為低糧價政策。

至於各干預措施的效果，除理論上考量產品供需彈性之外，則端視干預方式和干預程度而定，而影響的層面有農業部門、消費者、政府部門、貿易行銷活動和其他相關業者。「提升」的干預類型之國內政策，確具提升農產品價格的功能，有利於加工業者，但卻有造成生產過剩、加重政府財政負擔、增加消費者糧食支出、削弱競爭力以及促使世界市場價格不穩定等的困擾，而邊境價格措施則具有保護農業之效。「壓低」的干預措施，除有助於消費者和可能提供經濟發展貢獻之外，對農業部門和貿易活動則具不利的影響。「穩定」的干預措施，除了行銷訓令具有提升

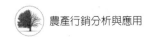

和穩定農民所得和價格之功能外,大部分的穩定措施則有增加財政負擔之嫌。

商品價格本是由其市場供需予以決定,雖前述指出政府直接干預的緣由,然此種干預理論上宜是短期之舉,且有違自由場運作的機能,更何況以前 GATT 談判的農業主題,就是針對此等直接干預構成紅色政策(Red policies)而爭議不斷;依此,儘量避免直接干預市場則是世界各國因應 WTO 爭議之潮流。另外,因大部分的干預措施有增加財政負擔的事實,致政治力量涉入市場運作之中;理論上,政府在自由經濟體系運作的角色是提供生產(行銷)者和消費者有良好競爭活動的環境,以促使市場力量在決定農產品價格更具發揮作用;至於對提升農民所得方面,則宜以政治或社會觀點採行其他的措施,即將所得支持政策和產品市場分離(彭作奎,1991;Tomek and Robinson, 1990)。

準此,減輕政府在農產品價格政策的財政負擔,遂構成今後在農產品價格發現過程之另一趨勢。當前因受 WTO 之規範,有許多國家(含我國)採行對地補貼與兼顧友善環境而採行的相關補貼,如有機農場經營在馴化期間之補貼,目前國內正在推動此一類型的補貼,主要著眼於穩定農場所得水準。

CHAPTER 10

市場價格穩定政策與效果

受農產品特性之影響，其價格水準和穩定性時有爭論，遂常促使農產價格政策以達成價格水準之高低和價格穩定為目標。許多農產商品明顯的價格波動被視為市場失靈（Market failure）之例，非意味價格不運作，而是其運作過度產生不可接受的結果；申言之，價格波動給生產者、消費者及行銷商帶來不穩定和風險的經濟活動環境。誠如前述，農產價格波動，一方面源自農業生產者（或行銷商）的價格預測誤差，即受農產品生物性引起的時間落遲性，而產生的產銷量和價格的循環，諸如畜產品和果蔬類農產品皆有類似現象；另方面來自隨機變動因素，即受影響農業活動的偶發因素而使然，諸如氣候、政治及衛生條件等因素，進而促使供需和價格波動。

據研究（陳新友，1981；黃萬傳，1992a；Bigman and Reutlinger, 1979；Just and Hallam, 1978）指出，雖對農業不穩定的經濟結果尚有爭議，然不穩定或風險因素確是影響各經濟單位之經濟活動量，如此等因素影響農民（行銷商）的產銷決策，且於實證過程將此等因素納入供給函數。自 1972 年之後，因世界農產品貿易價格波動的突增，農產品價格之不穩定更受注目。1993 年，世界經濟會議首先訂定由各國政府介入商品市場規範和控制之原則，旨在緩和價格波動和提升平均價格水準。依此，農產品價格不穩定為長期來農業政策決策者所面臨主要論題之一，而採取的對策則有價格穩定和供給安全等策略。

依經濟理論觀之，經濟學家對商品市場穩定（Commodity market stabilization）效果已有長期爭論；據研究（Just, et al., 1978）指出，商品市場穩定可分為價格穩定、供給穩定和消費需求穩定等三項，最後一項的穩定策略最不具效果，而供給穩定大部分透過供給管理來達成，本章著重在有關價格穩定理論及其實務應用。一般而言，關於市場價格穩定之研究概分為（Konandreas and Schmits, 1989; Massell, 1969）：(1) 分析穩定福利效果及其所需之存貨水準；(2) 政府干預政策對價格穩定效果；前者則重實證釐清穩定福利效果，後者則以探討先進國家價格干預政策與國際市場不穩定之關係為主。

臺灣地區的農業發展，基於合理保障農產品價格係提高農民所得之一有效途徑之理念，依農業發展條例和農產品市場交易法，歷年來陸續推行農產品價格安定措施，諸如以前指定重要產品設置平準基金和農產加工品設置相關產業發展基金；為

維持產銷平衡，由雙方訂定保證或契約收購；爲達成產製儲銷一貫作業，對各產品實施產銷以及輔導農民團體辦理共同行銷。就農產品在經濟活動之角色而言，臺灣農產品價格安定措施，於 1990 年代就訂有如國民基本糧食、開放進口農產品、加工或生鮮外銷農產品、國內加工專賣農產品、供應國內農產品批發市場及自由出口核章辦法等類。當時此等措施涵蓋三十項產品，除砂糖平準基金外，各產品價格安定措施均在 1970 年代糧食和能源危機之後方實施。據研究（呂芳慶，1988；陳耀勳，1988；彭作奎、黃萬傳，1994；林昭賢，1994）指出，雖上述措施並非全面性之政策，於 1973 年之後，臺灣農產品價格之不穩定係數小於工業產品，對基本民生物品所採行穩定措施已產生預期效果；就個別產品而言，於 1990 年初期之果蔬和畜產品價格不穩定，再度引起政府、業者及消費者對相關的價格安定基金功能提出質疑。政府部門並在農業綜合調整方案，以安定價格爲 1990 年～1995 年之農產價格政策重點，於當時積極催生農產價格安定法。

基於上述，本章旨在陳述有關農產品價格穩定之理論及實務，即首先就歷史和國際貿易觀點，說明農產價格穩定及其效果；其次是說明常被運用作爲穩定價格工具之平準基金，綜合理論與實務探討其優劣點、類型及其效果；第三節乃就各主要國家在過去所採行的穩定策略予以回顧說明之。

第一節　穩定理論及其效果

有關市場穩定之論述，主要論點大部分關注市場穩定之福利效果。Wough 首在 1944 年提出此方面之理論分析，主要結論是於供給不穩定下，消費者由缺乏價格穩定而受益。Oi 於 1961 年則謂在需求不穩定下，生產者偏愛價格不穩定的結果。Massell 於 1969 年綜合上述兩項研究，而形成分析價格穩定的傳統模式（Waugh-Oi-Massell Model）。由於大部分分析市場不穩定問題均源自此模式，如 Turnovsky（1978）引用此模式分析美國穀物價格穩定之福利分配，Bigman and Reutlinger（1979）亦以該模式實證美國糧食價格穩定與貿易政策之關係。職此，本節擬分述傳統模式之理論概念及其在開放經濟體系之應用。

一、Waugh-Oi-Massell 模式

（一）基本模式

　　本模式的基本特點是假設：(1) 線性供需函數；(2) 供需函數具有可加性隨機殘差項（Additive stochastic terms）；(3) 供需函數為價格之函數，即供需調整對價格變動具立即調整；(4) 以馬氏消費者和生產者剩餘（Marshallian consumer/producer surplus），衡量價格穩定的福利效果；及 (5) 封閉經濟體系。

　　為簡化說明與配合上述假設，設定下列市場模式：

$$S = x + aP \qquad （供給函數） \qquad （10\text{-}1）$$
$$D = y - bP \qquad （需求函數） \qquad （10\text{-}2）$$

式中：S, D：依次是供需數量；P：價格；$a, b > 0$：固定參數；

　　x, y：依次具有平均數 μ_x 和 μ_y，變異數 σ_x^2 和 σ_y^2 之獨立分配的隨機差項。式（10-1）和式（10-2）的均衡價格解及其在無價格穩定策略之變異數依序為：

$$P_e = \frac{y - x}{a + b} \qquad （10\text{-}3）$$

$$\sigma_{p_e}^2 = \frac{\sigma_y^2 + \sigma_x^2}{(a + b)^2} \qquad （10\text{-}4）$$

　　假定所穩定的價格水準在其平均值（μ_p）($= \frac{\mu_y - \mu_x}{a + b}$)，以馬氏剩餘表示生產者和消費者利得（Gains），依序是：

$$G_p = 1/2\,(\mu_p - P)[S(P) + S(\mu_p)]$$
$$G_c = 1/2\,(\mu_p - P)[D(P) + D(\mu_p)] \qquad （10\text{-}5）$$

依理性預期（Rational expectations）定義，預期的生產者和消費者利得依序是：

$$E(G_p) = xy^{\frac{1}{2}}(\mu_p - P)[S(P) + S(\mu_p)]dydx$$

$$= \frac{(a + 2b)\sigma_x^2 - a\sigma_y^2}{2(a + b)^2} \qquad (10\text{-}6)$$

$$E(G_c) = \frac{(2a + b)\sigma_x^2 - b\sigma_y^2}{2(a + b)^2}$$

淨預期社會利得（Net social welfare）是 $E(G_c)$ 與 $E(G_p)$ 之和：

$$E(G) = \frac{\sigma_y^2 + \sigma_x^2}{2(a + b)} > 0 \qquad (10\text{-}7)$$

若供給是唯一價格不穩定來源，即 $\sigma_y^2 = 0$，$\sigma_x^2 \neq 0$，則

$E(G_p) = \dfrac{(a + 2b)\sigma_x^2}{2(a + b)^2} > 0$，即對生產者有利；

$E(G_c) = \dfrac{-b_x^2}{2(a + b)^2} > 0$，即對消費者不利；

$E(G) = \dfrac{\sigma_x^2}{2(a + b)} > 0$，意指若生產者具有補償消費者之可行性，淨預期社會利得是正值。

若需求變動是不穩定的來源，即 $\sigma_y^2 \neq 0$，$\sigma_x^2 = 0$，則

$E(G_p) = \dfrac{-a\sigma_y^2}{2(a + b)^2} > 0$，即對生產者不利；

$E(G_c) = \dfrac{(2a + b)\sigma_y^2}{2(a + b)^2} > 0$，即對消費者有利；

$E(G) = \dfrac{\sigma_y^2}{2(a + b)^2} > 0$，意指若消費者具有補償生產者之可行性，淨預期社會利得為正值。

綜合上述，得知價格穩定導致福利分配結果如下：

1. 若不穩定來自供給變動，價格穩定策略導致生產者獲益與消費者受損；若不穩定來源是需求移動，則結果相反。

2. 不論不穩定緣由，獲益一方永遠足以補償受損一方，致淨社會福利之值為正。

3. 由價格穩定帶來的正值淨福利，係與供需變動具有比率關係。

雖上述模式實證在封閉經濟之價格穩定福利效果，然對其上述假設仍有爭議。事實上，上述模式結論仍依假設條件而異。依 Turnovsky（1978）的價格穩定論題，證實模式設定和其推演結果之相依性。

（二）修正的模式

第一類的修正，據 Hazell 和 Scandizzo 於 1976 年之爭議，假定所有農產商品之單位產量是隨機性的，致由單位產量和面積之乘積所示的總產量方程式，則需具有以乘方式所表示的隨機殘差項。同樣地，將風險納入由效用最大化誘導出的消費者需求函數，Turnovsky 於 1978 年及 Newbery 和 Stiglitz 於 1979 年和 1981 年證實以隨機殘差項乘的方式所表示的需求函數方式比較合乎邏輯的設定。另一爭議是，在實證時被推估的供需函數需是非線性。若同時應用隨機殘差項乘的方式和非線性供需函數，則有些 Massell 結論是不再存在；其中之一修正是福利分配結果不再視為不穩定來源，而是依供需彈性而定。事實上，生產者和消費者間之福利分配效果則成不確定。

第二類對 Waugh-Oi-Massell 模式之修正，是在供給函數納入生產者價格預期，其價格穩定之福利分配結果則視對價格預期而異。於適應預期假說（Adaptive expectations hypothesis），生產者利得視殘差項之自行迴歸特性和價格預期之落遲期限而定；消費者面對供給不穩定下的價格穩定效果，仍然是有福利損失，蓋具有生產者價格預期模式之需求面，並未改變 Waugh-Oi-Massell 模式內之需求函數。無論如何，來自需求面不穩定之價格安定策略仍然產生不確定的福利衝擊效果，蓋供給是過去價格之函數，需求的穩定影響此等價格，遂同時影響供需函數。就理性預期假說（REH），若隨機殘差具正或負自行相關，且價格不穩定源自需求隨機移動，價格穩定策略對生產者不利；然不論自行相關性質，來自供給面不穩定之穩定

策略，對生產者是有利的。若價格不穩定來自供給（需求）隨機移動，價格穩定策略對消費者是不利（有利）。在理性預期下，價格安定之福利效果則永遠是正的。

第三類對上述模式分析之修正，是納入部分均衡原則（Partial equilibrium rules）。前述基本模式假定完全穩定在平均價格水準，然部分價格穩定則應用價格帶原則（Price band rule），及當實際價格脫離既定價格範圍，執行穩定之單位方予以干預。事實上，各國政策採行價格穩定比較普遍的做法，如美國穀物庫存調節方案就是其中一例。Turnovsky 於 1978 年之一般化證實，當執行穩定之單位透過線性調整原則（Linear adjustment rule），及價格高或低於設定價格範圍而出售或買進存貨，則福利衝突效果是與 Massell 結果是一致的。

第四類之修正，係 Samuelson 於 1972 年提出的一般均衡模型，即認知價格穩定可減少生產者所面臨的風險，帶給他們更好的利得，Newbery 和 Stiglitz 曾針對此作進一步分析。爭論焦點是依馬氏剩餘來衡量福利概念是不完整的，而需明確地考量市場當事者之風險行爲；銜接風險反應之論題，是減少生產風險而誘導其增產下有效利得之概念（Concept of efficiency gains）。有效利得不同於利益移轉，後者是指商品透過不同時期之儲藏而產生的。Samuelson 等人提出另一衡量剩餘方法，即以市場參與者效用爲衡量福利之基礎，歸納影響生產者和消費者間福利分配之因素是價格穩定程度、消費者或生產者是否囤積商品、需求曲線型態及風險因素之本質和來源。此等結果意味，函數設定正確性對實證分析穩定問題頗具重要性。顯然地，Samuelson 等人仍未解決前述不確定的衝擊效果，其實證分析僅確定一項價格穩定方案的特定效果。

第五類之修正，Just 和 Hallam 於 1978 年綜合應用上述各類修正，分析並解決美國小麥產業價格穩定效果之實證問題，主要關鍵在考慮供需函數的不同函數形式（Functional forms）、殘差項的本質及公共部門儲存政策對民間部門儲存之影響效果。本類修正之實證結果顯示，依模式內參數之變異而言，價格穩定對國內外團體之福利效果是非常穩定；依此，其結論在理論觀點雖有相關混淆論題，但大部分可透過實證來解決。申言之，價格穩定是偏向柏拉圖最適（Pareto optimum），然計量性的利得大小則視模式類參數數值水準而定。

（三）開放經濟與價格穩定

Hueth 和 Schmitz 於 1972 年，首先應用 Waugh-Oi-Massell 模式分析開放經濟體系下之價格穩定問題。其模式以兩個國家為分析架構，利用馬氏剩餘衡量國家內和國家之間的消費者和生產者福利效果分配，其證實每一個國家內之福利效果分配正如封閉經濟的結果；除此，若不穩定來源是進口國家，則出口國家因價格穩定而受損；最後，若同時考量兩個國家，則價格穩定對兩個國家皆有利。Just 等人於 1978 年修正基本假設，而改變上述結論，及證實需求曲線的遞增向凸性，有利於兩個國家的消費者。雖其對供需函數之殘差項採乘的方式，然其結果並不明確。

Konandreas 和 Schmitz 於 1989 年，就美國穀物價格穩定的可行性，提供一項實證檢定之例，然卻是前述 Hueth 和 Schmitz 結果之一部分驗證。其假定價格不穩定來自國內供給和國外需求，檢定結果顯示，在飼料穀物價格的安定，皆有利消費者和生產者；但小麥價格穩定效果則不確定，而提出穩定小麥價格是不可行的建議。雖受其假設之限，其結果意味多邊儲藏計畫的益本分配可能不被所有國家接受；例如，穀物輸出國家現有儲存設備可負擔大部分國家穀物庫存的公共儲存成本，蓋此舉有利於進口國家，致輸出國家不願負擔上述成本。同時，若無國際穩定方案，許多個別國家透過價格隔離政策，繼續採行單邊穩定方案。就理論和實際觀點，透過許多不同政策而隔離國內市場價格與其他國家價格之關係，確是影響自然性所發生的不穩定，或影響在其他市場不穩定之調整成本。

二、價格穩定策略對市場穩定之影響

在國內市場之價格隔離策略下，可能的國際市場不穩定之爭議包括：(1) 於高度農產品供給彈性之下，具有較高度缺乏超額需求彈性；(2) 對國內民間持有存貨之缺乏誘因，導致貿易調整的較大負擔。Bale 和 Lutz 於 1981 年對此等問題提出審慎的分析，以下僅摘述其模式和基本假設，說明不同政策對市場穩定之效果。基本假設是兩個國家均具有線性供需函數，此等函數的隨機殘差是以加的方式，由此比較價格不穩定對自由貿易和限價措施之影響效果。

（一）基本模式與自由貿易情境

令

$$D_i = a_i + b_i P + \delta_i, i = 1,2$$
$$S_i = \alpha_i + \beta_i P + \varepsilon_i, i = 1,2 \tag{10-8}$$

式中：D_i：第 i 國家之需要；S_i：第 i 國家之供給；P：價格；$a_i, \alpha_i, b_i, \beta_i$：固定參數，及 δ_i, ε_i：依序具有常態分配 $N(0, \sigma_{\delta_i}^2)$ 和 $N(0, \sigma_{\varepsilon_i}^2)$ 之隨機殘差項。

就上述模式，於自由貿易，總計超額需求（Aggregate excess demand）是零，意涵市場均衡條件是：

$$\sum_{i=1}^{2} D_i = \sum_{i=1}^{2} S_i = 0 \tag{10-9}$$

將式（10-8）代入式（10-9），可解得在自由貿易下兩個國家所面對之共同價格及其變異數，依次為：

$$P_w = \frac{\sum_{i=1}^{2}(a_i - \alpha_i + \delta_i - \varepsilon_i)}{\sum_{i=1}^{2}(\beta_i + b_i)}, \quad \sigma_{P_w}^2 = \frac{\sum_{i=1}^{2}\sigma_{\delta_i}^2 - \sigma_{\varepsilon_i}^2}{\sum_{i=1}^{2}(\beta_i + b_i)^2} \tag{10-10}$$

（二）限價措施情境

1. 進口國家之限價

令 P_1 為出口國之價格，$P_2 = \overline{P}_2 = 1$ 為進口國家之價格，則進口國家之超額需求為：

$$ED_2 = a_2 - \alpha_2 - (b_2 + \beta_2)\overline{P}_2 + \delta_2 - \varepsilon_2 \tag{10-11}$$

出口國家之超額供給爲：

$$ES_1 = \alpha_1 - a_1 + (\beta_2 + b_1)P_1 + \varepsilon_1 - \delta_1 \qquad （10\text{-}12）$$

依式（10-11）和式（10-12）代入式（10-10），解得出口國家價格及其變異數，依次爲：

$$P_1 = \sum_{i=1}^{2}(a_i - \alpha_i + \delta_i - \varepsilon_i) - (b_2 - \beta_2)P_2 \qquad （10\text{-}13）$$

$$\sigma_{P_1}^2 = \frac{\sum\limits_{i=1}^{2}\sigma_{\delta_i}^2 - \sigma_{\varepsilon_i}^2}{\sum\limits_{i=1}^{2}(\beta_i + b_i)^2}$$

比較 $\sigma_{P_1}^2$ 和 $\sigma_{P_w}^2$，得知 $\sigma_{P_1}^2 > \sigma_{P_w}^2$。依此，若進口國家限定其國內價格，則導致出口國家的價格不穩定程度增加，圖 10-1 說明此等影響效果。

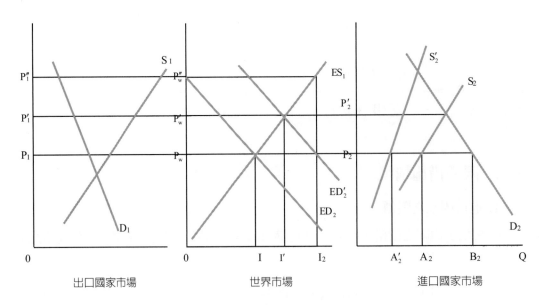

圖 10-1　進口國家之限價效果

　　設限價前之供給、需求和超額需求依次以 S_1，S_2，D_1，D_2，ES_1 及 ED_2 表示，於自由貿易下，世界價格是 P_w，出口和進口國家之價格依次爲 P_1 和 P_2。若進口國家面臨供給不足由 S_2' 表示，於無任何貿易限制，世界、出口及進口國家之價格依次爲 P_w'，P_1' 及 P_2'。在新的供給情況下，若進口國家決定維持在 P_2 水準，則在無存貨下需有額外增加 $A_2'A_2$ 之進口量，導致 $0I_2$ 之較大進口需求和一項未變更超額供給條件。額外進口量依次提升世界和出口國家價格至 P_w'' 和 P_w'，出口國家唯有經由存貨調整改變出口供給，來緩和上述進口國家限價政策所帶來之不穩定效果。

2. 出口國家之限制

　　如同前述推演過程，若出口國家限定其國內價格，則導致進口國家之價格不穩定程度增加，圖 10-2 說明此等影響效果。若出口國家限價在 P_1 水準，則於世界貿易市場價格低於 P_1 之超額供給成爲缺乏彈性（本例子爲完全無彈性）。進口國家面對此供給衝擊，導致較自由貿易情境下有較大的價格幅度，即（$P_2''' - P_2''$）>（$P_w' - P_w$）。

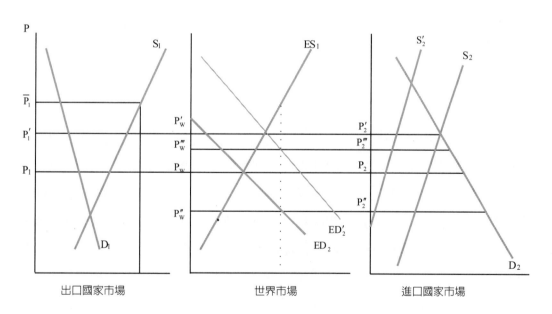

圖 10-2　出口國家之限價效果

　　Zwart 和 Meilke 於 1979 年提出類似此問題之研究，且實證結果顯示，緩和世界小麥市場扭曲的政策，如同平準實物制度（Buffer stock）有效地降低市場不穩定性。Zwart 和 Meilke 之研究獲得與 Bale 和 Lutz 研究的相同結論。Shei 和 Thompson 於 1977 年設定不同程度的進口限價，模擬世界小麥市場突發衝擊效果，如當時蘇俄突然減少小麥購買和美國設定世界性出口配額；其研究結果顯示，較大的世界市場價格變動導致更多國家限定其國內價格，遂有貿易自由化利於穩定世界價格之結論。Greenes, Johnson 及 Thursby 於 1978 年考慮美國透過存貨調整問題，證實其他國家的隔離貿易政策，提升美國為穩定價格與外銷的數量，並且若所有國家能結合存貨政策，則更易達成為隔離市場價格穩定之目的。

　　除源自進口國家價格區隔政策之不穩定外，屬已開發國家之出口政策亦提升其供給變動幅度。Josling 於 1980 年證實，上述先進國家之貿易量和淨剩餘的變動是有利於其內部政策；並分析支持價格對小麥生產、消費及存量變動之影響；實證結果顯示，在分析期間為外銷國內過剩產量，常有存貨被送到世界市場，而當生產小於消費時則有存貨累積。最後，其結論是確有一些國家為因應世界市場發展而調整存貨，但調整力量不足以穩定世界價格；導致此不一致行為之主因，是這些國家政策旨在穩定國內市場。Josling 以歐盟小麥變動課徵（Variable levy）政策為分析之例，歐盟雖是世界穀類市場之一主要參與者，但對其引起非上述經濟理性和壓低世界價格水準等政策則頗受爭議。

　　此外，亦有學者證實上述歐盟政策，並提出對開發中國家農業之政策涵義；其證實歐盟價格確是全然與其他地區無關，歐盟的高價引起生產過剩，因而壓低世界價格；同時，政府存糧不但限制民間存糧，而且與其他國家生產或存貨波動無關。事實上，歐盟存糧只有部分補償歐盟生產波動；雖無確實數據證實，歐盟價格水準和存糧運作對其他國家價格穩定之影響效果；但上述結果，已足以說明歐盟對其他國家價格帶來不穩定之涵義。另一值得爭論之問題是，穀類市場不穩定和先進國家政策對開發中國家進口穀類可用量之影響。世界穀物及其交易大多集中在先進國家，但有些開發中國家對其糧食供給逐漸依賴進口；此等開發中國家勢必增加糧食生產，但亦需考量增產成本和依賴進口程度。依此，除成本之外，只要此等國家之進口需求一直在成長，則其進口來源之穩定是頗重要的。

Josling（1980）已證實先進外銷國家之政策確是壓低世界價格，較低的穀類價格可能有利於進口國家。無論如何，因先進國家餘糧的傾銷而導致較低的價格，但此等價格卻易受先進出口國家之影響。除此之外，大多外銷國家與其他先進或較富有國家有長期貿易協定，以致於即使在生產過剩情況下，在其傾銷之前需先履行貿易協定，幸有國際貨幣基金會之糧食安全基金可緩和這項憂慮。但當生產短缺是世界性的，則仍然存在穀類價格的激烈上升。

雖當時俄羅斯和其他中央計畫經濟國家一直在擴增畜產部門，但已成為重要的穀類進口國家，在其價格和世界其他各國隔離情況下，其是促使不穩定之不可忽視因子。就市場結構變動對世界小麥市場不穩定之影響而言，分析重點宜重在蘇聯集團之進口國家行為，爭議之處是此等國家繼續占有進口市場之利，但其生產卻最具變動。

綜合上述分析，得知政府干預政策效果指出有些地區性國內政策確是增加國際市場不穩定。本節旨在闡釋有些國家或地區干預政策可能增加或緩和國際穀類市場不穩定的程度，此一程度的決定能夠形成穩定國際市場益本分配之基礎。另一方面，就 1979 年建立一項多邊穩定方案失敗之後，對地區性或國家政策伴隨穀類市場不穩定之研究，可喚起對干預政策之重估，且對此等國家亦開始關注高度的穩定成本。

第二節　平準基金及其理論效果

一般而言，農產品市場價格政策可分為穩定政策和支持政策兩大類，前者主要目的在於穩定市場價格，而後者已如前一章所述則在提高農民所得或保障消費者；實施方法方面，前者同時考慮穩定價格之上下限，而後者則偏重在上限或下限。一些常被運用的策略有平準基金法（Stabilization fund）、平準實物法（Buffer stock scheme）、直接價差補貼（Deficiency payment）、保證價格收購（Guaranteed price）、生產者補貼（Producer subsidy）、產量控制（Quantity control）、關稅及進出口調整（Tariff and adjustment on imports-exports）及行銷訓令（Marketing orders and agreements）。

農產品市場價格穩定之目的在減少價格及所得之波動程度，提高農民所得水準、增加糧食自給率、有效改善資源分配及維持消費者之購買力。價格穩定策略多應用在本國生產量能提供國內大部分之消費，甚至可以外銷的產品，以減少價格不穩定為主，主要策略有平準實物法與平準基金法。

平準實物法為先訂立價格波動之合理上下限範圍（價格帶），當價格高或低於所訂定之價格帶時，則予以出售或收購存貨，使價格之高低變化不致過劇，維持在一定水準。此方法僅是用於耐於儲藏的農產品，實施時須考慮：(1) 此項產品之供給彈性要小；(2) 行銷通路要單純；(3) 基金要在生產過剩時充分收購；(4) 要有充分之儲藏設備。

平準基金法為先設立合理之價格波動上下限範圍，當價格高或低於所訂定之價格帶時，則予以收取基金或利用此基金予以補貼。此方式可降低生產者生產計畫的不穩定性，以穩定產量的供給，進而達到穩定市場價格的目地。其實施時須考慮：(1) 需有足夠基金以補貼生產者在價格低於下限的損失；(2) 行銷通路要單純，以其補貼或徵收時能公平。

平準實物如運作得當，對生產者、行銷商、消費者及穩定農民所得均大有助益，但受限於只能用在產品具非易腐性及政府對進出口之管制；而平準基金無須是非易腐性產品，但卻受限於基金之機會成本。

一、農產品平準基金及其特性（林昭賢，1994；彭作奎、黃萬傳，1994）

前已述及農產品平準基金為價格穩定之一工具，1980 年代，依我國「農產品平準基金設置辦法」所定之平準基金，可分為平準實物法與平準基金法。平準實物法屬「實物操作」，只當農產品價格低於所設定之平準價格時，利用此基金收購該農產品，價格高於平準價格時，則拋售庫存之農產品，以穩定其價格；平準基金法屬「價差操作」，只當農產品價格高於所設定之平準價格時，抽取價差存入此基金，價格低於平準價格時，則由此基金撥款補貼該價差（陳耀勳，1988）。

（一）設置平準基金之一般條件

根據上述定義，農產品平準基金應具備以下之要件：

1. 應為「農產品」

依我國「農業發展條例」所定義「農產品」，指農業所生產之物，亦即只包括初級農產品及為便利消費或儲藏目的而作簡易處理之農產品，但不包括農產品外觀已改變之加工品。

2. 應有一筆「基金」

有足夠之基金，紙上作業才能付諸行動，如行政執行單位之設立、硬體設備之購置及基金操作過程用以收購農產品或補貼價差所需之費用。基金之來源有政府預算、基金操作收入、捐贈、有關機關之補助及基金孳息收入等。

3. 實施「價差操作」與「實物操作」

可依農產品之性質及市場之需要，決定價差或實物操作，以達價格穩定，提高農民所得之目的。

4. 訂有「平準價格」

平準價格不應經常變動，其可為一個固定水準，或可訂為價格的上下限，而平準價格是否適當，將會影響到基金之累積、農民之收益、農民生產之反應及消費者之負擔。

（二）設置平準基金之產品條件

1. 產品重要性高

因平準基金之操作，需要相當多之人力、物力及財力，且又關係生產者、消費者之權益及整個社會福利，故需審慎選擇之。選擇之依據可以其是否屬於民生重要糧食、生產價值高低、農戶數多寡及種植面積或飼養規模大小等來決定。

2. 價格不穩定程度高

平準基金之設置旨在穩定價格，農產品價格波動大，影響生產者之生產，消費者亦蒙受其害，故價格越易波動之農產品，才需要實施平準基金使其趨於穩定。

3. 行銷通路單純

平準基金之價差操作，需有固定的管道向業者收取基金或補貼價差，因大部分通路之性質並無強制性或排他性，故愈單純之通路，對基金之收取和累積愈有利。

4. 業者意願高

平準基金之性質是「取之於業者，用以補貼相同的業者」，業者為基金之主要成員，故業者之意願與相互配合度，關係著基金之是否成立與存亡。

5. 可儲藏性高

係指非易腐性且儲藏成本低之農產品。平準基金之實物操作，主要經由庫存控制供給量，是價格維持在合理的範圍內，故其儲藏性要高才能進行操作。

6. 有法規依據

不論是由政府為某種目的而干預市場機能所設置之平準基金，或由業者基於共同利益而互助合作設立的，都需要有明確之條文規章，作為所有該基金的一份子所奉行之圭臬。有法規依據，在執行平準基金過程，可減少有混亂或糾紛之情況出現。

以上的要件，請參考行政院農業委員會所公告之「農產品平準基金設置辦法及其運用準則」2000 年 3 月 31 日修正。

（三）設置平準基金之優劣

一般而言，一項有效之價格穩定措施，需要有良好的存貨控制及相當健全的行政執行體系。優秀的行政執行人員，才能制訂公平之條文規章，且能使所有業者建立共識，上下彼此互助合作，達到事半功倍的效果。存貨控制得當，才能有效地掌握市場供給數量，供需趨於平衡，使價格不會波動太大，故行政執行單位常試圖以建立一完善的存貨組織為努力目標，以隨時調整存貨；但通常此努力效果不彰，主要原因為存貨組織問題複雜、存貨成本過高及難以確定最適存貨量等問題。此外，此調整機能可能會擾亂正常行銷通路，帶來行銷過程無效率而抵銷其原本目的。雖價格穩定向為各國農業政策努力方針之一，然不同產品，性質不一，所適用之政策就不同；即使產品一樣，政策相同，不同國家，環境不同，執行之成果就不同；價格穩定之效果雖如此不確定，但因價格穩定對各國之社會經濟影響甚巨，各國政府仍繼續致力於此。

價格穩定策略之目的甚佳，但在執行過程中，常產生一些負面效果，使穩定策略的效果大打折扣，其可能產生之負面效果如：(1) 行政、財物負擔相當重，所需花費之資源成本亦相當高；(2) 可能影響全面物價水準，進而干擾其他政策之目標；

(3) 對提高總產量不大。前述我國的糧食平準基金就是一例，如在 1973 年間國內稻米歉收，供應不足，又逢世界糧食及能源危機相繼發生，國內米價易受衝擊，加上當時農民所得日益低落及稻米生產逐年萎縮，政府當局遂在 1974 年 4 月由行政院核撥特別預算三十億元設置糧食平準基金，其目的在於掌握糧源，提高農民收益，合理穩定糧價；但實施至 1993 年，卻導致財政負擔過重、存貨囤積、存貨成本過高等諸問題。實施糧食平準基金之目的雖達到，但其產生的副作用面卻不小（彭作奎、黃萬傳，1994）。依此，在實施任何一個價格政策時，應謹慎評估其優劣，且在執行過程中，應適時調整其步驟及方法，使價格政策能發揮最大功能與效用。

二、價格穩定與福利政策之衡量

實際測定價格穩定之福利效果，通常可用社會成本之多寡來表示。社會成本為資源使用數量不當、生產過剩或不足未達市場均衡而導致效用損失，遂可用社會成本之觀念作為價格穩定所引申福利效果之衡量指標，以下說明以 Wallace（1962）一文所提之三種衡量方法。

（一）公平價格方案（**Cochrane proposal, CP**）

在均衡市場設定一公平價格（Fair price），且農產品之需求量藉由市場配額合理地分配給生產者。圖 10-3 之 DD 表示市場總需求，DD 曲線以下部分為總社會利益（Gross social benefit, GSB）；總社會利益減總社會成本即是淨社會利得（Net social gain, NSG）。當市場於均衡時之價格與數量為 P_0、Q_0 時，淨社會利得最大。

在均衡時，總效用為 $0DBQ_0$，當價格為 P_2 時（課稅或生產不足）總效用為 $0DFC$，淨損失 $CFBQ_0$ 為，但 $CEBQ_0$ 為轉移至非農產部門生產之資源，故無謂損失（Dead weight loss, DWL）為 FBE。三角形 FBE 部分可以下列公式估算近似值：

$$S(C) = \frac{1}{2} \times r^2 \times P_0 \times Q_0 \times \eta \times (\frac{1+\eta}{\varepsilon}) \qquad (10\text{-}14)$$

式中：P_0 為均衡價格，Q_0 為均衡數量，η 為需求彈性，ε 為供給彈性，r 為真實價格對均衡價格之離差程度，即真實價格減均衡價格之差占均衡價格之百分比。

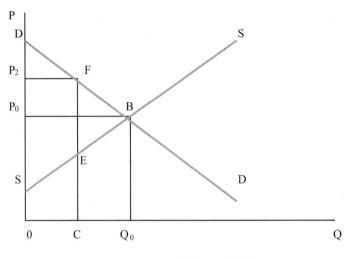

圖 10-3　公平價格方案

上述式（10-14）之（$\dfrac{1+\eta}{\varepsilon}$）具下列特性：(1) 需求彈性（$\eta$）的絕對值越大，社會成本就越大；(2) 在合適範圍內，供給越有彈性，社會成本就越少；當供給彈性趨於 0 時，社會成本會趨於無限，而供給無彈性時，社會成本為圖 10-3 之 FBQ_0C；(3) 社會成本會隨價格百分比（r）平方之增加而改變。

（二）需求者付費方案（**The Brannan plan, BP**）

該方案除如考量上述方案之公平價格外，另為解決剩餘（Surpluses）的問題，該方案認為消費者應對新產量之需求來付費，且所得轉移建立在農民間之差異。如圖 10-4，當市場均衡時，原總效用為 0ABF，計畫實行後之總效用為 0ADE，效用增加 FBDE；在完全競爭下，生產因素成本為 0GBF，計畫被實施後，其他資源被使用在農業之成本增加為 FBCE，實施計畫之淨損失為 BCD。三角形 BCD 可以下列公式估算近似值：

$$S(B) = \frac{1}{2} \times r^2 \times P_0 \times Q_0 \times \varepsilon \times (\frac{1+\varepsilon}{\eta}) \qquad （10\text{-}15）$$

　　該公式之特性有：(1) 供給彈性越大，社會成本就越大；(2) 在合適範圍內，需求越無彈性，社會成本就越大；(3) 與 Cochrane 相似，社會成本會隨價格百分比（r）平方之增加而改變。

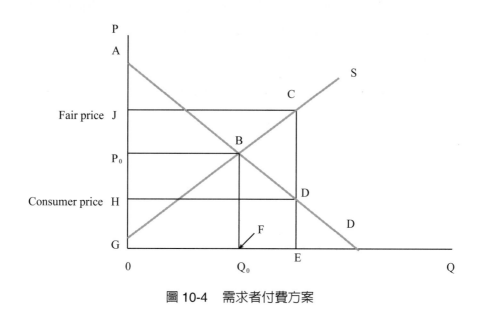

圖 10-4　需求者付費方案

　　爲比較 BP 方案之社會成本與 CP 方案之社會成本，假設每一計畫皆爲相同之公平價格，則

$$S(C) \leqq S(B) \quad 當 |\eta| \leqq \varepsilon \qquad （10\text{-}16）$$
$$S(C) > S(B) \quad 當 |\eta| > \varepsilon$$

　　即假如需求彈性的絕對值大於供給彈性時，則 CP 方案之社會成本大於 BP 方案之社會成本；需求彈性的絕對值小於供給彈性時，則 CP 方案之社會成本小於 BP 方案之社會成本；需求彈性的絕對值等於供給彈性時，則兩方案之社會成本相等。

（三）生產因素控制方案（Input controls, IC）

　　假設價格是建立在競爭均衡（Competitive equilibrium）之上，且控制種植面積（Acreage controls）之目的是減少產出，示如圖 10-5。圖中之三角形 A，爲 CP 方

案之社會損失（Social loss），而三角形 B 為 IC 方案之社會損失，為由於限制資源投入所導致之無效率使用。在假設相同之資源數量與公平價格（Fair price）下，該方案之社會成本必大於 CP 方案之社會成本。

　　IC 方案並未如上述兩個方案有明確計算公式可循，假設在相同公平價格下，如需求彈性的絕對值大約等於供給彈性時，則 CP 方案之社會成本約等於 BP 方案之社會成本；由此可知，如 BP 方案之社會成本小於 CP 方案之社會成本，必也小於 IC 方案之社會成本，但這是一非常特殊的例子。

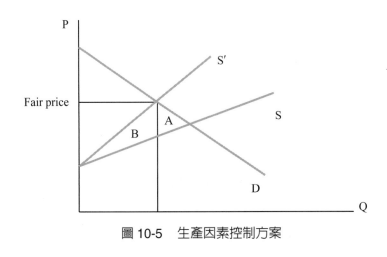

圖 10-5　　生產因素控制方案

第三節　主要國家之穩定策略

　　市場的不穩定可由產品的價格和供需數量之變動來考量，而各國政府對其農業活動之干預範圍不出價格和數量兩個變數。誠如前述，尤其在先進國家的農業干預政策已影響其他國家農民福利和消費者效用，進而由此作為政策決策之取向。本節旨在回顧主要先進國家之農產品價格安定策略，並回顧臺灣地區實施概況。

一、回顧美國和加拿大之農產品價格穩定策略

（一）美國方面（彭作奎，1991；黃萬傳，1990，1991b，1991c；Huang, 1989）

　　細觀美國主要農產品價格策略，除糖之市場穩定價格政策外，並未明訂農產品價格安定法，但卻規範在糧食安全法。達成價格安定的途徑頗多，諸如透過供給管理、價格支持、所得支持及行銷制度等策略；申言之，依 1985 年糧食安全法，則有直接補貼和市場價格支持等與價格穩定有直接或間接關係。

　　往昔美國常用之策略有下述五種不同之體系，即：(1) 基本作物方面，以貸款比率、目標價格、不足額支付、轉作休耕、農民所有提存和災害支付等為主要政策內容，當面臨世界價格下跌、存貨增加或農產品需求減少等情況，除調整出口政策之外，國內則以同時推行固定目標價格、降低貸款比率及增加面積控制等三方面措施。一般而言，穩定基本作物價格之策略是常平倉方案（Buffer-stock scheme）。(2) 乳品方面，美國乳品價格的穩定係透過：①聯邦行銷訓令與牛乳行銷計畫，對鮮乳市場建立最低價格，維持鮮乳基本底價；②乳製品支持價格計畫，由商品信用公司（Commodity Credit Cooperation, CCC）無限量收購乳製品；③進口控制。(3) 糖製品方面，透過稅捐、配額和變動稅之進口控制來達成價格穩定；美國對糖設有貸款比率，市場價格需維持在貸款比率加上行銷成本之上，亦即維持在市場穩定價格以上，進口價格不得影響市場穩定價格。(4) 牛肉和羊肉方面，係以量制價，若市場價格變動太大，美國政府則直接收購精肉方式來調整價格。(5) 其他產品方面，依糧食安全法，包括蜜、花生、大豆、毛料及菸草等產品，僅有貸款比率及災害支付措施。

　　綜合上述，美國穩定農產品價格措施，在國內之直接方法是常平倉方案或稱平準實物制度，即當豐收價格較低時，收購儲藏；歉收較高價時拋售；在國際市場方面，則以進出口方法以調整國內供需而達成穩定價格之目的。

　　間接方法有聯邦行銷訓令和政府儲藏法；前者係依據 1937 年農業行銷協定法案（Agricultural Marketing Agreement Act, AMAA）而訂定的行銷協定和訓令。除前

述牛乳行銷訓令外，尚有水果和蔬菜行銷訓令；各訓令旨在達成秩序運銷（Orderly marketing）之目的，進而穩定價格、所得和供給。牛乳訓令係以產品用途而規範各類牛乳及其製品之最低價格，果蔬訓令則透過數量管理、品質控制及市場支持活動等策略來達成 AMAA 所宣示的政策目的（U.S. Department of Agriculture, 1979, 1981; U.S. General Accounting Office, 1985）。

政府儲藏法本是提高價格水準之一策略，間接達成穩定價格目的；該法依政府保證價格向農民或市場收購，使市場價格達成保證價格水準。美國所用收購方式有：(1) 貸款計畫：即政府貸款與農民，延遲其出售時間，到期如市價高於保證價格，農民向市場出售，並歸還貸款，如低於保證價格，則按保證價格予以收購；(2) 收購協定計畫：政府與農民訂立契約，規定收購數量及時期，屆時如市價高於保證價格，農民可向市場出售，低於保證價格時，由政府保證價格收購；(3) 直接收購計畫：即政府直接向市場收購，以提高市場價格。

（二）加拿大方面（蕭清仁，**1988**）

加拿大於 1958 年訂定農業穩定法案（Agricultural Stabilization Act, ASA），旨在穩定糧食供給及其價格、促進出口以及價格下跌期間用以支持農民所得。1975 年之前，為達到價格穩定，而採取價差支持計畫（Price deficiency program），即設定最低價格時，政府補足其差額。另為穩定農民所得，亦採行毛利差額補足法（Margin deficiency）。

就加拿大實施毛豬價格穩定計畫經驗而言，一方面具有平準基金制度功能，另方面差額補足法，於毛豬價格下跌期間收購毛豬屠宰冷藏，利於毛豬出口以緩和生產過剩。加拿大執行上述價格安定措施，大部分的運作係透過行銷協議會（Marketing board）（黃萬傳，1993a），即由政府單位全權主導農產品行銷，旨在提升和穩定生產者所獲價格且制衡買方在市場的運作力量。行銷協議會之功能是外銷管理，由單一政府單位執行的外銷，生產者於收穫時就放棄產品所有權，政府單位管理所有貯藏和行銷職能，待行銷期結束後，農民方取得收入，依區域和品質調整所有農民所獲相同的綜合性價格（Pool price）；同時，行銷協議會亦執行限定農民取得最低報酬之農業計畫。就加拿大實行經驗，顯示提升生產者所獲價格和所得之穩定性，蓋生產者可免除短期（一年之內）之價格波動。

二、回顧日本和歐盟（EU）之農產品價格穩定策略

（一）日本方面

1. 農產物價安定法

於 1953 年制訂，主要係針對食糧管理法之馬鈴薯及甘藷而定。建立上述產品價格支持制度、市場及生產之控制，並就實際各項作物的保證價格及支持價格計算公式予以確認（野菜供給安定基金，1997）。

2. 大豆和油菜籽交付金暫定措置法

於 1961 年制訂，將大豆和油菜籽納入價格制度。設定基金，其來緣由日本政府就大豆和油菜籽之進口予以抽取，運用基金操作市場。

3. 畜產、加工原料乳、繭絲、砂糖及蔬菜價格安定法

(1) 一般概況

於 1953 年之價格安定法制訂畜產品價格支持政策，另於 1961 年由「畜產品價格安定相關法」來規範加工乳製品支持價格。依據「繭絲價格安定法」建立繭絲價格體制，砂糖於 1965 年的「砂糖價格安定法」建立價格支持，蔬菜則依 1966 年之「野菜產銷安定法」建立價格支持政策。畜產、加工原料乳、繭絲、砂糖均採上下限的價格安定體制，畜產、繭絲品設有上位價格及基準價格，加工原料乳設有保證價格，砂糖設有最低生產價格。畜產成立「畜產振興事業團」，同時處理乳製品，舉凡畜產及乳製品體系之維持、生產貸款、行銷進口、儲存均由該事業團負責。繭絲設立「蠶繭事業團」和砂糖有「糖價安定事業團」等負責一切市場運作；維持價格及保護農民利益。蔬菜則設置「野菜供給安定基金」，1976 年改為「野菜產銷安定法人基金」，負責生產的蔬菜供給穩定、生產補助金及行銷業務等。

(2) 各產品之價格穩定策略

(i) 豬肉和牛肉之價格穩定策略

設有安定上位價格及基準價格，示如圖 10-6，凡進口牛肉和豬肉均由事業團招標，其價格不得超過安定上位價格，否則不予進口，若要進口則徵收差額關稅；反之亦不得低於基準安定價格，否則課以附加稅；相同的市場價格在此上下限內波動，若高出上下限則增加進口量，若低於基準價格則壓制進口量。

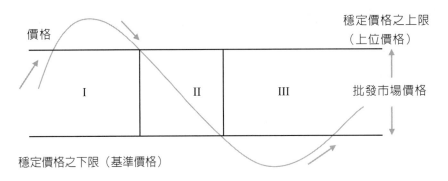

I ：增加進口牛肉，出售國內牛肉存貨
II ：減少進口牛肉
III：壓制進口牛肉，增購國內牛肉

圖 10-6　日本牛肉價格穩定策略

資料來源：彭作奎（1991）：*農產價格理論與分析*，茂昌圖書公司，第313頁。

(ii) 乳製品之價格穩定策略

「基準交易價格」為乳製品製造商取得乳品原料之價格基礎（Price paid by manufacturer for raw milk），示如圖 10-7 之 STP。在 STP 是製造商成本（MMC）加上構成市場指示穩定價格（Stabilization indicative price, SIP），是事業團製定各乳製品價格之據；當價格超過 4% 或低於 10% 時，事業團賣出或買進其存貨，以維持價格穩定。

(iii) 糖之價格穩定策略

為穩定糖價，日本先管理進口砂糖。一般粗糖進口價格再加上進口費用、關稅、附加稅、進口稅、精製成本及消費稅等於日本國內批發價格，此價格為進口價格之 6～7 倍。附加稅的計算方式是每年由日本農林水產省決定標準價格、最低價格及最高價格。進口價格與最低價格之差則課以關稅；若進口價格介於最低進口價及標準價時，則課以附加稅並徵關稅；若在標準價與最高價之間則無關稅和附加稅，若高於最高進口價反而退稅。另有第二附加稅，係對於超過配額之進口粗糖課稅；當粗糖進口後由廠商粗製後必須再賣給「糖價安定事業團」，由該事業團出售，以穩定市價。

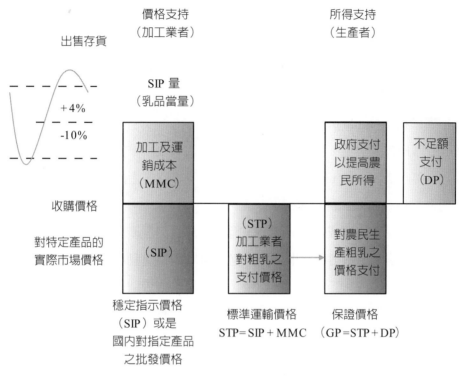

圖 10-7　日本乳製品價格穩定策略

資料來源：同圖 10-6，第 314 頁。

(iv) 繭及生絲之價格穩定策略

依據「繭絲價格安定法」，由繭絲事業團訂定價格上下限，並統一進口，價格得以維持生繭之最低價格。

(v) 蔬菜和雞蛋之價格穩定策略

分別設有「野菜供給安定基金」和「雞蛋價格安定基金」，以防止價格大幅波動。由各地各種協同組合，同聯合會負責維持，並輔導農民生產及協助行銷。當生產短少係短期現象，以游擊方式向國外採購，彌補國內生產之不足，另成立進口組合統一採購，以穩定國內價格。

（二）歐盟方面

歐盟共同農業政策之價格政策目標，旨在達成羅馬條約之提高農業生產力、維持主要農產品價格穩定及提高生活水準。誠如美國，未明確訂定農產品價格安定法，但透過不同價格方式，期冀直接或間接地達成價格穩定。

1. 目標價格（**Target price**）

每年由部長會議決定，為農民接受之價格；若依此價格加上歐盟生產過剩地區運至生產不足地區之成本與費用則構成歐盟門檻價格；穀物、糖、生乳、橄欖油、菜籽及葵籽等設有目標價格。

2. 指導價格（**Guide price**）

每年由部長會議決定，為農民希望獲得的價格，及為歐盟價格政策所希望達成的價格；穀物、糖、生乳、橄欖油、菜籽、葵籽及牛肉等產品設有指導價格。

3. 門檻價格（**Threshold price**）

係定期（每月、每週或每天）調整，旨在計算進口農產品的變動稅，當進口產品價格低於此價格時，不得進歐盟市場，必須徵收進口變動稅，而一旦徵收進口變動稅再加上其他運輸費、卸貨費和營業稅後，其價格約等歐盟價格；穀物、糖、乳製品、橄欖油、菜籽、加工番茄、棉花及葡萄乾等設有門檻價格。

4. 水閘價格（**Sluice-gate price**）

視為穀物副產品之豬肉、禽肉和蛋等對外保護的市場管理產品，進口管制不以門檻價格，而以水閘價格管制；當進口價格加水閘價格之 7% 的固定捐後仍高於歐盟內價格，以穀物之世界價格和門檻價格之差，以比率換算附加稅稅率，另徵收變動稅，使豬肉、禽肉、羊肉及蛋於課稅後進口價格等於或高於歐盟價格。

5. 干預價格（**Intervention price**）

當歐盟價格低於指導價格或目標價格之 5%～10%，以干預價格或經由一組係數和換算因素（**Conversion factor**），計算出干預收購價格（**Intervention buying-in price**），作為收購過剩農產品之據，以維持市場價格穩定；穀物、乳製品、煙草、義大利乳酪、橄欖油、菜籽、牛肉、羊肉、豬肉及蛋等設有干預價格。

6. 參考價格（**Reference price**）

蔬菜、水果、葡萄酒和漁產品等實行參考價格，係以農民生產成本為主要參考依據；當進口產品價格低於參考價格，徵收變動稅，蓋上述產品較少有內部價格支持策略，並配合限額進口、品質標準和生產者組織之進口限制，阻止非會員國產品進口。

7. 標準價格（Norm price）

煙草目標價格之另一名稱。

三、回顧臺灣農產品價格安定策略

臺灣地區於 1966 年爲砂糖外銷而訂定保價收購以來，多年來爲兼顧保障合理價格水準和穩定，政府、相關業者團體和行銷商，共同訂定保證價格和採行價格安定措施。大致言之，蓋分爲平準基金制度、保價收購制度、契約收購制度、差價補貼制度及自由出口核章制度，茲就其內容分述之（彭作奎，1989），而有關糧食平準基金制度已述於前一章。

（一）農產品平準基金制度

1. 大豆、玉米、小麥、高粱、大麥和油菜籽

設置雜糧發展基金，以獎勵國內雜糧生產、提高農民所得、充裕並穩定雜糧貯運及供應、發展飼料及其他有關工業及促進農作物和畜牧增產等目的。依民法財團法人規定，組織「臺灣地區雜糧發展基金會」。基金來緣由政府機關及有關業者捐助。經費源自大豆、玉米、小麥、高粱、大麥和油菜籽之國外進口者（軍用者除外），皆按輸入許可證上所載重量認捐，目前所有產品之基金都已經取消。

國產雜糧保證收購價格，係根據調查之生產成本，參酌物價指數變動率，並加合理利潤。收購方式及價差補貼係透過三級農會收購之雜糧，由各進口聯合工作委員會或公會負責分配所屬會員廠商承購，其價格按高雄港進口大盤平均旬價核算，保證價格減去承購價即爲政府補貼之價差。收購業務所需保證價格與市價之不足價差及手續費等，由臺灣地區雜糧發展基金會支應。於 1981 年，決定實施不分期作，均予全面收購，所需經費龐大，遂由政府統籌經費支應。目前除非基改大豆外，已全面停止收購。

2. 乳品

爲確保酪農收益，調節及促進乳業發展，提高自給率並減少進口乳製品，設置臺灣省乳業發展基金。基金來緣由政府機關編列預算補助、乳粉進口商及乳品加工

廠捐助、基金之孳息收入及其他收入。

基金用途分為：(1) 推廣鮮乳及輔導乳牛事業發展；(2) 酪農剩餘鮮乳製成乳粉或煉乳之輔助；(3) 廉價供應中、小學生及軍校學生之乳品補助；(4) 乳業試驗研究計畫之輔助等。有關法規是：臺灣省乳業發展基金設置及管理運用辦法與 1983 年臺灣區乳品加工收購酪農原料乳驗收標準及計價辦法。至於保證價格水準，係根據中國乳業協會所提供牛乳生產成本另加適當利潤率。

（二）外銷農產品保價收購制度

以下僅回顧過去農產品外銷之收購制度，目前雖有些產品仍有外銷，然不敵國外生產者與國內生產成本偏高，致目前已停止辦理相關的收購制度。

1. 砂糖

為增進蔗農利益並穩定砂糖外銷及儲備保證糖價差額資金，設置臺灣地區砂糖平準基金條例。基金來緣由砂糖外銷售價高於規定基準價格，就其超過部分，按規定從價提存。砂糖外銷實得平均售價，低於保證糖價及包裝費暨直接推廣費用時，收購農民生產之糖應支付差額，由平準基金撥付。

保證糖價之訂定，早期係採用糖價與米價的關聯政策，所謂「斤糖斤米」政策，1953 年之後改以一定金額為保證糖價。保證糖價之計算方式，依據生產甘蔗汁代替成本，保證蔗農種蔗純收益至少能等於其對抗作物之收益。考慮上述合理成本價格、國際糖價、製糖率、農民分糖比例及其他因素後實施。

2. 鳳梨

收購對象以契作農戶所種植外銷鳳梨為限，外銷業者團體與果農辦理鳳梨原料契作，係依據「臺灣外銷鳳梨原料契作辦法實施要點」；外銷業者自 1981 年之後，每年所需鳳梨原料應和農民辦理契作及保價收購，未辦理契作廠商，原則上其產品不得外銷。契作外銷鳳梨原料最低保證價格，係於每期鳳梨收購前，由政府邀請有關單位及農工雙方代表協商訂定公布實施。

於 1981 年 10 月訂定臺灣外銷鳳梨原料契作辦法實施要點，以維持產銷秩序及維護果農利益。但實施後，契作外銷鳳梨原料最低保證價格之決定，基本上係採用議價方式，廠商代表根據罐頭食品外銷價格作為定價基礎。並在 1984 年，修訂上述辦法，即 (1) 外銷鳳梨產品所需鳳梨原料，除自營農場外，均應由業者與農民辦

理二年之契約供應；(2) 契作以數量爲主，面積爲輔，由各外銷廠商會同產地農會直接與果農或果農代表辦理契作，並由產地農會予以見證；(3) 原料最低保證價格，由罐頭公會於每年十一月間，邀集農工雙方代表及有關單位商訂，以供辦理翌年原料契約；(4) 契約原料收購工作，由產地縣政府輔導農會協助契約廠商於指定地點檢收。

3. 百香果

爲促進外銷百香果汁之長期發展，並穩定原料供需，訂定外銷百香果汁原料契作產銷實施辦法，及外銷百香果汁原料契約生產實施要領。每年其原料收購價格，依外銷市場情況，並斟酌生產成本，由政府督導農工雙方於收購前協調議定。

4. 洋菇

爲促進洋菇事業發展及洋菇生產，提高品質，於 1974 年分別設置洋菇發展基金及生產改進基金。其來緣由業者捐助及自外銷洋菇罐頭按每箱離岸價格（F.O.B.）收取 1% 之捐助，主要用於洋菇事業發展及生產改進。洋菇之保證價格僅限於外銷原料洋菇，以期達到確保加工出口數量與計畫產銷之目的。歷年外銷原料洋菇保證收購價格之訂定，均由有關單位召集農商雙方共同議定。廠商價格之上限，乃基於國際市場傾銷與國際行情爲依據；農民價格之下限，則以生產成本爲基礎。

5. 蘆筍

爲促進蘆筍事業發展及蘆筍生產，提高品質，於 1973 年分別設置蘆筍發展基金及生產改進基金。其來源有外銷蘆筍罐頭按離岸價格（F.O.B.）決定比率抽取，及生產改進基金自蘆筍原料收購價格收取，主要用於蘆筍事業發展及生產改進。包括白蘆筍及綠蘆筍在內，契約價格由政府輔導農商雙方協議訂定。

6. 竹筍

爲穩定竹筍加工事業之長期發展、竹筍生產、鼓勵農工長期契作及穩固竹筍加工原料生產地區與供應數量，訂定原料保證價格，設置產銷平準基金。其來緣由外銷竹筍罐頭廠商，依照聯合出口單位議定辦法，由離岸價格（F.O.B.）價款訂定比例，提取事業發展基金，專供農工貿易發展及試驗研究之用。各罐頭工廠所需原料竹筍，應透過農民團體辦理契約栽培，並經產地農會之檢收站檢收供應。每年其原料收購價格，由政府及有關單位輔導農工雙方協商訂定。

7. 薑（加工用）

為促進外銷薑加工品穩定持續發展、安定原料外銷秩序、提高品質及實施計畫產銷，訂定外銷薑加工品原料契作實施要點。每年供應合格工廠所需契作原料，由相關單位和臺灣區蔬菜加工業同業公會認定契作面積和產量，契作程序是：(1) 最低保證價格之訂定，係由政府邀請農工雙方協商決定；實際收購價格，則在收穫前再行協商決定。(2) 為釐定外銷薑加工品原料供應秩序，嚴格控制產量及品質，薑加工原料契作供應，應由合格工廠透過農會訂約辦理，至於原料收購，應經產地農會所設檢收站檢收。(3) 契作訂約內容，應包括契作面積，最高最低保證價格、收購規格、付款辦法及其他權利義務等。每年於種植前，由政府單位和農工雙方代表，參考生產成本及國外市場價格，訂定最低保證價格；採收前再經協商議訂收購價格。

8. 洋蔥

為推行契約產銷和訂定保證價格，設置外銷洋蔥安定互助準備金。該準備金於1996 年成立，其來源為外銷洋蔥價格超過核定基數（基數包括：以保證價及政府核定之洋蔥產銷改進經費、報關費用、檢驗諸費、路上運費、集貨選別裝運工資、海運費、農會手續費、結匯手續費、公會手續費、出口商營業費用及拓展費等。）時，應將雙方認定生產成本與保證蔥價之差額，合併計算作為總基數，其扣除後之餘額，按現行核定之比率 7% 提存。準備金用途有：(1) 外銷洋蔥價格偏低時，動用基金給予蔥農部分補貼；(2) 每公斤補貼金額，由政府督導實施產銷計畫，邀請有關單位開會協商決定；(3) 經外銷洋蔥安定互助準備金委員會會議通過之項目，得由準備金支應。

9. 香蕉

外銷香蕉業務由青果運銷合作社主辦，為有效控制產期、產量，並鼓勵社員共同行銷預防供需失調，設置香蕉平準基金。基金除由政府補助一定金額外，其餘均自歷年外銷香蕉價格高於保證價格，按一定比例提存，香蕉外銷價若低於保證價時，則由香蕉平準金補貼。

香蕉保證價格是據香蕉生產成本而訂定，並以香蕉均衡價格為基礎，再斟酌外銷市場價格高低而訂定。香蕉均衡價格為蕉農植蕉收益，與其對抗作物效益相等之

價格水準,以維持植蕉收益與其對抗作物相等;此與保證糖價原則相同,在計算過程必須考慮各項成本,包括香蕉之生產成本、災害損失、國內銷售成本與售價差額補貼、國外行銷成本及腐損補償等因素。

10. 無子西瓜

無子西瓜係由農民組織與臺灣區蔬菜輸出業同業公會出口商簽訂合約書,訂定最低保證價格,交貨期間自三至九月份分若干次實施。為配合香港消費需要與產地供瓜實況,每次約為一週,於每週期開始前一天,仍須由農商雙方代表議定該週交易條件。最低保證價格之訂定,則分由主要產區農民組織提出生產成本資料,再參考政府調查之生產成本,經農商雙方同意後實施。

11. 蜂王漿

為安定蜂農收益,訂定外銷蜂王漿產銷計畫及外銷蜂王漿契約供應辦法。其要點是:(1) 由政府輔導蜂農和貿易商簽訂契約,實行計畫產銷;(2) 外銷蜂王漿計畫產銷目標由農商雙方協商決定,憑供應證明簽證出口;(3) 農民組織得辦理行銷出口;(4) 運用農民組織功能,輔導提高品質和掌握貨源進而穩定外銷市場;(5) 蜂王漿供應價格,以國內行情兼顧生產者和貿易商利益,協商訂定供應價格。

基於上述,外銷蜂王漿產銷安定互助準備金設置及管理運用要點,係根據外銷蜂王漿契約供應作業要點之規定訂定。準備金源自契約出口廠商提貨及蜂農交貨,以每公斤提存十元、有關機關團體補助及準備金孳息收入;其用於 (1) 補償因天然災害或不可抗力之損害;(2) 外銷市場之開發、生產及行銷之研究發展所需及契約出口廠商及蜂農之獎勵。

12. 蠶繭

為穩定蠶繭生產價格,訂定蠶業生產發展基金,於收購上繭特級品及一至四級品應捐獻一定金額,捐繳金額各其另定。基金用在輔導農民改進生產技術,提高單位產量及蠶繭品質。蠶繭每公斤收購價格,每年於蠶期前,由政府和業者依據蠶繭品質與絲價聯繫計價辦法,共同商討議定,由契作收繭單位收購。

13. 鰻魚

為安定鰻魚外銷,設置鰻魚價格平準基金會。基金源自鰻魚輸出公會、鰻魚生產合作社聯合社、冷凍水產工業同業公會及冷凍烤鰻加工小組、政府機關捐助或補

助及其他機關、團體或個人捐助。另有補充基金來自外銷鰻魚，依據申請簽證出口數量定額認捐，其認捐標準另訂定，以及本基金孳息收入。上述基金用於鰻魚價格之平準、鰻魚產銷之平衡及經常業務費用。鰻魚價格平準基金係於 1980 年設立，主要基金源自外銷鰻魚之認捐。為求基金之有效運用，另定基金運用比例表。

（三）專賣農產品契約收購制度（目前已停止辦理）

1. 菸葉

為達成契約生產，每年由政府與有關單位和菸農代表協商，訂定菸葉收購價格公布實施；由政府編列事業經費，專用於收購契約生產之菸葉。

2. 高粱和小麥（釀酒用）

高粱和小麥同為供應釀酒原料，由政府委託農民組織，於轄內推廣會員農戶契約栽培，並收購契作農戶之供應數量，以增減 20% 為原則。

3. 圓糯（釀酒用）

收購價格按一期、二期分別訂定，以當期蓬萊稻穀計畫收購價格加15%計算。

4. 葡萄（釀酒用）

為穩定釀酒葡萄生產、提高原料葡萄品質及改善供果秩序，訂定釀酒葡萄生產供果作業要領。供果秩序是：(1) 基層農民組織輔導果農組織生產班，作秩序供應；(2)供果日期及數量，事先商議安排；(3)生產班確實控制供果數量，並防止超量供應。

（四）國內農產品價差補貼制度（目前已停止辦理）

1. 毛豬

為安定毛豬產銷，發揮共同行銷功能，設置毛豬產銷互助基金。基金源自政府及有關機關提供、業者配合款以及孳息收入；用於契約毛豬之價差補貼、契約豬隻存場繫留損失補貼、獎勵契約農民供豬、行政管理業務費用以及有關發展豬隻生產和共同行銷。

2. 夏季蔬菜

為配合夏季蔬菜實施契約生產、共同行銷、充裕市場供應及穩定價格，設置夏季蔬菜保證基金。由政府和果菜批發市場編列預算、基金孳息與其他收入即由參加契作產銷之農民配合提供。基金用於實施最低保證價格之各類蔬菜之價差補償、

實施每日行情保價之各種蔬菜之價差補償及有關業務所需經費。實施要點計有：
(1) 實施期間：每年自六月一日起至十月三十一日止；(2) 採取措施：實施契作行情保價行銷及最低保證價格制度，契作行情保價及最低保證價格實施之蔬菜種類及數量，依照市場之需求情況，由政府和有關單位協商決定；(3) 契決價格之訂定標準；(4) 行情保價：由各市場組成評審小組，以各該市場當日拍賣特級品多數最高價格為底價，作為契作供應單位當日下午年出貨特級品蔬菜保價底價，優級品則按特級品之 75% 評定，但特級品不得超過行情上限標準；(5) 最低保證價格：每年由有關單位協商訂定。

3. 青果

為加強青果共同行銷，調節市場供需，實行青果保價共同行銷。對椪柑、柳丁、芒果、桶柑、橫山梨、蓮霧、甜瓜、葡萄及荔枝等九種青果，試辦行情保證價格，前三種加辦最低保證價格。

行情保證價格方面，是由業者團體組成評價小組，據當時農產運銷公司，同一週同類同規格青果特級品平均價格的九成，訂為該週每日規格特級品的行情保證價格；優級品的行情保證價格，以同規格特級品行情保證八成訂定，格外品不予保價，此外，經評定為特級品或優級品者，拍賣價格未達行情保證價格按日予以補貼價差，但以不超過上述最高補貼金額為限；最低保證價格是據當時農產運銷公司二年來平均價格的七成訂定。

4. 漁產品

為提高漁貨品質和穩定市價，雖無實施價差補貼，然由漁產品產銷資訊服務中心掌握市場行情，產地區漁會與消費地魚市場供需配合促使魚價趨於安定。

（五）出口農產品秩序調配制度（出口核章辦法目前已停止辦理）

1. 外銷（香港及星馬地區）一般蔬菜

為屬行秩序行銷，期達成供需平衡與維護產品價值之目的，於 1980 年設置外銷香港地區一般蔬菜調節數量出口處理要點，及於 1983 年設置外銷星馬一般蔬菜數量出口處理要點。出口業者在產地之收購價格，應高於該地區當時果菜批發市場相同菜種品之價格。1986 年 8 月，改為出口核章辦法。

2. 花卉（菊花、玫瑰、唐菖蒲）（目前已停止辦理）

爲統一調節外銷花卉數量，實施秩序行銷，以穩定外銷市場，維持價格水準，於 1982 年訂定花卉輸出業同業公會外銷日本、東南亞地區花卉調節出口處理要點。調節出口之花卉，爲有計畫生產，改進產品品質，並依外銷切花契作要點規定，凡辦理契作者可優先外銷。

四、評述

農產品價格受生產者特性和供需彈性較低之影響，致政府、消費者和業者頗關切價格水準及其波動，遂促農產品價格政策有穩定政策和支持政策之區分。就先進國家實行穩定價格政策之經驗而言，穩定政策可同時達成穩定市場價格以及提高農民所得，遂廣泛地被使用。依本章各節回顧與分析的結果，顯示一項農產品價格安定策略需用在開放經濟體系，而大部分的策略用在可貯藏性的農產品；申言之，是項產品之本國產量至少需滿足國內之大部分需求，甚或可外銷。一般而言，常用的兩種安定策略是平準實物制度（Buffer stock scheme）和平準基金制度（Stabilization fund scheme），實行則是設立價格波動之合理範圍，並控制價格使之不超過此一範圍。依實施經驗而言，價格安定策略具有高成本和穩定價格水準定得太高等缺失。

由本節所回顧臺灣地區農產價格安定措施觀之，其措施並未明確釐清穩定策略和支持策略，如於外銷農產品保價收購制度下，則有幾項發展基金係爲支持政策。就實施效果而言，當時國內未有實際評估之研究；大致而言，大部分的穩定策略呈現支持策略的效果，及提升農民所得和鼓勵生產；據研究（呂芳慶，1988）指出，麵粉、黃豆和玉米平準基金制度，在政府監督管理下，確有安定國內市場價格和和緩國際價格波動之功能；又外銷花卉受同業公會主動自行約束會員，實施統一調配出口，無論就產地價格或出口秩序均甚爲穩定（臺灣省政府農林廳，1984）。然符合穩定策略的各安定價格措施，則需依賴龐大政府財政負擔。綜合言之，往昔臺灣地區所採行措施對穩定農產品價格與保障農民所得確有所貢獻；惟對個別農產品如蔬菜和毛豬價格不穩定，常是引起對有關措施功能質疑之原因。

依先進國家經驗而言，日本訂有具體的價格安定法，例如畜產價格安定法，

依養豬事業經濟條件而採不同穩定手段，自給自足時期採平準實物制度緩和毛豬價格波動；生產不足時期採差額關稅調節豬肉進口數量，以穩定其豬肉價格。加拿大訂有農業穩定法案，由行銷協議會透過價格支持手段來達成價格穩定，即採用平準基金制度，但不需要政府預算。美國訂有糧食安全法案，以平準實物制度來穩定同時具內外銷的產品價格，以聯邦行銷訓令來穩定國內價格。就其效果和財政負擔觀之，以美國聯邦行銷訓令最有效達成穩定價格目的，且不需要政府財政負擔。農產價格政策及其措施，於不同經濟環境和市場條件，有其特定的政策目的。就本節回顧各先進國家之穩定策略而言，穩定農產價格策略已邁向逐漸減少直接干預，減少財政負擔和限制供給，對易腐性或非民生內需品則減少干預等趨勢。

臺灣地區對於農產品價格穩定有關的規定，以前曾訂定於農業發展條例中，其相關條文如第 8 條規定（2016 年 11 月 20 日修正之條文為該條例第 45 條）政府應指定重要農產品設置平準基金；第 33 條規定政府得指定農產品由供需收方依契約生產、收購並保證其價格（最新規定為第 44 條）；第 40 條規定貿易主管機關於核准農產品進口之前，應徵得中央農業主管機關之同意（最新規定是第 51 條至53 條）。其中除第 40 條較具實際作用外，其餘尚需制訂相關的運作辦法，而這些辦法屬行政命令，其法令位階較低，在涉及人民權利義務時並無強制執行力。欲使穩定農產價格政策落實，應訂定具體的法律，並據以建立有關制度（陳耀勳，1988）。有關修正請參考該條例之最新版本。

基於上述，訂定農產價格安定法誠屬必要。該安定法似宜遵行的原則，不外乎是兼顧減少財政負擔和直接干預，以及同時達成國內和國外價格的穩定。因此，價格安定法的體制似宜採用美國聯邦行銷協定和訓令的制度。誠如前述，此制度係由生產者主動運作，再依農業行銷協定法案為基礎，共同規範有關農產品的一種行銷計畫。行銷協定和訓令具有下列特色：(1) 符合業者需求：係生產者和行銷商按照特定產區內之利益需求，成立自主性的行銷計畫；(2) 有聯邦法規依據：政府主管單位係立足在調和生產者、行銷商和消費者之利益，由下而上來解決價格穩定問題；因農業行銷協定法案含蓋行銷訓令（Marketing orders）和行銷協定（Marketing agreements），前者係在政府保護下透過農民規範產品行銷，此等訓令通常被應用至易腐性產品，並在州和聯邦之農業主管單位授權下運作，對訓令所涉及產業強制

性採取全部業者參與；後者得與前者同時運作，但它是一項在行銷商和農業主管間的自願性協定，旨在規範州際間之商品流通率，顯然地是在規範行銷不是生產，行銷協定強調自願性，尤其對各級行銷商若欲達成上述目的，則需在行銷協定下簽字；(3) 透過行銷計畫達成價格穩定：行銷協定和訓令之策略有數量管理、品質控制和支助市場活動，旨在透過規範產品數量和品質，達成秩序行銷；依秩序行銷之意，一方面防止行銷商破壞市場運作，另方面滿足產銷雙方適量、適時、適地和適品質之需求。有關上述訓令之細節，請參考 Chapter 12。

　　細觀臺灣地區當時有關之農業綜合調整方案，改善農產行銷制度是邁向二十一世紀農政改革之一重點，而提升農民團體在市場運作力量（Market power）似是改進行銷制度的重要環節，行銷協定和訓令則是發揮上述力量的一項主要工具，且其考量市場、價格和行銷係一體三面，是美國實行行銷制度之一大特色。職此，若農政單位考量增訂臺灣地區農產價格安定法，宜以美國農業行銷協定法案為經緯，蓋該法案具有同時改善農民在市場議價能力、價格不穩定及農產行銷制度之潛在優點。準此，2018 年 5 月與 6 月之間的國內農產品（如香蕉、鳳梨、稻米）處於嚴重產銷失衡的狀態，在此提醒農政單位與相關業者參酌本章回顧國內外早期的穩定策略，鑑古知今，早日消彌產銷失衡的惡夢。在 2016 年 11 月 20 日修正的「農業發展條例」第四章第 44 條至 53 條有價格安定的相關規定，至 2019 年 1 月尚未訂定農產價格安定法。

CHAPTER 11

農產行銷制度與農產價格之關係

　　國內每當有物價變動，總會引起各界嚴重關切，尤其在夏季的颱風季節，有關單位多少將物價上漲的部分因素歸諸於蔬菜價格的上漲，過去政府農政單位曾研提「改進農產品產銷穩定價格措施」或「改進蔬菜產銷專案計畫」予以因應。依經濟理論，物價上漲本是一種貨幣現象，而物價變動率的持續上升，主要導因於貨幣供給所誘發的需求拉動效果，而季節性農產物價上漲是否構成該需求拉動的主要動力，則不無疑問。農產行銷制度因素如行銷通路和價格形成，常是影響個別農產物價的漲跌，如國內慣行之行銷體制和決價制度，販運商於農產豐收時可能壓低價格，而歉收之際可能任意哄抬價格，增加農產物價波動幅度，因而對長期的一般物價水準或農產價格則有一定程度的影響力。

　　一般而言，農產品價格係構成一般物價水準之一部分，然其價格的決定是由產品供給、需求與行銷服務等三方面的制度聯合而成。由圖 11-1，呈現農產品價格形成及其影響因素，而農產行銷制度則居一重要角色，即藉由該制度結合產地和消費地，遂形成農產品價格有產地價格和零售價格之分，而其間的差異即前述所謂的行銷價差。

　　基於上述，本章界定農產行銷制度係含蓋行銷過程相關商人及其組織運作，而以行銷通路及其成員活動為其具體的表現，常有個體行銷制度（Micro-marketing system）與總體行銷制度（Macro-marketing system）之分。本章旨由農產行銷制度的觀點，除敘述農產物價的基本特性與農產行銷制度之理念外，擬由國內農產行銷制度和農產品價格形成的關係，勾畫影響農產物價變動的制度面因素。

第一節　農產物價之特性與行銷制度

　　由本書 Chapter 1 與 Chapter 2 已得知農產品物價的決定及其影響因素，然由圖 11-1，呈現農產行銷制度與農產物價的變動具有密切關係；小則來自個別廠商營運與消費者特性，此為個體行銷制度之範疇，大則來自政府或行為或制度的因素，此為總體行銷制度之領域。本節首先就農產物價特性再予以回顧，尤其著重制度面因素，其次說明農產行銷制度之理念。

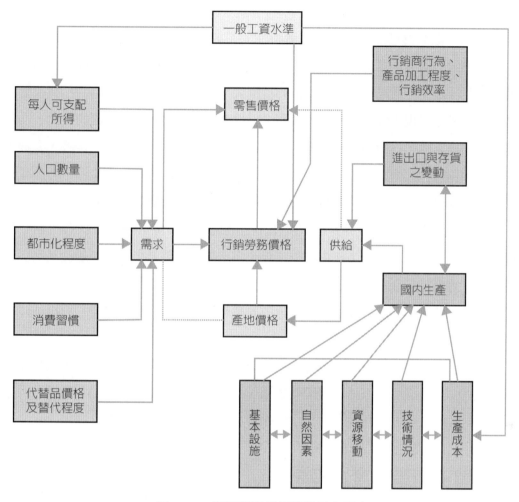

圖 11-1　影響農產品價格變動之因素

一、農產物價之基本特性

　　就經濟和政治觀點，農產品價格因影響農家所得水準、行銷商和消費者之福利或出口賺款，故有其重要性。由圖 11-1，顯示農產物價具多項特性。首先是農產品具有生物性，常受自然條件的影響而導致農產物價的不穩定，且由此引申出生產決策與產出之間常出現相當時間的落遲性，最終呈現農產物價的波動較之於非農產品和勞務等價格為甚，如毛豬價格有明顯循環變動，果蔬和蛋類等價格更呈現特殊的

季節性不穩定。

　　其次，觀察農產品所具有的經濟特性，主要是農產品市場結構異於非農產品者，遂導致農產品供需均缺乏價格彈性，此乃導因於產銷雙方的制度或行為面之影響所使然，促使其價格浮動係數就顯的特別大；申言之，農產品供給的稍微改變，卻會使其價格呈現大幅變動。就短期觀之，農產物價常因應經濟因素的變動，而超越長期均衡水準，而總體經濟變數是此等經濟因素之主體。另值得一提者，受經濟自由化和國際化之衝擊，政府政策常藉由其對國內需求和貿易等效果而影響農產物價，因而國外農業生產同時對國內農產物價具有深遠的影響效果。

　　農產價格的形成方式亦是構成其不可忽視的特性，除其決價方式幾乎自政府完全管制至近似於教科書之自由競爭市場決定之外，主要是農產品產地交易階段之決價方式遠較非農產品具競爭性，且更為分散，導致農民常是價格接受者。蓋受農業生產單位之數量眾多，且生產區域分散等諸影響；因而形成不易得知或推估生產量，而總供給的掌握就更顯得困難。

　　綜結上述，由生物性、經濟性和決價方式等所誘導的農產物價特性，與農產物價的波動或不穩定性均有直接或間接關係，意味當言及農產物價變動，需同時考量前述農產物價之各基本特性，方可由此釐清可能導致農產物價變動之緣由。

二、農產行銷制度之理念

　　一般而言，農產行銷制度係指完成農產品及其加工品由生產者（或產地）至消費者（或消費地）之過程所涉及之人、地、時、物及方法所形成的體系，此一體系廣泛而言包括物流、資訊流、貨幣流及權力配置。若就行銷學觀點，它可分總體行銷制度與個體行銷制度，後者又包括廠商之間行銷體系，稱為個體物流制度（Micro-procurement），以下依序說明其理念。

（一）總體行銷制度

　　此為典型農產行銷學常言及的總行銷（Total marketing）的理念，比較強調行銷過程之人（Who）與物（What），而將方法（How）與理由（Why）列為次要。依 Rhodes 和 Dauve（1998）之定義，總體行銷制度係指涉及財貨與勞動由生產者至

消費者向前流程之所有企業活動之績效（as the performance of all business activities involved in the forward flow of goods and services from producers to consumers）。

圖 11-2 表示一項典型農產商品行銷通路（Marketing channel）之總體制度，旨在說明一項事實，即當商品朝向加工商時，係由少數廠商來執行大量的行銷，集貨商、加工商、批發商及零售商等與農民共同合作將農產品由農民生產者向前推向消費者。於每一階段均增加農產品之附加價值，如在超市的包裝牛排對消費者而言深具其價值性，然在分切廠或牧場之等量牛肉價值就不及零售階段。產品或商品的流向是受國內外消費者支出流向之誘導，制度內的每一個人與其他人是互為相依的來完成其間的工作或任務。

圖 11-2　行銷制度之階段

資料來源：Rhodes, V.J. and J.L. Dauve (1998): *The Agricultural Marketing System*, 5th Edition, Scottsdale, Arizona: Holcomb Hathaway Publishers P.6.

1. 制度研究法（**Institutional approach**）

此係在總體行銷制度強調行銷人（Who of marketing）之問題，很容易可培養出參與行銷之專業人才，此等人參與商品的處理或決價，謂為中間商（Middleman），是介在生產者與消費者之間的行銷工作者，中間商可有零售商、批發商、捐客、收佣代理及訂單購買者等的分類。加工商在行銷過程居重要角色，蓋其結合原料成為你我可消費的最終產品，其產品設計與商品化的決策常影響銷售績效與銷售量的大小；例如大豆加工成大豆油則是提高人造奶油的需求，而減少牛乳與高脂奶油的需求。總體行銷制度的成員尚包括提供公共服務之政府單位，如市場資訊、商品分級及市場活動的規範均有賴政府予以推動，此規範之範圍甚廣，小如重量，大如產品安全。

制度（Institution）可被認為有組織的行為體系，如有組織的市場、公司、合作社及行銷訓令，對此等瞭解是益於瞭解農產行銷與農產物價之關係；有些行銷的理由（Why of marketing）可透過此等制度及其特定利益予以瞭解。茲就上述研究法的說明，彙結其理念，示如表 11-1。

表 11-1　總體農產行銷制度之制度研究法

項目	內容
參與者	集貨商、訂單購買者、抽佣代理商、加工商、批發商、掮客及零售商
制度（Institutions）	公司、合作社、有組織市場、遠期契約、契約生產、普林制、期貨與選擇權、行銷訓令、政府公共促銷活動、零售結盟、速食店加盟

資料來源：同圖 11-2. P. 6

2. 職能研究法（Functional approach）

該方法強調於行銷過程所完成的職能，此係指「物（What）」的職能，焦點是在運作過程的專業化活動。該等職能常有如下的分類：(1) 交易職能（Exchange Functions），包括買與賣；(2) 實質職能（Physical Functions），包括儲藏、運輸及加工；(3) 輔助職能（Facilitating Functions），有標準化、金融、行銷資訊及風險負擔等工作。

雖交易職能是重要的，但若無適當的表示市場功能之市場資訊，聰明的買賣雙方亦無法進行市場運作。大部分的賣方係出售其存貨，致儲藏對其企業很重要，而存貨需有資金融通，有價值存貨的持有則涉及價值變動的風險；因此，需有制度的發展來承擔此風險。許多農產商品的買方當面對分級產品時，買的時候是不良貨品，致標準化是很重要的。零售市場的消費者是關心製成品，致加工對某些產品是重要的，而運輸可解決地區間之不平衡。

以工作或活動為導向的職能研究法來研究農產行銷，具有如下的優點：(1) 促使相關人員瞭解哪些事是該做的，致中間商的存在有其必要性，亦能由此增加效率；(2) 該方法可簡化複雜的經濟，上述的各類參與行銷活動的人，有些是幾乎參與上述各項的行銷職能。

3. 行為制度研究法（**Behavioral systems approach**）

實質上，該方法是結合上述的兩種方法，重點是關注整個制度內所有職能與參與者之相依性與整合性；如並重行銷過程之物流與資訊流。該方法同時強調廠商與制度之決策與領導人之運作，尤其當大廠商或創新廠商的領導運作。該方法亦檢視行銷制度中之市場力量，由此呈現不同市場結構為何需有不同的產銷決策。

（二）個體行銷制度

此對現代企業行銷則是更為典型，同樣地，依 Rhodes 和 Dauve（1998）之定義，直接促使財貨與勞務流向消費者，且達成廠商目標之企業活動的績效（as the performance of business activities that direct the forward flow of goods and services to customers and accomplish the it's objectives）。買賣的活動為個體行銷之主軸，然如前述，行銷活動尚包括其他的工作，尤其賺取利潤為此目標之核心；由此，個體行銷的優點是以企業管理作為主要的活動任務，致如何形成一個有效的個體行銷計畫乃為核心工作，有效的行銷涉及除去商品滿足條件以外的條件，如以適當的包裝在適當地點的可用性。就農產行銷觀點，與今日農民有關的個體行銷觀念，係指農民需尋求以最大化利潤目標之農產品行銷方式。

個體行銷特別強調產品如何流向消費者，致如何界定誰在運行通路來負責此一工作，則需應用管理的原理，通路上的每一成員，皆須自比為一位經理人。

（三）個體物流（物聯網）制度

就行銷通路而言，主導商品由生產者至消費者的力量，一方面可由賣方之後方力量，另是由買方的前方力量。此一個體物流的定義，它是強調產品如何達到廠商，促使農產商品流向廠商以滿足其目標之企業活動績效（as the performance of business activities that direct the flow of agricultural commodities to the firm to satisfy its objectives）。物流（Procurement）不只是買入的活動，其涉及一組的活動，如一個加工商而言，可能涉及買入、集貨、儲藏、金融及運輸；對一位零售商而言，其涉及零售品牌；尋找加工商、買入、金融、運輸及倉儲。尤其目前在 AI、雲端及物聯網等結合的時代，此一個體制度已逐漸催生網路科技行銷，如網路直播是也。

三、農產行銷系統（Agricultural marketing system）（Purcell, 1979）

系統的定義頗為複雜，Rabow（1969）界定一個可用的定義，意指以有組織方式來完成特定目標之一系列成分的集合，一個系統的成分可能有次系統（Subsystem）的存在。系統研究法乃是處理複雜系統之方法，它主要是將一系統問題分為許多次系統的問題。由此，意味相依性是一個系統之重要特色。

專業分工已是在行銷系統之一種生活方式，如生產者專業在生產面的分工，其他之運輸、貯藏、加工及有關職能，則由其他專業者來執行。一個良好的系統需具備技術關係以確保相依性的存在，同時亦需有整合的機能；另外，需有選取不同方案的機會，不同的決策中心需透過溝通與觀察來認知其行為與行動，對行動與預期結合的組合有其自由選擇的空間。

（一）技術系統（Technical system）

又稱為投入產出系統，為行銷系統實質的基石，於整個系統，透過投入產出關係提供階段間之連鎖。技術系統控制投入產出關係，並構成於時間過程之系統有逐漸變化之一來源，而技術系統在時間的變化，實際上是反應競爭、價格及成本之經濟壓力，此為整個行銷系統績效得以改善之一來源。

（二）權力系統（Power system）

權力鬥爭乃是任何行銷系統之特色，然在每一次交易發生時亦有妥協的結果；一般言之，任何一個可認定決策中心之權力乃是在其決策運作內所涉及經濟結構之函數。如純粹就生鮮農產品的生產水準而言，其經濟結構有點類似理論所言之純粹競爭條件，然如加工階段，則可能成為寡占或獨占競爭；由此，顯現經濟結構改變，則促使決策中心的權力配置亦產生變動，致有市場力量的產生。

（三）溝通系統（Communication system）

價格機能被視為在行銷系統作為溝通之一重要手段，價格係另成為重要信息。契約可被作為修正溝通缺點之一方法，而協議式的現金契約（Negotiated cash contract）為契約安排之常用工具，藉由一個公式來連結價格以作為目前或運送時間之市場指標，此即為前述公式決價之功能，對某些的商品特別重要，常為許多市場分析者所關注。當然有些人認為只有競爭價格方為協議價格，然另外一些人認為公式決價較具效率，蓋它可讓每一位賣者與買者介入協議過程。

第二節　行銷制度與價格形成之關係

　　參照圖 11-1 及前述，價格形成是農產行銷制度不可或缺之一環。依我國「農業發展條例」，為因應國內外農產品價格之波動，穩定農產品產銷，應指定重要農產品設置平準基金，或實施產銷計畫如訂定最低價格和契約生產或收購；此等措施一來影響價格穩定和形成，二來涉及改變行銷通路。又由「農產品市場交易法」（最新版是 2012 年 11 月 28 日修正）和「農產運銷改進方案」（目前已取消），發現批發市場是目前大多數農產品價格形成的重要階段，亦構成當下臺灣農產行銷制度的表徵，且常為蔬菜價格變動所爭論的焦點。

　　誠如前述，臺灣主要農產行銷通路概分為：（一）販運商通路，即：生產者→販運商→消費地批發市場→傳統市場零售商→消費者；（二）共同行銷通路，即：生產者→農民團體→消費地批發市場→傳統市場零售商→消費者；（三）直接行銷通路，即：生產者→農民團體→配送中心→超級市場→消費者。由上述，發現批發市場在傳統行銷通路居重要角色；另據相關研究（黃萬傳，1991a, 2005, 2010b）指出，臺灣主要果蔬的行銷，以第一類型為主者如甘藍、蘿蔔、香菇、桶柑和荔枝，以第二類型為主者如結球白菜和葡萄。至於畜產品方面，雞蛋行銷亦以傳統通路為主，但未有批發市場的設置；豬肉則以上述第二類型通路為主，而以肉品市場取代批發市場。至於直銷通路，似被視為現代化行銷體系之表徵。依農產行銷理論，批發市場或肉品市場職司產品之集貨、均衡與分散，反應供需而形成合理的競爭價格（Kohls and Uhl, 1991）。

　　為確保果菜批發市場價格形成的機能，一方面透過建立供應人和承銷人的登記管理制度，蓋供應人之登記可掌握貨源，而承銷人之登記則利於交易作業的運作；

二方面藉由建立持平的交易制度，有拍賣、議價、投標和標價等四種交易方式，就經驗而言，果菜市場之交易制度以採用「拍賣為主而議價為輔」之搭配為佳。職此，發現果菜批發市場影響農產行銷制度良窳關鍵因素，端視形成合理價格和發揮集散功能之程度而定。

前已述及，臺灣的雞蛋價格形成是各農產品中較為特殊者。雞蛋報價制度徘徊於產銷利益團體之間而時有更迭，以往有三個產銷團體主導雞蛋的報價，但以臺北市蛋商公會的報價制度為主體。欲知今日出貨的產地價格需待後天報紙大盤價格減 2 元，蛋價對反應雞蛋供需有時間落遲性。該公會界定的行銷價差大致為 7 元 /臺斤，即其中之大盤商運費及利潤為 2 元，中盤商 3 元，零售商 2 元。另值得指出者，以往包銷制度是雞蛋的重要交易方式，有正面影響如免除蛋農銷售雞蛋的困擾和滯銷風險以及蛋商負責雞蛋集中和分散之調配；負面影響如蛋農是價格接受者，且依賴蛋商為其銷售雞蛋之習性、蛋商對報價似有予取予求之嫌以及合作社未發揮合作行銷之功能。該制度已於 1997 年 6 月 1 日形式上的取消，實質上，它仍是存在的，即目前改以有關雞蛋產銷團體的共同議價機制。

另一主導往昔臺灣農產價格形成之因素，1990 年代為砂糖外銷而訂定保價收購，當時為兼顧保障合理價格水準和穩定，政府、相關業者團體和行銷商共同訂定保證價格和採行價格安定措施；大致言之，概分為平準基金制度、保價收購制度、契約收購制度、價差補貼制度及自由出口核章制度。

Chapter 10 已指出平準基金制度有二種，一是前述之糧食平準基金制度，主要產品是稻穀；二是收購制度，之一為計畫收購，是按保證價格收購；之二是輔導農會以高於生產成本的價格之輔導和餘糧之收購；其三為免息貸放糧食生產資金及肥料折還稻穀。其他如早期之進口農產品平準基金制度，產品包括大豆、玉米、小麥、高粱、大麥、油菜籽和乳品，前六項產品設置雜糧發展基金，國產雜糧保證收購價格，係根據調查之生產成本，參酌物價指數變動率，並加合理利潤。收購方式及價差補貼係透過三級農會收購之雜糧，由各進口聯合工作委員會或公會負責分配所屬會員廠商承購，其價格按高雄港進口大盤平均旬價核算，保證價格減去承購價即為政府補貼之差價。而乳品則設置乳業發展基金，乳品保證價格水準，係根據中國乳業協會所提供牛乳生產成本另加適當利潤率。上述各平準基金，目前已取消者

有大豆、玉米、高粱、大麥及油菜籽,但支持非基改大豆之保價制度。

　　早期外銷農產品則採行保價收購制度,主要含蓋砂糖、鳳梨、洋蔥及鰻魚等十四種產品,係藉由契約生產來掌握原料,有全面保價收購和契約保價收購之分。專賣農產品採行契約收購制度,如菸葉和釀酒用的高粱、小麥、圓糯米及葡萄等產品,係由公賣局和生產者訂定契約收購價格。對供應國內批發市場之產品,則實施價差補貼制度,主要產品是實施共同運銷的毛豬、夏季蔬菜、青果和漁產品,有最低保價和行情保價之方式。往昔之自由出口核章制度,乃係因應蔬菜和花卉外銷而採取的穩定價格措施。

第三節　農產物價變動與行銷制度之關係

一、國內農產物價變動之情形

　　基於上述,依往昔時間數列,以 Michaely 指數計算蔬果和雞蛋等產品價格變動情況,示如表 11-2;一方面呈現除雞蛋零售價之外,表列產品未有輕度不穩定的情形,二方面經由前述傳統行銷通路和實施安定價格措施的產品,其價格波動似是落入極度不穩定領域者甚多。

二、影響農產物價變動之制度面因素

　　經由 Piggott 方法認定不穩定的來源,亦大部分呈現源自交互效果(Interaction effects),即行銷制度面的因素。細觀農產物價變動之制度面因素,大致有下列數端:

(一)價格形成的因素

　　相關研究指出,雞蛋行銷商因缺乏標的市場規劃,誘導其間惡性競爭的程度加深,此遂構成大、中盤商利用其存貨假象影響報價制度之根源;前已述及,蛋價形成與雞蛋供需有時間落遲性,今日供需所決定的價格需待後天方得知;依此,上述

表 11-2　主要蔬果和雞蛋價格之不穩定程度

	水果方面[1]		蔬菜方面[1]			雞蛋方面[1]	
	產地價	零售價	產地價	批發價	零售價	產地價	零售價
極度 不穩定[2]	香蕉、龍眼、荔枝、木瓜、葡萄、桶柑	龍眼、荔枝、木瓜、葡萄	夏季蔬菜、洋蔥、大蒜、加工蕃茄	冬季蔬菜、洋蔥、大蒜、加工蕃茄	洋蔥、大蒜、加工蕃茄	──	──
本質 不穩定[2]	鳳梨、番石榴、椪柑、柳橙、蓮霧	香蕉、鳳梨、番石榴、蓮霧、椪柑、柳橙、桶柑	全部蔬菜[3]、冬季蔬菜	全部蔬菜[3]、夏季蔬菜	全部蔬菜[3]、冬季蔬菜	16.56	──
輕度 不穩定[2]	──	──	──	──	──	──	9.46

1. 以年資料計算，水果期間是 1964～1988 年，蔬菜期間是 1979～1990 年，雞蛋期間是 1981～1991 年
2. Michaely 指數 20 以上為極度不穩定，20～10 為本質不穩定，10 以下為輕度不穩定
3. 全部蔬菜未包括表列之各種蔬菜
資料來源：水果資料來自：彭作奎、萬鍾汶、王葳、陳慧秋（1991）：*水果價格安定制度之建立*，國立中興大學農經研究所。
　　　　　蔬菜資料來自：黃萬傳（1991a）：*臺灣主要蔬菜價格安定制度之建立*，國立屏東農專農經科，1991
　　　　　雞蛋資料來自：黃萬傳（1994a）

的報價制度似是雞蛋市場常有失衡現象之主因，遂提升蛋農面臨的短期價格風險；且該一蛋價形成方式具有與法不合、缺乏明確的決價基礎、違反農產行銷原理以及蛋價未能反映雞蛋品質等方面的爭議。

　　由前述農產價格安定措施觀之，其措施並未明確釐清穩定策略和支持策略，如於外銷農產品保價收購制度，則有幾項產品發展基金係為支持政策。就實施效果而言，國內尚未有全面對往昔相關政策進行實際評估之研究；大致言之，大部分的穩定策略呈現支持政策的效果，即提升農民所得和鼓勵生產。又據相關研究指出，麵粉、黃豆和玉米平準基金制度，在政府監督管理下，似有安定國內市場價格和緩和國際價格波動之功能；又外銷花卉受同業公會主動自行約束會員，實施統一調配出口，無論就產地價格或出口秩序均甚為穩定。然符合穩定策略的各安定價格措施，則需依賴龐大政府財政負擔。

綜合言之，上述安定措施對提升農民所得似有所貢獻；惟對個別農產品如蔬菜和毛豬價格之不穩定，常引起對相關措施功能之質疑。

（二）行銷價差的因素

國內常批評農產品的行銷價差不合理，中間商販賺取的利潤太多，尤其在供需失衡而消費地價格上漲時，中間商販常藉機哄抬謀取暴利。一般而言，農產品行銷價差係由行銷費用、損耗和失重以及中間商販的利潤等三大部分組成。受上述農產品特性之影響，行銷價差常因時間、空間、行銷通路之不同而異，主要原因是產地價格與消費地零售價格並不固定，且行銷過程中的損耗也易因氣候變化而不同。

基於上述，研訂合理的行銷價差亦成為當物價變動時所衍生的具有政治和經濟意義的論題；早期的「改進蔬菜產銷專案計畫」，藉由農民或其團體之共同行銷或直接作為縮減價差手段。惟受批發市場交易制度、農民缺乏現代行銷理念及農民團體未具有創新精神等影響，目前果菜共同行銷已有積極轉型的調整。至於直銷，依其運作意義，係擬取代傳統批發市場的職能，企盼縮短行銷流程，致政府擬於一年內達成 50% 的蔬菜直銷比率；根據相關研究（黃萬傳，2010b）指出，臺北市蔬菜經過批發市場之比率有 82% 之譜，致短期間欲大幅提升直銷比率，對當下批發市場造成營運衝擊，此也是反映目前臺北農產運銷公司的職能飽受質疑的緣由。

上述的共同行銷與直銷的執行和落實，均涉及農民團體如農會和農業合作社場的運作功能；因農會受銀行開放民營而影響其信用業務營運，且執行共同行銷全係配合政令；而合作社場係自願性合作，社員常因物價因素等影響其向心力，而有白吃午餐的問題；基於此，遂常有共同或合作行銷之名，卻未能落實共同或合作之行銷數量，影響批發市場或共同行銷的貨源，似為引起農產物價變動之根源。

（三）市場營運的因素

經營主體和交易制度是果菜批發市場營運順暢與否的關鍵因素；前已述及，批發市場是目前果菜價格形成的重要階段，於政策方面，因考量現代化的經營管理與合理化的交易制度，現在已改變批發市場的經營主體和市場供應人及承銷人重新登記，惟受地方派系、產品結構改變、共同行銷或直銷取代傳統產地批發市場、場外交易以及承銷人規避營業稅等影響上述的變革。另值得一提者，由於批發市場普遍

存在供銷一體的現象，市場供應人和承銷人為節省交易手續費，似有刻意壓低批發價之嫌，此來一方面未能呈現合理的價格形成，二來促使批發價格和產地價格未能同步調整，誠如 1992 年 7 月上旬蔬菜產地價格上揚，而批發價格下滑，但零售價反有上漲之乖離現象。

基於上述，果菜批發市場往昔似忽略經營主體的選擇、營業規模和可利用空間等因素。另配合產業自動化的策略，似有鼓勵形成垂直整合之意味，蓋其傾向資助大規模業者之營運，此來傳統的批發市場更面臨物流中心或配銷中心等快速發展的挑戰。

（四）法規的因素

制度與法規是一體的兩面，就法規觀點，政府雖已就農產品市場交易法分別訂定「農產品批發市場管理辦法」和「農產品販運商輔導管理辦法」，惟缺乏配合農產品市場交易法第四章之規範零售交易之法規，據相關研究指出，往昔（毛豬）肉品零售於肉品冷藏鏈為較弱的一環。另外，前述的各項因素，是否導因於當下的農產品市場交易法、或其他法規如合作社法或共同行銷作業辦法，則有待進一步的評估。

另政府自 1992 年 2 月起實施公平交易法，對農產品價格的轉售雖有規定，對批發市場的價格形成或蛋價的形成，亦時有關注，然對現行的報價制度、相關的農業聯合行為或不公平的交易行為，則需更審慎或貼切地因應。

三、評述

農產物價雖是構成一般物價水準之一因素，然基於農產品供需的特性，導致農產品價格與非農產品價格之間有其不同運作模式，尤其農產行銷制度對價格形成和影響農產物價變動似居重要角色。大致而言，農產物價變動的制度面因素，主要者有價格形成、行銷價差、市場營運和法規等四項。職此之故，在討論農產物價變動對一般物價水準的影響時，首要確立一般物價水準變動有多少比率來自農產物價變動，即正確計算後者對前者變動之貢獻度；其次，探討農產物價變動來源，確認來

自需求面、供給面或制度面之因素；第三，再針對不同變動來源研擬穩定農產物價之短期或長期的方案和措施。

　　基於上述，就本章所探討的主題，若擬藉由改善農產行銷制度作爲穩定農產物價的手段，則其效果屬長期的範疇，但改善的原則勢需配合或因應政府財政支出最小、業者自主性和政府對市場運作干預程度最低等原則或趨勢，並同時考量國外WTO 和國內公平交易法之規範。依此，爲減緩不健全的行銷和市場決價制度對農產物價不穩定之影響程度，衡諸當下臺灣農產行銷制度和環境，修正農產價格形成方式、研定可接受的農產行銷價差、檢討農產品市場交易法成效以及修正或研訂相關法規等，爲邁向更順暢農產行銷制度的當務之急。

筆記欄

CHAPTER 12

先進國家主要農產行銷制度

誠如前述，維持農產品市場穩定向是各國農業政策之一重點，惟該穩定目的之達成，常需藉由政府對農產行銷活動給予不同程度的干預，其方式不外乎行銷協定和訓令（Marketing agreements and orders）、行銷協議會（Marketing boards）、價格支持計畫、供給安定基金及國際貿易協定（黃欽榮等，1990；黃萬傳，1990，1991b, 1991c, 1993a, 1993c；French, 1982；M. Diplling, 1990；Abbott, 2015）。近幾年來，臺灣地區基於相關農產品價格之波動與國際經濟自由化之衝擊，除早期政府部門之總體經濟面有不同年期之經建計畫外，農業部門配合此等變動而增修訂與農業發展相關之法規。就農業政策觀點而言，上述調適之經濟意義，一是臺灣農業在農業保護和開放自由貿易間之抉擇，勢需做某些程度之調整；二為農業生產、行銷和生活的機會成本及社會成本已大幅增加；最後，是農業活動似將面對更多風險和更不穩定的經濟環境。

有史以來，提高和改善農民所得是臺灣地區農業政策之目標，依政府相關之農業法規，健全產銷制度和提升市場競爭力是重點策略之一，而此以改善農民在市場運作力量、穩定價格及建立較好的農產行銷制度等為最終目的。就上述政府干預農產行銷活動的方式觀之，過去所實施的價格支持計畫，對提高和改善農民所得之影響時有爭議；國際貿易協定方面，早在多年前政府已扣關 WTO。綜結上述，安定價格一直是農產價格政策之一重點，致農產商品的市場穩定遂構成目前農產行銷運作策略的重要環節。

美國或加拿大等國家實施行銷訓令或行銷協議會已有多年歷史（U. S. Department of Agriculture, 1979, 1981; Veeman, 1987; Powers, 1990; Zeep and Powers, 1990），其間因受經濟條件、產品特性及實施效果等影響，對行銷訓令或協議會所適用的產品對象、法規內容及實行細節亦有修正；無論如何，該二政策工具的最終目標係在尋求秩序行銷（Orderly marketing），以達成提高或穩定農民所得和價格。大致而言，依美、加等國的經驗，顯示該兩項工具或多或少可達成上述目標（Jesse, 1982; Veeman,1987; U. S. General Accounting Office, 1985）。本章一方面敘述行銷訓令和協議會之運作，旨在比較分析其所依據的經濟理論基礎，進而就實際應用觀點指出其間的相同和差異者，最後提出對臺灣地區欲引用該二政策工具之政策涵義；另方面，本章亦回顧日本自 1953 年以來所實施的農產物價安定之供給安

定基金，以蔬菜與雞蛋為說明的例子。第三，調節農產品之貯藏量亦為穩定其價格不可或缺的工具，故本章亦介紹美國存糧於民（Farmer-owned reserves, FOR）之理論與實務。

第一節　農產品行銷協定與訓令制度與實務應用

行銷訓令係美國農業政策工具之一行銷計畫（Marketing programs）內之措施，據美國農業行銷協定法案（Agricultural Marketing Agreement Act, AMAA），行銷訓令（Marketing orders）是結合產業和政府，共同規範有關農產品在市場銷售數量和品質之一種農產品行銷計畫（Marketing orders are binding on all individuals and businesses who are classified as 'handlers' in a geographic area covered by the order）；行銷協定（Marketing agreements）僅係整合自願在協定簽署之處理商（Marketing agreements are binding on handlers who are voluntary signatories of the agreements）。一般而言，參加行銷訓令組織的成員，企求達到下列目標之一：(1) 對上市商品有一定的限量／分配量，或是有一定的分級、大小等品質規範；(2) 處理商在一特定期間以農民名義所購買的商品數量是其分配／提供的方法；(3) 對過剩商品提供控制和處置並建置貯藏庫（Reserve pools）；(4) 需檢驗行銷訓令所含蓋的商品；(5) 提供在大小、容量、重量、範圍、包裝容器等的規範，以符合任何生鮮或乾燥之水果、蔬菜和核果類等產品；(6) 對一特定訓令的商品，為持續改進或推廣行銷、分配、消費及有效率生產，須建立研究與開發計畫（Kalebj, 2015）。

此政策工具旨在建立和維持農產品秩序行銷的條件，進而緩和農產品價格波動，及穩定地對消費者提供適當農產商品品質。一般而言，依農產品別，美國聯邦或州的行銷訓令有兩大類型，其一是牛乳產品，市場價格直接依其用途而定，鮮乳部分歸為第一級用途（Class I usage），乳製加工品是第二級用途（Class II usage）；其二為果蔬、核果及特用作物，透過控制銷售數量以達成價格穩定是此類行銷訓令之標的（黃萬傳, 1993a, 1993b, 1993c）。

一、行銷訓令之運作

（一）意義與沿革

　　行銷訓令係由 1930 年代農民合作運動而來，此運動旨在對抗價格偏低和混亂的行銷條件。許多農業行銷合作社，旨在透過自願減少出售量和訂定品質標準進而提升價格；但因未參與計畫之生產者和中間商行銷行為之影響，大部分自願性合作運動皆失敗，導致參與合作運動的生產者，需付出未出售產品之成本而未得應有利益。自此之後，致力消除上述搭便車（Free rider）問題的結果，衍生 1933 年的農業調整方案（Agricultural Adjustment Act, AAA），含蓋行銷協定和許可證方案。由於該法案之部分內容涉及憲法問題，進而誘導 1937 年農業行銷協定法案內訂定聯邦行銷訓令和協定。

　　農業行銷協定法案規範行銷訓令所含蓋農產品的種類，於時間過程中，此等產品項已有多次修正。水果和蔬菜生產者於其產品行銷過程永遠面臨高度不確定性，一部分的不確定性來自氣候因素是不可避免的；另一部分則是人為的，源自生產者和行銷商間對生產量、地區和品質等決策不一致性，而形成高度價格不穩定；美國聯邦行銷訓令旨在減少這項不確定性。訓令係由美國農業部頒訂對市場之規範方案，相關行銷商需依法遵行。酪農事業方面，由於既存的行銷協定（Marketing agreements）對市場穩定和成長頗具成效，各州仍沿用行銷協定方式而非產量控制；然而州與州間之乳品行銷訓令之授權條文，以緩和州與州間之紛爭。

　　目前行銷訓令規範美國消費者之所有生鮮柑橘，大約 75% 國內生產的核果類及許多其他水果蔬菜和特用作物（Kalebj, 2015），2015 年有 28 個聯邦行銷訓令（Abbott, 2015）。由於牛乳合作社可提供較多的行銷職能協助秩序行銷，也易於為社員達成獲取超過訓令支持價格的任務，牛乳訓令之社員數量和營業規模乃逐漸擴大，但亦有部分牛乳訓令被迫合併；自 1965 年起，美國就逐漸邁入區域性牛乳合作社（Regional milk cooperatives）。

（二）創立或修訂行銷訓令之程序

　　果蔬生產者或牛乳生產合作社協會依其利益，要求美國農業部設置一項行銷訓令，設置基礎是公聽會和三分之二生產者的同意（加州柑橘為四分之三）。雖

有些行銷訓令同時規範數個州的農產品行銷,而大部分之訓令僅規範特定區域之生產者,如一個州或一個州的部分;依協定法案,每一行銷訓令限定其最小含蓋區域;亦有訓令針對特定行銷時期而納入數種產品,如加州和亞利桑那州之瓦倫西亞(Valencia)橘子行銷訓令含蓋大部分在夏季上市的生鮮柑橘。俟經公聽會和生產者同意後,成立執行委員會來管理該訓令,該委員會由生產者或生產者和行銷商組成,有時亦有消費者或政府代表;同時,該委員會向農業部推薦,則針對特定區域內生產者和行銷商頒布共同規範(Jesse, 1982);上述行銷商係出售產品,並將此產品運送入商業化行銷通路之個人或廠商,其職能有包裝和運送商品。

　　當一項行銷訓令之運作未能支持法案既定政策目標,則農業部有權吊銷或終止該訓令;農業部一定取消有半數或占大部分產品之生產者投票反對之行銷訓令。有的行銷訓令由生產者定期投票以決定是否繼續執行該訓令,農業部支持各執行委員會舉行此定期投票。因農業部企求每一行銷訓令需考量社會大眾利益,故行銷訓令不致引起價格上升太快或太高。由於各訓令含蓋不同產品項目而異其所面對的問題,有的行銷訓令透過供給管理規範行銷商運送各市場之最大數量;有的行銷訓令訂定最低的產品大小和品質標準;另有訓令提供聚集資金方法以支持產品廣告的產銷研究;一般而言,大部分行銷訓令包含數種策略,如數量控制(含 producer allotments, handler withholding restrictions, reserve pools)、最低品質標準(含 size, quality, grade, maturity, type)及行銷輔助活動。有許多屬於各州行銷訓令和協定來支持研究、促銷、品質和包裝標準,如加州就有州委員會支持葡萄乾和生鮮草莓的促銷活動。至於與牛乳行銷訓令相關之制度有第一級生乳基準計畫(Class I base plan)和市場服務給付(Marketing service payments);前者係依 1965 年糧食與農業法案及 1973 年農業與消費者保護法案,鼓勵酪農以共同行銷方式達成第一級生乳之市場需求。依第一級生乳占市場銷售比例決定個別酪農之基準(Base),提供之生乳少於基準,可得較高的單價;反之,則單價較低。後者係 1985 年之食品安全法案,允許合作社和行銷商從應付酪農之生乳價款中扣除,作為提供生乳冷藏系統和運輸等後勤補給設施提供之服務費;1986 年的糧食安全改進法案更規定市場服務給付的時間表,即當農業部接到聯邦牛乳訓令提案之九十天內必須舉行公聽會,會後一百二十天內付諸執行。

彙結上述，行銷訓令之運作概分為：(1) 獲取設置一項行銷訓令，係經由提出計畫方案、舉辦公聽會、農業部的農業行銷服務處（AMS）評價及業者投票來完成；(2) 若訓令未能達成秩序行銷目的，則終止此項訓令；(3) 由生產者、行銷商、消費者或政府代表組成委員來執行一項訓令之運作。

二、果蔬行銷訓令之措施及其經濟評估

（一）訓令各措施之內容

由農業行銷協定法案之既定政策目標得知，為達成農民獲得對等價格（Parity prices），每一行銷訓令得有供給管理、品質控制及市場支持等措施（黃萬傳，1990；Huang, 1989；U. S. Department of Agriculture, 1981, Zeep and Powers, 1990）。

1. 供給管理（**Supply management or Supply control**）

就行銷訓令所允許之規範而言，供給管理是最具強制規範之形式；申言之，用以直接規範數量之措施對價格最具潛在影響力量。行銷訓令法規有四大類供給管理措施來協助生產者獲得較高價格。是項策略由季節間總銷售量的數量管理（Volume management）和季節內銷售量分配之市場流量控制（Market flow control）所組成。供給管理策略係透過改變市場結構和市場穩定影響業者之經濟福利，且藉由消彌數量不穩定，於時間過程中來重分配供給量為純粹穩定（Pure stabilization），而非為獨占穩定（Monopoly stabilization）（French, 1982）。

(1) 數量管理

旨在減少生鮮市場的上市量，進而影響季節間供給和生產者報酬；在 AMAA 之下，有三種達成數量管理之措施，即生產者配額（Producer allotments or quotas）、市場分配（Market allocations）及庫存調節（Reserve pools）。就經濟理論而言，生產者配額最直接影響提升生產者所獲價格，但亦引起農民間之激烈爭論。一般而言，為預防盛產期價格下跌，並鼓勵生產者計畫生產，於每行銷季節，依生產者過去出售量紀錄，設定特定市場最大出售量之配額。職此，導致市場供給曲線成為垂直的，而此措施為非自由進出卡特爾（Cartel）之一例。若生鮮市場需求是缺乏價格彈性，生產者依配額出售其產量，則本措施可提升生產者福利。欲擴

張規模或成為新的生產者，則必須向現有生產者租或購入配額，衍生提升新生產者不必要之成本，及原生產者獲取配額增值之不當利益。市場分配之經濟理論依據類似第三級差別取價（Third-degree price discrimination），指定行銷商可運送至各特定市場之產量比率；雖執行委員會不具控制生產量，但可決定各不同市場通路之相對比率。本措施的實行需滿足第三級差別取價之條件，即當市場供給量來自較價格敏感之生鮮或國內市場，則市場分配措施似可提升生產者報酬。庫存調節係透過貯存豐收之年的產量並在歉收時拋售，以求穩定價格和數量。許多長期果樹作物，如杏仁於本季節生產太多，而下一季節生產不足，結果在豐收時價格下跌，歉收時價格上升；庫存調節貯存一部分太多的產量，以便在市場情況改善時出售，被儲藏的部分可連續在以後行銷期出售。無論如何，被貯存的產量是如外銷或當作非糧食之用如飼料。

(2) 市場上市量控制

旨在規範季節內銷售型態，以期解決行銷商所面對行銷量和價格波動，以及波動誘導零售提升行銷成本等問題。本策略之效果，似可調整產業銷售量、減少價格波動之風險及有助於產品零售促銷計畫。如柑橘和葡萄等商品可貯存在樹上，且在往後期間視需要時才收穫。職此，市場流量控制措施均衡季節內之行銷量，並緩和價格波動。是項規範含蓋行銷限量方式（Handler prorates）和限日行銷（Shipping holidays）等措施；前者係於採收期間規範行銷商每星期可運送的最大上市量，即運送至某些市場之銷售量上限；若整個採收季節實行本措施，則具有市場分配措施的效果；即限定受規範市場之銷售量和提高價格，且促進某些產品轉入加工市場。限日行銷係行銷商短暫禁止出貨量之行為，於有限貿易活動期間，限制行銷通路的供給量，如聖誕節和新曆年間之星期。

2. 品質管制策略（Quality controls）

本措施旨在改進產品形象，以期保證品質對產銷雙方皆有利。若消費者不惜代價購得正如預期產品之品質，日後其可能購買更多而擴張需求，生產者則因此增加銷售量而受益。除此之外，減少商品廢棄損失和消費者拒購等，則可降低行銷成本，進而似同時提升生產者報酬和壓低零售價格。一般而言，為改進品質的自願性計畫成效不高，蓋無參與計畫之生產者以高價出售其劣品質產品而獲短期利益。職

此，對已購取低品質消費者而言，認為市場內所有產品品質皆下降，致減少購買。因此，參與計畫之生產者未能實現努力之成果而退出計畫。品質管制訓令係透過聯邦強制檢測產品，以建立最低分級、大小和成熟度之標準。品質標準促使業者在確保消費者購得預期商品，而建立良好的產品形象，如佛、德兩州柑橘品質標準就可預防行銷商集中運輸。

3. 市場支助活動策略（Market support activities）

有些行銷訓令結合產業籌措研究和產品促銷活動基金，並建立包裝標準；上述內容即構成市場支助活動策略之各項策施。本策略理念，係基於有效的產銷研究和產品促銷需有龐大經費支持，若由所有生產者來負擔此經費，則生產者之付出僅占其個別生產成本之極小部分。無論如何，如同自願性改進品質合作，影響由許多小農組成的自願性研究和促銷活動之效果。蓋受未參與計畫生產者享有搭便車之利，參與計畫者需受行銷訓令法規限制，促使產業內許多農民和行銷商共同分擔研究和促銷經費；如加州梨、梅和生鮮桃等訓令，法定依銷售量比率徵收上述費用。包裝與容器標準確保消費者取購標準一致之產品和包裝，且可能減少業者行銷成本；如佛州蕃茄訓令，要求業者之運輸標準是每箱淨重 20 或 25 磅。

綜觀上述行銷訓令的三大策略，大部分的行銷訓令著重在品質管制和市場支助活動等二個策略之措施，而水果類實行供給管理策略之比重則高於蔬菜（Zepp and Powers, 1990）。此等結果意味，一方面行銷訓令同時兼顧消費者和生產者福利，而以高品質為導向來輔導生產，另方面著眼擴張交易需求且降低行銷成本。受果蔬產品特性之影響，水果類較易實行供給管理策略；另值得一提者，除德州橘子和葡萄訓令外，各行銷訓令皆含蓋行銷協定之規定。

（二）經濟評估

1. 提升經濟效益面

供給管理策略有利生產者價格和所得之季節間和季節內之穩定，蓋減少風險具降低生產者成本之效果。一般言之，生產者若面對較低風險企業，其報酬率亦較低，而農貸單位卻有較高意願以較低利率貸給此等較低風險企業；依此，視訓令穩定生產者報酬程度而誘導生產者之增產幅度（French, 1982; U. S. Department of Agriculture, 1981）。

設定最低商品品質標準之行銷訓令，予消費者獲得品質保證，一來減少零售階段之耗損，二來予消費者對商品的良好形象。依此，品質標準對一些行銷商具有達成秩序行銷之功能。設有包裝標準的行銷訓令促進產品一致化，此等標準免除包裝雜異化以消除消費者對產品之混淆；因此，改善市場資訊效率，減少行銷成本和廢棄品。

設定由行銷商繳規費之訓令，已具提升單位產量和減少研究成本之效果，且更增強研究成果之可用性。訓令內之研究措施係結合生產者和行銷商共同解決生產和行銷問題之潤滑劑，蓋個別生產者缺乏足夠資金投入研究之用。大部分訓令朝向增加市場資訊之量及其可用性；由執行委員會所搜集資訊對產銷雙方皆有用，蓋改善其決策運作。

2. 經濟效率損失面

行銷訓令產生經濟效率損失，如有些數量管理措施之訓令，被評定導致缺乏資源分配效率，即衍生產量太多或不足現象；市場分配措施在施行多年之後，即導致生產過剩，遂有抑制長期性生產面積調整措施以因應之。生產者配額措施涉及較高的租或買入配額成本，阻止新生產者的加入，結果可能導致產量的減少。有些實行調節數量管理之訓令，產生限制廠商數量成長；如市場分配措施，行銷商之行銷數量不能超過可銷售量之市場占有率，促有些行銷商未能獲致改善品質或效率之益處；無論如何，此等限制通常是暫時性的。季節間數量管理和市場流量措施，皆趨向減少行銷商間之價格競爭；限量行銷可能限制行銷商定價之彈性，尤其可出售量超出訓令配額量之際，則未能達成降價目的（Farrell, 1975; Jesse, 1982; U. S. General Accounting Office, 1985）。

商品大小、等級和成熟度標準，可能縮小消費者對品質選擇之範圍；若無品質標準限制，某些較低品質產品可能隨時對有些消費者具有適用性；無論如何，於上述限制下未明確知悉消費者付價與生產者報酬一致性的關係。市場本身成為較低品質產品能夠出售與否之規範者，且唯有較好等級果蔬方可吸收運輸成本，此等實為需要品質規範之主因。

尚有多項未被證實之效率損失，其一如認為行銷訓令需對糧食浪費負責，因在數量管理和品質管制下，為數不少的糧食轉為非糧食之用；而是項處理之資訊是強

制性，但造成對未列入訓令之產品是不適用的結果，且未能確定行銷訓令增加或減少列入非糧食用之數量。其二是有些行銷商或產品加工商堅稱，包裝和容器標準確是限制包裝創新活動，如成本節省技術並未在容器規範訓令之內；無論如何，容器標準給予試驗包裝免稅之利，致未能判定是項爭議之適當性。其三是有多項行銷訓令，要求進口產品品質標準需與國內產品相同，在進口和國內生產不一致下，此可能限制貿易數量；另方面，此為最低標準之一優點，故對品質標準之效果亦有爭議存在（Zepp and Powers, 1990）。

3. 其他經濟功能面

除上述益本評估外，行銷訓令尚具所得的分配、決策獨立性及農場數量和規模之影響效果。有些訓令導致消費者、生產者與行銷商間之所得重分配，即視訓令提升價格或緩和價格下跌幅度，短期生產者所得之增加是以犧牲消費者為代價，但卻在往後幾年誘導產量增加，促價格回跌至競爭水準。依此，擁有生產者配額或訓令所規範產品之生產者方可獲得長期利益。生產者和行銷商訂定契約情況下，行銷商之收入直接與行銷量有關；限制行銷商出售量之訓令導致生產者和行銷商之所得分配，通常由生產者獲利。市場分配之訓令導致消費者間之所得移轉，蓋雖對市場限制上市量，然市場內之銷售量卻因而增加。同樣地，品質控制訓令有利於偏愛高品質的消費者，因係以偏愛低價劣品質之消費者為代價。

由訓令執行委員會所制定的產業目標，取代個別生產者和行銷商之目標，致行銷訓令限制產銷雙方決策之彈性，但基於訓令公聽會之投票制度，生產者犧牲個人自由來換取集體利益。相反的，訓令之規範係用來抵制眾多行銷商之意願；同時，由於合作社允許在訓令公聽會集體投票，致生產者接受程度遠低於投票所示結果。

就生產者和行銷商間之相對市場分配而言，行銷訓令可維持分配現狀且最具直接效果之措施是生產者配額，蓋其藉由限制新生產者進入，而維持現有產業結構。有關行銷商之行銷配額措施（如市場分配、庫存調節，及季節內行銷限量方式），允許所有生產者以其生產水準比率來分享較有利的生鮮市場，此一限制可緩和小規模生產者和行銷商進入此產業，然卻有礙獲得規模經濟之利。最後，品質標準有利於小規模生產者和大規模生產者間之競爭。

三、牛乳行銷訓令之措施及其經濟評估

（一）訓令各措施之內容

1. 牛乳分級

大多數訓令市場依用途，將生乳分為三類，部分訓令則將第二級和第三級生乳規屬同類：(1) 第一級（Class I）—製成流體鮮乳，如全脂乳、低脂乳和脫脂乳，此級生乳的衛生標準高，儲藏期限短；(2) 第二級（Calss II）—製成軟質乳製品，如流體乳油產品、冰淇淋、軟質乾酪和酸乳酪，此級生乳之衛生標準和儲藏期間特質與第一級者相同；(3) 第三級（Class III）—製成可儲存和硬質之乳製品，如乳酪、乳油、脫脂乳粉和煉乳等。

2. 生乳定價

聯邦政府在行銷商應付酪農或合作社之生乳最低價格之決定，扮演重要角色，而乳品批發和零售價格兩者則由上市量形成，政府不直接干預。一般而言，主要生乳價格有三類：(1) 支持價格（Support price），以行政命令設定加工用生乳最低價格，以之間接支持各級生乳價格；(2) 加工用生乳價格（Manufacturing grade milk prices），除受支持價格之影響外，乳品加工廠之營運成本和市場競爭程度，亦屬重要。如早期加工用生乳價格以明尼蘇達和威斯康辛（Minnesota and Wisconsin）兩州價格為基準，也是各地區各級生乳價格計算之主要依據；(3) 聯邦訓令價格（Federal order price），1937 年的農產行銷協定規定農業部於設定生乳價格時應同時兼顧生產成本、可供飼料量以及市場供需等經濟因素，求以提供純度夠、品質佳且衛生之生乳，滿足目前及未來之需求，並確保酪農所得。個別訓令市場均參考公聽會之意見，訂定各級生乳之最低價格。主要有三類：(i) 第三級為製造硬質乳製品之生乳，其價格採上述兩州加工用生乳之市場價格。(ii) 第二級為製造軟質乳製品的生乳價格，由上述兩州加工用生乳之最新平均價格加過去十二個月移動平均值計算之第二級生乳價差，1988 年訓令市場第二級和三級生乳每百磅價差為 0.1 至 0.5 美元。(iii) 第一級是製造鮮乳之價格，為上述兩州加工用生乳價格加上第二級和第三級生乳價差，此價差主在因應運輸等實體分配管理成本和市場供需。第一級生乳

價格，以中西部之北方最低，而以東南部各市場最高。各訓令市場價差之修正，須經聯邦訓令發布條款方得為之。

基於上述，各類生乳價格係由合作社（酪農）和乳品工廠（行銷商）協議決定，不可低於訓令規定之最低價格。聯邦訓令市場之酪農所得為一種混合價格（Blend prices），該價格係參酌生乳用途比例和等級別生乳價格訂定。基價（Base price）以及路易斯維爾計畫（Louisville plans）之制定均有助於穩定全年內酪農所得價款。個別訓令之總銷售金額按照酪農提供之各級生乳比例而統一分配，酪農所得為一加權平均之單一價格或混合價格。第一級生乳用量多的乳品工廠，須提供補償金付予第一級生乳使用量較少的乳品工廠。於訓令內不同酪農提供之同等級生乳所獲價格相同，一般均高於規定的最低價格。

訓令之經常性工作包括統計和公布各級生乳價格和生乳之混合價格，查證各生鮮乳乳脂率和行銷商的付款情形，收集和發布訓令運作的統計資料和其他相關市場資訊，建立訓令之會議紀錄資料，以及向各乳區乳業委員報告違反訓令的行為（Sleper and Jacobson, 1988）。

廣告和促銷可提高乳品的品質形象和消費量，1971 年修正之農產行銷協定法案授權各聯邦牛乳訓令施行研究、廣告、促銷及教育性計畫。乳品和煙草調整方案（Dairy and Tabaco Adjustment Act of 1983）規定，自 1984 年起每百噸生乳抽取 0.1 美元以支持乳品促銷、研究和營養教育計畫。

（二）經濟評估

牛乳行銷訓令成功且能持續成長的理由，主要是屬酪農自願性的計畫，公聽會提供相關團體表達如溝通意見機會，具法律基礎確保生乳之最低價格；訓令有助於保持市場順暢、穩定價格和酪農所得及提高酪農投資意願和生乳品質。訓令之最低價格規定有助於避免行銷商間之削價競爭，且確保生乳原料之穩定供應。訓令之執行亦具對乳品充分供應、價格合理及滿足消費者需求等功能。

四、經濟理論基礎

　　由上述分析，發現行銷訓令的運作，其背後均有經濟理論的支持；細觀訓令之各項措施，其經濟理論的依據：(1) 常平倉立案（Butter-stock scheme），如行銷訓令的市場流量規範；(2) 差別取價法（Price discrimination），如牛乳行銷訓令與訓令在季節間數量在國內外市場的分配；(3) 配額式的供給管理（Supply management via quota），如訓令的數量管理的配額制度。

　　由於美國行銷訓令有牛乳和果蔬特用作物之分，依據的理論有異，即前者以差別取價爲主，後者則有常平倉和供給管理，茲解析如後。

（一）果蔬行銷訓令方面

　　首先分析常平倉在行銷訓令之應用，依市場流量規範的運作，得知本策略係在規範季節內的銷售型態，以達成季節內均勻的行銷量和緩和價格波動，故其經濟理論類似 Wough（1944）所提出的價格不穩定來自供給面的價格穩定之理念。行銷訓令係處於高度競爭產業內生產者和產地行銷商共同擬定的秩序行銷計畫，即如 French（1982）認爲行銷訓令之運用係一項商品政策，可影響農業生產之結構和控制，進而透過市場穩定以改善農民福利。

　　由圖 12-1 說明行銷訓令與市場穩定之關係，爲簡化說明，假設價格不穩定係來自隨機生產之供給面，且一個季節總行銷量爲 $\hat{Q} = Q_1 + Q_2$，行銷訓令之目標是建立在此季節內每星期穩定的行銷量與價格分別是：

$$Q_0 = \frac{Q_1 + Q_2}{2}, \ P_0 = \frac{P_1 + P_2}{2} \qquad （12\text{-}1）$$

　　由此，意味圖 12-1 之 S_1 與 S_2 是隨機供給函數，且各有 50% 發生的機會；此一概念即是透過常平倉方案來達成市場穩定效果。於行銷量不足之星期，示如（Q_1，P_1），若執行上述行銷訓令目標，則生產者剩餘（Producers' surplus, PS）、消費者剩餘（Consumers' surplus, CS）和淨社會福利（Net social welfare, NSW）等變化分別是：

$$\Delta CS_1 = A + B, \Delta PS_1 = -A, \Delta NSW_1 = B \qquad （12\text{-}2）$$

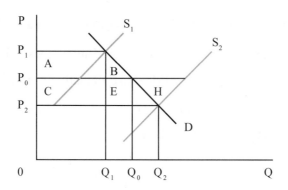

圖 12-1　常平倉在行銷訓令運作之應用

於行銷量過剩之星期，示如（Q_2，P_2），若執行上述行銷訓令目標，則上述經濟福利之變化分別為：

$$\Delta CS_2 = -C-E, \Delta PS_2 = C + E + H, \Delta NSW_2 = H \qquad （12\text{-}3）$$

綜合上述兩種情況，行銷訓令對市場穩定目標訂在（Q_0，P_0）之最後效果是：

$$\Delta CS_1 + \Delta CS_2 = A+B - C - E$$
$$\Delta PS_1 + \Delta PS_2 = C + E + H - A \qquad （12\text{-}4）$$
$$\Delta NSW_1 + \Delta NSW_2 = B + H$$

以上結果，意含透過行銷訓令的市場穩定效果是生產者獲得利益大於消費者，遂促使在上述假設下，於季節內執行行銷量的平均效果是 1/2(B + H)。其次，考量配額式的供給管理，依數量管理的運作，以生產者配額來達提升價格的目的；申言之，此配額係指於每一行銷季節限制生產者運送至特定市場的數量，進而影響產品的市場供給，具有 Veeman（1987）所指的非自由進出的卡特爾式（Cartel with non-entry）的經濟功能。由圖 12-2 說明配額在行銷訓令的應用，（Q_0，P_0）表示原

先競爭均衡點，於設置配額後，總產出限定在 Q_1，小於未控制情況之 Q_0，由此引申出短期供給為垂直的，在 Q_1 下生產者獲得價格是 P_1；依此，價格增加的結果，生產者剩餘增加幅度示如 A 的面積。無論如何，因產量減小所誘導的成本節省小於未能出售 Q_0 的收入損失。換言之，供給量由 Q_0 至 Q_1，$Q_1 eb Q_0$ 表示成本節省，而 $Q_1 db Q_0$ 表示收入損失，其間之差額由 C 的面積來表示；依此，生產者的淨利是（A-C）的面積，即若市場需求是缺乏彈性，生產者剩餘變動的幅度是正的（A-C）。消費者剩餘的損失，一方面因 Q_1 促價格上升需有較高的支付，以 A 表示；二方面因未可購買 $Q_0 - Q_1$ 的損失，以 B 表示，最後結果呈現在需求曲線介於 Q_0 和 Q_1 之間的面積，即負的（A＋B）。

最後，於數量管理之市場分配措施，係應用獨占廠商理論之第三級差別取價（Third-degree price discrimination），即行銷訓令執行委員會決定運送不同市場數量比率，來提升生產者報酬。該策略在行銷訓令之應用需滿足：(1) 不同市場有其差異的需求彈性；(2) 不同市場間不具產品流通性。一般而言，為提升生產者報酬，常是限定在原始市場（Primary market）的銷售量，剩餘數量則在次級市場（Secondary market）出售。

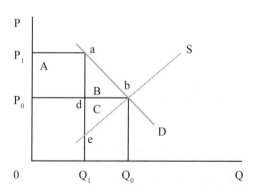

圖 12-2　供給管理在行銷訓令運作之應用

（二）牛乳行銷訓令方面

誠如前述，訓令是支持所有生乳價格，有分級價格和混合價格之分，而分類決價（Classified pricing）則是基於提升酪農報酬觀點，應用差別取價的方式。為以下

分析之便，有下列的假設條件：(1) 執行委員會為其會員的銷售代理者；(2) 鮮乳採用第一級價格，非鮮乳是第二級價格，作為表示滿足不同市場條件；(3) 實行兩個價格計畫（Two-price plan），而非鮮乳用的市場需求較具彈性，鮮乳用的市場需求較乏彈性，且不超過 1；由圖 12-3 說明差別取價在牛乳行銷訓令的應用。

0Q 示執行委員會欲銷售的牛乳數量，DD 表示鮮乳市場需求；若以單一價格來出售所有數量，則價格水準為 Qp，酪農總收入是 0QpA。現考量兩個價格計畫，此來提升鮮乳售價至 Q'p'的水準，而鮮乳銷售量為 0Q'，剩餘的 Q'Q 銷售至次級市場，其市場需求由 d d 表示故其銷售價格為 Qp"。

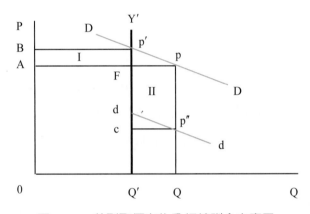

圖 12-3　差別取價在牛乳行銷訓令之應用

就單一價格的行銷方法，執行委常會以 Qp 價格來銷售 0Q 數量，其收入是 0Q 乘以 Qp 所表示的 QpA0；於兩個價格的銷售計畫，生產者的收入有鮮乳部分的 Q'p'B0 和非鮮乳部分 Qp"cQ'。兩個價格的銷售計畫提升生產收入的幅度是依較少量以較高價出售部分和以較低價出售剩餘的量間之差距而定；就圖 12-3 觀之，仍是面積 I = ABp'p 超過面積 II (cp"pF) 的部分，為牛乳行銷訓令採用差別取價對酪農的經濟效果。

第二節　農產品行銷協議會制度與實務應用

　　本政策工具係加拿大、大英國協（Great Britain）、紐西蘭、澳洲和南非等國政府干預相關農產品行銷之策略，協議會為一法定單一政府機構或法人團體，直接負責特定農產商品總產量行銷活動，即以此商品生產者名義，來完成任何行銷職能之法定且強制性的行銷機構。此一策略旨在提升和穩定生產者所獲價格，進而抵銷商品購買者在市場運作的優勢。

　　推動背景主要是既存的行銷系統和產品價格無法滿足農民的需求，1920 年代初期，澳洲和紐西蘭協議會係導因於戰後價格的持續下跌和低迷，以及希望經由生產者共同行銷增加市場議價力量和推動秩序行銷的努力遭到挫敗；1930 年代的經濟蕭條也是主要原因之一，1940 年代末期，大英國協之政府與政府間農產品銷售之國內行銷控制，則由於此一較中央化之機能使得二次大戰期間農產品價格得以穩定，此為農民接受並繼續推動的理由。第一次世界大戰後，設立於澳洲昆士蘭（Queensland）和紐西蘭者，是最早行銷協議會組織。透過立法賦予協議會多種強制力如規範產銷活動、對農民、行銷商和製造商的強制程度、行銷職能之型式和範圍以及運作上的自主程度等，則因產品和國家別而異。雖有生產者代表職司監督工作，但行銷協議會係為一種以「生產者為導向（Producer oriented）」，而非為「生產者所控制（Producer controlled）」的組織（黃欽榮等，1990）。

一、創立或修訂協議會之程序

　　誠如前述，行銷協議會的設置係作為保護和改善特定農民團體之經濟地位，致其在政府規範下具公共機關之財團法人，因而其需配合一個國家之行政和組織型態。行銷協議會的授權立法是一項有彈性的架構，一方面對政府和農民活動之確定性、一致性和穩定性提供充分的保證，另方面可維持競爭的環境。依此，行銷協議會之運作具有實質權力和授權及其資金融通的方法。在加拿大農業行銷法案（Agricultural Marketing Act）或某特定法案，有不同的行銷協議會形成方式，如安

大略省的農產品行銷法，就給予所有行銷協議的設置和運作具有充分的立法授權；當時的農產品行銷代理商法案，有關全國性或地區性供給管理計畫的設置和運作就只限於蛋類和家禽（Veeman, 1987）。

農民的主動提出是設置行銷協議會之原始力量，其可決定是否依某項商品來成立一個行銷協議會。成立協議會之第一步驟是成立一個臨時委員會，由該會擬一項臨時之行銷計畫，內容含蓋被規範的商品、所關心的農民、協議會的結構、委員的選舉方法、行銷計畫之目的及為實現該計畫所需的授權案；第二步驟是對此臨時協議會的認知，由臨時協議會向上級監督單位（農產品行銷協議會）呈報其草案；第三步驟是決定有關對此臨時協議會的意見表達，即對此行銷計畫的申請案至少需有一定比率（如 15%）生產者的簽署，且保留此紀錄；最後，若有參與投票者三分之二或以上者同意此計畫，則該草案可能被接受，且由內閣通過必要的規範後，此一行銷協議會方可成立。至於行銷協議會的終止、改變或擴張其權力，其程序亦如同上述。強制參與協議會的權限是適用於每一位生產者，即使投反對票者亦不例外；因此，所有生產者需遵守所有規範，否則停止生產。自願式的行銷合作社常因搭便車問題而失敗，即未參與者亦獲得較高價格之利。

行銷協議會非為靜態者，常有新成立協議會或終止原有協議會，其存廢端視生產者的滿足程度，可隨時投票終止協議會的運作，但農業部長亦有權終止一個行銷協議會。協議會另一功能是收集相關產品之所有相關會員訊息，通常委員的組成在授權立法內有規定，即來自社會不同層次的代表，為維持協議會為生產組織，常是生產者代表占有多數。委員代表可能是由生產者投票選出或生產者組織來定；除此之外，委員成員尚有販運商、零售商、政府代表及農場勞工。政府常有權否決上述的組成方式，即需考量社會大眾或消費者利益，基於保護消費者運動，行銷協議會亦有消費者代表。協議會內之上級成員是管理董事，及其各功能可組織負責行銷協議會之執行，董事會係經由農民和行銷商無記名投票，或有時由農業主管任命來組成（M. Dillping, 1990）。彙結上述，行銷協議會之運作概分為：(1) 設立前提出草案，經生產者投票或複決之支持；(2) 經授權立法建立及載明個別協議會委員資格、職能和權力範圍；(3) 協議會委員有政府授權決定者、生產者投票產生者、消費者和各級行銷商，共同來執行其運作。

二、行銷協議會類型及其功能

依相關文獻，得知行銷協議會之體制、權限和活動等皆頗雜異化；一般而言，行銷協議會旨在預期改善生產者的經濟地位，如增加價格和所得水準、減少價格和所得不穩定及提供更公平地參與市場機會。下文就協議會權限和活動來區分其類型，示如圖 12-4（M. Dillping, 1990），行銷議協會有非貿易與貿易兩大類。

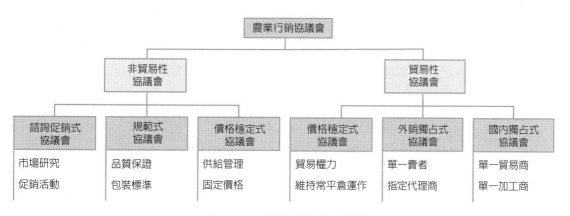

圖 12-4　行銷協議會之類型

（一）非貿易性協議會

1. 諮詢和促銷式──該類協議會職能是市場促銷、研究及諮詢，為下列工作而執行前導性計畫：發展產品新用途及市場；提供產品品質、包裝方法、分級標準、品質分析和爭議仲裁等諮詢；為融通協議會運作，對銷貨具有強制性的課徵。

2. 規範式──有多數具此功能之協議會，發展並應用齊一的品質標準、為外銷產品提供統一的包裝程序、為避免價格下跌採用年價格綜合（Year price pool），進而控制流入特定市場之行銷量。除此，尚完成設置品質分析試驗、磅秤、分級、貯藏、包裝及加工等設施，以及銷貨設備如中央拍賣市場；為控制產品之市場流量，常利用上述工具，以發行執照和檢驗作為推動力量。對已登記的包裝站給予配額，再分予生產者。

3. 價格穩定式──此類型協議會旨在建立穩定基金，以生產者和消費者名義與大加工商、批發賣者及分配者協議價格，進而確保特定產量之價格。當參與此協

議會之生產者是專業化且人數不多,則很容易管理此協議會,此為促使供給限制可行性之重要因素。

(二)貿易性協議會

1. 價格穩定式 —— 此係透過與其他企業貿易來穩定價格,其可能或不可能有權促使生產者與貿易商採行固定價格之手段;而其營運係透過有執照代理商、本身所有購買站、本身零售通路及特定契約零售業已存在行銷企業等互為競爭。

2. 外銷獨占式 —— 本類型協議會是特定一項或一群產品的唯一行銷商,產品來源係直接向特定地區農民購得或透過特定合作社或農民合作社等代理商購得,之後以拍賣或透過銷售代理商來出售其產品。協議會可能自有或租用行銷設施和加工設備,其價格政策通常係基於事前向農民宣告的價格。

3. 國內獨占式 —— 係為維持提供國內消費的自產農產品價格,此協議會以授權對生產者和零售商訂固定價格,且有時具有獨占外銷或在特定地區批發交易。

(三)功能及其手段

由上述,得知雖協議會之目標因其功能而定,但主要目的在提高農產品價格及農民所得,許多協議會且將之列為唯一目標;次要目標乃希望減少農產品價格及所得之波動,並提供農民公平的市場機會;其他目標如建立和強化產品品質等級、分配國內外市場和提高產品銷售力等。個別協議會的職能數目、型式和權限範圍互有差異。除少數同時執行下列所舉各項職能之外,僅推動其中之部分:(1) 市場資訊的蒐集與傳遞;(2) 促銷與新產品開發;(3) 生產與行銷研究;(4) 研擬與執行農產品等級標準;(5) 營運或監督銷售操作;(6) 集體議價力和價格訂定;(7) 產品的購買、貯存及銷售(Veeman,1987)。

為達成行銷協議會所揭櫫的目的,較常採用的措施示如表 12-1(Veeman,1987)。基於上述,發現行銷協議會的權限相當廣泛,而介於兩個極端,其一是對會員權限最少的諮詢和促銷式協議會,蓋其會員關係常是自願性;其二是藉由農民間配額分配而直接影響生產量之供給限制的行銷協議會。前一極端的行銷協議會有下列工作:(1) 市場研究;(2) 為融通活動向生產者課徵費用;(3) 增加產品需求;(4) 在已知需求下來最大化或至少改善農民的報酬;(5) 市場支持工作如包裝規格的標

準化。後一極端的行銷協議會被授與大幅管理和程序方面的自主權，或對國內生產和銷售有完全的獨買和獨賣的權力；控制數量的授權是此類協議會最重要的工具，而其控制方式有季節內的市場流量流範與總季節的數量控制；後一方式藉由國內外市場分配、直接貿易及透過生產配額在會員市場分割之規範。

表 12-1　行銷協議會之目的與對應措施

目的	為達成目的而常採用的措施
1. 增加生產者所得與價格	(1) 需求擴張（透過差異化需求和開發新用途或市場） (2) 提升市場運作效率 (3) 加強議價能力，以利用由行銷服務部門、消費者和政府獲得利益
2. 減少價格不確定性和變動	(1) 考量等級和運輸成本差異的綜合或平均訂價 (2) 穩定生產或上市量
3. 對生產者提供更公平進入市場的機會	(1) 綜合訂價 (2) 遞送配合

三、經濟評估

農業行銷協議會在本質、權利、活動與效果的複雜化已是長久的爭議，諸如毛豬、蔬菜和水果的協議會對市場運作力較不限制，致其效果不明顯且較無爭議性，但如酪農、蛋、雞肉、火雞和煙草因對市場運作較具限制，致爭議性較大。一般而言，評估行銷協議會的準則是：(1) 對經濟效益之效果，尤其是有效資源利用；(2) 提升或至少維持價格和所得之效果，強調價格和所得的絕對水準，及在產業內外之分配和比較；(3) 抵銷投入和產出面獨賣和獨買力量之成功程度；(4) 有關含蓋營運改善、農場結構、技術採用率及生產者企業精神等的結構準則（M. Diplling, 1990）。

（一）福利效果

常採用配額市場業績和比較相似國家之價格和成本等方法來評估福利效果，已有多位學者算出家禽和雞蛋行銷協議會之消費者福利損失，示如表 12-2（M.

Diplling, 1990）。大致而言，此一損失是非常大。由加拿大和德國經驗顯示，雖社會福利淨損失相對小於消費者和生產者所得移轉數，但由於缺乏資源分配效率而引起明顯的福利淨損失，致有供給管理對整體社會並不有利之結論。供給管理式行銷協議會導致大量所得移轉和經濟效益之淨損，且其運作的主要障礙是配合供給限制之訂價，蓋其需供給、價格和需求間之動態關係的數量資訊。設定價格超過生產成本之意義，是促使農民生產超過配額所容許數量，致衍生市場不穩定，進而提升因應世界市場條件之儲藏和外銷量，增加額外的社會成本。

表 12-2　1980 年代加拿大家禽和雞蛋市場實行行銷協議會之消費者福利損失

單位：百萬美元

	Van Kooten	Veeman	Harling	Barichello
家禽	251.7	215.3	215.8	74.0
雞蛋	109.0	107.7	99.6	73.0

（二）提升價格與所得之效果

由物價指數顯示，因人為的供給限制，已促使加拿大生鮮蛋的相對價格上升；在減少消費水準下，以提升消費者支出為代價的所得移轉已確保生產者福利。由 1990 年代統計資料顯示，供給管理增加所得流量，致每年每位農民獲得 2 萬至 3 萬美元。於受供給管理的產品，以相對每月價格變動表示的相對價格離散度已減少，支持行銷協議會者稱此一價格波動的減少對生產者和消費者皆有利，蓋其皆厭惡風險，且可如期預估價格變異，其所費成本不高。無論如何，就加拿大和美國實施經驗，未發現加拿大零售和批發價格較美國來的穩定的效果，且加拿大供給管理商品生產水準亦較美國市場不穩定，意味行銷協議會之配額管理、訂價和進口控制對穩定零售價格和國內生產水準未呈現較好的結果。政府對產業的干預可能扭曲產品和中間投入價格，加拿大、德國和大英國協之家禽肉和蛋已因政府干預而有價格扭曲現象，如加拿大的扭曲率在 36～42%，德國則有 25～30%（M. Diplling, 1990）。

（三）市場供需力量效果

設置一個行銷協議會的必要性與判斷準則，乃基於生產者在市場運作力量的薄弱，而於農場水準具高度競爭，蓋人數多且小規模的生產者面對在投入面和生產面少數廠商於供需之較高集中度。事實上，許多行銷協議會成功地作為抵銷上述力量的工具，但面對交易集中的寡買，其作為小規模市場運作之農民防衛工具。供給管理式行銷協議會對農企業最具影響效果，是轉移農產品行銷之衝擊效果。就家禽產業而言，因素面有孵化場和飼料公司，產出面有雞肉加工商；依因素面的調查結果顯示，於實施行銷協議會後大部分的上述廠商已增加毛盈餘，且因協議會政策改善生產者財務情況而獲益，致其價格已較施行前增加來得快，進而對消費者之產品品質和勞務及其利潤皆有改善。於產出面之產業內的市場運作的轉移有下列的改變：
(1) 供給變動——家禽肉供給不再透過與飼料公司和加工廠之契約和財務協同來決定，供給管理已影響加工商人數和規模，於自由市場加工商受垂直整合和雜異化之規模經濟之利而擴大，有供給管理之後，產業的僵硬性移轉予加工部門；但行銷協議會的供給限制政策，導致設備的充分利用及加工業者存貨數量的增加。(2) 價格變動——雞肉價格不再受買賣雙方市場或協調的決定，而受協議會的訂價公式來決定，由其高價政策來訂價格，水準是在公平或競爭市場之上，致加工業者之加工產品處在高因素價格與偏低的浮動市場價格之間，可能導致業者對產品品質、消費者服務及其利潤的負效果。

上述的基本改變對雞肉產業已有重要結果，在未支付任何補貼之風險已由飼料、孵化和生產單位轉移至加工單位，致在生產之前已有簽約，雞肉生產者風險已降至最低，此來一方面可確保其產品的風險，二來因價格被固定在生產與成本的公式，可確保價格正常地含蓋生產成本；生產者唯一面對的經濟風險是與其所擁有的配額價值有關。再者，常平倉存貨政策已由民間部門移轉市場風險至公共部門，且在民間部門重分配此風險；且此市場風險可由許多政策來降低，但卻帶來制度風險的增加（Veeman, 1987）。

（四）生產效益與結構調整

一般由農場數、規模增加和農場資源集中度來評斷結構變動，行銷協議會政策

可用來緩和小農問題。在自由市場，資源因應價格、成本和報酬等變動在區域間或產品間而移動，一項產業未能獲取比較利益而導致資源利用缺乏效益和調整的直接結果是提升其非競爭程度。一般而言，長期資源配置不當的兩種方式：(1) 所生產的商品組合不符合由相對價格表示的消費者嗜好和偏好；(2) 每單位產出非最有效率。後者如於純粹競爭情境下，產量的限制可由平均成本的增加來表示，且每單位產出負擔較多的固定成本，致明顯地提升單位營運成本。

當時加拿大的小農保護政策，導致生產部門有許多相對小規模的生產者，且衍生資源分配的缺乏效率；就社會觀點，補償缺乏效率生產者的損失並不大，致易促使生產部門現代化。因加拿大雞蛋生產依供給管理來營運，其生產成本已增加，蓋配額的規範已限制營運規模的擴張；相關實證研究顯示，安大略省的平均規模已小於最低有效規模，且由趨向較大規模者左右市場供給量。另供給管理亦產生浪費現象，即雞蛋破損比率已增加，有 3% 的總供給量以低於生產成本的價格來出售。在價格固定的供給管理情況，農民必需最小化成本，其已購得配額方可確保利潤；基於此，品質的下降是可預期的，蓋農民採用新技術的速度可能不如在競爭情況。換言之，行銷協議會的存在，減少採用新技術的投資誘因，因而生產效率就低於正常採用技術情況之效率。無論如何，加拿大亞伯達省（Alberta）毛豬行銷協議會對改善毛豬行銷之運作效益有貢獻，即透過規模經濟、集貨系統和保險基金等來節省營運成本。另一結構和效益效果，是來自於配額分配的凍結區域生產型態，不同的配額制度有不同的限制新生產者的進入，即並不提供生產者均等進入市場的機會，新生產者的生產成本不同於原先配額成本，其差異由配額價值（Quota value）來表示。就企業擴展而言，配額制度限制個別企業自由。最後，農業部門內的資本和勞動的不完全移動導致可觀的資源誤用，進而影響整體經濟體系的效益和不公平的部門間所得分配，故供給管理的活動需有額外的移動而不扭曲農業部門的情況（M. Diplling, 1990; Veeman, 1987）。

四、經濟理論基礎

誠如前述，行銷協議會一來藉由均衡議價力量來輔正市場機能，二來透過配額

式的供給管理一方面達成農產品供需均衡，另方面提升所得和改善所得分配；下文擬分予說明之。

（一）雙邊獨占模型在行銷協議會的應用

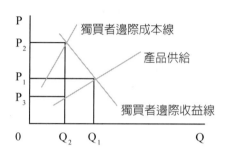

圖 12-5　行銷協議會的均衡議價功能

　　受農業產業特質的影響，於農產品面常呈現產品中間商的獨買，而在農用品面常為因素製造商的獨賣，因而形成雙邊獨占（Monoposony-Monopoly）的局面，導致農民以自由競爭方式來出售其產品，而以高價購入生產資材，由圖 12-5 呈現此等結果。獨買者收購 $0Q_2$ 量，而農民獲得價格是 $0P_3$；若經由行銷協議會的前後，有價差 P_2P_3 存在；無論如何，藉由協議會和中間商的議價可能導致 P_1 價格和 $0Q_1$ 銷售量。職此，一來透過協議會有輔正市場機能的可能性，而邁向公平交易，二來農民所獲價格水準至少比原來 P_3 的水準來得高。

（二）配額式供給管理在行銷協議會的應用

　　前已述及，在行銷協議會的配額制度具有改變供給的功能，即由協議會所決定的產量得經由政府核准，則農民僅依照配額的數量來生產即可，或上述核准的數量接近自由市場數量，此來可能衍生各期供給量幾近等於當期市場需求量，進而達成供需均衡，由圖 12-6 呈現此等結果。

　　設置協議會之前，生產者採純真式（Naïve）的價格預期如傳統蛛網原理的生產決策，形成 S_1 或 S_2 之供給曲線，而價格在 P_1 和 P_2 之間循環波動。現考量藉由行銷協議的配額生產 $\hat{Q}$ 及其供給線為 $\hat{S}$；由此，一來穩定市場的供給量和價格水準，二來若總配額量甚接近自由市場的水準，則有利於資源利用朝向合理配置。

_block" cx="0.16" cy="0.06">農產行銷分析與應用

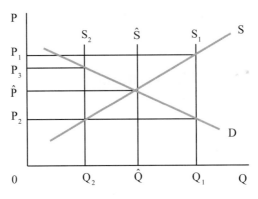

圖 12-6　供給管理與行銷協議會之關係

　　至於配額式的供給管理在行銷協議會對提升或改善所得分配的功能如同前述行銷訓令內之運作。Veeman（1987）證實配額式供給管理計畫所引起的無謂損失（Deadweight loss）遠小於價格支持（Price support scheme）和差額補貼（Deficient payment）等方案，因而依據加拿大的經驗，採行供給管理作為所得支持策略較易獲得利益團體的支持。

第三節　行銷訓令與協議會之比較

　　前兩節已分別闡釋該兩項工具之意義、目的、運作及其經濟理論依據，本節就該兩項工具的異同予以比較分析，由此提出政策涵義（黃萬傳，1993a，1993c）。

一、相同點

（一）沿革方面

　　行銷訓令或協議會均導源於 1920 年代世界經濟蕭條的結果，透過自願性的合作運動來對抗農產品的低價格和混亂的行銷條件。基於搭便車和高度期盼的影響，導致此等合作運動的失敗，轉而衍生提出強制性合作的協議會或訓令。另為達成該兩項工具的目的，皆有其法源基礎，美國行銷訓令依據 1937 年 AMAA，加拿大行

312

銷協議會依據 1949 年農產品行銷法案（Farm Products Marketing Act）。

（二）政策範圍

依農業政策分類觀之，該兩項政策工具皆屬於行銷計畫（Marketing programs）內之措施，即透過行銷合作計畫來達成提升農民在市場運作力量、改善行銷制度及穩定農民所得和價格，致該兩項工具亦具有市場組織和控制範疇內之功能，遂成為實施該兩項工具國家之重要國內農業計畫（Domestic farm programs）之一。

（三）政策工具之目的

皆以尋求秩序行銷為其最終目的，一方面藉由創造農產品更好行銷條件，一方面透過抵銷農產商品買方在市場運作的優勢，由此提升和穩定生產者的價格和所得，以及穩定產品供給。

（四）符合三項基本原則

1. 減少政府直接干預市場運作：就兩項工具所依據法源，農業主管係立足在調和生產者、行銷商和消費者之利益，由下而上來解決農產行銷和所得問題。

2. 減少政府財政負擔：該兩項工具均具有自給自足的財政來源，即基於法源的授權，執行訓令或協議會的單位可向參與的生產者或行銷商徵收費用，作為融通營運、促銷或研究發展等之用；除少數行政成本外，不需編列補貼預算。依此，如行銷訓令常被喻為「看不見的農業計畫」（Farm programs you don't see）。

3. 自主式的運作：依據其相關法源，該兩項工具的運作全依業者利益主動提出申請，經由民主投票和審議過程，設置或終止其運作；運作主體皆透過由相關業者代表所組成的委員會來負責其生產和行銷計畫，此等代表的組成雖以生產者為主，然兼顧行銷商、消費者、政府和專家學者的角色。

二、相異點之比較

（一）實施的國家有異

行銷訓令僅有美國實施之，依據法源是農業行銷協定法案（AMAA），各州得

依聯邦的母法設置州的行銷訓令。推行行銷協議會則有多個國家，加拿大的法源是農產品行銷法案（Farm Products Marketing Act），各省得依此設置省的協議會；紐西蘭的法源是初級產品行銷法案（Primary Products Marketing Act）；澳洲並無特定法源，而是以各產品來訂定法案，主要產品均由法定行銷機構採公司企業的經營；南非的法源是行銷法案（The Marketing Act）；德國的法源是農產品行銷法案。依此，實施行銷協議會的國家比實施行銷訓令者來的多，且此等國家的民主程度或經濟制度不一。

（二）類型（含適用的產品對象）

行銷訓令係以內銷產品為區分訓令類型的基礎，訓令有規範適用和不可適用產品的種類，大致分為乳類及果蔬特用作物，大部分是易腐性相對較高的農產品，皆強調生產者之行銷量配額。行銷協議會的類型係以功能為區分的基礎，而含蓋的產品，一方面以禽畜產品為主，另方面則有考量外銷的農產品，皆強調生產者之生產量配額。基於此，發現訓令較適用在以內銷為主且易腐程度較高之產品，以規範上市量作為特定市場之手段；協議會同時考量內外銷且易腐性相對較低之產品，以規範生產量作為特定市場之工具。

（三）組織

行銷訓令依各產品僅有基層組織所組成的執行委員會，且偏向以生產者為主體之委員會；行銷協議會的組織有兩種類型，其一是紐澳系統的企業公司型配合各相關的委員會，其二是加拿大系統的結合中央與地方組織，即前者是中央行銷機構，後者是協議會作代表和內部職員。職此，一方面為達成該兩工具之目標，行銷訓令僅對上市量予以干預，而協議會則同時對價格和產量予以干預，且政府在行銷過程之角色有日漸增加之勢；一方面呈現協議會運作的主體類型較訓令來得複雜，且某些運作主體已改為公司體制，進而強化其營運效率。

（四）策略內容及其對市場影響

屬牛乳的行銷訓令係以產品用途來決定其售價，致其策略以支持價格為主，品質和市場活動為輔。屬果蔬的行銷訓令以品質控制和市場活動為主，數量控制為

輔；若比較水果和蔬菜訓令之策略內容，1990年資料顯示，水果相對上利用較多的上市量控制措施；此等結果意味行銷訓令重視品質和擴張交易需求。就美國實施訓令的經驗而言，具有高度效率地穩定市場，尤其透過嚴格的行銷控制而達成季節內的價格穩定。

行銷協議會因設置的功能而異其採行的策略，大致而言，以數量管理為主，品質和市場支持活動為輔；申言之，即以透過配額制度的價格穩定式或外銷獨占式的協議會占有多數。依此，良好的配額制度是協議會成功運作的關鍵因素。就實施協議會的經驗而言，對市場的影響程度視其功能而定，如諮詢促銷式著重影響長期需求，而價格穩定式和相關貿易性協議會則容易形成獨占的市場結構。

（五）實施效果

大致而言，行銷訓令的結果有：(1) 市場運作力量的均衡，由加工商轉移至生產合作社團體；透過嚴格行銷期之行銷控制，確保價格穩定的增加；(2) 可供銷售的商品更具齊一品質；(3) 消除大部分穀物處理和貯藏獲利的機會；(4) 減少主要外銷和行銷廠商對商品價格的影響力量；(5) 逐漸增加政府在行銷之角色。由上述效果，發現行銷訓令加重生產者在行銷之角色，而協議會則是政府。

（六）實施條件

就美國經驗和相關實證結果顯示，欲設置行銷訓令之農產品至少需具備易腐性且生產季節性、需求價格和所得彈性皆低、生產區域集中、有高度代替品存在及其擁有良好的生產和販運組織等條件；故其產品項目主要含蓋牛乳和果蔬特用作物等。依加拿大等國經驗和相關實證結果顯示，欲設置行銷協議會條件則以考量價格形成方式、容易實施分級、易於控制生產種源及易腐性相對較低等，故其產品項目含蓋大部分的穀物和畜產品等。

另就農業的規模結構觀之，參與行銷訓令的農民，大多是商業化農場（Commercial farms），而少數是家庭農場（Family farms）；而實施協議會的國家大都以家庭農場為主體，惟紐澳結合此等農場以公司型態來作為協議會營運的組織方式。

據上述的比較，彙結上述兩項工具要點示如表12-3：

表 12-3　行銷訓令和行銷協議會之比較

	行銷訓令	行銷協議會
1. 政策範圍	行銷計畫、市場組織和控制、美國國內農業計畫、價格支持	行銷計畫、市場組織和控制、國際貿易計畫、貿易協定、相關國家國內農業計畫、價格支持
2. 意義	依 1937 年 AMAA，結合業者和政府共同規範產品行銷量和品質	相關國家依其法源，為中央政府監督產品行銷之一個授權單位
3. 目的	創造秩序行銷條件和穩定供給、所得及價格	提升和穩定生產者價格，並抵銷買方市場運作力量之優勢
4. 組織	由農民和行銷商主動提出申請，並組成執行委員會	依不同功能的協議會，形成加拿大和紐澳的兩大組織系統。但具有政治性地指派協議會理事、由農民選出董事會和政治性地指派消費者代表
5. 資金來源	由執行委員會向行銷商徵收	(1) 由營運目的而來行銷收入自籌之 (2) 若有虧損時由政府融資保證
6. 措施	供給管理、品質控制、市場支助活動、牛乳分級訂價	(1) 基本職能：建構市場分析和預測計畫、決定國內市場配額和價格、估計外銷市場需求、對農民發行銷許可證、以生產者名義建立綜合行銷、對國內行銷商發許可證、付給生產者在生產配額下生產量之金額 (2) 選擇性職能：控制生產、訂外銷價格、協議外銷量、就國內外實施二個價格計畫、市場研究發展、建立常平倉制度
7. 理論依據	常平倉、第三級差別取價、配額式供給管理	雙邊獨占和配額式供給管理
8. 經驗	高效率穩定市場、朝向秩序行銷和價格穩定，而不重視供給管理工具	依加拿大等國經驗，對生產者價格和所得影響結果不一，因可消除年之間價格波動，致增加所得和價格穩定性
9. 結果	提升生產者議價能力及其所獲價格水準和穩定性，且齊一品質和增加商品可用度	去除生產者行銷和決價功能，政府在行銷活動角色日漸加重

三、政策涵義

（一）所面臨的共同或基本特點

1. 均具推動行銷訓令或協議會的法源依據

由前述，得知不論美國或加拿大等國家，皆訂有實施該兩項工具的法律依據，除陳述政策工具的目標外，目的在規範生產者和行銷商的權利和義務、運作的規則、政策工具的職能範圍以及含蓋的產品項目。惟由上述國家的法源觀之，除澳洲之外，其他國家的法源基礎只有一種，不因產品種類而異其法律依據。

2. 具備適合推動行銷訓令或協議會的農產品類型或條件

由於農產品的生物性及其經濟角色互異，進而影響生產者和行銷商的福利以及該兩項工具的運作效果，導致於上述各國的法源皆有明確規定所含蓋的農產品種類，而且由前述得知行銷訓令或協議會所適用的產品種類有所不同。

3. 有相關產業完整的產銷資訊

依行銷訓令的市場支助活動或行銷協議會的選擇性功能，顯示該兩項工具的有效運用，端賴大量準確及適時的市場資訊；申言之，行銷訓令的執行委員會作相關決策需有市場資訊的適時收集和分散，而行銷協議會的配額制度亦有賴此等資訊的實用和眞實性方克爲功。基於此，建立有關產業的產銷資訊制度似是推動該兩項政策工具的基石。

（二）選定行銷訓令或協議會的判定準則

一般而言，推動該兩項政策工具有非經濟條件和經濟條件，前者包括產品的品質和生物性條件及建全的產銷組織，後者則考量政策工具的經濟目的和產品的經濟特性及其角色。由前述得知，實施行銷訓令的條件較偏向：(1) 明顯季節性和易腐性產品；(2) 產地集中性；(3) 無財政負擔；(4) 創造秩序行銷條件；(5) 穩定供給價格和所得等。實施行銷協議會的條件較偏向：(1) 易腐性較低和易於分級的產品；(2) 有外銷的產品；(3) 政府直接干預；(4) 減少生產者風險；(5) 抗衡農產品購買者在市場運作的優勢力量。

（三）對臺灣農產行銷秩序化之涵義

依本節所分析的結果，呈現行銷協議會與行銷訓令之特色及其在穩定農產品市場均具一定的功能和效果。對臺灣近年來的農產品產銷失衡而言，解決此問題，除可「鑑古知今」參考 Chapter 10 之往昔的穩定制度或策略外，實際可綜合考量本節的行銷訓令和協議會的策略。首先，修正在「農業發展條例」、「農產品市場交易法」及「合作社法」之相關規定，或另立法如美國的 AMAA；其次，因臺灣農產品以內銷為主，故採行行銷訓令為優先，如青蔥、洋蔥、蔬菜、釋迦、芒果、柑橘等等，因其產銷條件較符合上述的選定制定準則；第三，若為外銷，宜採行行銷協議會，似可強化目前隸屬在農委會的臺農發公司以迎合協議會的功能。

第四節　農產品供給安定基金制度與實務應用

1953 年日本制定農產物價安定法（Ito, 1991），主要係針對糧食管理法之馬鈴薯和甘藷而訂，由此建立上述產品價格支持制度、市場及生產之控制，並就實際各項作物的保證價格及支持價格計算公式予以確認，本節回顧此制度之運作，並以蔬菜和雞蛋為例說明。

一、回顧日本蔬菜價格安定策略

依相關蔬菜價格安定法訂定時間觀之，於 1959 年訂定「指定蔬菜價格安定事業」，1966 年訂定「蔬菜產銷安定法」，1976 年訂定「蔬菜安定基金」和「特定蔬菜價格安定對策事業」。以下就日本蔬菜價格安定制度、穩定計畫及相關法規予以說明。

（一）蔬菜價格安定制度與計畫

1966 年日本面臨蔬菜價格高漲和供給波動問題，遂制定蔬菜生產和運送安定法（Vegetable Production and Shipment Stability Law）；為配合蔬菜環境問題及確

立衡量價格穩定，於 1976 年修正此安定法。根據本法，設有蔬菜供給安定基金（Vegetable Supply Stabilization Fund, VSSF），旨在補償菜農面臨菜價下跌之價差；1976 年安定基金以合作方式設置，即正式登記的行銷合作社方可每年由安定基金獲得預估補償金；上述安定基金源自日本政府和行銷合作社互為規範，即日本中央政府提供 60%，地方政府和行銷合作社各提供 20%。

基金適用的蔬菜項目，以大宗消費蔬菜或預期未來消費量會大幅增加的蔬菜種類為主，但需以政府布頒為準。主要蔬菜項目包括：甘藍、胡瓜、芋、蘿蔔、洋蔥、蕃茄、茄子、胡蘿蔔、威爾斯洋蔥、結球白菜、馬鈴薯、甜椒、波菜和萵苣。以平均薹售價格為補償標準，即以指定生產地區和指定消費地區內，有登記的行銷合作社運送至中央批發市場之蔬菜價格。指定蔬菜生產地區之條件是：(1) 葉、莖、根菜類和水果類蔬菜不得小於 25 公頃，夏季蔬菜不得少於 15 公頃，冬春季蔬菜不得少於 10 公頃；(2) 由指定生產地區運送至指定消費地區之行銷比不得少於 50%；(3) 合作行銷比率不得少於 2/3，其條件是指人口超出 20 萬之一個都市區域，及其足以構成蔬菜重要消費地區之腹地。

依安定法，所謂的顯著地價格下跌，係指上述平均薹售價格低於保證標準價格；後者係依特定會計項目而定，即綜合考量特定蔬菜品種和消費地區。補償水準（Compensation value）係依〔（保證標準價格減平均薹售價格）×90%〕估算，但需要蔬菜乘以 100%。蔬菜價格補償制度之結構，示如圖 12-7。

依蔬菜生產和行銷安定法之修正部分，自 1976 年以來，特定蔬菜（非指定蔬菜）已實施價格補貼計畫（Price compensation project），充分透過縣級行銷合作社執行蔬菜價格穩定目的。

為解決消費者面對價格高漲之問題，自 1972 年之後，實施生產淡季的銷售管理計畫和幾項特殊計畫。蔬菜銷售管理計畫，係蔬菜供給安定基金依供需條件之預測，收購和貯藏洋蔥、馬鈴薯和甘藍；在價格高漲時期，將前述蔬菜拋售至主消費地區內各都市的零售店。另為克服由於不利的氣候條件而引起的價格高漲問題，由日本農林省補貼或推薦農業合作社運送低品質或在正常時期不上市的蔬菜。

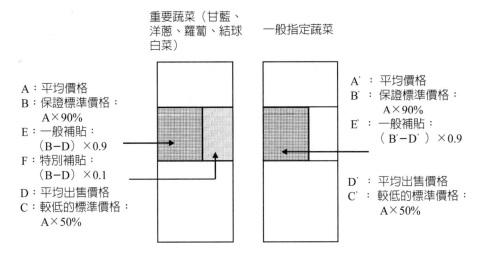

重要蔬菜（甘藍、洋蔥、蘿蔔、結球白菜）　　一般指定蔬菜

A：平均價格
B：保證標準價格：A×90%
E：一般補貼：（B−D）×0.9
F：特別補貼：（B−D）×0.1
D：平均出售價格
C：較低的標準價格：A×50%

A′：平均價格
B′：保證標準價格：A×90%
E′：一般補貼：（B′−D′）×0.9
D′：平均出售價格
C′：較低的標準價格：A×50%

註：
1.平均價格－以過去數年之市價所計算之平均價格
2.補貼條件－當現行平均出售價格低於保證標準價格
3.當平均出售價格(D)低於最低標準，價格補貼是促 D−C
4.最低標準價格之標準是平均價格之50%，但已登記的行銷合作社可選取的百分比是60%或70%
5.安定法之基金結構：

	中央	縣	行銷合作社
重要蔬菜	65%	17.5%	17.5%
其他蔬菜	60%	20%	20%

圖 12-7　1990 年代日本蔬菜價格補貼制度之結構

資料來源：Ito, R. (1991) "Vegetable Production, Marketing and Policy of Government in Japan." APO Study Meeting on Agricultural Price Policy.

　　為達成蔬菜價格安定計畫，有關日本農業生產、行銷和加工之配合措施計有：

　　(1) 有關蔬菜生產政策，是透過省勞力方法而達到生產成本的穩定；為達成規劃蔬菜供給和穩定菜農經濟而採取下列策略：(i) 有利於指定蔬菜生產區之特定計畫；(ii) 穩定蔬菜生產的綜合性計畫，如診測和分析生產地區生產變異因素之設備；(iii) 於 1983 年，配合高品質和雜異化需求，實行提升蔬菜品質和維持穩定蔬菜供給之計畫，諸如建立技術改進之規劃、安排研究和試驗區及建立生產區域模式。

　　(2) 有關行銷和加工政策，旨在合理化足以維持品質的行銷系統，並確保加工原料之供應，主要措施如設置預冷和冷藏設備計畫。

（二）蔬菜價格安定之相關法規

1. 指定蔬菜價格安定事業

本安定事業係源自 1959 年「蔬果產品價格補助制度」和 1962 年「洋蔥價格安定和生產計畫」，歷年來，對此事業有多次修正，修正重點著重於所含蓋的蔬菜種類、增列相關補助法令如「蔬菜價格安定策略大要」，依不同生產季節訂定蔬菜產銷策略事業實施要領、所含蓋的指定消費地區和市場，及資金分擔比率和補貼水準。本安定事業之內容有實施對象的規定、任務、行銷合作社之產銷計畫、資金來源和管理，及價差補貼計算，其運作程序如圖 12-8。

2. 蔬菜產銷安定法

本法共有六章共六十三條，主要內容有安定法目的、需要預測、指定主要產區和產銷現代化計畫、蔬菜供給安定基金及罰則。為執行本安定法另訂有「蔬菜產銷安定法施行方針」和施行細則配合之。

3. 蔬菜供給安定基金

本安定基金被規範在上述蔬菜產銷安定法之第四章，主要內容有安定基金目的、業務、設立、管理、財務和會計及監督。設置供給安定基金之目的，乃對於指定消費地區之指定蔬菜的價格顯著低落時，透過行銷團體對生產者給予補助，並為尋求安定指定消費地區之蔬菜供給，於價格顯著低落時買入蔬菜，經貯藏待價格回升再拋售。本安定基金之設立經過示如圖 12-9。

4. 特定蔬菜價格安定對策事業

本對策事業係針對指定蔬菜以外之蔬菜供給安定而設，並配合 1975 年都市區域內蔬菜生產安定之供給確保推動，於 1980 年正式更名為本對策事業，本事業整體內容大致和指定蔬菜價格安定事業雷同。

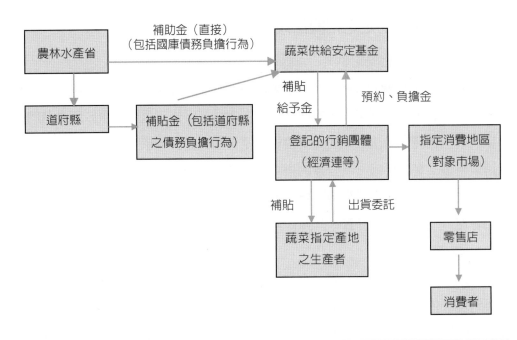

圖 12-8　指定蔬菜價格安定事業之運作過程

資料來源：野菜供給安定基金（1997）：*野菜安定事業手引*，日本愛知縣。

（財）青果物生產安定資金協會 （設立：昭和37年6月1日）	
事業內容	洋蔥之蔬菜價格安定事業
根據要領	青果物生產安定事業實施要領（昭和38年6月1日37振B第3267號）

（財）蔬菜指定生產安定資金協會 （設立：昭和38年9月1日）	
事業內容	高麗菜之蔬菜價格安定事業
根據要領	蔬菜指定生產安定事業實施要領（昭和38年8月28日38園第1752號）

（財）蔬菜產銷安定資金協會 （設立：昭和41年10月1日）	
事業內容	指定蔬菜價格安定事業
根據要領	蔬菜產銷安定法（昭和41年7月1日37法律第103號）

（財）蔬菜價格安定基金 （設立：昭和47年8月16日）	
主要 事業內容	1.買賣保管事業 2.保管設施事業
根據要領	蔬菜價格安定緊急對策事業，及大規模低溫貯藏庫設置事業實施要領（昭和47年5月25日47蠶園第1241號）

（財）蔬菜供給安定基金 （設立：昭和51年10月1日）	
主要 事業內容	1.指定蔬菜價格安定事業 2.買賣保管事業 3.保管設施事業 4.特定蔬菜等價格安定事業 5.消費者情報提供業務等
根據要領	蔬菜產銷安定法（昭和41年7月1日法律第103號）

註：蔬菜生產出貨安定法一部分修正（昭和 51 年 6 月 15 日）

圖 12-9　蔬菜供給安定基金之設立經過

資料來源：同圖 12-8

二、回顧日本雞蛋價格安定制度

1997 年，日本畜產值占其農業產值比率大致在 27%，而雞蛋產值占畜產值比率則在 13% 左右，即雞蛋產值占農業產值比率大致在 3.51%；反觀臺灣的情形，1997 年之雞蛋產值比率為 3.57%，與日本頗為接近。

依表 12-4，日本是當時世界第三大雞蛋的生產國家，在 1997 年占全世界產量比率為 6.15%，雞蛋的消費量居世界之冠，1997 年每人每年消費量為 347 個，輸入量亦是如此，與香港的輸入量不相上下，此二個國家或地區最主要的進口自中國大陸和美國。反觀我國的情況，1997 年雞蛋生產量占全世界比率為 1.01%，然每人每年的消費量則僅次於日本，進出口量是微乎其微。

表 12-4　1997 與 1998 年世界主要國家雞蛋之產銷量

	生產量 （百萬個）		每人每年消費量 （個）		輸入量 （百萬個）		輸出量 （百萬個）	
	1997 年	1998 年	1997 年	1998 年	1997 年	1998 年	1997 年	1998 年
中國大陸	328,000	360,000	265	288	5	5	902	1,503
美國	77,256	78,960	236	237	65	48	2,650	3,060
日本	43,200	43,000	347	345	1,760	1,760	0	0
俄羅斯	32,000	32,500	201	204	50	50	50	50
墨西哥	26,500	26,100	277	268	160	160	0	0
加拿大	5,900	5,925	189	187	650	640	391	405
南美洲各國	24,380	25,475	104	108	40	30	20	25
歐盟各國	82,724	82,925	224*	224*	518	568	1,623	1,618
東歐各國	11,450	11,100	—	—	183	190	24	25
中東各國	9,000	9500	—	—	20	20	500	570
韓國	8,770	8,902	186	187	117	127	—	—
香港	13	12	277	274	1,766	1,779	31	32
臺灣	7,100	7,150	331	331	—	—	10	10
全世界合計	702,963	738,576	—	—	5,334	5,377	6,791	7,508

* 為德國的資料

資料來源：雞鳴新聞旬刊第 1366 號，1998 年 2 月 5 日第 1 版，日本東京：雞鳴新聞社。

自從日本泡沫經濟崩解以來，民間消費亦停滯不前。習慣於大量購買、大量消費、把多餘的物品隨意丟棄等浪費行為的消費者，也因泡沫經濟崩解之後，轉而改採保守的消費行為，這個結果亦對大型賣場等加工產業造成影響。

首當其衝的則是對雞蛋的需求，尤其是與外食相關的營業額亦約有 4%～5% 的下跌；另外，由於沙門氏菌和 O157 等安全問題受到關注，雞蛋賣場因應消費者的要求，在價格、鮮度及安全性等多作改進。例如，在價格方面，要求機能蛋的價位應在 200～250 日圓左右；對新鮮度的要求，則是要冷藏運送或運輸時間的縮短；對安全性的要求，則是包括賣場的品管、國家安全標準及農場檢驗的實施及雞蛋以及雞的盲腸便及排泄物的資料應確實提供，同時也要求從業人員接受健康檢查等，年年有愈來愈嚴格的要求。本節首要目的是回顧日本雞蛋的產銷動向、占食用蛋主流的洗選包裝雞蛋產地的發展作進一步的評估；其次，介紹日本蛋價之安定制度。

（一）雞蛋生產與消費之動向

1. 雞蛋生產動向

生產者的家數年年減少，而飼養規模則年年擴大。在所謂少數大型化漸趨顯著、生產者的飼養規模不斷擴大的趨勢下，包裝（洗選）蛋產地所占的比例則逐年提升。當時在家庭消費的雞蛋，包裝（洗選）蛋所占比例約在 55% 左右，液態蛋的消費則有增加的趨勢，約占 20%，剩下的 25% 則為紙箱蛋及原料蛋。在美國與日本都出現的情況應是，因為加工及調理食品的增加，液態蛋的消費會再提高，洗選蛋也因上述原因被認為會增加，而業務用的紙箱蛋則可能會減少。

當時飼養的雞隻數增加的地區主要是關東一帶，而減少的地方則是在九州。關東地區飼養雞隻數的增加是因為首都圈的大型賣場要求養雞場要在 100 公里內，能及時提供其所需要的「零時差」的新鮮雞蛋，滿足這個要求的產地則以關東近郊的產地為限；同時，成本的考量也有關係，在關東近郊雖然與偏遠地區的產地一樣需面對勞工成本與環境保護費用的開銷，但對運費的節省則有很大的好處。

在設備方面，無窗式的雞舍雖不斷在改進，但仍存在相當的問題，根據日本全農（JA）所實施的監督檢查結果，無法充分清洗的老舊無窗式雞舍曾有被檢驗出含有沙門氏菌的例子。另外，生產效率的低落（每顆雞蛋的平均重量，由平成八年的

48克,降低至平成九年的47.1克,平均每顆減少0.9克)的原因之一是,長年使用無窗式雞舍而又無法充分清洗的結果,會產生大腸菌及黃色葡萄球菌,進而降低產蛋的成績。希望在新興建的無窗式雞舍,能朝可充分清洗的功能進行修正。

就雞場販賣雞蛋面之動向觀察,則在於飼養規模的擴大,似乎至少必需要飼養30萬隻以上方屬可行,同時也必須保有分級包裝的設施,以及販賣通路的確立。如此一來,與好的合作夥伴共同合作便是必要的。

2. 雞蛋消費動向

(1) 家庭消費動向

1997年,每人每年平均的雞蛋消費量為14公斤左右,大致上這也是一個上限。因此,消費動向最好的狀況是持平,而比較可能的趨勢則是緩步下降,原因如下:

(i) 年老者因膽固醇的顧慮將會大幅減少雞蛋的消費,此與家庭醫師多半將食用雞蛋膽固醇會提高的論調有關。

(ii) 年輕的家庭主婦的生活方式產生變化,早餐多半食用麵包及咖啡,而較少烹煮雞蛋。

(iii) 大型賣場為確保獲利而減少特賣的次數,進而降低雞蛋的消費。

(iv) 因職業婦女的增加,週末購物的傾向十分明顯,在平日即使沒有雞蛋,也會因拖到週末再購買而使雞蛋的消費量減少。

(v) 只購買必要的最小量而使總購買量減少。

(vi) 一般消費者因對安全性的顧慮而減少對生鮮食品的食用。

(2) 以型態別區分消費動向

雞蛋的出售方式,可分為包裝(洗選)蛋、紙箱蛋及原料蛋。包裝(洗選)蛋是針對一般消費者,而紙箱蛋則是供應外食為主,原料蛋則一部分賣給消費地分級包裝與另一部分則以混合出貨。10公斤裝的紙箱蛋面臨到的困難包括複雜的販賣通路、日期標示不明導致的品管不澈底及10公斤的包裝也過於龐大;另外因為產地多集中在較偏遠的東北部及南九州一帶,要採取靈活縝密的因應方式也有困難。中小型的外食業因價格高、品質差的情況下,有以洗選蛋代替紙箱蛋的趨勢,而大型外食業也逐年有此傾向。

在當時,青森的產地在販賣紙箱蛋時會附上回郵明信片,作購買日及地址等的

問卷調查。之後，得知青森出產的紙箱蛋在關西、中國（日本地名）等地流通，而蛋出產後一個月才被消費等週期性問題也獲得了解。1998 年左右，厚生省在訂定食用期限的標示規定時，也將此一現象視爲重點，並將日期標示的規定由洗選蛋推廣到紙箱蛋作爲首要目標。另外，厚生省爲了提高烹調階段的安全性，也指導家庭養成平日用冰箱來保存雞蛋的習慣。如此一來，因紙箱蛋無法放入冰箱保存，導致洗選蛋的消費增加（因體積小可放入冰箱內），10 公斤裝的紙箱蛋的市場占有率下降，偏遠地區的產地轉而改爲生產洗選蛋的趨勢也增強。

其次，東京的垃圾回收問題也有關連。在東京，公司行號所產生的垃圾需付處理費，而裝紙箱蛋的托盤回收時亦需付費；因此，舊托盤的回收再使用的頻率逐漸減少。基於以上的理由，生產洗選蛋的比重將逐步增加。於產地所使用的生產設備，在汰舊換新時也淘汰以往只能運送紙箱蛋的機器，轉而購買可運送包裝（洗選）蛋的機器。同時，農場的結構也調整成可接受「農場─包裝廠」（farm-packer）的組織型態。若不如此，在景氣不佳時期，即使生產紙箱蛋可加工成爲液態蛋，但托盤則成了無法處理的廢棄物。同時，對混合蛋的生產者，也因紙箱蛋的托盤問題造成價格比原料蛋貴，而無法完成混裝。

再者，爲配合貨櫃方式出貨，生產者多以整箱的方式來出貨，如此又必須增加購買箱子的成本，在成本考量下，造成加工業者只買原料蛋的情況。另外，液態蛋也在厚生省的指導下有了具體的規範標準，即爲了維持所規定的較低數目的菌類，以往投入式的生產方式已不適用，必須採用自動運輸方式直接由貨櫃裝入混合蛋的機器。如此一來，混合蛋業者也會自然不去購買紙箱蛋。「農場─包裝廠」的組織型態已改採購原料蛋，同時爲因應經銷商的需要來生產洗選蛋，而原來生產紙箱蛋的生產體系若不及時因應而僅靠偏遠地區來生產，則前景堪慮。

3. 大型量販店的動向

占家庭消費八成的包裝（洗選）蛋市場，平均一人每年消費也逼近 11 公斤的上限。在同一地區競爭賣場的增加、特賣次數的減少等原因下，造成平均一個店面的雞蛋販賣量較當時的店面約減少 4%～5%。1998 年的狀況，示如表 12-5，大型賣場之間展開激烈的競爭，而大型量販店也有以下的動向。

表 12-5　1998 年日本有銷售雞蛋之大型量販店產業別

集團名稱	GMS	SM	DS	CVS	其他
大榮 group	大榮	大榮 丸 西武	HYBER-MAT D-MART TOPS Big-U	LAWSON	KOUS（會員制）
YOKA 堂 group	伊藤 YOKA 堂	伊藤 YOKA 堂 YOKU-MA		7-ELEVEN	
SESON group	西友	西友	FOOD-PICE	FAMILY-MART	
MYCAR group	SAGI	CTE 食品館 日井			POLO-LOCKER
ION group	JASCO		Max-value	Ministore	

(1) 動向的走勢

①系列化

因應限制大型賣場設立的法令放寬，使得以大型量販店為主導的業界再次整合，展開系列化及淘汰中小型量販店的激烈競爭方式不斷出現。在中小型大型賣場方面，因牽涉到銀行貸放危機而倒閉的消息時有所聞。與大型量販店競爭的結果，除了競爭失利外，因週轉不靈導致退出市場的情形也不少。

②開店

以往大型量販店開店的地點集中在首都圈，而當時則可看出轉移到郊區開店的傾向。這樣的趨勢同時造成兩個現象，一為地區性的雞蛋產地轉而生產包裝（洗選）蛋，另一則是能與量販店配合的經銷商才能通過考驗生存，優勝劣敗的法則下，經銷商的勢力範圍重新改寫。

③業界生態

依立足點、競爭密度與目標客層的不同，不同業界各有不同的生態，尤其是便利商店與折價商店的競爭形態增強，只是因應量販店的增加與營業時間的延長，或許有可能減緩便利商店的增加速度。

(2) 雞蛋販賣之動向

①一般商品的強化

一般雞蛋在量販店中的位置並非放在特賣商品區，而是在優良商品的位置，此因為明顯揭示指定的優良產地以及安全性與符合品質檢查之故。另外，因價格不同所進行的宣導、促賣以及根據賣場的系統所作的差異化商品的推薦也不斷加強。

②機能蛋（NB 蛋）

示如表 12-6，顧客的需求不只在價格方面，高價的機能蛋也在他們的需求範圍之內。量販店為了使店內擺設的商品能滿足顧客多樣化的需要，由確保利潤的觀點出發，積極地擴大賣場的面積。在這個趨勢中，飼料業者也積極地加入此一市場。

表 12-6　1998 年日本之特殊蛋（NB）

商品名	販賣者	價格體系	顏色	特徵
CIN 蛋	全農	330￥/10 個	白	Linolen 酸、日期限制
YOT 蛋	日本農產工業	300￥/6 個	紅	YO 素強化（要素強化）
森之蛋	伊勢食品	298￥/10 個	白	DHA-EPA 強化
地養蛋	MARUT	330￥/NET	紅	添加地養素
KATE 蛋	日本配合飼料	330￥/10 個	白	KATEKIN（低膽固醇）
里之月	協岡飼料	330￥/8 個	紅	DHA- 維他命 E
VITA-E	中部飼料	330￥/6 個	紅	維他命 E 強化
鐵 VITA-D	伊藤忠飼料	330￥/6 個	紅	鐵分 - 維他命 D 強化
產業健蛋	昭和產業	290￥/10 個	白	Linolen 酸 -DHA-β-carotene 素
愛你蛋	日清飼料	298￥/10 個	白	β-carotene（胡蘿蔔素）

③機能蛋（PB 蛋）

示如表 12-7，伊藤忠、大榮以及日清等大型量販店已販賣其根據新觀念所開發出來的 PB 蛋，和 NB 蛋一樣地在量販店的占有率將會增加。價格則可能位於一般蛋與特殊蛋的中間，目標在一包 200～250 日圓左右。

表 12-7　1998 年日本之特殊蛋（PB）

	PB 蛋	製造者
大榮	活力雞的新鮮蛋	全農、丸紅
NICHI（日井）	H_2O 蛋、雞	全農、伊勢
YOKA 堂	胡蘿蔔蛋 E、自然蛋、年輕雞的蛋	木德、伊藤忠、日本農產
JASCO	SA-SELECT	伊勢

4. 加工業、外食業及經銷業者的動向

1997 年 12 月雞蛋價格不振的原因之一為加工、外食業的經營不利，而 1998 年混合蛋的體制及商品採購方式也更加嚴格。

(1) 加工業

一般而言，加工業者多先考量製造項目的成本，以構建相對的價格體系。已考量安定的工廠製造流程，以及以用途來區分原料蛋進貨的方式，才開始受到重視。

(2) 外食業

與量販店面臨相同的情況，外食價格也在競爭激烈下大幅下降，形態也變得多樣化。與這個情況同時產生的現象是，商品的進貨方式由以往一面倒的價格決定模式，變成同時追求商品品質的優異性，品質與價格成為商品採購的兩大重點。

(3) 經銷業者的動向

能對最終消費者的需求作靈敏回應的業者才能在激烈競爭的市場中繼續生存，尤其無法在營業力、企劃力、商品力等方面迅速回應消費者需要的經銷業者，很可能在短期內被中、大型量販店自供應商的名單中除名。另外，大型經銷業者的優先目標，已由大型量販店移轉到中型、甚至於小型的量販店，而以往供應中、小型量販店的經銷業者面臨競爭加劇的苦戰。

5. 雞蛋分級包裝廠（GP）的動向

在大型量販店的要求之中，因應產蛋日與產地的指定，當時產地以生產洗選（包裝）蛋為主流，然而，在其中扮演主要角色的消費地分級包裝，已愈來愈無法配合量販店的需要。另一方面，因為特賣或週末期間的需求調整已成為必需面對的事實，如何納入量販店為新的販賣體系成為非常急迫的課題。針對這個課題，以往

的分級包裝無法勝任新的需要，必須要能作到從溫度管理到鮮度保存的設備來確保安全性，同時能夠以冷藏機或碳酸瓦斯來保存，又能配合平日與週末需要的全新分級包裝與量販店的建立。但是，這一類新的分級包裝的建立與否未完全獲得認同，主要是因為優良產地的難以配合，以及如此一來，不具備調整能力的中小型盤商將面臨淘汰所產生的阻力所致。

為因應量販店對縮短配送時間與指定產業的需要，產地 GP 對洗選（包裝）蛋的要求愈來愈嚴格，在當時能具有因應西元 2000 年消費者的需要所建立的 GP 還在少數。當時產地的 GP 之中，認為只要將農產品捆包即可營運的 GP 仍占多數，與量販店的真正需要仍有很大的差距；量販店所要求的，是必須具備食品工廠的認證與必要設備，同時能夠對從業員進行教育訓練而能累積 know-how。換言之，如同液態蛋工廠般的 GP，能在作業完成後充分清洗，同時能澈底實施衛生的管理，示如圖 12-10。

(1) 設備之因應方向

i. GP 的機械設備

在 GP 的機械設備之中，包裝機應是首先要增加的項目。例如，在某些量販店，GP 的包裝機除可標明實用外，也可貼上載有產蛋日的標籤。另外在有些地方，大型量販店配有可單獨標示食用期限的包裝機，一般中小型的量販店應可效法，加上因 GP 蛋及機能蛋（NB）的銷售增加，特賣期間等有關重量等的橫貼標籤也大幅增加。在許多的變化趨勢之中，當時正在開發適合在分級包裝洗蛋部或檢蛋部中使用的洗淨機器，在 1998 年已完成。

ii. 殺菌裝置

為確保衛生與安全，必須要在洗蛋及包裝前的兩個地方設置紫外線殺菌裝置，這樣的紫外線殺菌裝置是依照量販店的指導所進行的，全農組織因為臭氧殺菌對人體是否有不良影響尚未獲得確定，因此不使用臭氧殺菌的方法。

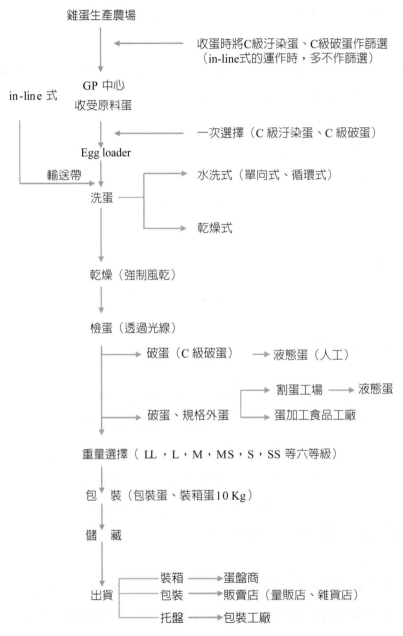

圖 12-10　1998 年日本雞蛋 GP 中心的雞蛋流程

iii. GP 內含之更新

GP 所營運的範圍宜包括洗蛋前在農場的作業，以及洗蛋後在食品工廠的作業等，亦即包含人的管理與營運管理的廣義 GP。所以首先，必須以液態蛋工廠的概

念來重新設計新的 GP。具體的部分包括必須能夠以水沖洗、避免產生雜菌繁殖的可能場所；也就是在設計上要注意地板必須設有排水口以利水洗，牆壁的死角要以 U 字型代替直角使雜菌無法產生；與外部接觸的出入口要有兩道關口，或設計冷氣門以阻絕蟲的入侵；洗蛋後的空間，要設有空調，並能實行溫度與溼度的管理。新的 GP 要設有洗蛋後的處理空間，而在製品庫則要導入斷熱材料的冷藏系統，並以如同冷藏庫一般來設計。雖然有明亮的窗戶，但內部是絕對的密閉空間。

在這樣設計下所建立的新的 GP，對特賣及週末所產生種種的需要能加以配合，並能在碳酸瓦斯處理及溫度管理的作業中將所需的產品製造出來。食用期限的管理也會強制實行，食用期限的設定，一方面是以溫度管理作為前提，另一方面也代表在食用期限內生產者負有責任，必須從產蛋日開始以溫度管理或碳酸瓦斯來保持鮮度，並在食用期限內採取必要的措施以防範未然。另外，材料的庫存應保持在 GP 以外的地方，GP 內部只保存最基本的數量即可。以上是為因應量飯店的品管要求所產生必須清楚規範的事項。

(2) 製造配送體制之動向

原料蛋並非採直接運送（in-line）方式，而是以「農場—包裝廠」的方式運送，對此制度有相當多的議論，HACCP（危害分析和重要管制點）基本觀念之一是，不能把汙損的東西運送出去。由於直接運送（in-line）的 GP 會直接收到尚有汙損的蛋，最好還是非直接運送（off-line）的方式較佳。

另外，移動率也是一個問題，由於 GP 本身亦遭遇人手雇用困難的情況，有必要提高機械的移動率以減少人工勞動的時間。因此，採用「農場—包裝廠」而不採直接運送的方式有助於提高移動率。由於在不同階段加工的時間互異，而原料蛋出貨時，會產生「農場—包裝廠」無法取貨的問題。因此，在作業時間方面，愈早開始作業，愈能因「農場—包裝廠」的方式減少移動時間，作業時間提早可縮短前置的準備時間。

另外，依據冷藏配送所設計的設備，要導入斷熱材料的系統，並以如同冷藏庫一般來設計。為配合 365 日的製造及配送體制，必須一併考量能容納 10 噸卡車進出的出入口及停車場，做必要的設計。

(3) 雞舍配合之動向

由衛生管理面而言，雞舍是可以用水清洗的。由於 PB 蛋無法大量販賣，在 PB 蛋製造時，隱藏著機率不大但會產生沙門氏菌的風險，因此，每批的生產量愈小愈好。農場與分級包裝的負責人與從業員最好各不相同，同時也應設在不同的建築物之中，這是將分級包裝視爲食品工廠所堅持的理念。

(4) 其他配合事項

根據量販店的指定，需做到下列事項：

① GP 製造手冊的完成與澈底執行，尤其是根據日期別所作成的資料需每日登記，每兩個人並負有互相檢查登錄的義務；

②設有品質檢查室及檢查員；

③設有自動給水機及自動門；

④要在 GP 入口設有洗淨及洗手的設備；

⑤ GP 作業員需穿著規定的衛生作業服裝。

以上的事項，是消費者及客戶所視爲必備條件的要求。若無法配合量販店、消費者及厚生省的要求趨勢，供應商恐怕會在激烈的產地競爭之中遭淘汰。

5. 評述

基於上述，可發現日本雞蛋在產製銷之走向。蛋雞場方面，已逐漸趨向大規模化，即每場約養 30 萬隻以上，重視雞場之衛生管理，積極推動 HACCP 的工作。雞蛋消費方面，1997 年的消費量可能是一極限，因受生活方式與促銷方式改變的影響之故，不論家庭用或業務用，均以洗選包裝蛋爲主，甚是業務用者會由洗選包裝蛋取代箱式蛋；此外，由於日本厚生省當時亦積極推動落實食用期限的標示，以確保消費者食用雞蛋之衛生與安全。

關於雞蛋行銷方面之動向，大型賣場尤其大型量販店爲主要雞蛋之現代化零售據點，由於其對雞蛋新鮮度的嚴格要求，致影響蛋雞場區位的選擇，進而影響洗選包裝廠的營運作業水準。雞蛋在賣場所擺設位置是高價值商品區，而非特賣區，各類機能蛋的銷貨量已大幅的成長。在分級包裝廠的動向方面，產地除蛋雞場生產雞蛋外，洗選包裝廠（GP）亦設在產地，而消費地則以配送中心（DP）爲主，此等 GP 或 DP 之廠商除因應量販店對洗選蛋品質要求而作設備與製程之配合改變外，

最重要的是兼顧應具備食品工廠水準與農場作業之安全與衛生。

6. 對臺灣之政策涵義

由上述分析結果,其對臺灣雞蛋產銷之涵義則有下列幾端。第一、大規模的生產是提升競爭力的主力,蓋美國在香港(帶殼鮮蛋)與日本(液蛋)市場漸由大陸取代,可能其以我國加入 WTO 之理由,以我國作為上述二市場之替代者,而我國不論鮮蛋或液蛋生產成本均高於美國有 2～4 倍之多。第二、全面洗選是雞蛋行銷發展之趨勢,在日本之家庭用雞蛋有 80% 以上為洗選,實際上,絕大部分的先進國家雞蛋,不論家庭用或業務用均以洗選為主,此亦為推動雞蛋分級計價之先驅工作。第三、高度重視雞蛋產製銷過程之安全與衛生,日本與美國對此方面已積極推動 HACCP,致日本雞蛋在行銷過程被要求重視蛋品之衛生與安全性;實際上,美日兩國對雞蛋在生產面特別重視沙門氏菌問題、食用期限和產地之明確標示。第四、洗選包裝廠之衛生與安全之管理,如日本要求 GP 廠應具備食品加工廠之水準,國內已推動蛋品 CAS 認證,然對 CAS 認證之審查或已獲授證者之追查,亦需有此類似的觀念。

第五、應加速研發機能性蛋品,日本已有多種高品質的機能蛋,且消費量正大幅增加,反觀國內雖有機能性蛋品的上市,而其市場占有率尚不及 2%,重點在於國內機能蛋的品質,缺乏周延檢驗制度的建立。最後,日本是現代化大型賣場在左右雞蛋之產銷,即其以消費者食用安全的觀點引導蛋雞場、GP 廠及有關行銷作業的改善;由此引申,一是雞蛋零售者走入現代化零售點是必然的趨勢,二是雞蛋製銷過程要有冷藏鏈之設備,三是零售點需重視雞蛋的高價值,致國內的雞蛋業者需積極擴增冷藏設備以確保雞蛋之新鮮度,另外是零售業者不宜再以雞蛋當作促銷之附贈品。

(二)蛋價安定策略

日本雞蛋產銷制度係透過供需調整和蛋價安定基金等之運作,首先回顧供需調整之運作示如圖 12-11。供需調整係透過協議會和供需安定委員會來執行,前者有下列四個由上而下的層次:(1) 全國性協議會,委員有農林省、地方農政局、都道府縣和中央供需安定委員會等代表,職能有確立生產和供需趨勢、決定供需計畫、

執行和調整；(2) 地區協議會，由地方農政局、都道府縣和農業團體等代表所組成，職能是協助都道府縣協議會和供需安定地區委員會；(3) 都道府縣協議會，由都道府縣、市町村、地區協議會，蛋農和養雞關係團體等代表組成，職能與全國性協議

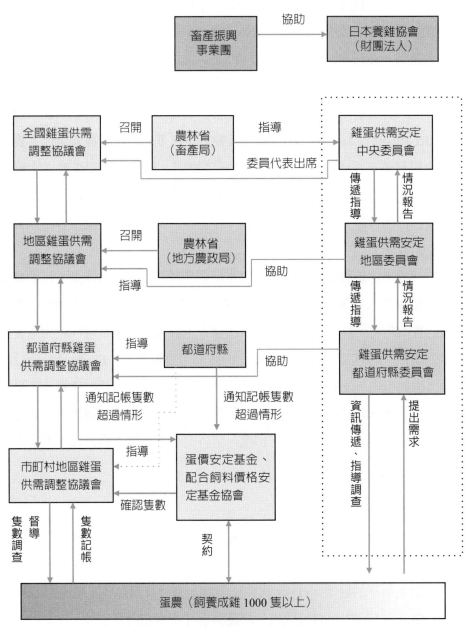

圖 12-11　日本雞蛋產銷調整策略

會雷同，但在生產計畫執行和調整方面，加重其縣間變動之調整和指導生產計畫，且告知蛋價安定基金是否有飼養隻數太多的情況；(4) 由市町村、都道府縣、蛋農和相關養雞團體等代表組成，職能有執行飼養情況調查和整理蛋農記帳資料、指導生產計畫及調整縣、市町村間之變動。供需安定由日本養雞協會主導的二個由上而下層次委員會來運作：

　　1. 中央委員會，共有中央團體職員和地區委員會代表等 24 名委員，職能分：

　　　　(1) 供需安定措施：有擬訂安定措施和了解蛋農情況以及掌握供需動向；

　　　　(2) 促進消費之措施：擬訂實施計畫和連繫有關團體。

　　2. 地區委員會，由相關雞蛋都道府縣團體和蛋農代表組成，對供需安定措施是詳細轉達安定措施予蛋農、加開蛋農座談會及了解縣內情況和調調整，對促進消費方面，是加開消費者座談會及辦理相關講習會。

　　至於蛋價安定基金之運作示如圖 12-12；該基金係用在蛋價異常低落之補貼，以防止價格大幅波動，由各種協同組合與聯合會負責維持，輔導蛋農生產和協助行銷，並透過蛋農團體調整保管，來達成調整供需。有兩種基金，一是在 1967 年成立的全國雞蛋價格安定基金，另一是在 1970 年成立的全日本蛋價安定基金。

（三）評述

1. 日本雞蛋行銷特點

　　基於上述，日本雞蛋行銷有下列特點：(1) 蛋農組織在連結產銷活動居重要角色，其在產地階段具有集貨、出售和調整保管之功能；在供需安定方面，負有擬定和執行措施之責外，兼具雞蛋消費之促進；(2) 由供需調整協議會，發現日本以控制母雞隻數作為蛋價安定和產銷調節之基礎，似有供給管理的做法，然頗強調分級包裝和消費者教育；(3) 政府對雞蛋產銷活動有相當程度之干預，一在調整協議會扮演主導角色，二在蛋價安定基金有 40% 左右的財政負擔；(4) 依蛋價安定基金，設定基準價格，一方面作為價差補貼之依據，二方面是政府干預市場運作之基準，即市價低於此就買入雞蛋，再轉售予液態蛋市場；(5) 強調液態蛋市場，除提供加工和業務用外，主要在發揮調整供需。

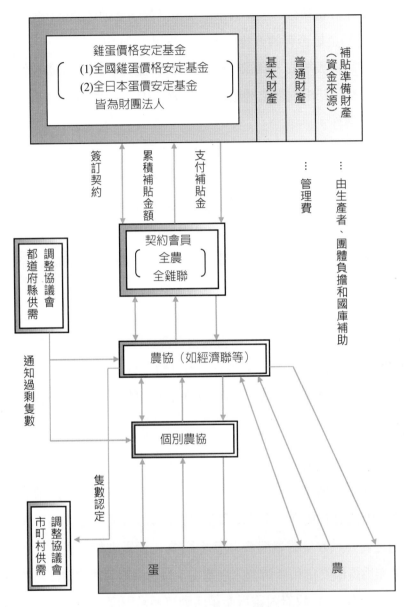

圖 12-12　日本蛋價安定基金制度

2. 對臺灣雞蛋行銷之啓示

　　依本小節日本蛋價安定策略之回顧，呈現日本雞蛋亦設有協議會與相關的蛋價安定基金。反觀臺灣雞蛋的行銷，在 Chapter 1 的雞蛋行銷通路呈現，國內一方面沒有批發市場，二方面合作社與蛋商工會在訂價方面互有角力的現象。由日本的經

驗，農政單位宜考量設置如日本供需調整協議會，如圖 12-11 調整策略以落實供給管理的做法。其次，是設置蛋價安定基金，取消由蛋商工會主導議價之功能，如圖 12-12 之日本的做法，尤其是透過地方農會或相關合作社掌握飼養量，結合本章前述行銷訓令與協議會的做法，以落實供需的調整機制。

第五節　存糧於民之理論與實務應用

稻米是臺灣地區的主要糧食，歷年來，政府對稻米產業活動予以特別關注，尤其自 1974 年設置「糧食平準基金」之後，帶動農產價格政策的改革，一方面朝向高糧價政策，另方面重視價格的穩定性。糧食平準基金旨在掌握糧源、提高農民收益及穩定糧價，該基金是就由稻穀保證價格收購予以運作。

就實施糧食平準基金之結果而言，雖已達成掌握糧源與提高農民收益之目的，然因長期以來保證價格水準一直高於產地價格，致不具「平準」作用，未能達成穩定糧價之目的，結果是導致巨額的財政負擔，於 1994 年 6 月，該基金尚未填補之短絀達 990 億餘元。政府農政單位為因應加入 WTO 及減輕財政負擔，研議取消已實施近 20 年之「糧食平準基金」，擬以掌握糧源為目的之「糧食安全運作基金」取代之。實際上，此運作基金並未成立，於 1997 年 5 月 30 日改以「糧食管理法」，2014 年 12 月 18 日是最新修正版本。

由於當時對「糧食安全運作基金」運作方式尚處研議階段，就減輕財政負擔、維持農民收益及穩定糧價等觀點，已有政府農政單位和學者對於安全存糧或是自由米的流通，倡議以「存糧於民」作為「糧食安全運作基金」之主要運作方式，即美國所謂的「農民存糧倉儲計畫」（Farmer-owned reserves, FOR）（黃萬傳，1994c；Hart and Babcock, 2000）。基於此，本節旨在介紹與回顧 FOR 所依據的理論及其實務運作，由此提出其對臺灣糧食政策之策略性涵義。

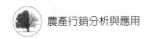

一、理論基礎

FOR 是提供農民儲存糧食至穀物價格達到特定水準之一種平穩穀物庫存調節的方式，旨在穩定價格且確保對國內外穀物的供給（The Farmer-Owned Grain Reserve (FOR) was a program, established under the Food and Agriculture Act of 1977, designed to buffer sharp price movements and to provide reserves against production shortfalls by allowing wheat and feed grain farmers to participate in a subsidized grain storage program. Farmers who placed their grain in storage received an extended nonrecourse loan for at least 3 years. Under certain conditions, interest on the loan could be waived and farmers could receive annual storage payments from the government. The 1996 farm bill (P.L. 104-127) repealed this program）。FOR 之基本原理是政府誘導農民分擔庫存糧食之管理，當供給量多且價格低的時候，其提供農民在免利息且有倉儲補貼的儲存穀物之誘因，促使穀物價格維持在一個價格穩定帶內，示如圖 12-13，其上限是准許贖回 FOR 穀物的價位（Release price, RP），為下限價格的 140% 與目標價格（Target price）之中較大者，下限是穀物貸款抵押價格（Entry price, EP），此為農民將穀物抵押給政府授權單位（如美國的商品信用公司，CCC），而不以低價賣到市場；當 FOR 之穀物處在可贖回價位時，農民可拋售其庫存穀物至市場。

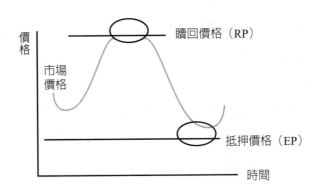

圖 12-13　FOR 之價格穩定功能

基於上述，得知 FOR 運作所依據的理論原理乃是常平倉方案（Buffer-stock scheme）的應用，致其對穀物價格的影響可藉由圖 12-14 說明之。

當穀物供給多時，農民可以較高的 EP 抵押儲存；當穀物被儲存後，市場上的數量減少，穀價上升。於穀物儲藏之後且每年的生產量和消費量維持在正常水準，穀物市價則在 EP 和 RP 之間波動，若市價上穀物數量充足的話，市價不再上升。當市場需求大於市場供給時，市價上升至 RP 的水準，則農民出售所儲藏的穀物，此舉多少壓低市價水準，如圖 12-14 在接近 RP 線附近形成鋸齒狀的市場價格移動。若穀物可供給量減少時，市價很快上升至 RP 以上，此時價格的再度穩定，則需視政府採其他的輔助措施如行銷貸款（Marketing loans）而定。

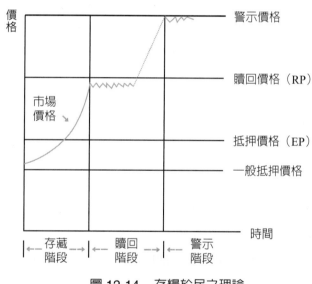

圖 12-14　存糧於民之理論

二、美國經驗

（一）沿革

FOR 係美國於 1977 年依糧食與農業法案（Food and Agricultural Act），針對小麥和飼料穀物藉由設定三年期穀物抵押貸款之倉儲計畫，據 1977 年的農業法案

（Farm Bill），該 FOR 是延展農民對 CCC 一般貸款的期限。農民保留抵押穀物至農政單位宣布 RP 或貸款期限到期為止。當初採行 FOR 之目的，其一是穩定穀物價格並提供農民有一段較長出售穀物的期間，其二是建立穀物倉儲制度，如此可穩定穀物供給，並促使美國為一可靠的供應國家。

自 1978 年起，FOR 一直用在小麥和飼料穀物，在 1980 年為與正常 CCC 貸款有所區別，曾修正 FOR，謂為直接參加（Direct entry）；另外，在 1980、1981 和 1982 年設定 EP 大於正常的貸款價格，1985 和 1990 年法案擴大實施之。當現貨價格達到農政單位所定之 RP 時，農民拋售所儲存的穀物是合法的。當 EP 高於均衡市價時，藉由 FOR 吸引大量穀物儲存量；實施初期，維持小麥有 300 至 700 百萬 Bushels 之安全存量。自 1977 年起，玉米價格曾兩度達到 FOR 之 RP 水準，此時曾拋售玉米存量，市價又回穩至 RP 的水準。有關研究顯示，FOR 可減少未參與該計畫者所持有的存貨數量，導致季節平均價格可在 EP 或 RP 的水準（Gardner, 1981）。

（二）FOR 的運作

當農民取得參加 FOR 的權利，通常是將其已向 CCC 申貸的農產品抵押貸款轉至 FOR 貸款，即將抵押的農產品凍結儲存至少三年或直到市場價格回到 RP 水準，市價高於該價位，才能贖回 FOR 的穀物賣到市場。然而由一般貸款轉至 FOR 之前，穀物需在價格支持貸款下由 CCC 持有 9 個月，通常 CCC 與農民的契約期限常始自原始申貸期限屆滿算起 27 個月。為補償農民不能出售農產品到市場，美國農業部每季補貼農民應付的倉儲費用，並且在第一年之後免除其應負的貸款利息。當全國平均穀物價格等於或大於當時目標價格的 95%，農民不可領取倉儲補貼。當穀價等於或大於當年目標價格的 105%，則農民需支付貸款利息。

若農民用農產品兌換券（Commodity certificates）贖回 FOR 的穀物，則不受 RP 價位之限。所謂農產品兌換券係美國 1985 年農業法案規定某些計畫的補助款，需以非現金方式支付，即 CCC 以其所有農產品為保證，發行有現金面額之兌換券。農民以此券換回農產品後，必須退還其先收取但因提前還款而不需支付的倉儲補貼；茲以表 12-8 說明利用兌換券贖回 FOR 穀物的情形。

表 12-8 農民利用農產品兌換券贖回 FOR 穀物之損益

單位：公斤；美元

項目	金額或數量
FOR 的穀物存量（公斤）	400
政府公告價格（元／公斤）	2.50
贖回 FOR 穀物所需農產品兌換券面值（元）	1,000
預期市價（元／公斤）	2.60
穀物出售價值（元）	1,040
銷售賺款（元）	40
損失的倉儲補貼（元／月）	9
淨利（元）	31

資料來源：行政院農業委員會企劃處譯（1991），「美國主要農業政策措施運作之實例解說」，世界農業經濟叢書系列之五，臺北。

　　若農民等到貸款到期，並以現金還其貸款，再將穀物賣到市場，於現金贖回價（EP 加利息）超過政府公告價格時，則以兌換券贖回較有利，示如表 12-9。

表 12-9 農民利用現金和兌換券贖回穀物之利益比較

單位：公斤；美元

項目	未到期用兌換券贖回	到期用現金贖回
FOR 的穀物存量（公斤）	400	400
政府公告價格（元／公斤）	2.50	2.50
EP（元／公斤）	-	2.55
利息費用（元／公斤）	-	0.30
現金贖回價（元／公斤）	-	2.85
贖回 FOR 穀物所需農產品兌換券面值（元）	1,000	-
贖回穀物所需的現金（元）	-	1,140
預期市價（元／公斤）	2.60	2.60
穀物出售值（元）	1,040	1,040
損失的倉儲補貼（元／月）	9	-
淨利（元）	31	-100

資料來源：同表 12-8

當五天移動平均的市場價格超過 RP 水準，即構成 FOR 可贖回的時機；RP 則不再釘住 EP，但目前 RP 則決定於目標價格；此時，農民可選擇：(1) 償還 FOR 貸款，並出售其穀物；或 (2) 將 FOR 穀物留置於倉庫；或 (3) 償還 FOR 貸款，並持有穀物。若市價連續高於 RP 水準二個星期，則停止付給農民的倉儲補貼，且收取利息費用。除非 FOR 的存糧已在可贖回狀況，否則農民在貸款到期之前不可用現金贖回；於 FOR 到期或達可贖回狀況之前，農民若用現金贖回，則需支付費用和罰款；用農產品兌換券可贖回不處於可贖回狀況之 FOR 穀物的規定，旨在保障對穀物購買者之穀物供應。為確保 FOR 穀物之品質，美國農業部授權 CCC 允許農民出售 FOR 計畫下之存糧，即有 45～60 天的期間可出售舊穀並補進新收穫的穀物，只要在接近作物年度結束的上述期間內，不需在可贖回狀況從事存糧之推陳儲新。

（三）FOR 之效果

據研究（Hart and Babcock, 2000; Murphy, 2009）指出，FOR 乃係一項常平倉政策，具有提高穀物價格、增加農民所得、減輕政府不可回收負債、增加農業計畫總支出及減少價格不穩定等功能，然此效果受許多因素的影響，主要是供需情形和倉儲管理原則之本質與穩定性。

一般而言，實施 FOR 之效果，大致如下：

1. FOR 常導致存貨的累積，致增加儲藏和利息之成本。

2. 提供農民有三年期限可在 RP 水準出售穀物的機會。

3. 政治團體企圖促使 EP 高於均衡市場價格，致 FOR 成為所得支持計畫。

4. 當外銷需求減少時，未有足夠糧食足以減少 EP 或 RP 之價位。

5. 當供需接近平衡時，FOR 的運作效果最好，致允許價格可在 EP 與 RP 之間浮動。

6. EP 和 RP 的高價位促使美國和國外穀物增產，但不利美國穀物外銷。

7. 當農民有高度參與及產品具適當供給量時，FOR 具價格支持效果。

三、對臺灣糧食政策之策略涵義

由前述，得知美國 FOR 係藉由存糧於民，達成穩定穀價與供給，進而提高農

民所得。於 1994 年研議之「糧食安全運作基金」，旨在掌握安全存糧，據彭作奎、黃萬傳於 1994 年之研究指出，就減輕財政負擔觀點，臺灣地區的安全存糧以 29～40 萬公噸爲宜。

若臺灣地區每年稻米供需維持在 160 萬公噸，則有 120～131 萬公噸爲自由流通米，由於此部分的數量較原來政府掌握 40 萬公噸下之自由米爲多；若不採取適當的調節措施，則將導致稻米價格的下跌，不利於稻農。另外，爲減輕財政負擔與稻米具自由市場機能，故臺灣安全存糧政策可參照 FOR 方式，政府農政單位每年編列抵押貸款與倉儲補貼的預算。基於此，美國的 FOR 方式是可達成防止未來穀價下跌和減輕財政負擔之目的。

（一）FOR 之應用

首先，就基本原理而言，實施存糧於民之前，需先訂定農民申請抵押貸款價格之下限，此爲誘導農民參與存糧計畫的基本誘因。由於 FOR 容許參與的農民可以拋售寄存的穀物，有拋售的條件，即所謂的贖回價格，採下限價格的 140% 或是目標價格較大者，因目標價格係 WTO 的紅色政策，致價格上限或許僅採用前者，然關鍵在於 140% 的訂定。

其次，有關實務運作方式的啓示：

第一、利用穀物抵押貸款，爲期三年，此措施不僅可紓解農民在未賣出穀物前受資金不足之困，而且可免除於收穫期間價格下跌的損失。

第二、政府需編列補貼倉儲費用的預算，對參與的農民而言，僅負擔保管存糧不須負擔倉儲費用。

第三、需決定自由米由農民保管的條件，因安全存糧的數量已定，爲顧及市場價格下跌太多，美國訂有實施 FOR 的前述二個條件，因而可參照市場價格僅及上述價格下限 80% 的條件，作爲鼓勵農民或糧商參與保留自由米於倉庫之依據。

第四、由於美國訂有農產品兌換券，可在任何時間贖回所寄存的穀物，但需退還原先預領的倉儲補貼，旨在預防市場上供給的不足與農民有較大處理存糧的空間，因此，是否發行農產品兌換券及其兌換時機，乃是一主要考量的問題。

第五、FOR 是容許農民於貸款期限屆滿前的 45～60 天可推陳儲新，一來有利

於維持存糧的品質，二來由此調節收穫季節價格的波動；故有關糧食安全運作之機制，此一推陳儲新的措施是值得考量。

（二）糧食平準基金與 FOR 之比較

為使有關糧食安全運作之機制參照 FOR 方式的運作更具可行性，茲以表 12-10 列示糧食平準基金與 FOR 之比較，供農政單位決策參考。

表 12-10　臺灣糧食平準基金與美國 FOR 之比較

	糧食平準基金	FOR
1. 目的	掌握糧源、提高農民收益	掌握糧源、提高與穩定穀物價格、穩定供給
2. 手段	保證價格收購	無息抵押貸款、倉儲補貼
3. 財政負擔	鉅額短絀、負擔沉重	每年編列抵押貸款和倉儲補貼預算，可收回貸款部分
4. 稻米品質	未考慮	有推陳儲新
5. 稻米市場	係 WTO 紅色政策市場受規範	具自由市場調節市場價格和供需量之功能
6. 倉儲制度	政府干預倉儲、增加利息負擔	業者自主倉儲運作，具常平倉的功能

資料來源：黃萬傳（1994c）

（三）對糧食行銷策略之涵義

由於稻米在臺灣經濟與社會具特殊性質，凡涉及稻米產銷政策的變革或措施的更替，勢引起各界的加重關注，惟糧食政策的變革並非一蹴可幾。本節基於「他山之石可以攻錯」的理念，介紹美國所實施的農民存糧倉儲計畫（FOR）之理論依據及其實務運作，以下提出對國內糧食行銷之策略涵義。

FOR 的主要特色，是藉由無息抵押貸款和補貼倉儲費用，建立民間分擔庫存糧食的一種倉儲制度，此係常平倉方案（Buffer-stock scheme）之應用。觀其實施效果，具有提升和穩定糧價、穩定穀物供給及提高農民所得等功能，此等不只具有「糧食平準基金」的優點，且可以彌補其缺點。職此，以 FOR 作為今後改善糧食行銷制度之運作，則具高度可行性。

若欲採行 FOR 的運作方式，農政單位除需每年編列貸款和倉儲補貼預算之外，主要考量的配合措施則含蓋：(1) 修正有關糧食管理法規；(2) 訂定抵押貸款價

格和贖回價格；(3) 確定安全存糧和自由米寄存於民的數量；(4) 參與 FOR 的對象與條件；(5) 發行農產品兌換券與否的考量。

2014 年 12 月 18 日最新版的「糧食管理法」，僅在第 1 條陳述「爲調節糧食供需，穩定糧食價格，提高糧食品質，維護生產者與消費者利益，特制定本法，本法未規定者，適用其他有關法律規定」。若細觀其他條文，僅注重糧食產銷、糧食自給率、糧食品牌建立與推廣安全存糧及糧食進出口等的政策方向，在其實施細則內，亦未涉及如何與農民、農會或碾米廠合作共同爲糧價穩定有任何的策略方向；準此，依「糧食管理法」之立法宗旨，期冀農政單位今後在修法時，宜考量納入 FOR 在調節糧食供需與穩定糧價之功能。

筆記欄

CHAPTER 13

考量產銷環境之行銷制度

誠如前述，依 Silk（2006）之行銷過程的最後一階段，是「永續」顧客或消費者之「價值」，即如何保留和創造新客戶，創造一位新消費者比維護一位舊消費者要多花費五倍的成本。應用此概念到總體農業行銷，係指在農產行銷過程，凡涉及農產品行銷活動的主事者如何提供消費者有良好與安全的消費環境。基於此，近年來，不論行銷商、農產品生產者及政府，皆因應消費者對食品安全的高度重視與需求，在各國政府主導下，紛紛在農產品和食品提出與食品安全（Food safety）相關的規範，如食品追溯制度（Food traceability system）、友善農業政策等，因此讓相關主事者對基因改造（Genetic modified organisms, GMOs）農產品／食品亦特別的關注。準此，本章將針對上述關注焦點，彙整黃萬傳（2014, 2007, 2005, 2002, 2001）等相關的研究結果，第一節先說明友善環境農業政策（以德國為主）和案例，第二節陳述追溯制度（在臺灣農業界稱產銷履歷），最後說明基因改造食品之規範制度。

第一節　友善環境之農業行銷

一、友善環境農業之重要性

（一）重要性

友善環境農業（Environmentally friendly agriculture, EFA）已是世界農業的趨勢，而整合傳統與新興的農業科技是實現永續農業（Sustainable agriculture）的手段。世界農業隨著社會的發展和科學的進步而變遷，實施友善環境農業政策已是不可避免之走向。由次級資料發現，目前的世界農業正朝不同於以往的變革：(1) 為了能有效利用自然資源，農業生產已由「平面式」向「立體式」發展，構成多層次的高效生產系統；(2) 注重生態環境，推行休閒農業，因此農村環境已由「農場式」向「公園式」發展；(3) 為能全年生產，減少氣候因素對農業之影響，以及提高產量和品質，朝減少勞動力之粗放經營。依此，就友善環境農業而言，生產「安全、

高品質、多樣化、本土化」的農產品宜是臺灣農業未來的目標。隨著人們生活水準的提高，所追求的物質生活已不再限於溫飽而已，而是尋求一些新奇的事物，所以消費者對農產品的要求也愈來愈高，高品質、多樣化、本土化的產品才能滿足消費者之多元需求。

「共同農業政策」（Common Agricultural Policy, CAP）為歐盟實施的第一項共同政策，當初是為了容納各會員國組成歐洲共同市場、支持農場所得及保障共同市場之糧食安全而設立。自 1962 年開始實施至今五十餘年以來，其政策隨著區域內外情勢的轉變歷經多次改革。基於因應價格支持所衍生的農業生產過剩問題，歐盟於 2003 年 6 月 26 日達成農業政策改革方案之重大協議，大幅修正歐盟支持農業之方式，改採與生產量脫鉤之對地補貼制度，以作為尊重環境保護、食品安全及動植物衛生標準為補貼之依據，讓歐盟農民更有競爭力自行決定生產具市場導向之產品，並積極強調農業環境保護和鄉村發展政策等。

依據 2007-2013 年之 CAP，重要措施如：(1) 交叉遵守（Cross-compliance）機制，直接給付遵守環境標準、食品安全、動植物健康福利，以及符合良善農業和環境條件（Good agricultural and environmental condition, GAEC）以維護土地的友善利用；(2) 農業環境措施（Agri-environment measures, AEM），提供給付農民自願對關心環境保護和維護農村環境的承諾。農民的承諾至少五年的最低期限，採用超越法定規範義務的友善環境型的耕作技術。農民收取給付除作為補償額外成本與所損失的收入外，尚包括那些符合友善農業環境契約的規定進而應用環境友善型耕作方式。最常見的做法如有機農業、作物輪作、農（林）牧綜合經營及對環境有利的最低耕鋤等。歐盟於 2014-2020 年實施新的農業政策，其目標含蓋提供食品安全（Food safety）與糧食安全（Food security）之永續性與市場性，藉由農業來提供環境公共財，進而確保自然資源的永續管理及提供區域發展與活絡鄉村之均衡性。

德國依 CAP 政策目標和上述架構，近年來為推動 EFA，已訂定相關法規，如有機農業法案（Organic Farming Act）、實施聯邦有機農業計畫（BÖLN）、再生能源法案（含太陽能、風力及生質能（Biomass））、因應氣候變遷之相關法案及土壤不受汙染之相關法案如聯邦土地保護法。因此，歸納其推動內涵主要包括：(1) 綠色農業（含綠色成分、作物輪作、永久植草地及生態保育）；(2) 生質能源（Bio-

energy）；(3) 水資源永續管理；(4) 土壤維護（Soil protection）。

此外，德國執行 EFA 之情形，首先是基於考量人民的健康（Health）與福祉（Wellness），積極推動 EFA，尤其著重提供人民友善生態產品，更加速關切環境保育，依此推動 EFA 之相關項目則有：(1) 環境技術地圖（Environment technology atlas），包含再生能源的發展，如風力發電和 Biomass 與 Bio-energy；(2) 食品和非食品包裝之生態宣言（Eco-claims），包含：(i) 多種反汙染措施（Anti-pollution measures）、(ii) 廣告業者激勵環境認知、(iii) 消費者參與回收過程（Recycling process）、(iv) 包裝扮演溝通角色（保護產品、便於儲藏和運輸）；(3) 提供職業道德食品（Ethical foods），包含：(i) 結合氣候暖化、糧食短缺及生態營養、(ii) 友善氣候型食品行銷（Marketing of climate-friendly products）、(iii) 食品工業支持降低溫室碳排放；(4) 實施有機農業，包含不用人工合成的化學物質、作物輪作不種植染病品種及使用有利於物種的措施之相關規範；(5) 土壤不受汙染之相關法案，包含：(i) 聯邦土地保護法乃是在確保土地的功能或者土地再利用，避免土地因汙染而變更，恢復受汙染的土地以及水域，促使土地長期永續發展，以及 (ii) 在土地的開發方面，必須對於土地自然功能，土地作為自然以及文化歷史功能的減損盡量加以避免。

誠如上述，德國在執行面上已具體訂定有機農業法案（ÖLG），以確保其執行成效，尤其在環境生態方面的保護更不遺餘力，以促進可持續發展和友善環境型農業，提供公眾安全的農產品及食品。此外，對採取減少環境敏感的耕作制度可以有助於緩和農業生產對環境的負面影響，對農村和維護景觀亦產生重大的貢獻。

德國的有機農業主要著重在以下措施：

1. 不用人工合成的化學物質、作物輪作上不種植染病品種及使用有利於物種的措施。

2. 不用易溶礦產的安全肥料，主要應用廄肥或堆肥、綠肥與固氮植物（豆科），並使用慢作用的天然肥料的形式固定有機氮。

3. 透過密集的腐殖質的方式來維護土壤力。

4. 長期輪作，輪作多樣化及種植中間作物。

5. 不使用合成產生的化學生長調節劑。

6. 嚴格的限制畜牧業相關的放養密度。

7. 儘可能少購買飼料，並以農場種植飼料作物來餵養禽畜。

8. 限制使用抗生素。

依此，得知歐盟（含德國）在近年來推動的 EFA 之主要架構含蓋：(1) 考量農業生產功能，主要面向包括糧食和原料生產之技術及糧食品質，旨在達成具生產力（Productivity）與經濟存活力（Economic viability）；(2) 考量生態功能，主要面向包括水土保持和因應氣候變遷之因素，旨在達成環境永續力（Environmental stewardship）；(3) 考量社會文化功能，主要面向包括生物多樣性（含植物群（Flora）、動物群（Fauna）及棲息地（Habitats））、文化認同和景觀美學，旨在達成健康農業（Healthy farm）。

（二）友善環境農業的範圍

依 Cooper 等（2009）指出，EFA 所探討或涉及的範圍有十二項：(1) 農業景觀（Agricultural landscapers）、(2) 農地生物多樣性（Farmland biodiversity）、(3) 水品質和用水量、(4) 土壤功能力（Soil functionality）、(5) 氣候穩定性〔含碳封存（Carbon storage）、溫室氣體排放（Greenhouse gas emissions）〕、(6) 空氣品質、(7) 水患順應力（Resilience to flooding）、(8) 火災順應力（Resilience to fire）、(9) 農村活化、(10) 糧食安全、(11) 動物福利與健康及 (12) 有機經營等。其中 (1)、(2) 及 (12)，則與生態服務農業有直接的關係。

二、德國友善環境農業政策之發展階段

觀察歐盟 CAP 之發展，在 1992 年之前，歐盟和德國之農業政策尚未涉及友善環境，然其政策在 1992 年受簽署國際生物多樣性公約（Convention on Biological Diversion, CBD）的影響，遂促其政策由強調生產面轉向具友善功能之永續發展；因此，德國亦隨之配合調整之。以下就相關文獻（王俊豪，2012；王俊豪、劉小蘭、江益偉，2007；陳郁蕙，2012；林穎禎，2012；Alan Mathews, 2013；German Federal Statistic Office, 2010；GECID, 2014；European Commission, 2014；Hennesoy, 2014）歸納德國友善環境農業政策的發展階段。

階段一：友善環境農業萌芽期（1992～2003 年）

在此階段，原本是市場支持（及價格支持）改以所得分離制度，當中即強調配合造林和改善環境的計畫。申言之，即在 1992 年有 MacSharry-Reform，在 2000 年有 Agenda 2000 和 Natura 2000 等方案，尤其後者，更強調農業部門的生物多樣性和關注景觀保育。此時在歐盟的有關規章中，包含環境保護、糧食與飼料安全、動物識別登記及動物健康安全，亦要求維持耕地之生態性及良善的農業使用；在農地保育方面，特別強調減少農藥使用和肥料的使用及加強地下水的維護。此等亦引導德國更強調落實有機經營，德國在此方面通過持續研究調整農作實務，尊重生產地、土地、氣候、傳統作物、農作方式及畜產種類；並在聯邦土地保護法明確加以規範，且在自然保護法亦納入良善農作的標準。

階段二：友善環境農業明確化時期 （2004～2008 年）

此一階段，歐盟 CAP 有兩大重要變革，其一是採取生產分離直接給付之「單一給付制度（Single payment scheme, SPS）」和「單一面積給付制度（Single area payment scheme, SAPS）」及農民所得以 2000-2002 年為基準，與當年農作生產無關，即建立一參考值，單一給付金額決定於經營者在參考值期間對給付的需求，再依農地面積算出每公頃土地的補貼值。然為取得此 SPS 與 SAPS（其政策干預的邏輯，見表 13-1），生產者須依交叉遵守（Cross compliance）的規範（其政策干預的邏輯，見表 13-2），應遵守相關的環境保育措施、食品安全及動物福利等，由此引申開始結合綠色措施為一強制性的規範，尤其強調生態維護、生態多樣性及再生能源的發展。

其二是另增加積極關注鄉村發展，即現所稱的第二支柱。德國在 2006 年，提出「2007～2013 年鄉村發展之國家戰略計畫」，將鄉村地區視為結合和生活、休閒及自然保育的重要空間。

表 13-1　德國 SPS 和 SAPS 之政策干預邏輯

措施	作業目的	特定目的	中程目的	一般目的
SPS	1. 每年支付合格農民之條款 2. 與生產隔離的支持	1. 允許更自由因應市場之導向 2. 對其他支持之全部或部分的補償 3. 由生產支持朝向農地支持	1. 促農業部門更具效率 2. 促農業部門更具永續 3. 引導農民對環境壓力的了解	1. 推動更具市場導向和永續農業 2. 強化競爭力 3. 簡化農民和行政有關程序
SAPS	1. 配合 CAP 的模式	1. 減緩環境壓力 2. 逐步朝向整合 CAP	1. 引導農民配合最低標準和 SMRs 之需求 2. 農民更具市場導向和具競爭力	

資料來源：黃萬傳（2014）彙整

表 13-2　德國交叉遵守之政策干預邏輯

作業目的	特定目的	中程目的	一般目的
1. 建置 SMR 和 GAEC 之標準，或 GAEC 在 SAPS 之應用 2. 告知農民相關的標準 3. 建立農場諮詢制度 4. 建置或利用現有的稽核和監控制度	1. 監控 SMRs 和 GAEC 之遵守和懲罰不遵守 2. 在 SMRs 之應用下，改善農民對環境標準和其他標準的了解	1. 增加農民在 GAEC 和 SMRs 之遵守 2. 預防土地的閒置 3. 維持農地在良善農業和環境之條件	1. 強化對強制性標準的遵守 2. 避免土地閒置 3. 推動農業更永續性

資料來源：同表 13-1

階段三：友善環境農業落實時期（2009～2013 年）

　　因歐盟在 2008 年提出 CAP 的健檢（即 Fisher-Boel 改革），重點包括休耕義務的日後持續推動與精確評估 CAP 在糧食價格和能源市場之效果。

　　2009 年 1 月，歐盟通過 VO (EG) NO73/2009 規章，是規範直接給付的主要工具。另在同（2009）年 12 月，依 VO (EG) NO1122/2009，規定經營者提出給付申請時若不包括有關健康（人類和動植物）、環境及動物保護，則整體補助將被減少，即須依循交叉遵守的規範。此外，又依 VO (EC) NO1782/2003 之永久放牧地的規定，農民須維持其耕地之生態性及良善農業使用狀態。故在此階段，更落實農業土地和生態保育的關係，且須對鄉村文化做出貢獻。

　　誠如前一階段，德國在此一階段更落實與「良善農作實務」的相關法規。依此，德國鄉村發展政策有四大支柱，為整合鄉村發展、國家層級的共同任務（含 GAK 計畫與 GRW 計畫相關的鄉村發展計畫）、稅賦政策與歐盟層級的 LEADER 政策。所謂 GAK 係指德國聯邦政府所提出的「改善農業結構與海岸保護共同任務」（Gemeinschaftsaufgabe Verbesserung der Agrarstruktur und des Künstenschutzes）相關補助計畫，主要強調以農業多功能性來推動鄉村發展。至於 GRW 則指「改善區域經濟結構共同任務」（Geimeinschaftsaufgabe Verbesserung der regionalen Wirtschafsstruktur），亦是德國聯邦層級用以調整鄉村經濟結構與體質的中央補助計畫。整合鄉村發展計畫則占德國鄉村永續發展政策的首要地位，主要包括「示範區域」（Model regionens）先驅計畫、鄉村婦女與鄉村青年輔導計畫、鄉村就業與開創另類所得來源，及職業教育訓練等四大範疇。歐盟層級的 LEADER 政策在德國境內的實施，是每三年一次舉辦的德國農村競賽計畫。

階段四：友善環境朝綠色農業時期（2014 ～ 2020 年）

　　由於在歐盟地區所發生的環境問題，如氣候變遷、不穩定的糧食供給、水和能源安全及經濟危機等壓力日增，及 CAP 預算分配和受評論的直接給付制度等，遂誘導歐盟在 2010 年起開始規劃新 CAP 2014～2020 年的改革，2014 年是各會員國依新制的修正年，新的 CAP 自 2015 年正式啟動。

　　在 Pillar I 方面，對直接給付須奠基以下之三措施：

1. 在可耕地的作物雜異化經營；

2. 農戶在永久草地的維護；

3. 每戶提出 7% 的面積作為生態專區（Ecological farms areas）。

　　即 Pillar I 亦具綠化（Greening）的機制，由此，農民須更增加環境的服從性。而 Pillar II 的鄉村發展政策，則包括提供農林業競爭力、環保和土地管理、改善農民生活品質和農業多元及鄉村區域聯結等四大目標。

　　就德國而言，聯邦在所謂「Rural development programs」（RDPs）透過十三項新區域計畫加上國家級框架計畫來發展鄉村，有三大目的：(1) 改善農業部門競爭力；(2) 生態系統保育與有效利用自然資源；(3) 創造鄉村地區經濟和社會的整合條件。茲將上述階段，摘述重點如表 13-3。

　　準此，德國配合歐盟 CAP 的修正來調適其友善環境農業政策，期間德國也因應國情來自訂相關的法規。其次，發現不論在 Pillar I 或 Pillar II，有關的措施更明確朝向「綠色」，即透過交叉遵守和 AEM 措施，逐步落實由農業部門來提供環境公共財（Environmental public goods），誠如前述凡與生態功能和社會文化功能有關的農業活動，皆是構成提供公共財的基礎，相關措施見表 13-3 與表 13-4。

表 13-3　德國友善環境農業政策之發展階段

階段	歐盟重要法規與政策	德國重要法規與政策
階段一： 友善環境農業 萌芽時期 （1992～2003 年）	1. 簽署生物多樣性公約（CBD） 2. 開始強調環境保護 3. 規範農藥與化學肥料在農作之使用	1. 調整農作實務 2. 聯邦土地保護法和自然保護法 3. 開始推動有機農業，訂定 BÖLN 法案 4. 狩獵法
階段二： 友善環境農業 明確化時期 （2004～2008 年）	1. 採生產分離之單一給付制度 2. 推動交叉遵守機制 3. CAP 下增加 Pillar II 之鄉村發展政策	1. 提出鄉村發展國家戰略計畫 2. 增訂多項友善環境法規，如水資源管理（Water Law）、土壤保育、汙水處理等 3. 視鄉村地區為結合生活、休閒和自然保育的重要空間
階段三： 友善環境農業 落實時期 （2009～2013 年）	1. CAP 健檢 2. 訂定違反交叉遵守之減少給付法規 3. 規範農民對永久放牧地使用	1. 落實良善農作實務（GAEC） 2. 提出 GAK、GAW 及 LEADER 的規範與在德國境內實施
階段四： 友善環境農業 朝綠色農業時期 （2014～2020 年）	提出 CAP 的 Pillar I 和 Pillar II 之新架構	1. 投入 44.1 billion 歐元（2014～2016 每年由 Pillar I 提撥 1 百萬歐元至 Pillar II） 2. 投入直接給付 30.6 billion 歐元 3. 30% 的直接給付將與友善環境實務結合 4. 投入 8.2 billion 歐元在鄉村發展政策

資料來源：同表 13-1

表 13-4　德國／歐盟導入友善環境農業政策之重要紀事

時間	內容
1992 年	簽署國際生物多樣性公約（CBD）
1992 年	MacSharry-Reform
1992 年	德國提調整農作實務
2000 年	提 Agenda 2000 和 Natura 2000 之方案
2002 年	德國訂定有機經營法
2002 年	德國訂定聯邦水法案
2004 年	1. 在 CAP 下增加 Pillar II 2. 歐盟採分離直接給付與交叉遵守機制
2006 年	德國提出鄉村發展之國家戰略計畫
2008 年	歐盟提出 CAP Check（即 Fisher-Boel 改革）
2009 年	通過 VO (EG) No 73/2009，直接給付
2010 年	德國提出 GAK、GAW 之規範
2012 年	德國提出整合鄉村發展計畫
2014 年	歐盟提出 CAP2014-2020 政策（主要走向更綠色農業而以農業提出環境公共財為訴求）

資料來源：同表 13-1

（一）汙染者支付原則

　　就經濟理念，PPP 係指企業或消費者需支付由他們所創造負面外部性之成本，通常是指環境成本（Environmental costs），而實際上是指社會成本，即含蓋私成本（Private cost）和外在成本（External cost）。據 OECD 之「Guiding Principles Concerning International Economic Aspects of Environmental Policies」，指出汙染者應承擔執行高於行政單位規範措施之費用，以確保環境是在可接受的情境。

　　歐盟在環境政策領域，逐漸認為 PPP 是一項被命令所認定。歐盟早在 1975 年就訂定 75/436ESCS，然在 2003 又訂 EC Guidelines 2001/C37/03，即各會員國須依此規章來執行。簡而言之，歐盟對 PPP 的實施，分事前（Ex ante）應用之環境收費（Directive 1999/31/EC）與事後（Ex post）應用之環境信賴度（Directive 2004/35/EC）。

準此，在農業政策方面的應用，仍是著眼爲確保永續農業活動，就維護環境和景觀，農民必須服從相關的共同原則和標準，此是強制的規範。申言之，造成汙染的農民需承擔避免或修正環境傷害之成本。一般而言，農民必要確保遵守德國／歐盟的環境標準，亦構成交叉遵守的一部分，若不遵守會得到懲罰的。執行 PPP 時，有訂定參考水準／基準，此爲農民遵守相關環境措施與否的分界線。如在德國，規定須保留 5% 農地做永久植草地，此即爲參考水準的一種。

（二）提供者獲利原則

無論如何，有時候環境目標超越政府期望農民應遵守的強制規定，若能鼓勵農民自願性來從事環境保育，而此又超越強制規定，故須提供一些適度誘因增加農民的自願行爲。申言之，因農民利用私有資源和生產因素，而有利於大眾或社會的環境公共財／勞務（諸如社會大眾接觸農地、景觀及其特性和生物多樣性等皆是），此即爲提出和應用 PGP 之背後理由。申言之，PGP 是說明農民在執行環境保育時已超越強制規範之酬勞，此 PGP 是一種農業環境給付（Agri-environment payments），鼓勵農民簽訂超越法定範圍之環境承諾，此給付涵蓋因自願性環境保育而發生的成本和所得的損失。

四、友善農業行銷之案例

（一）臺灣個案一：臺東某有機農莊

1. 基本概況

位於臺東南橫入口處的海端鄉之有機農莊，占地近 40 公頃，其中有 15 公頃於 1998 年開始實施有機耕作，農產品以水蜜桃、蘋果、蜜蘋果、甜柿、新世紀水梨、龍眼、蓮霧、桶柑及咖啡等作物，還有 1 萬 5 千棵的原生樹種（見圖 13-1）。

2. 採用友善環境農業之動機

農場第二代主人，無意間看到有關桃子有益心臟病患者的報導，提到桃子中的有機鍺（維生素 B17）能調養父親的心臟病；因此，給了他種植甜蜜桃的想法。當

初放棄出國遊學機會，也放棄當畫家的夢，毅然決然地投入農務工作，承接父親耕種的祖業，堅持採用自然農法，栽種有機水果（見圖 13-2）。

圖 13-1　有機耕作之原生樹種

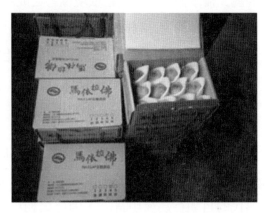

圖 13-2　採自然農法栽種之有機水果

3. 面臨困難與克服策略

施行有機農法有其困難，尤以產量銳減及水果報價太低是首要問題，因此，農場主人透過：(1) 農產品由慈心基金會認養及行銷；(2) 改變態度，以欣賞蟲吃花果的方式，慣食嘗試，保住適合的生態；(3) 接受各種生物，控制 30% 的耗損率，以克服困難。

4. 採取友善環境農業之相關技術

由於自然農法講求依循大自然法則、尊重土壤、維護生態體系，與自然共生；因此，為了讓土地再次恢復地力，農場主人使用米糠、牛糞依比例調配後，進行繁瑣的翻土、等待熟成，再以人工或機械拌入土壤中，並以人力、機器割草。農場主人逐步建立自然農場，並栽種百喜草，進行水土保持（見圖 13-3）。歷經十年，土地恢復了生氣，通過 MOA 的有機認證，成為自然農法的有機實施戶。但每年高達 30% 至 40% 的損耗，光是病蟲害防治就是一大問題，農場主人卻說這片農場要與自然共生，只要適合在這生長的動物、植物、昆蟲都可在此繁殖，自然形成的生物鏈會平衡生態。果然，農園中的果樹經過大自然淬鍊，結出的果子不但結實、飽滿，當打開套袋時，果香四溢，香甜多汁，嚐一口盡是自然恩賜。該農莊為充分利用經蟲害之水果，亦自行研發與自創品牌，生產相關的水果酢和醋（見圖 13-4）。

圖 13-3　栽種百喜草進行水土保持

圖 13-4　生產相關的水果酢和醋

5. 未來願景

該有機農場位於東南橫入口，因離消費市場遠，在行銷上成最大的難題，因此，創立了水蜜桃的果樹認養，得到許多愛好朋友的認同，農場目前也透過簡易加工將果實次級品釀製成酵素、醋、香皂及冰品等，以提升副產品的健康價值，分享與需要的好多朋友們，一起為有機事業永續推展。在技術方面則繼續採用：(1) 自製有機肥；(2) 人工除草；(3) 滴水灌溉；(4) 進行植被與水土保持，透過種植百喜草維護坡地，以及 (5) 種植基地林木，楓香、九芎、臺灣櫸木。目前有機農場已有自己的「生態循環」，園區內有松鼠與鳥類，要人與自然生物共存。

（二）臺灣個案二：臺東某有機茶園

1. 基本概況

位於臺東縣初鹿牧場旁海拔 300～400 公尺之有機茶園，自 1981 年就開始投入茶產銷的工作。早期經營茶是透過中盤商來收購，2006 年起，開始以四分地來試種有機茶，其產量僅為慣行農法的三分之一，有 6.0 公頃的有機茶園（見圖 13-5）。近年來，積極辦理有機茶園的體驗教育，有來自企業團體和當地小學，較具創新活動之一是將新鮮茶葉藉由果汁機加礦泉水打成類似果汁的茶飲（見圖 13-6）；活動之二是由小學生在茶園裡捕捉害蟲；活動之三是體驗做紅烏龍茶（見圖 13-7）的過程。基於此等體驗，讓此茶園起動自產自銷及自己設計包裝袋子，主要客源是曾參加上述體驗的回流客，有採個人或團體透過電話和網路的購買；另因茶園主人幾乎不放過國內外參展的機會，因此造訪過展示活動的客人，目前也是主要的消費

圖 13-5　此有機茶園有 6 公頃農場實施有機耕作

圖 13-6　新鮮茶葉藉由果汁機加礦泉水打成類似果汁的茶飲

圖 13-7　體驗做紅烏龍茶

圖 13-8　有機茶園的雜草比茶樹長得高

者之一。茶園主力產品是紅烏龍，已取得「采園」國際有機茶的認證；且在周遭的茶園也有六戶跟進投入有機茶的經營。

2. 採用友善環境農業之動機

於十三年前（2006），開始拿出部分茶園投入有機行列，主要動機是因應進口（由越南、大陸）茶大幅的增加，蓋其含有較多的農藥殘留，由其種植越南茶之土地也深受越戰期間彈藥殘留的影響，茶園主人深信不論農藥殘留與彈藥殘留皆對消費者健康有不良影響，故最初以四分地試種有機茶，經過七、八年的轉型期，現已全符合有機茶園的認證。在茶園的物種和生態已逐步恢復和增加，甚至雜草比茶樹長得高（見圖 13-8），且可觀賞鳥類棲息在茶園築巢的情形（見圖 13-9）。

茶園內的鳥巢

圖 13-9　觀賞鳥類棲息在茶園築巢

圖 13-10　有機廢棄物如蔗渣、高粱酒釀等形成自然的堆肥

3. 面臨困難與克服策略

最初所面臨的困難是產量減少的問題，前已述及，僅為慣行農法的三分之一，影響農戶的生計。困難之二是茶園周邊環境的問題，因臨近的農場所種植的農產品係依賴農業化學製品，致早期常受其他農場噴藥的影響。困難之三是早期採國內有機單位來認證，但其只負責認證工作，不輔導茶品行銷。

在最初因應生計問題，只得在農閒時去從事非農業的工作，但在九年前（2010），因茶園產量逐漸恢復，且銷售增加，就不用再到農場外工作。為尋得兼顧認證與輔導行銷的單位，此茶園已取得采園國際認證，且改善包裝盒的標示，也符合有機的規定，十分助益其產品的行銷。

4. 採取友善環境農業之相關技術

大致而言，該茶園在這些年來因全不用農業化學製品，而且用友善技術，產量已恢復到慣行農法的三分之二。當中值得提出的技術／作業，其一是採用有機廢棄物如蔗渣、高粱酒釀等形成自然的堆肥（見圖 13-10），以作為有機肥的來源；其二是採人工除草，之後在原地再當作肥料，有時配和體驗活動，由小學生來協助，兼捕捉害蟲；其三是依有機認證的規定，在茶園的周邊設圍籬、挖水溝及周邊土地植被草皮；其四是因茶園土地稍具梯形，不用灌溉水，即利用周邊土地植被草皮與茶園內的雜草來維持土壤的保水功能。

綜合而言，該茶園採用的友善技術側重在土壤維護及防止腐蝕，亦因植草皮和雜草亦多，已逐漸具有維持生態多樣性的效果。

5. 未來願景

該茶園不論在產與銷是越來越有信心，然病蟲害仍是常遇見的問題，曾採試誤（Try and error）方式，採用有機葉面肥，來減緩茶樹受病蟲害的侵襲，尤其採用有國家認證的有機肥，以植物性為材料的有機肥。

茶園未來的走向，除繼續產生影響周邊農民投入有機生產的示範效果外，本身已建置有機茶的體驗工廠，且已經營休閒農場和民宿，以過去體驗活動所建立的基礎和經驗，該茶園已進行觀光兼具農村旅遊的方向，且通過農糧署「茶莊亮點」認證，也以德國酒莊經營模式來建置國內「茶莊園」的典範。

（三）德國個案一：綜合產製銷的水果農產公司（蘋果莊園）

1. 基本概況

該莊園為一家傳統的家族企業，其在德國西部介於科隆與波昂之間擁有 35 公頃農地，主要種植蘋果、梨子以及酸櫻桃。該公司並非透過批發商銷售其產品，而是以直接銷售的方式，透過自有店面將產品直接銷售給消費者。

1896 年成立的家庭農場，由夫（主導產製）妻（負責超市）來負責。有 33 公頃的果園。設有農場歷史的小型博物館（內有不同年代農場經營照片、農場用設備、水果分級機、加工設備及加工品樣本）（如圖 13-11 至圖 13-13）。

該莊園於 1896 年即成立，主要是種植蘋果，之後逐漸擴大種植梨子以及酸櫻桃。1991 年起設立冷藏室儲存水果，1995 年開設第二家分店，1996 年成立水果博物館，2006 年開設蘋果咖啡店，2010 年擴大冷藏室以及蘋果咖啡店。約有 20 餘名員工，並且以零售的方式直接銷售水果以及蔬菜。

(1) 以自有的店面營業，銷售的產品包括：

①來自自家種植水果的產品：(i) 非加工處理過的水果：蘋果、梨子、酸櫻桃；(ii) 來自自家種植水果的加工產品：特別是蘋果的相關產品，例如，蘋果汁、蘋果醋等（如圖 13-14）。

圖 13-11　該莊園為傳統家族企業，設有
　　　　　水果博物館

圖 13-12　水果博物館展示具有百年歷史
　　　　　的水果分類機

圖 13-13　百年以前的水果磅秤

圖 13-14　蘋果加工成品

　　②來自其他農場的產品：除了蘋果、梨子、酸櫻桃以外，也銷售其他來
　　　自附近產地的水果、蔬菜以及其所衍生出的加工產品。此外依季節而
　　　定，也透過遠地的產品加以補充。

(2) 出售產季特定產品：例如蘋果泥和蘋果果醬。

(3) 經營蘋果咖啡店：店中以販售來自自家蘋果並且自己烤的新鮮蘋果蛋糕
　　以及蘋果派。

(4) 經營水果博物館：展示直到 1945 年仍在使用，已有百年歷史的水果儲
　　藏室。水果分類機，以及 1908 年的冷藏機。

2. 採用友善環境農業之動機

(1) 長期從事果樹（尤其蘋果樹）矮化、長得慢、果園管理和加工的研究。

(2) 從事蘋果分級儲藏（有大型冷藏庫）與加工廠。

(3) 自營生鮮超市、強調產地直銷、安全和新鮮，致其有競爭力（較其他銷售店便宜又新鮮）（如圖 13-15 至圖 13-17）。

(4) 銷售產品種類：分級的生鮮蘋果（含其他水果）、加工品（蘋果片、果醬、果泥）並注重安全與衛生。

3. 面臨的困難與克服策略

(1) 透過減少果實以保持水果的品質：每年 6、7 月將由 30 位的員工以人工的方式將樹上過多的果實拔除。使每棵樹都僅留下 80 到 100 粒的果實，以使得所有的果實都有香氣，以完美的大小、形狀以及顏色長成。

(2) 以保護膜的方式在 6、7 月收成酸櫻桃：在 2.5 公頃的農地上種植 12 種不同種類的酸櫻桃，包括早熟型、中熟型、晚熟型的品種，以便可以自六月初到八月隨時都可以提供新鮮的酸櫻桃。在酸櫻桃樹開花前，會以保護膜套在櫻桃樹上，以避免花在夜間因寒害而受損，透過此方式酸櫻桃樹遭受黴菌侵蝕的狀況也明顯減少。酸櫻桃可以直到完美成熟前不會因為下雨而爆破。此外也透過蚊帳的裝設避免櫻桃蚊蠅在櫻桃中，因此其櫻桃內並沒有小毛毛蟲。

圖 13-15　自營的超市

圖 13-16　自營超市出售產季特定產品

圖 13-17　銷售分級的生鮮水果及加工品

圖 13-18　透過踩高蹺方式採果

(3) 透過完美的成熟以確保品質：在蘋果收成時，為了使所有的蘋果都可以達到完美成熟的狀況，所有的品種都採取多次採收的方式，並且每次的採收只摘取已完全成熟的蘋果。每次的採收間隔為一週，依不同的品種而定，採收期間 3 到 5 週不等，也就是分 4 到 6 次的採收。所有的蘋果都以人工方式採收並且小心翼翼的放入大的紙箱中，採果期間大約需要 30 位有經驗的收成人員。

(4) 最現代化的電腦控制儲存室：所有的果實都會放入大的箱子中，以最短的距離方式從果園運到自有的農場儲藏室中，即放入可儲藏 1,200 噸的 17 度超低氧的冷藏室中。在冷藏室中的所有蘋果以及梨子可以在不損失水果的水分、硬度以及香氣的情況下儲放到隔年春天，甚至有些品種的水果可以放到隔年 8 月，直到下次水果收成時。

4. 採用友善環境農業之相關技術

(1) 自動化機械處理土壤，利用生物技術，來保育土壤內之好菌。

(2) 對根部採適時處理。

(3) 具有創意的農場經營（如踩高蹺的採果）（如圖 13-18）。

(4) 採產製銷一貫的經營策略，縮短食物里程。

(5) 採消費者導向，提供產製過程展示，結合觀光和消費者教育。

(6) 採低氮的保鮮技術。

5. 未來願景

此個案在當地已成為和觀光旅遊結合的「蘋果莊園」，且設有自行生產鮮果與加工品之零售店，其價格遠較類似商店或超市之價格來得便宜。依此，此「蘋果莊園」一方面應用上述友善技術繼續擴大種植蘋果園的面積，二方面亦拓展零售店的分店，三方面因其設有蘋果莊園的歷史博物館與體驗場所，因此會加速推動友善的蘋果觀光旅遊教育活動。

（四）德國個案二：在阿爾地區的酒莊

1. 基本概況

家族式經營的酒莊，現為第三代於 2003 年繼承經營，有 25 公頃的葡萄園，為阿爾河地區最大的私人酒莊（圖 13-19），亦為萊茵河支流 Steilhängen 區重要的葡萄種植區，有荷蘭人來此學習釀酒。參訪的店面是 1986～1987 年建置（如圖 13-20），此酒莊為當地一葡萄園合作社之一員，有產銷班的設置。

該葡萄園區主要是種植 Burgunder 品種的葡萄，Burgunder 品種的葡萄占所有種植的葡萄的 85%。其中 Spätburgunder 占 55%，Frühburgunder 占 20%，Weiß-undGrauburgunder 占 10%。有 4 公頃的 Frühburgunder 葡萄的種植已是阿爾河地區最大的私人種植區，同時生產高價位的紅葡萄酒以及白葡萄酒。

圖 13-19　擁有 25 公頃的葡萄園，為阿爾河地區最大的私人酒莊

圖 13-20　該酒莊之大門

2. 採用友善環境農業之動機

對葡萄園採取自然農法的方式。只有採用有機肥料並且完全不使用殺蟲劑。此外在種植葡萄的山丘上種植可改善土壤的植物（一種豆科植物，如 Leguminosae），以促進土壤中腐殖質成長以及營養物質的增加。以往為了使葡萄的品質提高，往往將葡萄減半，該葡萄園則以最新的專業知識種植葡萄並且由專業員工採收葡萄。

3. 面臨問題與克服策略

(1) 種植葡萄、自製葡萄酒（紅酒占50%、白酒占15%）及相關產品（如醋）。

(2) 設有販賣部、包裝廠、品酒室及製酒工廠（含現代化的酒窖）。

(3) 因應外國（如法、瑞典）客戶需求，契作葡萄及加工。

(4) 葡萄園強調自然農法，採用石灰岩當作肥料的一部分，冬保暖、夏降溫，以提升葡萄酒的品質，亦由此和其他酒莊葡萄酒做市場區隔。

(5) 以酒的用途來管理葡萄樹。

(6) 自 2000 年起，已有 19 年左右不使用化學肥料，不噴農藥。

4. 採用友善環境農業之相關技術

(1) 強調產製銷與品質和顧客之結合，園區有展示 QR 碼（如圖 13-21）。

(2) 採用自然農法，大量引進石灰岩當肥料（如圖 13-22）。

(3) 酒製程採傳統釀造。

圖 13-21　強調產製銷與品質和顧客之結合，園區有展示 QR 碼　　圖 13-22　葡萄園強調自然農法，採用石灰岩當作肥料的一部分

5. 未來願景

此個案因採用石灰岩當自然肥料,已在當地葡萄產區建立其所釀的酒之風(口)味異於其他酒莊所生產的紅葡萄酒,受消費者的青睞,且有外銷他國,甚有買家以契作方式來訂購其紅葡萄酒。該酒莊自 2000 年起已 19 年左右不用農藥與化肥,且已申請有機認證;亦藉由葡萄園標示 QR 碼來促進酒莊與休閒旅遊的結合。

第二節　食品追溯與產銷履歷之制度

目前在許多先進國家,已依其食品追溯制度法規有效落實食品安全之監控與管理。在 2000 年左右,因有多起動植物病的事件,如狂牛病(Mad cow disease)、口蹄疫(Food and mouth)及流感(Avian flu)等,導致重大威脅到食品安全與人類健康,引起嚴重糧食產業的損失及社會的痛苦。依此,促使許多國家紛紛關注食品安全立法及推動追溯制度。歐盟依 regulation No. 178/2002 自 2005 年 1 月起動追溯管理制度,之後有增訂相關法規,如 regulation No. 1224/2009、No. 932/2011、No. 1337/2013 及 Nos. 1892/2003, 1830/2003。美國的 FDA 依 The Bioterrorism Act of 2002,在 2003 年 12 月 12 日起動追溯管理,之後在 2011 年 11 月 4 日頒布 The FDA Food Safety Modernization Act (FSMA),在 2013 年 9 月設置全球食品追溯中心(Global Food Traceability Center, GFTC)(Lau, 2015)。加拿大除畜產品的特定追溯管理外,尚訂定 Consumer Packaging and Labeling Act 和糧食安全加強計畫(Food Safety Enhancement Programs)。日本之農政部門也針對肉牛(加工分切)推動追溯管理,在 2009 年之 The Rice Act 也規範稻米和穀類產品在交易過程之記錄,告知消費者和企業伙伴有關原產地證明,當發生問題時應快速確認配銷通路。依此,本節先說明食品追溯管理之概要,其次陳述早期與現在臺灣和歐盟推動追溯管理之制度(Lau, 2015;Wei, et al., 2017;黃萬傳,2005)。

一、食品與農產品追溯管理之概要（International Trade Center, 2015）

（一）定義

依據國際標準組織（International Organization for Standardization, ISO）界定追溯（Traceability）為據特定生產、加工及配銷之階段，對任何飼料與食物等移動之跟隨能力。ISO 允許廠商在食物鏈的任何階段去追溯原料來源、確認追溯之必要文件、確保各主事者的適當整合、改善溝通協調管道及改善各單位之資訊、效能及生產等的適當利用與可信度。

（二）追溯制度之特性

基本特性有：對投入成分與產品之單位和數量之確認、登錄此等數量在時間與地區流動等資訊、連結這些資料與和追溯產品在不用運送或加工階段之資訊。

（三）追溯管理之類型

內部追溯，指在企業內部去連結原料和成品之過程必須持續。外部追溯，指所有追溯項目，對所有被影響的通路參與者須一致確認與分配所有資訊。

（四）影響追溯之因素

供應鏈之結構與組織（含供應鏈成員之整合程度、此等成員之數量、確保產品來源之能力、管理追溯制度之能力及其間之調和度）、產品目的地、追溯單位之確認、追溯產品之時間、追溯方法可信度、資料確認方法與資料標準、與其他管理制度的品質安全確認制度之連結及追溯的法源。

（五）執行的方法

界定追溯內容與必要的評估、評估內部的能力、整合內外部的追溯及設置追溯計畫。

（六）追溯的工具與技術

含產品認定、資訊取得、資訊分析、資料儲存和傳輸及所有系統的整合等技

術；例如，追溯標籤應含產品資料記錄單位、國家碼及 6 位數字個別產品確認碼，以上可透過 Barcodes、RFID 及 Wireless Sensor Network（WSN）等工具，目前也輔以地理資訊系統、全球定位系統及遙控辨識等科技。

二、臺灣食品追溯與農產品產銷履歷

（一）臺灣食品追溯管理概要

依食品安全與衛生管理法之第 9 條，它是一強制性規範，由衛生福利部公告應強制實施的食品業者，其內含追溯系統建構、電子發票、電子申報及應遵循事項。此等包括誰將建構追溯管理、為何建構、提供產品資訊、確認、供給資訊、產品流通資訊及其他內部有關產品的資訊；供給商資訊及產品流通；產品包裝之改變與否；文件保存；系統檢測及執行日程。

食品追溯制度包含：食品業者內部資訊之制度系統，含建置追溯資訊與相關紀錄，以書面或電子傳輸給官方追溯系統；交易的資料開出電子發票。在官方政府資訊系統，主事單位建構 Ftracebook 系統（吳宗熹，2016）。目前已有 18 類食品和原料列入追溯，含進口商與製造商。有關的應用例子見圖 13-23。

（二）臺灣農產品之產銷履歷

幾年前，斃死豬在國內流竄，除已嚴重影響產銷雙方的權益外，更凸顯政府相關單位（農委會、衛福部）對食品安全制度的執行不力。實際上，此一相關的食品安全事件，並非冰山的一角，而且經常發生，如：(1) 較早的「金美滿」便當事件；(2) 學童、餐廳或外燴的食物中毒；(3) 果蔬、茶葉和肉品的藥物殘留或細菌汙染；(4) 動植物生產過程加入不當的微量元素或禁用藥劑；(5) 食品加工過程的不當性（如病死豬肉、再用食油、加入不適當的混合物或成分不當）。每當國內重要節慶如農曆年、中秋及端午，政府或民間單位總會行禮如儀的進行抽檢，亦有或多或少的發現與食品安全相關的事件，致國內流行用「黑心食品」統稱不安全的食品。

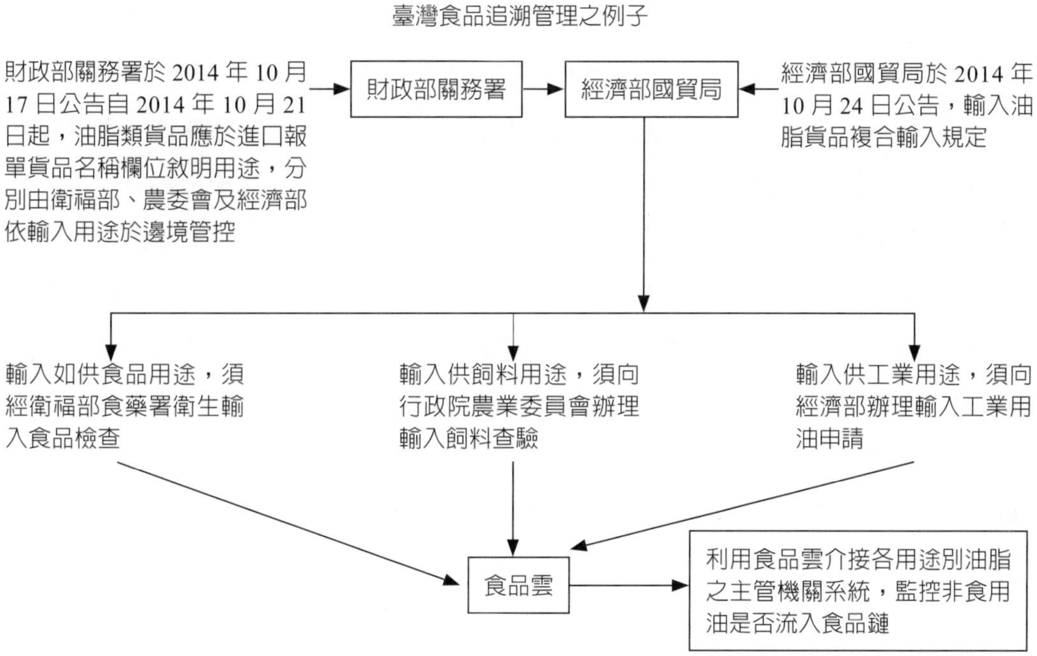

臺灣食品追溯管理之例子

財政部關務署於 2014 年 10 月
17 日公告自 2014 年 10 月 21
日起，油脂類貨品應於進口報
單貨品名稱欄位敘明用途，分
別由衛福部、農委會及經濟部
依輸入用途於邊境管控　　→　財政部關務署　　經濟部國貿局　←　經濟部國貿局於 2014 年
10 月 24 日公告，輸入油
脂貨品複合輸入規定

輸入如供食品用途，須
經衛福部食藥署衛生輸
入食品檢查

輸入供飼料用途，須向
行政院農業委員會辦理
輸入飼料查驗

輸入供工業用途，須向
經濟部辦理輸入工業用
油申請

食品雲　→　利用食品雲介接各用途別油脂
之主管機關系統，監控非食用
油是否流入食品鏈

圖 13-23　應用實例：輸入油脂（複合輸入規定）─分流管理

資料來源：吳宗熹（2016）

　　由於受政府、消費者及媒體重視食品安全，致國內近年來常有黑心食品的報
導；如前些年外銷的石斑魚含孔雀石氯、茶葉的農藥殘留、進口大閘蟹含不當物
質（如鎘、氯黴素、戴奧辛）及毒鴨事件。事實上，政府相關單位如農委會及衛福
部皆積極採相關措施予以因應，惟無奈在政策分際方面，依「農業發展條例」第 4
章，農產品（含食品）在進入零售階段之後，非農委會管轄，食品加工過程亦是如
此，農民團體對農產品「製」的部分甚多非衛福部可注意者。依此，國內的食品鏈
（Food chain）安全的總體管理並非一氣呵成。

1. 產銷履歷之推動

(1) 過去策略之內涵

　　2005 年，政府農政單位配合「優質、安全、休閒、生態農業」施政主軸，推
動農產品產銷履歷制度（Traceability system）。2006 年，又擴大辦理，致國內開始
啟動食品鏈（Food chain）的產銷履歷制度。就法規面而言，為推動國內農產品產
銷履歷制度，由農政單位所主導通過的法規已有：①農產品產銷履歷委託認證實施

要點；②農產品產銷履歷驗證管理作業要點；③農產品生產及驗證管理法；④農產品驗證機構管理辦法。由此，呈現推動此制度的配套措施已愈趨完備。

國內目前農政單位推動產銷履歷制度有五大策略，即：①制定農產品產銷履歷標準化作業流程；②建立該制度紀錄認證及驗證制度；③農產品標準編碼；④資訊E化之處理；⑤訓練與推廣。就參與的業者（農民與廠商）觀點，其記錄生產履歷的方法包括：①紙本記錄；②利用農業經營管理系統（FMIS）記錄；③直接在網際網路上紀錄於「農產品生產履歷追溯資訊系統」；④利用產銷班或農會內部的資訊系統上傳生產履歷紀錄；⑤利用PDA進行紀錄，再將內容上傳至網際網路的系統。

(2) 曾發生之案例：香魚的履歷表（黃萬傳，2007）

幾年前，媒體報導國產香魚含致癌物質，那時已過三個月，且查不到貨源。此一訊息有兩個涵義，其一是國內消費者的食品安全須待何時才有保障，對政府的公權力仍可信賴嗎？其二是對農政單位所熱烈推動的農產品產銷履歷潑了一盆冷水。

近年來許多先進國家實行食品產銷履歷，主要係受消費者對食品衛生與安全需求升高影響。國內於2004年1月開始實施生鮮農產品產銷履歷，並於2007年1月起陸續通過農產品生產及驗證管理辦法及其相關子法。該法界定產銷履歷為「農產品自生產、加工、分裝、流通至販賣之公開且可追溯之完整紀錄」。上述香魚案例查不到貨源，關鍵問題出在中間商與養殖場均無完整出貨紀錄，致無法追溯來源，為何會產生此一情形，主要是業者未落實產銷紀錄，且未取得驗證。

當時國內所推動的產銷履歷係採日本的制度，對每一產銷流程皆需要做詳實記錄，提供消費者隨時上網查詢食品的產銷資訊。而歐盟為在發生問題時有追查之依據，僅要求追蹤到上下游對象即可，此即所謂one step back與one step forward（efsa，2017），政府有權隨時要求提供進銷貨的資料。基於日本農民與中間商在守法程度上皆較我國為優，根據黃萬傳（2005）之研究結果，國內農民資訊素質，尚無法配合政府單位所設計履歷表格之填寫，這是為何上述養殖場無法提供詳細養殖過程資料之原因。

此案件延宕多時的另一關鍵因素，前已指出，因國內食品鏈的管理並非一氣呵成，所以每當國內發生食品安全事件時，農政與衛生單位步調總難一致，甚且互相推諉。國內農產品（含食品）由生產至批發均為農政單位之責，衛生單位對農產品

「製」的部分幾無插手餘地,只能在零售階段大海撈針似的隨機抽樣而已。

在歐盟,除有機農產品認證、牛肉及基因改造者(GMOs)之特殊規範外,對一般農產品的產銷履歷僅著重在條碼與標示,而食品標示才有認證的問題,政府僅在產生食品安全事件時,要求生產者與中間商能提出相關資料即可(efsa, 2017)。建議農政單位可審慎參酌歐盟的制度,以簡化國內產銷履歷的作業流程。

另一待克服的問題是國內食品鏈管理,因食品產銷的管理事權不統一,建議宜儘速規劃衛生單位所主管食品衛生的事權可移轉給農政單位,由此可確實結合食品安全與產銷履歷之規範,以落實消費者買得安心、吃得放心,早日脫離黑心食品的陰影。

2. 目前推動的情形

臺灣農政單位(COA)推動產銷履歷之目的包含提高可追溯農產品之市占率,鼓勵地產地消,增加國內農產品之產品差異度;主要的願景有食品安全管理的三大系統,即自我監控、檢驗與認證及政府隨機檢測和研究。

在 2015 年 4 月實施「臺灣履歷標籤管理方針」,同年 7 月實施「安全農產品(吉園圃)管理方針」。實施的產品包括:(1) 國內農產品具高品質、需求價格高的、容易被仿製或混淆的產品(如茶葉、蜂蜜、稻米、乾燥菇);(2) 主要外銷農產品(如檬果、鳳梨);(3) 配合衛福部公告的農產品(如茶葉、大豆、玉米、稷穀類)。目前已核定 6025 項臺灣履歷標籤的申請,當中屬生鮮和加工(利用米、蔬菜、水果、菇、蜂蜜及茶葉等之加工)品有 386 項,可銷售到超市、大賣場及地方農會超市。

為落實產銷履歷的實施,農政單位整合下列措施:(1) 持有食品安全生產線的機制,如可用適當與安全的生物製劑;(2) 結合吉園圃 2.0;(3) 鼓勵所有銷售者(在銷售點)購買與販售具有產銷履歷條碼的農產品;(4) 透過相關媒介整合行銷;(4) 邀請消費者加入具有食品安全的手機 APP;(5) 加強政策溝通、訓練及指導。

依產銷履歷農產品驗證管理辦法(2007 年 6 月 23 日發布)之規定,在該法第 2 條指出:TGAP / TAP / 吉園圃係指農產品之產銷過程,依照中央主管機關訂定之標準化作業過程及模式進行生產(含初級加工屠宰)作業,有效排除風險因素,降低環境負荷,以確保農產品安全與品質之作業規範。此 TGAP / TAP / 吉園圃與

產銷履歷是互爲掛勾，且著重在生產階段，至於在加工階段則需符 GMP、優良農產品驗證管理辦法、ISO22000 或有機農產品及有機農產加工品驗證管理辦法之相關規定。

農民申請 TGAP／TAP／吉園圃（如圖 13-24）時，需檢送：(1) 最近一年內邀請農改場等相關單位，指導各產銷班（農場）有關防治安全用藥技術之會議紀錄；(2) 各農場最近一年內由藥毒所提出具之合格農產品農藥殘留檢驗結果報告影本；(3) 各班員（農場）最近三個月內病蟲草害防治紀錄簿；若續約，則需補二年內之檢驗結果報告、有病史草害防治之連續紀錄及吉園圃安全標示使用情形等。

上述 TGAP／TAP／吉園圃標準的申請，需依農產品標章管理辦法（2018 年 8 月 24 日修正）之第 2 條規定，我國農產品標章分爲三類：(1) 優良農產品標章，證

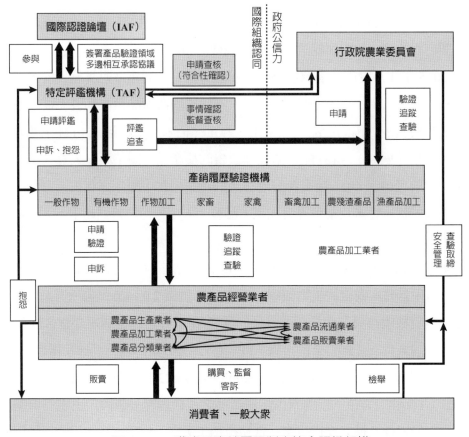

圖 13-24　農產品產銷履歷制度符合評鑑架構

資料來源：王聞淨（2009）。

明農產品及其加工品依此法第 4 條第 2 項所定辦法規定驗證公告；(2) 有機農產品標章，證明農產品及其加工品依此法第 5 條第 2 項所定辦法規定驗證合格；(3) 產銷履歷農產品標章，證明農產品依此法第 7 條第 2 項所規定辦法規定驗證合格。

　　有機經營是國內最早推動 EFA 直接相關的措施，目前已訂定相關的法規有：(1) 農產品生產及驗證管理法（2007 年 1 月 29 日公布）；(2) 農產品驗證機構管理辦法（2007 年 6 月 7 日發布）；(3) 農產品標章管理辦法（2018 年 8 月 24 日修正）；(4) 有機農產品及有機農產加工品驗證管理辦法（2018 年 6 月 21 日修正）；(5) 進口有機農產品及有機農產加工品管理辦法（2017 年 6 月 26 日修正）。

　　依上述規範所指有機農產品，是在國內生產、加工及分裝等過程，符合中央主管機關所定之有機規範，並經依「農產品生產及驗證管理法」規定驗證或進口經審查合格之農產品。此外，依「農產品生產及驗證管理法」第 13 條：「有機農產品、農產加工品不得使用化學農藥、化學肥料、動物用藥品或其他化學品。經中央主管機關公告許可者，不在此限。」

　　依上述規範得知，為落實有機經營，亦有「有機農產品驗證機構」之規定，認證機構須符合：(1) 具備辦法驗證所需之能力及農業相關領域之專業能力；(2) 具備與中央主管機關、認證機構、驗證申請者、經其驗認證通過者與消費者間相關業務及問題之處理能力等條件。有機產品的驗證，其與 CAS 和產銷履歷結合（如圖 13-25）。

圖 13-25　CAS 和產銷履歷結合

為配合有機農產品的進口，農政單位依「農產品生產及驗證管理法」第 6 條第 2 項訂定「進口有機農產品及有機農產加工品管理辦法；2017 年 6 月 26 日修正」，據此辦法第 2 章「進口產量及管理」之規定，凡進口農產品、農產加工品以有機名義販賣者，進口業者於販賣前應附重要文件之一是進口農產品、農產加工品經有機驗證之證明文件，其內容依據此辦法第 5 條應含下列項目：(1) 外國農產品經營者名稱及地址；(2) 產品名稱、批號及農產加工品有機原料含量百分比；(3) 產品重量或容量；(4) 進口業者或買方名稱；(5) 驗證機構名稱及地址；(6) 簽發日期；(7) 其他。

依行政院農業委員會網站所公告有產銷履歷與有機農產品之規範法規，除上述之外，尚包括：(1) 有機農業促進法（2018 年 5 月 30 日公布）；(2) 有機農產品及有機農產加工品驗證管理辦法（2018 年 6 月 21 日修正）；(3) 糧食標示辦法（2014 年 12 月 10 日修正）；(4) 有機農產品及農產加工品檢查及抽樣檢驗結果處置作業要點（2012 年 7 月 30 日發布）；(5) 有機及友善環境耕作補貼要點（2017 年 5 月 5 日發布）。

三、歐盟之產銷履歷

（一）過去的執行情況（黃萬傳，2005）

觀察國外，日本在 2003 年 12 月開始實施產銷履歷制度；歐盟於 1999 年底開始推動，更於 2002 年依據一般食品法（General Food Law, REGULATION (EC) NO° 178/2002），全面導入食品產銷履歷制度（Food traceability system）。在德國食品產銷履歷制度是在 2005 年 1 月 1 日正式實施，主要由德國農業部第三部門（Department No.3）進行主導，不過其國內並無任何的法令去規範食品的產銷履歷制度，而是遵循歐盟委員會在一般食品法第 18 條款（Article 18）對食品追蹤性所做的規範，德國政府則僅對於產業或公司是否遵循產銷履歷系統的觀念進行控管，並於必要時對未遵守的產業或公司進行處罰。產銷履歷制度之推行，組織團體扮演政府與供應鏈成員間的中介角色，成為產銷履歷的主要推手，德國 BLL 協會等組織團體就是推手之一。德國 BLL 協會是一個類似臺灣工總或商總的組織，其主要

的功能是提供資訊給會員以及中介國內外交易。食品方面，BLL 協會關心的議題包括有致癌物、營養成分、有機食品、標籤、食品衛生以及產銷履歷系統等，其中，在產銷履歷系統方面，BLL 協會係追隨一般食品法之規定，致力於如何將產銷履歷系統應用於不同種類的食品。

（二）歐盟現在主要農產品之追溯管理（efsa, 2017）

對歐盟而言，食品產銷履歷系統是一種類似風險管理（Crisis management）以及品質管理（Quality management）的概念，其涵蓋所有食品產業的農民、批發商、零售商，以及消費者等供應鏈（Supply chain）過程中的所有成員，目的就是希望能讓食物「穩定的上桌」（from stable to table）。申言之，歐盟之追溯管理主要導源於風險評估、風險管理及風險資訊，歐盟食品法規旨在透過 HACCP 應用在管理與減少風險（Krinke and Meunier, 2017）。

1. 一般食品法規

依據 European Community Regulation E/178/2002，旨在確保人民生活與消費者所關心的食品有高度保障，該法之 Article 3 界定追溯爲「The ability to trace and follow a food, feed, food-producing animal or substance intended to be, or expected to be incorporated into a food or feed, through all stages of production, processing and distribution」。

2. 漁產和水產品

依據 Regulation EC 2065/2001 與、EC 1224/2009 及 Ec404/2011；尤其在 EC1224/2009 之 Article 58 有詳盡的規範措施，如漁產的來源及其最基本的標籤和所需要的資訊。

3. 有機產品

依據 EC834/2007，規範有產品生產和標籤；EC 2092/91，規範申請手續。如前一法源之 Article 27 就規範控制系統，歐盟各會員國須確保依 EC 178/2002 之 Article 18 控制系統是建構在允許每一產品之生產、準備及配銷的每一階段的追溯。

4. 基因改造產品

依 EC 1830/2003，關注所有基因改造（Genetically modified organisms）食品之

追溯和標籤，依修正的 Directive 2001/18/EC 規範基因改造食品和飼料之追溯。

5. 食品所接觸的原料

依 EC 1935/2004，提供添加入食品之原料與物質的規範架構，其中 Article 5 規範原料和物質的內容，Article 15 規範標籤。

6. 好的產品製造作業

依 EC 2023/2006，規範加工原料和物質的加工過程。

綜合上述規範，表 13-5 說明歐盟食品追溯管理之角色與責任。

表 13-5　歐盟食品追溯管理之角色與責任

	所負責任	當風險確認時所採取之措施
一、食品與飼料之企業	確認在食物鏈內之產品係依「one step forward and one step back」之流程所建立的資訊文件	1. 若有需要，告知消費者立即從市場下架受影響的產品 2. 銷毀不符食品安全之任何產品與所涉及的飼料 3. 告知適當授權單位有關的風險和所採取的措施
二、會員國的授權單位	1. 監控食品和飼料之生產、加工及配送，以確保執行者確實落實追溯系統 2. 若未配合 EU 規範，固定與加強對執行者祭出懲罰	1. 確保執行者符合相關規定 2. 對確保食品安全提出適當措施 3. 依食物鏈，向後和向前追蹤風險 4. 關注食品與飼料的緊急通報系統
三、EU	1. 建立部門間適當的特定追溯法源 2. 歐盟的食品與獸醫辦公室須執行正常的檢測，以確保食品與飼料的主事者迎合食品安全標準，含追溯制度的執行	1. EU 要依食品與飼料之風險緊急通報系統警告會員國 2. 依各國授權單位要求主事者提供報行追溯與整合措施之資訊 3. 可採取進出口之限制

資料來源：International Trade Center (2015)

四、比較

（一）臺灣方面

其農產品產銷履歷制度之優點，第一、推動時機是正確的，一方面因國內前幾年有關食品安全事件頻傳，不論就業者或政府觀點，實是責無旁貸，對此等事件

需積極提出解決對策，而消費者對藉由產銷履歷獲食品安全之需求尤亦較前更為殷切；第二、由政府農政單位規劃產銷履歷架構觀之，推動的策略與方向是正確的，已有綜合考量制度建立（尤其在資訊科技之應用）所需的要素。

然而該制度目前的缺點：第一、僅著重於生產面，及生鮮農產品的生產而已，實質而言，該制度應包括加工品和食品，實即如歐盟涵蓋的項目更多；第二、因屬起步或試驗階段，雖已見有關推動該制度的一些法規，然未見完整連結食品安全與產銷履歷的法規；第三、生產者和消費者對此制度的了解程度尚低，及政府對此制度的宣傳有待加強。

（二）歐盟方面

歐盟除牛肉與基因改造食品另有規範食品安全（含產銷履歷）外，於一般食品法明確規定產銷履歷制度涵蓋的產品，除一般食品外，尚包括動物產生的食品，及可能加入食品內的物質，另亦由 2006 年 1 月 1 日更涵蓋動物用藥劑與植物保護用產品。因產品範圍幾乎涵蓋所有食物鏈的範圍，致各行銷階段相關者（商人與產品）亦在產銷履歷之規範。依此，臺灣目前僅著眼於少部分生鮮農產品與產地階段的產銷履歷，今後宜更加速擴大提供產銷履歷的產品範圍，尤其須注意，國內大宗民生必需食品的種類的涵蓋更是當務之急。而國內民眾對藥物（劑）殘留高度關注，尤其在毛豬與肉雞的飼料與用藥，似宜優先將此方面納入規範。

由德國經驗顯示，食品的標示已涵蓋條碼，不同行銷階段與不同產品型式（如分切肉）皆須有食品標示，而進行食品標示係政府授權民間企業來執行，有其嚴謹控制機制。依此，臺灣可參考德國標示制度的做法，且宜加速落實未來食品鏈資料庫的建立。其對產銷履歷制度與運作之管制有四個層級，除政府單位外，尚有民間企業參與其事，值得強調者有二，一是中央政府設有快速警示系統的單位，二是企業自我控制機制。依此，臺灣除非於制度面設置專責單位，否則對產銷履歷的管制是事倍功半。由前述得知，臺灣係朝向「認證」的策略，實質上，過去臺灣的 CAS 與有機產品等認證，績效並不如預期。尤其歐盟有周延的法規，致食品鏈成員皆須建置履歷資料與提供資料，由此各成員無不為自己除配合法規外，更積極為作好產銷履歷而投入時間、經費及物力，自行開發軟體與規劃符合「one step

back」與「one step forward」原則所需提供的資料。此外，政府授權民間企業推動標誌制度。

　　基於上述臺灣宜積極採用上述原則，由食品鏈大食品廠商來投入此一行列，例如統一的 7-11 便利商店的進貨，要求每一食品皆須有產銷履歷，誘發其上中游一定要採用產銷履歷制度，則臺灣推動食品履歷制度之速度加快，且廣度加寬，如此一來，可早日消弭消費者面對不安全食品的陰影。

第三節　基因改造農產品之規範制度

　　Genetically Modified Organism（GMOs），有不同的一些名稱，如基因轉殖作物、基因食物或基改，因目前其內涵除作物外，尚含飼料、添加物及動物等，本書採用「基因改造農產品」或簡稱為「基改」。自 1983 年開始，一些農業研究單位，如美國孟山都（Monsanto）公司，就開始研究 GMOs，且在 1996 年上市販售基改的大豆和玉米，全世界栽種面積自 1996 年的 290 萬公頃，大幅增種到 2014 年的 1.815 億公頃，其中以黃豆、玉米、棉花及油菜等基改作物占大宗（99.17%）（陳儒瑋、黃嘉琳，2018）。但自 GMOs 產品上市以來，已引起世界各國政府和消費者的關切，如歐盟就積極訂定相關規範，而美國亦有三個主管部門；在消費者方面，自 2000 年迄今，已有許多消費者組織如綠色和平組織早期針對一些速食業者之漢堡麵包、美式火腿三明治的吐司及薯泥等提出其中含有「浪達雷笛」（Roundup ready），顯示基改食物早已進入速食店（蘇遠志，2000）。迄今，各界對基改食品有正反的意見，臺灣也在 2015 年 3 月，修法讓基改食品退出校園。

　　基於基因改造食品已進入消費者選購農產品（食品）之一選項，此關係農產行銷過程如何挽留消費者是否繼續支持相關農產品的產銷。準此，本節首先介紹基改概念，其次陳述歐盟（International Trade Centre, 2015; efsa, 2017；黃萬傳，2001）及臺灣（蘇遠志，2000；陳儒瑋、黃嘉琳，2018）有關基改的規範。

一、GMOs 之基本概念

（一）定義

據蘇遠志（2000）指出，基因改造就是以人為方法改變物種的基因排列，通常將某種生物的某基因從一連串的基因中分離，再植入另一種生物體內。它是利用生物技術取出某種生物的某個基因，移植到其他物種生物上，改變他物種生物原有的特性；或是植入細菌或病毒，再透過這種細菌或病毒對植物的感染，將特定基因植入植物細胞中。凡利用這種經基因改造的作物製成的食物就稱為「基因改造食物（品）」。如孟山都的基因改造玉米，或在臺灣的鳳梨與釋迦媒合而成的「鳳梨釋迦」，就非大自然利用傳統品種改良而產生的物種。

據陳儒瑋、黃嘉琳（2018）指出，國際食品法典委員會（Codex Alimentarius Commission, CAC）的定義：「基因改造生物是指遺傳物質被改變的生物，其基因改變的方式係透過基因技術，而非以自然增殖或自然重組的生產方式」。美國對 GMOs 之定義：「它是一生物體被非傳統性透過肥料或自然組合之變動而成，它可能是植物、動物或微生物物質如細菌、寄生蟲和菇菌（it means an organism in which the genetic material has been altered in a way that does not occur naturally through fertilization and/or natural recombination. GMOs may be plants, animals, or microorganism, such as bacteria, parasites and fung.）。」歐盟之定義：「基因改造生物係指除人類以外的生物體，其中的遺傳物質發生改變，但這種改變不是因為自然交配或自然重組而產生的。」美國農業部在 2015 年對 GMOs 提出新的定義：「GMOs are organism obtained through genetic engineering defined as "The genetic modification of organisms by DNA techniques"」，但迄今未立法通過。

（二）發展 GMOs 之原因與爭議

1. 發展之原因（蘇遠志，2000）

其原因大致上有：(1) 增加農作物單位面積產量，以餵食愈來愈多的人口；(2) 改善收穫物之品質，使人們更樂於食用；(3) 提高栽種效率，可以用較少投入，達到農業生產之最大效益；(4) 環境得以永續利用。

2. 爭議方面

(1) 正面的看法（蘇遠志，2000）：(a) 主要在提高作的附加價值，如具有植物保護性狀、具有特定性狀、具有營養增進性狀。(b) 符合農民需求，花更少心力，獲最大效益，如抗病蟲害、耐除草劑、改良農藝性狀、改良採後品質、輔助育種程序、改良營養成分。(c) 符合一般人對農產品的期待，如黃金米專為非洲人而研發、一致性、高品質、耐運輸、耐儲藏、保鮮、多樣化。

(2) 反面的看法（陳儒瑋、黃嘉琳，2018）：(a) 對環境生態影響，如農藥用量不減反升、超級雜草的困擾、消失的蜜蜂與蝴蝶、環境中的農藥殘留。(b) 健康風險無所不在，如致病證據多，各國提出禁用訴求、嘉磷塞（glyphosate）列入可能致癌的項目、病童營養補充品發現嘉磷塞殘留、嘉磷塞與現代諸多病症的關聯性。(c) 公平正義，如拉丁美洲基改作物讓人類付出更多代價、考量對下一代小孩面對怎樣的世界、科技思維掛帥的不正義。

（三）生產情形

目前主要有 28 個國家在生產，前六名分別是（2014 年的資料）：(1) 美國面積有 73.1 百萬公頃，主要作物含玉米、黃豆、棉花、油菜（芥花）、甜菜、苜蓿芽、木瓜。(2) 巴西有 42.2 百萬公頃，種黃豆、玉米和棉花。(3) 阿根廷有 24.3 百萬公頃，作物和巴西一樣。(4) 印度有 11.6 百萬公頃，僅種棉花。(5) 加拿大有 11.6 百萬公頃，種油菜（芥花）、玉米、黃豆和甜菜。(6) 中國有 3.9 百萬公頃，種棉花、木瓜、白楊、蕃茄及甜椒。而其中以黃豆（90.7 百萬公頃）占 49.97%、玉米（55.2 百萬公頃）占 30.41%、棉花（25.1 百萬公頃）占 13.83% 及油菜（9 百萬公頃）占 4.96% 為前四大基改作物（陳儒瑋、黃嘉琳，2018）。

二、歐盟對基因改造產品之規範

自 1996 年基因改造產品（以下簡稱 GMOs）商業化生產上市以來，一方面改

良作物種植面積呈快速增加，另一方面已在世界各地引起對基因改造或製造食品之廣泛討論，問題焦點是此等作物或食品對人類健康與環境長期影響效果的不確定性。歐洲在此方面是站在反對 GMOs 的一方，且前些年，歐洲又有狂牛病與戴奧辛中毒事件，導致歐洲人對其政府在規範食品安全的質疑，尤其歐盟之會員國更是如此。

（一）現在之規範（**Krinke and Meunier, 2017**）

1. 規範之目標

(1) 保護人類、動物和環境之健康：在 GMOs 產品進入市場之前，藉由導入在歐盟水準下之最高可能標準之安全性評估。

(2) 採一致的流程：對 GMOs 之風險評估與授權是有效率的、及時的及透明化。

(3) 明確的 GMOs 標籤：在市場上，確保此標籤是清楚的，促使消費者和專業者（如農民、食品鏈之業者）可做一告知的選擇。

(4) 可追溯 GMOs：在市場上可具追溯管理。

2. 目前之相關法規

(1) Directive 2001/18/EC：旨在規範 GMOs 對環境的影響。

(2) Regulation (EC) 1829/2003：旨在規範基因改造之食品與飼料。

(3) Directive (EC) 2015/412（由 Directive 2001/18/EC）：旨在對會員國在其境內可能限制或禁止種植基因改造作物。

(4) Regulation (EC) 1830/2003：旨在規範基因改造作物之追溯與標籤，且追溯由此作物所生產的食品與飼料。

(5) Directive 2009/41/(EC)：旨在規範基因改造的微生物質的利用。

(6) Regulation 1946/2003：旨在規範基因改造產品在會員國之流通。

在 2018 年 3 月修正自 Directive 2001/18/EC 之 Directive（EC）之 2018/350，旨在進一步詳細規範環境風險評估，此促使 ERA 隨時掌握科技與技術之發展，此規範在 2018 年 3 月 29 日正式實施。

目前在歐盟國家已逐漸關注 GMOs 與 non-GMOs 共同存在性（coexistence）之問題，致歐盟法規需要所有 GMOs 食品一定可追溯到其源頭，且具 GMOs 之食品

若含量超過 0.9% 者一定要標示。基於消費者對基改與非基改之選擇自由之高度需求，歐盟需要有避免二者混合之措施，如由基因改造作物所生產之食品與飼料一定要與由傳統性或有機作物所生產的食品與飼料要有所區隔。

歐盟執行上述法規，一方面是著重在流程，即在上述目標前提下，由歐盟規定所有 GMOs 食品皆需規範，由歐洲食品安全局（European Food Safety Authority, EFST）來評估 GMOs 食品對人類與環境影響的評估，其次是歐盟委員會或會員國委員會之批准，最後是若所有食品含超過 0.9% GMOs 者皆應要標示。另方面，其執行兩大方法（approach），其一是預警原則（Precautionary principle），對任何 GMOs 產品上市前之授權（Pre-market authorization）與上市後之環境監控；其二是風險評估（Risk assessment），此評估必須呈現在可用意圖條件下，GMOs 對人類和動物之健康和環境是安全的（efsa, 2017; Lau, 2015）

（二）規範措施之範圍

歐盟對 GMOs 的規範可說是相當周延，規範的範圍有：(1) 一般性規範，包括基因改造微生物質（GMM）、試驗與商業化生產的許可；(2) 特定性規範，包括新產品（Novel food）、飼料、種子以及有關醫療、勞工及運輸；(3) 標示（Labeling）規範，對 GMOs 食品自 2000 年 1 月 10 日實施 1% 門檻的強制標示（Mandatory labeling），目前已改為 0.9%，對由 GM 生物質或 GM 作物所製造或生產的添加物、芳香劑和種子亦需標示，而對飼料僅應用在生產動物性 GMOs 之部分需要標示；(4)對人體健康與智慧財產權損害之規範；(5)對農業生物資源保護、收集及利用的規範。此外，於 2001 年 7 月，歐盟議會與部長委員會共同提出規範 GMOs 的改革方案，於配合歐盟「食品安全白皮書」，已成立「歐洲食品安全局」（European Food Safety Authority），職掌有關 GMOs 風險管理的工作，以對 GMOs 自生產至消費末端進行全程追蹤，標示範圍更涵蓋全面的食品、飼料及種子。

為使上述規範制度達到具有最高品質（Excellence）、獨立性（Independent）及公開性（Transparency），歐盟在制定任何與 GMOs 規範有關法規，大致遵循下列基本原則：(1) 從事風險分析，包括風險評估、風險管理及風險溝通，針對涉及 GMOs 者，採逐案（Case by case）進行風險分析，而分析對象則有食品風險、環境

風險及動物飼料風險；(2) 食品安全（Food safety），旨在確認食品或其成分是否含有 GMOs 或由 GMOs 來製造，由此建立 GMOs 食品安全規範；(3) 食品標示，凡經由風險分析結果，顯示食品或其內成分含有 0.9% 以上的 GMOs 均需標示，且為強制性；(4) 實質等同（Substantial equivalence），強調對 GMOs 產品進行風險分析，需考量其與同質傳統性產品的比較，以確認 GMOs 產品是否與傳統性產品具同等安全性，由此提供 GMOs 產品具相對安全的判定基礎；(5) 預警原則（Precautionary principle），為確認 GMOs 產品對人體健康與環境影響的潛在風險之長期評估，須以科學性資料與事證作為風險管理的基礎。

（三）規範之特性

綜觀歐盟規範 GMOs 法規與制度，發現有下列特性：(1) 將消費者對 GMOs「知的權利」與考量環境保護列為制定相關法規之首要目標，由此確保高水準的對人類健康與環境的保護，尤其近年來，歐盟政府為建立消費者對食品安全規範的信心，對此一特點則更倍加強調；(2) 有關 GMOs 的規範法規是由許多 Regulations, Directives, Decisions, Recommendations 及 Opinions 來組成，尤其 Regulations，是歐盟會員國一定要落實執行，而 Directives 是各會員國依本國環境將其修訂為國內法來執行，其他三項法規則可參考採行；(3) 同時存在水平與部門方式的立法，以確保法規的一致性與一門一鑰匙原則（One door-one key principle），此即歐盟對 GMOs 有全面性規範，且顧及不同產業（產品）特性，而有其產業部門別的規範；(4) 嚴謹且周延地規範有關 GMOs 之議題，由前述規範之範圍可見一斑，尤其對種子全程追蹤、植物品種環境風險、GMOs 與 GMMs 對環境危害及落實生物安全宣言等方面，已提出更周詳的規範；(5) 採取逐案（Case by case）的評估方式，為落實風險分析與食品安全的原則，歐盟對任一 GMOs，由試驗、生產、運輸及消費等，全面採取逐案的評估；(6) 各會員國對 GMOs 規範程度不全然一致，雖各會員國均以歐盟的基本規範為準繩，然可視各國環境而自訂不同程度的規範，如英國可在國內生產 GM 作物，且對各類餐廳、食品賣場強制執行食品標示，而德國則未開放商業化生產。

三、臺灣對基因改造產品之規範

（一）GMOs 之定義

在臺灣與有關基因改造產品之規範單位有三個部門，一是科技部掌實驗研究技術，在 2015 年 5 月才送「基因改造科技管理條例草案」到立法院待審議。二是農委會主管基因改造作物田間試驗與種植許可評估，其在「植物品種與種苗法」對基因改造之定義：「使用遺傳工程或分子生物等技術，將外源基因轉入植物細胞中，產生基因重組之現象，使表現具外源基因特性。但不包括傳統雜交、誘變、體外受精、植物分類學之科以下之細胞與原生質體融合、體細胞變異及染色體加倍等技術。」

三是衛生福利部負責對基因改造食品的衛生與風險評估，在「食品衛生管理法」對基因改造之定義：「指使用基因工程或分子生物技術，將遺傳物質轉移或轉殖入活細胞或生物體，產生基因重組現象，使表現具外源基因特性或使自身特定基因無法表現之相關技術。但不包括傳統育種、同科物種之細胞及原生質體融合、雜交、誘變、體外受精、體細胞變異及染色體倍增等技術。」

（二）目前的規範

1. 「飼料管理法」已將基因改造飼料納入源頭管理。

2. 基改食品原料輸入業等八類業者應建立食品及相關產品追溯追蹤系統。

3. 基改食品退出校園，教育部支持修法列管。

4. 食藥署公告修正「包裝食品含基因改造食品食品標示應遵行注意事項」、「食品添加物含基因改造食品原料標示應遵行事項」、「散裝食品含基因改造食品原料標示應遵行事項」。

5. 臺灣基改食品標示新制。

6. 食藥署公布，將餐廳納入基因改造食品標示管理。

7. 已設農業基因改造科技管理制度意見蒐集平臺。

8. 基因轉殖植物之標示及包裝準則。

9. 基因轉殖植物田間試驗管理辦法。

10. 基因改造飼料或飼料添加物許可查驗辦法。

11. 基因轉殖種畜田間試驗及生物安全性評估管理辦法。

12. 基因轉殖種畜禽及種原輸出入同意文件審核要點。

（三）進口之基因改造食品

截至 2015 年 8 月底共有 97 筆，主要有玉米類之 62 項（19 項單一品系與 43 項混合品系）、油菜 4 項（3 項為單一與 4 項為混合）、棉花 10 項（9 項單一與 1 項混合）及黃豆 21 項（15 項單一與 6 項混合）（陳儒瑋、黃嘉琳，2018）。

（四）歐盟規範對臺灣之啟示

就歐盟規範 GMOs 的經驗，可供我國作為規範 GMOs 借鏡者，第一，對上述所言及的制度特徵與基本原則：申言之，在制度的特徵，尤其是考量消費者權益與環境保護、同時存在水平與部門的立法方式及嚴謹和周延的規範等，值得我國相關單位參考。本節特別強調，對歐盟規範 GMOs 所遵循的五大原則尤為不可忽視。第二項政策涵義，因我國對 GMOs 規範尚不及歐盟周延，致加強各部會合作訂定有關 GMOs 的規範，需訂定的範圍可參考歐盟的項目，未訂者須加緊腳步，農委會、衛福部、環保署及科技部間之分工與合作，尤值得借鏡歐盟的經驗。

筆記欄

CHAPTER 14

農產創新經營之行銷

1911 年，Joseph Schumpeter 在其《The Theory of Economic Development》一書中就提出創新叢生（Innovation cluster）之概念，即一個國家的經濟發展需賴常有創新之舉，以創造利潤作為經濟發展的滑潤劑。1964 年，Theodore W. Schultz 在其《Transforming Traditional Agriculture》一書中，亦強調唯有採創新技術導入新的生產因素，才能將傳統農業翻轉邁入現代化之途。同樣地，觀察現代非農業之企業，如 3M 和 P&G，皆是採行與日常生活用品有關的創新活動。2011 年，Jeff Dyer 等三位在其《The Innovation's DNA》一書中，就提供在一個企業內如何透過破壞性創新之技藝來迎合目前多變的市場經濟。前已述及，依「行銷 3.0」的理念，在目前之行銷需考量社群之文化創意行銷。就農業而言，美國在 1980 年代就倡議農業不是一級產業，而是整合二級（工業）和三級（服務業）之產業，謂為農企業（Agribusiness），即一個農場宜早日落實整合農企業之內涵，其應用農企業作為該農場之整合行銷之手段。準此，本章首先介紹什麼是農企業（黃萬傳，1995），其次說明創新經營與農產行銷之關係，由此引申臺灣農產行銷之走向（黃萬傳，1994b），第三節說明在一個農企業內如何找到創新的 DNA，並輔以兩個臺灣農企業之案例。

第一節　農企業管理之整合行銷

一、前言

農企業（Agribusiness）一詞最早由美國學者 J.H.Davis 於 1955 年提出的，又於 1957 年有 J.H.Davis 和 R.Goldberg 出版《A Concept of Agribusiness》一書闡釋其意義和內容。爾後，許多學者對農企業之理念有頗多爭議，如 Thomas, G.W., S.E.Curl 和 W.F.Bennett 於 1973 年就界定農企業為總的農企產業（Total agricultural industry），Snodgrass, M.M. 和 L.T.Wallace 於 1975 年則提出農企業加上農場等於農業（Agribusiness plus farming equals agriculture）的觀念，Duft, K.D. 於 1979 年則提出農企業並未涵蓋農業生產部門和批發零售部門。迄至 1987 年之後，對農

企業的界定始有一致的看法，尤其與管理導向的結合為然（Harping, 1995; Ng and Siebert, 2009; Freddie, et al., 2016）。

一般而言，於農業經濟領域或企業管理領域，提出農企業整合行銷理念的理由，大致可分為：

（一）由於農業生產朝向複雜化和專業化，農業生產所需的因素大量依賴非農業之農用品部門，及為加速農業起飛，誠如 Ng 和 Siebert 指出此時的農業生產需有新式的因素投入（new forms of inputs），如農藥、肥料、飼料和農業機械，此等因素皆來自農場外（off-farm），異於傳統的生產因素由農家本身來提供。

（二）基於一個國家的經濟發展或成長，國民所得提升以後，改變消費者對農產品消費的內容、形式和習慣，至誘導對行銷勞動需求的增加，因而有食品加工、速食產品和外食產業的產生。

（三）一個事業或企業的邁向企業化經營是必然的趨勢，企業管理原則的應用及考量經營規模和效率，遂有垂直或水平整合的做法，促使農企業的營運更注重行銷管理導向。

隨著此理念的提出和基於看法漸趨一致性的前提，其對原本所指的農業行銷遂產生下列的衝擊：

（一）重新界定農業的範圍，即農業不單是農林漁牧的廣義界定，而是農業行銷宜涉及工業部門和服務業部門的行銷，除原本生產活動之外，尚涉及食品加工、農用品部門以及貯藏、運輸、金融等的行銷服務業。

（二）促使農業生產的現代化，提高營運效率，以市場為生產的導向，因而就總體農業而言，農業生產部門是有向前聯鎖農用品部門之效果，向後聯鎖行銷和服務業部門；於個體農業方面，促使經營規模的擴大，農場經營更具企業化，並對農民具有「提升品質」之教育作用。

（三）就學術活動觀點，自 1983 年起，美國有《Agribusiness: An International Journal》的發行，1990 年有 International Agribusiness Management Association 的成立；在大學教育方面，美國已有農業經濟學系變更為農企業管理學系，或是於農經系劃分出農企業組，國內於 1991 年左右亦有技術學院設立類似的科系。

二、農企業之意義及其範圍

（一）意義

　　歸納自 Freddie, et al.（2016）之《Agribusiness Management》一書，早期有如下對農企業的界定。依 J.H.Davis 最早提出農企業的理念，其意指「有關農業的所有各種活動，該等活動包括農場經營、管理、金融、加工、行銷、育種與品種改良、肥料、化學品、加工機械、容器和運輸設備等之製造之及運輸。」（Duft, 1979）。另 Davis 和 Goldberg（1957, p.2）則界定農企業為「所有涉及農用品生產與分配之作業活動、農場的生產活動以及農產品及其加工品之貯藏、加工和分配等。」（Agribusiness was defined as the sum total of all operations involved in the manufacture and distribution of farm supplies; production operations of the farm; and the storage , processing , and distribution of the farm commodities made from them）。Rosen（1974）界定農企業是結合農業生產因素及其後的生產、加工和分配之科學。Williamson（1975）與 Duft（1979）卻界定農企業不包括農場經營活動，即僅指凡向農民購買產品或賣農用品予農民之相關企業，而其間所涉及交易的產品則有生產資源、農產商品及輔助性的勞務。Rawlins（1980）所謂農企業係包括所有涉及農場外（off-farm）之廠商和從業人員。Kohls 和 Uhl（1991）界定農企業是農場生產因素、農場生產活動和糧食行銷過程之總稱。Cramer, et al.（1991）界定農企業是涉及農業生產因素之製造分配、農場的生產作業以及農產商品之貯藏、加工和分配等所有活動的總和。

　　至 1987 年，對農企業一詞，則有兩個被接受的一般性定義，其一是農企業僅包括農用品部門，由此提供農牧場生產所需之生產因素，如種籽、飼料、肥料、化學用品、農用機械、油料及其他等，致傳統的或狹義的農企業僅指農業生產活動所需各種因素之生產者和製造商，諸如化學用品、肥料和農用機械的經銷商、飼料和種籽的製造者和繁殖場以及各類農業金融的機構。

　　第二個被接受的是一個較廣義的定義，即農企業包括農用品部門、農產品生產及其加工、運輸、金融、處理或行銷等之企業和管理活動；申言之，符合總體農業行銷的理念與範圍。

（二）範圍

依上述農企業的定義由圖 14-1 表示農企業的概念結構。

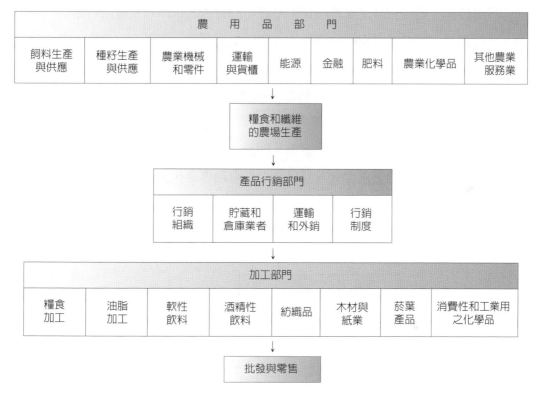

圖 14-1 農企業之結構（按職能組織觀點）

農用品部門對提升農場經營部門生產力是有相當且直接的幫助，如自 1967 年以來，美國農場經營生產力的提升有 50% 是來自於農用品部門，即如圖 14-1 所示有關的農用品部門旨在改善農場經營的「產出－投入比率（Output－input ratio）」，不論是屬生物性技術的飼料、肥料或品種改良，或是屬機械性技術的農用機械之生產或利用，均具此等效果，因而一個有效率的農用品部門對繼續提升農場生產效率是極為重要，尤其是農場生產愈朝向資本密集，其愈是依賴農用品部門。

農業的農場經營部門是促使農企業存在的必要條件，所謂農場（Farm）之定義，常視國情不同而異其內涵，如美國自 1850 年以來便常有不同定義，但大致並

重經營面積和農產品銷售金額的觀點；我國的定義，則依「農業發展條例」界定為（家庭）農場是指以共同生活戶為單位，從事農場經營與農產品銷售者。

　　農業服務業部門係指為達到新的或更好的生產和行銷農產品方法之研究、傳遞新的農業技術、發展和訂定保護糧食生產者和消費者的法律以及提供特定的慣例服務。一般而言，公共或政府的服務是該部門的主要部分，如研究、教育、資訊傳播和立法規範；但近幾年來私人或民間的服務部門則益顯重要，如我國早期的水稻育苗中心或雜糧代耕中心，或是國外的私人經濟研究機構，如美國的 Urner Barry 提供雞蛋市場價格與分析。

　　當農業生產者和消費者的距離愈遠，則農產行銷（包括加工）就愈顯重要，即當消費者對行銷勞務之需求愈大，且農業生產愈趨專業化，則糧食行銷商提供此等行銷勞務，且勞務費用占消費者支出的比率則愈為增加；基於上述，以圖 14-2 列示農用品部門、農場經營部門、農業服務業和農產行銷業等之間的關係。

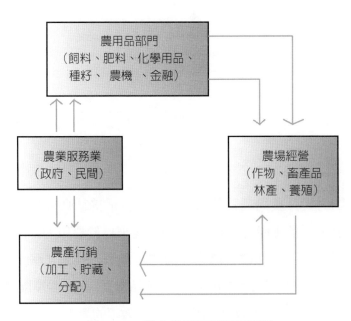

圖 14-2　農企業各部門間之關係

　　由其間發現有下列之關係：(1) 農業服務業提供其他三個部門所需的服務項目；(2) 農用品部門僅提供農場經營所需之生產因素；(3) 農產行銷部門與農場經營部門之間則具有互動之關係。

三、農企業之行銷管理與組織

（一）農企業之行銷管理及其特性

　　任何農企業之成敗，端視行銷管理者對企業組織資源的有效或無效利用而定；一般而言，所謂行銷管理係基於一個企業組織可用資源之前提，成功地企求可望結果之藝術。一個成功的行銷管理包括：

　　(1) 於行銷管理過程當中所需的人力，有人力資源和技術資源之內涵；(2) 行銷管理是一種藝術而非一種科學，蓋其大部分是處分「人」之事務，致視行銷管理原則是一些不完全的方程式；(3) 好的行銷管理必須是成功地配合預期和既定的目標或結果，行銷管理者為獲得成功，必須認知其所該前往的方向；(4) 考量可用的資源，每一企業組織擁有不同的可用資源，成功的行銷管理者需由此等資源獲得最大的潛在報酬。

　　對任何企業而言，所應用的行銷管理原則皆是一樣的，但應用基本行銷管理原則是一種藝術，它是導致農企業和其他企業之行銷管理有差異性，Downey 和 Erickson（1987）指出，導致此等差異之理由：

　　(1) 誠如前述，農企業所包括的企業種類繁多，該等企業之行銷管理者需因應其企業之特性而應用行銷管理原則，致農企業內的每一企業皆有其特殊的行銷管理原則。

　　(2) 就行銷通路而言，有為數眾多的不同企業涉及參與由生產者至零售市場之行銷管道。

　　(3) 基本的農企業係以無數的農業生產者為基石，大部分的農企業直接或間接地與農民有交易之關係，除農企業之外，未有其他產業基本上是以原料生產者為基礎。

　　(4) 農企業的營運規模不一而等，由極大規模至一個人或一個家庭的組織，但若與其他企業或產業的比較，大部分的農企業是小規模的。

　　(5) 於相對地自由市場，農企業是小的且具競爭性，及有許多賣者和少數買者，就農企業的數目和規模是不足以構成獨占力量，大部分農企業產品的差異程度是不大的。

　　(6) 許多農企業工作者仍然依循傳統的生活哲學，致農企業較其他企業趨向保守。

(7) 農企業廠商傾向家族導向，許多農企業係由家族經營或其與由家族經營企業有所交易，夫婦兩人在決策和營運階段居重要角色。

(8) 農企業的區位具社區導向，大部分農企業位於小鎮或農村地區，因而其人際間的關係是重要的。

(9) 農企業的營運具高度季節性，蓋一方面農企業和農業生產者之關係密切且互為相依，另方面農產品生產和採收之具季節性所致。

(10) 農企業營運深受自然條件如乾旱、水災和病蟲害的影響。

(11) 政府計畫和政策直接對農企業產生衝擊，如許多農產品價格受政府政策的影響，實物補貼計畫（Payment-in kind）影響農企業部門的營運。

（二）農企業組織的類型

一般而言，農企業組織有獨資、合夥、公司和合作社等四種類型，茲以表 14-1 列示其比較。前已述及農企業所含蓋企業種類眾多，影響選取組織類型之因素計有：

(1) 組織成本和組織容易或困難之程度；(2) 農企業營運所需之成本額度；(3) 農企業所有者需自備的資本額度；(4) 獲得額外資本的容易或困難度；(5) 需負擔賦稅的能力；(6) 於管理過程所涉及的人力應用狀況；(7) 所有權的穩定性、連續性和移轉因素對農企業的重要程度；(8) 如何達成農企業的事業保密；(9) 企業所有者需承擔的風險；(10) 農企業的類型和所有者之經營目標和哲學。

四、農企業之產品與行銷

（一）農企業之產品

依 Branson 和 Norvell（1983）之定義，一個農企業產品是具有明顯的農業血統之產品或是被利用於農業生產之產品；由此，該定義包括農產商品、大部分的糧食產品、許多的纖維製品以及農用因素和勞務，及該定義是廣義的。按照農企業產品是否為最終消費之目的，其可被區分為消費財和中間財，如圖 14-3，前者是以最終消費為目的，而後者為產業、機構、出售者、政府或其他消費者再以利用為目的者。

表 14-1　農企業四種組織類型之比較

組織特性	組織類型			
	個人獨資	合夥	公司類型	
			投資者所有之公司	贊助者所有之合作社
1. 管理控制	獨資者	合夥人	董事會	理事會
2. 管理導向	獨資者	合夥人	投資者	社員
3. 職能	為銷售而買入、生產或提供財貨和勞務	同左	同左	購買和提供生產用品和勞務行銷和加工商品
4. 目標	追求獨資者利潤	追求合夥人利潤	追求投資者或持股者之利潤	為贊助者或社員節省費用
5. 利用	一般大眾	同左	同左	社員
6. 所有方式	獨資者	合夥人	投資者，每股份一票	社員，通常是每一社員一票
7. 法源	非公司法	合夥協定	公司法	合作社法
8. 負債能力	獨資者之資產	合夥人之資產	公司之資產	合作社之資產
9. 收入處理	獨資者	合夥人	依持股者比率分配	依贊助者比率分配
10. 投資報酬	無限	無限	無限	受法律限制

資料來源：Duft, K.D. (1979): Principles of Management in Agribusiness, Virginia, Reston: Reston Publishing Company, P.5.

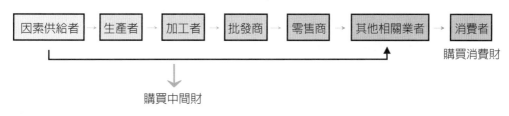

圖 14-3　農企業產品之分類

　　農企業產品的特性係指其屬性而言，包括有形的和無形的，該等特性促使消費者對該等產品有或多或少之企求性。首觀消費財方面的主要特性有：

　　(1) 產品的包裝，農企業產品包裝的重要性表現於包裝的普及性和包裝對行銷商（Marketers）的重要性，前者以牛肉農企業為例，除生產牛隻階段未有包裝之

外，其餘在因素供給者、加工者、批發商和消費者等階段皆有包裝；後者以在超級市場出售有包裝的蔬菜爲例，其重要性如表 14-2。

表 14-2　農企業之收入與成本之內涵

收入	成本
增加：1. 價格透明度 　　　2. 選購速度 　　　3. 改變形象 　　　4. 保持溼度 　　　5. 促銷	1. 包裝材料費用 2. 包裝勞力費用
減少：1. 某些消費者偏好選購特定產品 　　　2. 有彈性產品者增加成本	1. 降低腐損率 2. 減少結帳速度

資料來源：Duft, K.D. (1979): Principles of Management in Agribusiness, Virginia, Reston: Reston Publishing Company, P.5.

(2) 商標旨在建立消費者對農企業產品的依賴度，由此藉由創造需求而推動對此產品產生的需求得以增加；對消費者而言，其可藉由商標而確認所購買產品之品質，商品亦帶給消費者在購買溝通之利。其他較爲次要的特性有特色（Flavor）、感觸（Texture）、外觀（Appearance）、嗅覺（Smell）及服務。

其次中間財之特性，中間財主要是出售予農產品生產者、批發商和零售商，其有不同需要和購買習慣。農企業中間財主要的特性有：

(1) 價格和實質之說明，如美國農業部已規定有許多農企業產品之說明。

(2) 多用途性，可減少中間財移轉用途之效率損失，對農用品部門尤爲重要。

(3) 耐用性，對用於維護農用建築和設備之產品頗爲重要。

(4) 服務性，中間財利用者企求對此等產品有強烈的保證，爲企求在合理的成本下有維修的服務。

（二）農企業之行銷

對農產行銷的研究，有總體和個體之分，前者指農產行銷制度，而後者是考量個別的行銷商行爲。一般而言，農企業廠商之目標有認定市場需求及其範圍、取得市場區隔之資源、開發新產品、獲得資金融通、發展定價策略以及維持發展行銷創新之持續能力。

就應用整合行銷概念而言，農企業廠商之行銷計畫係表諸於行銷整合，第一個整合是農企業產品，管理一個產品包括規劃和發展，以迎合消費者之需求，其次是關於改變現有產品的決策，第三是開發新產品，第四是有關產品組合之行為。

第二個整合是一個定價計畫，基於考量競爭者的可能行動，農企業需選取一個定價策略，但此策略必須同時傳送產品形象予消費者。

第三個整合是一項促銷計畫，旨在告知或說服目前和潛在消費者有農企業產品之價值，廣告、個人銷售和有關銷售活動等是主要的促銷工作。

第四個整合是配銷通路的選擇，旨在確保產品可以適地、適時和適價地達到消費者手中。

為完成上述整合行銷計畫，目前農企業的行銷採管理導向，及應用規劃（Planning）、執行（Implementation）和控制（Control）之管理程序。

一般而言，農企業廠商雖有一套良好的整合行銷計畫，然未克竟其行銷工作，蓋受外在行銷環境的影響，此等的環境因素有（Bennett, 1995;Child, 1975; Casavant and Infemger, 1984）：

(1) 經濟因素，如整體經濟的成就、消費者對經濟的信賴度（如可支配所得、通貨膨脹率）。

(2) 市場結構因素，此等涉及 S-C-P 模式所考量的因素，如強調可行性競爭（Workable competition）的理念。

(3) 政治因素，國內因素如保護消費者意識的抬頭、有關的農產行銷法規，另有國際因素如 WTO 的規範。

(4) 社會因素，如社會的價值判斷之改變以及人口因素。

(5) 技術因素，如圖 14-4，呈現在不同的農企業系統階段有不同技術類型。

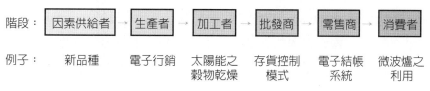

圖 14-4　農企業制度之技術變動

五、落實農企業之整合行銷

目前國內對農企業之整合行銷已逐步落實，但其常與農業企業化混為一談。若依 Ng 和 Siebert（2009）之觀念，所謂農業企業化（Farming commercialization）係指農業生產面的商業化，包括提升農產品之商品化程度和對來自農場外生產因素依賴度的加深；依此，農業企業化僅指農企業之農場經營部門之企業化，並不等於農企業的全部。

由早期我國政府之「八萬農建大軍」、「精緻農業」、「農業四化」及「農業三生」及目前的「四農與四生」等農業施政方針之觀點，雖各有其特色，然所具共同特點是以企業化為手段達成農業的現代化。但在面臨經濟活動之國際化、自由化與推動農業改善方案之際，建立一個更具有企業精神的農業經營體，是有其時代的必要性和迫切性，為達成此，則需以落實農企業整合行銷為主要關鍵。

最近三十餘年來，對農企業整合行銷提出宜由應用行銷策略管理原理來取代生產經濟學的原理，遂有倡議應用四大理論來分析農企業整合行銷之實務經營（Ng and Siebert, 2009）。理論之一是依 Coase（1937）提出的企業內部授權關係（Authority relationship）與 Williamson（1975）的交易成本經濟學（Transaction cost economics, TCE），由此說明為何農企業要採用垂直整合的經營與行銷，在美國如養豬、牛及肉雞等的農企業產業已是如此。理論之二是 Simon（1976）之行政人（Administration man）取代經濟人（Economic man）之理念，即農企業之經理人是追求滿意度而非利潤最大化，即滿意於追求利潤的適當水準；由此一方面引申農企業需關注企業行銷行為之心理行為基礎，二方面引申企業經營更具採行風險作為，如美國雞蛋產業就採用增加雞蛋新的機能，如開發具有 Omega-3 之雞蛋，以減緩食用雞蛋後引發心臟病發之機會。

理論之三是應用 Penrose（1959）的連結理性（Bounded rationality），即廠商要有多樣化的成長，廠商對內部之雜異、不可分割及不連續等資源應尋求較好與多樣的利益；由此引申廠商採用新技術的成長，以增加新生產可能性的發展，如開發新型的生產線。理論之四是應用 Barney（2002）的資源基礎觀點（Resource-based view, RBV），即廠商以自有資源之價值（Value）、稀少性（Rareness）及不可模

仿性（Inimitability）（VRI）等廠商的自有特性；由此一方面引申廠商可以永續其競爭優勢，如食品加工業者採用危害分析和重要管制點（HACCP），引申之二是廠商具有因果模糊性（Causal ambiguity），即模仿者沒辦法完全瞭解廠商資源與績效效果之關係，因此農企業廠商有其自有的文化與名聲。

基於此，以下提出更具體落實農企業整合行銷的做法（黃萬傳，1995；Ng and Siebert, 2009）：

（一）更加速推動農企業管理的理念

前已述及，農企業已經將傳統農業重新界定，且指出農業行銷活動需綜合農工商活動之特質，並融入各項政府政策。職此，臺灣農業經營體所需建立共識的第一個做法，是加速推動農企業觀念，一個現代化的農場經營單位，且考量邁向商業化和工業之外，加強連結農業行銷服務業當作潤滑劑更是不可或缺。

（二）農民必須是企業人

落實農企業整合行銷之第二個做法，是臺灣的每一位農民必須是企業經理人（A farmer should be as a manager），即身為二十一世紀的農民，需具有企業家的理念和態度。欲達成此一共識，需推動：

(1) 農民身分認定：目前政府已採取行動，並有初步認定身分條件之確立。

(2) 建立農業資訊制度：資訊是決策之母，整體農業資訊的有無和正確性端賴農業活動者之提供，就理論而言，業者記帳是最可靠的資訊來源。過去政府致力於農家記帳，但其功能卻未顯現，忽視記帳結果對記帳農家的實質應用。建立資訊制度，條件之一是農民須認知基本的經濟學、企業管理及會計財務分析，方可確立經營成本和收益之計算內涵；條件之二是落實經營紀錄資料對個體農場經營者之應用，由其資料理出改善經營策略，最終以 QR 碼來呈現其成果。

(3) 確立小農經營制度下企業人之特性：主要關鍵在於小農經濟活動是農產品產銷和農家生活密不可分，導致農場經營企業化與工商服務業企業化有其本質上的差異，由此誘導計算農場產銷成果之損益表和資產負債表等內涵認定之困難度。

（三）學術研究與教育方向的調整

教育是百年樹人大計，農業教育亦不例外。依此，導正農業產銷教育方向遂爲推動農企業管理整合行銷之第三個做法。多年來，國內相關大學之農業（或應用）經濟學系，並未實質著重培育農企業人才。導正的方向，首先大學層次宜在農業或應用經濟學系課程內設置農企業講座，注重研究農企業之理論基礎，由此培育應用該項理論之師資；農業技職教育體系方面，宜培育具有經理人能力的領導人才，作爲推動農企業經營的尖兵。其次，在學術研究方面，宜著重農用品部門和農業行銷服務業之研究，蓋一方面國內甚乏對農用品之經濟或企業管理之研究，二方面是於政府推動農產品直銷和有機農夫市場，意味加速國內有關農產品生產和行銷商之垂直整合。

（四）以管理推廣爲農業推廣之主軸

農業推廣是正規農業教育的校外延伸，結合各項政府政策、資訊和農業活動者之橋梁。第四個推動農企業整合行銷之做法，是考量業者接受現代化經營和管理之能力，提升此項能力的法寶是改變臺灣農業推廣教育的方向，即由技術推廣改爲管理推廣。積極透過推廣教育，輔導農民或農企業者具有行銷管理理念，進而教導如何去實踐。總之，各級農業推廣工作人員需具備經理人之理念和風格，方可爲推動農企業整合行銷奠下基石。

六、對農產行銷之涵義

農企業的理念在國外已有近七十年的歷史，然國外的業者和學者對其意義和內涵的看法，則是在三十年前方漸趨一致，且有相關學術團體的組織和發行有關刊物。至於國內，若依國外對農企業一詞有四十餘年的爭議之觀點，於國內若欲落實農企業整合行銷，則尚有一段漫長的時日。

首先，就理論而言，農企業整合行銷一方面提供重新界定農業範圍之信息，二方面更意味傳統農場經營不再是單獨的存在，需與農用品部門、行銷加工及農業服務業部門等唇齒相依，農場產銷活動更需依賴此等部門的順利運作。就實務觀點，

農企業整合行銷的理念一方面提供農產品生產者需有市場導向的做法,即在生產面的因素來源更依賴農場外的提供,加深生產面的商業化和機械化的程度,在產品銷售面,則需有為市場需求而生產之理念,給予生產者有提升品質教育的正面作用,亦進一步提升產品面的商業化程度。

第二方面,是誘導政府對農業政策與制度的修正,不宜只著重傳統廣義農業的立場,尤其在相關的資料和資訊的建立為然;於學術研究方面,亦促使關注農用品和農業服務業之研究。第三方面由於近幾年來農企業整合行銷非常著重企業管理原則的應用,促使傳統的農場經營和農產行銷活動更具管理導向,有加速其邁向企業化經營之途。

雖農企業整合行銷具有上述優點,然亦由此促使產業垂直整合的加速,該項整合是有利於技術效率的提升,但不一定對決價效率帶來正面的效果,此乃今後推動農企業整合行銷宜注意者。

第二節　創新經營與農產行銷之關係

2007 年,據報紙之報導,有關由四十六位稻農自組公司與購物網站 PAY EASY 合作,透過企業認養「一畝田」來網路行銷該公司生產的優質白米,此一行銷方式不但可增加稻農每公頃五至六萬元收入且售價尚比同級白米要便宜兩成。此一個案除凸顯目前農業經營困境,農民需自求多福外,重要的是提示政府農政單位與其他農民,求變與創新是行銷經營的法寶。

上述個案是屬創新農業行銷之一種類型,實際上,前已指出,早在幾個世紀前,名經濟學家熊彼得就提出「創新叢生」理論——創新是創造利潤的唯一動力,而利潤是任何企業求生與再發展的潤滑劑。觀察當今許多非農業企業如美國 3M 公司就是以創新見長,微軟公司亦是如此。依創新(含改良)理念,創新經營大致可分為組織變革、生產技術、行銷技術及文化創意四大屬性(黃萬傳,2008)。

一、創新技術之類型（黃萬傳，2008）

回顧過去國內農業創新技術的投入，依時間順序為生物性（含新品種、化肥、農藥等）、農業機械化、經營組織變革（共同經營、代耕、農業產銷班等）、品質提升技術（如吉園圃、CAS）以及應用網際網路（如網路行銷、宅配）等。以上的創新大多是由政府藉由農業政策由上而下帶動農民及其組織所推動的，然自2002年加入WTO之後，因國內農業經營面對外來農產品競爭與農村人力老化，農政單位推動產銷履歷、漂鳥計畫以及「永續經營、健康、效率」等相關政策以茲因應，而其中的「小地主大佃農」策略則較受矚目。平心而論，此一策略與共同經營或代耕頗有異曲同工之效果，主要目的還是擴大經營（工作）規模，讓零碎農地得以整合或讓無意耕作農民得以離農，而有意願者則可以透過「農地銀行」租地從事農業經營。

據過去之研究發現（黃萬傳，2008, 2009），國內農業經營出現二種趨勢，其一是由農民或其組員自發性的創新經營，如菇菌類生產，在新社、霧峰及草屯與休閒的結合；在太麻里及國姓鄉之農會倉庫轉型利用，與文化創意和休閒的結合；在信義、大湖、集集（車埕）農會或農民利用當地文化與農業資源，經營農村酒莊或休閒農場；大樹地區種荔枝果農應用資訊網路結合宅配來銷售荔枝。上述的創新經營，兼具不同的創新屬性來提升經營能力，尤其在組織變革及品質管理技術為然。其二是年輕一代（青農）且具較高學歷的人力回流投入農業經營，或許是上述漂鳥或洄游計畫已具成效，即原來老農民的子弟逐漸有意願留下務農，有些是由非農業人力的加入，而他們願意加入農業，關鍵在於具有創意且看得到利潤。

二、可能的策略

上述獲得成功的案例，只是國內農業經營的鳳毛麟角，若要達成農政目標，仍有待農政單位、農民組織的整合，建議政府在農村再生的策略能考量以下做法。

（一）就組織創新及變革觀點，農政單位應擇取目前已變革成功的農漁會或合作社，如斗南農會、太麻里地區農會、信義鄉農會、大甲鎮農會，歸納其成功因素

及其經營模式，採取過去經濟部對中小企業輔導與診斷的做法，由農政單位將上述成功經營模式並考量受輔導的農民團體文化，予以推廣。

（二）農政單位近年來已選出許多經典產銷班，均具生產技術、行銷技術及文化創意特性，但發現有些班選出後就不再繼續經營下去，誠屬可惜。因此，農政單位宜就上述各種經典業者如南化芒果產銷班、太保番茄產銷班，應將其創新成功的類型與因素予以推廣，或關注其如何永續經營。

（三）農產品產銷制度的重建是另一個關鍵，目前農業經營的創新已具綜合組織、生產技術、行銷及結合文化等功能，農政單位一方面可選取某種農產品如木瓜（在中埔、杉林、六龜等地）、蓮霧（在林邊等地）、芒果（在南化、枋山等地），以兩百公頃為單位，將原為多個產銷班輔導轉變為合作社，採用前述的美國行銷訓令（如香吉士、華盛頓蘋果）、紐澳行銷局或協議會（奇異果）的供給管理做法來建構國內產銷體制，即在上述區域內整合生產者、行銷商及加工商來規範生產與行銷秩序，以避免區域競爭、相互排擠。

（四）借鏡歐盟（尤其德國）農村地區發展的更新政策，以建構農村永續經營環境為主軸，除考量生態、有機與再生能源利用外，旨在讓農村社區之環境與農地獲得適當管理，尤其是透過農村再生以增加地區競爭力，如加重農場投資，有利於青年農民回流、創新性的農產品在地行銷及強化生產環境的品質。在國內，此一做法可結合上述產銷制度來推動，並連結休閒與觀光進行水平、垂直與異業間的策略聯盟。

（五）積極推動非農企業投入農業經營，主要手段有契作與行銷。目前已有一些國內企業如卜蜂、統一、大成長城、興農等投入與肉雞、蕃茄及果菜的農民契作，另國外的水果行銷公司 Dole 亦與國內果農契作並外銷。在行銷面，應有專業的行銷企劃來支持，如「係金ㄟ」紐西蘭奇異果、加州香吉士等廣告已眾所周知，而國內蔬果生產者，除依消費者對其既有之印象而辦理宅配外，在記憶中實在找不出一件像樣的水果的廣告。

總之，目前國內農民自發性的創新經營已逐漸形成風氣，企盼農政單位能積極乘勢追擊，以創新經營作為提升農業競爭力的利器，為農民創造更多的經營利潤，才可確保農業的永續經營。

三、農產行銷之走向

　　大部分的農產品是生活必需品，致農產品行銷活動如集貨、分級、包裝、運輸及儲藏等，遂在日常生活扮演重要角色，尤其隨國民所得的提高，吾人更依賴農產行銷工作。前已指出，農產行銷係結合農產品生產者與消費者之一種經濟活動，是促使農產商品化之齒輪；其間涉及各種行銷商或農民組織，在行銷過程所運用之組織或機構而形成制度者，謂為農產行銷制度；申言之，該制度涵蓋行銷通路及其成員互動、行銷職能之運作及有關的行銷法規。一般而言，參與臺灣農產品行銷實務之組織，大體可概分為政府機關、農民或農民組織和一般商業性組織。

　　政府機關影響農產行銷的方式，之一是早期公營的農產品如糖、菸草和釀酒用農產品，形成特有行銷通路和行銷職能，之二是參與農民組織或團體職司有關農產品外銷、市場經營主體之一或產銷穩定計畫，之三是訂定有關的農產行銷法規及干預農產品價格的形成。農民或農民組織（或團體）影響農產行銷的方式，之一是參與有關行銷職能的運作，之二是市場經營主體之一，之三是執行政府行銷計畫。一般商業性組織則藉由參與有關行銷職能運作、市場經營主體之一以及供應人或承銷人等方式來影響農產行銷。

　　近年來，經濟邁向自由化與國際化是一種潮流，臺灣亦不例外，已加入 WTO 和自 1992 年 2 月實施「公平交易法」就是因應該潮流之實際行動。依此，該等舉動卻改變臺灣農產行銷的環境，有關農產行銷之走向，乃係依上述策略及此等環境而引申的。

（一）走向一：單純化農產行銷通路

　　誠如前述，行銷通路是各級通路成員，將農產品由生產者運送至消費者之一種路徑過程的表示，依行銷學原理，由「生產者→消費者」之一階通路是最符合行銷效率。由於受農產品及其加工品特性的影響，農產品行銷通路常是具三或四階以上的通路，因而衍生複雜通路和增加無謂的行銷成本。臺灣大部分的農產品亦具此等特性，如毛豬、各類果菜、肉雞、稻米及雞蛋等，其中有經過批發市場，亦無經過批發市場，就實務觀察，發現後者的行銷效率似是高於前者，遂有前已述及近年來

倡導「直接行銷」之舉。基於此，簡化行銷通路之做法，之一是重新調整現有批發市場，之二是加速發展分級包裝中心和配銷中心，以利落實直接行銷。

（二）走向二：調整農產價格政策

依 WTO 之規範，對國內補貼的減讓係依總體支持指標（AMS），先進國家於 1995～2000 年內需降低 20%，開發中國家於 1995～2004 年降低 13.33%。由於國內有許多農產品價格的決定是屬行政決價方式，如保價收購，係屬直接扭曲生產和市場運作之「紅色政策」，因此不論我國以何種類型國家加入 WTO，勢需修正目前的農產價格政策。為落實該一走向，做法之一是採行生產與所得之分離政策，之二是加速修正價格形成的方式，採用公式決價和電子拍賣。

（三）走向三：建立完整快速可用之大數據資訊制度

依企業管理程序，得知資訊是決策之母，即資訊是現代經營決策的重要依據。有關農產行銷的資訊制度宜包括行銷團體之基本資料、行銷狀況、有關市場活動之預估、市場交易資料及國外商情和交易資訊。由前述得知，有關的行銷資訊內容僅止於農產品行情報導，與上述內容尚有距離；雖幾年來，政府農政單位和有關業者如肉雞和蛋雞正式建立較完整的資訊，然卻侷限在生產面。依此，為落實該一走向，做法之一是應用大數據（Big data）技術統合當下各農政單位發布產銷資訊的事權和體系，之二是於資訊發布之前，需經過嚴密的判斷，之三是落實資訊確實為業者所用。重點是宜掌握大數據之量（Volume）、速度（Velocity）、多樣化（Variety）及價值（Value）等四大特性（Streel, 2017）。

（四）走向四：強化農產行銷合作

行銷合作是農民在市場運作過程提升議價能力之一有效方式，如美國的行銷訓令、加拿大的行銷協議會及日本的供給安定基金，皆以行銷合作為基礎。於國內實施多年的農產品共同行銷亦奠基於合作，惟其效果時有爭議，乃導因於合作精神的不足；近年來的果菜行銷已逐漸由行銷合作社取代農會的共同行銷，但尚差強人意。為落實該一走向，做法之一是宜積極加強農民合作教育，之二是整合有關產銷團體或組織，之三是修訂合作社法，合作乃係一種企業，宜採用企業管理的方法。

（五）走向五：修正或增訂有關的農產行銷法規

法規旨在規範和導正有關活動的作為，目前國內直接與農產行銷有關的法規是「農業發展條例」第四章「行銷、價格及貿易」和「農產品市場交易法」，即由此而訂定的有關辦法；雖此等法規屢有修正，然尚不足以順應環境的蛻變。為落實此一走向，做法之一是配合WTO規範，修正「農業發展條例」第四章有關保證價格的規定，之二是融合「公平交易法」與「農產品市場交易法」，之三是修正農產品市場交易法規範批發市場應以「營利」為目的，之四是增訂規範農產品分級包裝中心和配銷中心之法規。

由於農產行銷是連結農產品生產者和消費者的橋樑，隨分工趨勢和國民所得增加，顯現農產行銷的重要性。目前臺灣農產行銷由於面臨國內外環境變化而正值加速轉型期，即由傳統多階通路之行銷朝向現代化通路層次較少之行銷，職此之際，一方面政府需藉由完備的農產行銷法規以開創良好的行銷環境，另方面有關的業者則宜具有合作且自主運作的精神，此來則加速促使臺灣農產行銷更具效率且達成秩序行銷之目的。

第三節　發現創新基因之行銷

一、前言

在農業生產高度商業化、全球化及資訊化的時代，國內農業經營已面臨諸多挑戰，加上國內農業環境受困於自然災害與產銷制度的慣性，亦引發產銷調適等問題。臺灣農業主要的困境，在於農民及農產品的國際競爭力（土地以及人力成本）軟弱。因獲利不足而肇致青壯離農之人口老化、資金不易引進、欠缺經營意願等之死亡螺旋。然而我國在品種改良、新品種引進、病蟲害及疫病防治、生產及管理技術的改進、生物科技的開發與應用等方面曾有傲人的實績，並已累積雄厚的競爭資本，為何仍面對國際競爭力不足的問題？有議者說「臺灣的農業困境肇因於錯誤的

農地與補貼政策」，故使農地的使用無法達到經濟規模，因此土地及人力成本居高不下。雖說如此，但在我國特有的地形、氣候限制之下，就算略具規模的農場，亦不足以與外國一較長短。若按照 Porter（1985）的競爭理論，在先天的成本結構不良的情況下，我們應當採取「焦點化」及「差異化」的策略，方能在世界農產品的紅海中另闢蹊徑。然則，透過「組織、行銷、生產技術、文化因素」等因素的組合及創新，並運用在產、製、儲、銷及使用的過程中，應可更有效的創造農產市場的「焦點」及「差異」。

所謂創新（innovation）是指使用新的技術及市場知識，提供顧客新的產品及服務，創新是創意過程的最終結果，而創意過程是一個組織發展創新所需要的新技術或新的知識產生的過程（Holt, 1983）。

黃萬傳在 2008 年「農業創新經營組織類型與發展研究」計畫中發現，「組織創新」型農業組織認為組織授權、核心人物人格特質及成員溝通有助於企業轉型，除此之外，注意產品內容、通路策略、生產技術及產品組合則有相輔相成之功。「行銷創新」型農業組織認為進行變革時，首要考量為通路推廣的部分，需配合文化創新能力中的良好認同及幫助文化推廣兩項因子，可以讓通路推廣因融入當地生活，讓當地居民有認同感，讓創新產品從當地市場能推廣到讓消費者認同；而在組織內部需要強調成員間的溝通，先提高組織內部滿意度，方能推廣至外部消費者的市場。「生產技術創新」型農業組織認為進行變革時首要考量為生產技術產品組合及創新投入的部分，另進行產品內容包裝及通路推廣策略，可為創新農業組織帶來即時的利潤。「文化創意」型農業組織認為，行銷創新能力構面因素重要性大於文化創意能力構面，進行文化創意組織變革時，最重要的因素需考量推廣策略及產品內容，融入文化創意因素後，方能成功推廣創新產品。在我國農業環境中，農民組織透過營運觸角的延伸及組織的改造；行銷方法、通路的變革、生產管理技術的提升及加入文化因素，使產品更具故事性及獨特性等，均可為農民帶來新的契機。

二、創新（Innovations）之概念

誠如前述，「創新」最早由經濟學家 Schumpeter J. A.（1911）所提出，

Schumpeter 將創新定義為一種獨特性的任務。Rogers（1995, 2003）則認為創新為「一種被個人或是接受者認為是新的觀念或是行為、標的」。企業創新在創造競爭優勢，Barney 和 Arikan（2001）認為競爭優勢之所以能夠持久，是因為公司所擁有之異質性（Heterogeneity）以及不可移動性（Immobility）的資源中，有部分的資源尚具備有價值性（Value）、稀少性（Rareness）、不可模仿性（Imperfect imitation）以及不可替代（Non-substitutability）等特性，並因為這些特性才成就了競爭優勢的持續。Wemerfelt（1984）提出了資源位階障礙（Resource position barriers）之概念，此概念類似進入障礙（Enter barriers）的想法，認為「在公司績效與公司資源具有高度相關的前提之下，公司的競爭優勢將隨公司資源的耗損而喪失，因此公司應設法建構一些資源位階障礙，以提高其他公司取得這些資源的難度，進而維護並延續公司之競爭優勢。」

（一）創新的類型

根據不同的創新定義，學者們對創新類型也因觀點與研究重點不同而有所不同。Marquish（1982）將創新的型態分成三種：

1. 突破性的創新（Radical innovations）：隨著發現新科學現象而產生，其影響可改變或創造整個產業，但很少發生。

2. 系統性的創新（Systems innovations）：以新的方法將許多組件組合在一起而產生新的功能，需要多年的時間與較昂貴的代價才能完成，如通訊網路。

3. 漸近性的創新（Incremental innovations）：對突破性創新與系統性創新進行不斷地技術改良與應用擴充，使現有產品有進一步改善，更方便或更便宜。

Holt（1983）將創新分成下列四種型態：

1. 技術的創新（Technological innovation）：使用已有新的技術或創造新的技術，其結果可以是產品創新（Product innovation）或製程創新（Process innovation）。

2. 管理的創新（Administrative innovation）：使用新的管理方法或系統。

3. 社會的或組織的創新（Social or organizational innovation）：採用新的組織架構，建立一新的人際互動型態。

4. 規律型創新（Regular innovations）：創新活動以現有的製造／技術爲基礎，同時針對現有的市場／顧客爲主。

（二）影響創新的因素

許多因素曾被發現可能影響組織創新，Wolfe（1994）曾經指出影響組織創新的因素可以分爲四大主要因素：人員、結構、氣候與文化以及環境。

1. 人員：組織內人員的特質對組織創新的影響是研究關切的第一個因素。研究焦點，早期以領導者與高層決策制定者爲主，近年則擴大到其他具有影響力的個人。

2. 結構：組織結構對組織創新的影響是很重要的。組織結構定義爲：工作角色的正式分配以及控制與整合，包含跨越組織界限的工作活動之管理機制（Child, 1975）。

3. 組織氣候與文化：組織創新的前置因素除了人員與結構之外，還有無形的組織氣候與文化。

4. 環境：組織與外界溝通的質與量影響了組織的創新能力，因爲可以使組織知識流通而帶來新創意。因此，若組織內部人員能夠跨越組織界限，以及專業人員可以透過正式及非正式的溝通網路與他人接觸，便有機會將新創意應用在組織之中。

三、創新擴散（Diffusion of Innovation）之因素

創新擴散是指一創新事物在社會系統的成員中，於特定管道經過一段時間後的溝通過程（Rogers, 1995, 2003）。擴散可視爲一種特殊型式的溝通，而溝通訊息的「創新性」就是創新擴散有別於一般組織溝通的特色。換句話說，溝通具有創新性訊息的過程，即可稱爲「創新擴散」。同時，擴散也是一種社會系統的變遷，可定義爲一種改變社會系統結構及功能的過程。因此，創新擴散主要在描述某種特殊的動態過程，從過程中可以了解個人或組織採用創新事物的變化狀態。創新事物的採行，必須在組織裡擴散開來才能夠從中取得完全的效益（Premkumar et al., 1994）。創新的擴散，亦即將創新事物導入組織，乃是組織從創新科技的採用決策，直到組織能夠將此項創新融入例行的作業活動當中的過程（Klein and Sorra, 1996）。

（一）據 Rogers（1995）定義，創新擴散主要包含以下四個元素

1. 創新事物（Innovation）：可被採用的個人或組織認為是一種新的事物。

2. 溝通管道（Communication channel）：溝通是一種過程，在此過程中參予者與他人建立、分享資訊，以達到互相的了解。而溝通管道是訊息由一個個體傳達到另一個個體的方法。大眾媒體管道是讓潛在採用者最快、最有效率獲知創新事物存在的方法，如電視、報紙等。個人間的管道，則是說服個人採用創新事物最有效的方法。

3. 時間（Time）：在創新擴散中會存在於創新決策過程、創新事物已出現的時間，亦即創新事物處於早期或後期、創新採用的速率。其中個人採用創新決策之過程可分為知識、說服、決策、建置及確認五個階段。

4. 社會系統（Social system）：社會系統是一個相互關聯的群體，他們因為要解決問題以達到相同目標而結合。而這些社會系統的成員可能是個人、非正式團體、或接近次體系（Subsystems）的成員。

（二）Rogers（1995）認為在討論影響組織接受與採用創新決策時，還必須考慮到其他和組織相關的因素

1. 個人（領導者）的特徵：個人或組織領導者對於改革的態度。

2. 組織內部結構的特徵：

(1) 集中化程度：指組織的控制權力是否掌握在少數人的手中，集權化的組織由於管理者位階較高，比較難以提出符合基層實際作業需求的創新；或是當組織內非掌權階級或是組織外產生對新事物的需求時，往往會因為掌權者的遲疑而失去導入的機會（Patterson et al., 2003）。

(2) 複雜化程度：當組織的經營或是工作目標需要較高的專業知識人才能完成時，表示組織對成員的素質或學識要求也高，這就是所謂的高複雜度的組織，而通常複雜度高的組織比較容易接受創新的事物。Thong（1999）指出在新資訊科技的採用時，組織成員的資訊素質會對其產生影響。

(3) 正式化程度：指組織對於作業流程與規範的重視程度，通常正式化程度

高的組織會較重視管理與工作流程的規章，要求成員按表操課，不易接受創新帶來的改變。

(4) 資訊的流通性：指資訊在組織內部流動是否順暢。當資訊流通性高時，組織內各成員可以充分進行意見的交換，獲得更新、更豐富的資訊，對於創新的接受度自然就高。

(5) 閒置的資源量：指組織現在閒置可供使用的資源。由於導入新事物需要大量的資源與經費，成本一定很高，尤其是在一些有關整個組織的創新活動上，甚至有時組織爲了要讓新事物正常運作的花費，會比新事物本身的費用高的多。

(6) 規模大小：指組織的大小會和採用創新的意願成正比的關係。因爲小型組織的預算、運作能力都比大型組織來得窘迫，一旦決策錯誤，會導致非常嚴重的後果。

3. 組織外部的特徵：系統的開放性。

四、發現創新基因之診斷構面

依黃萬傳（2008）之「農業創新經營組織類型與發展」計畫成果，所歸納組織、行銷、生產技術、文化因素之四項創新構面中，深入訪談頗具經營效率之農業經營組織，可知農業創新經營組織類型之發展爲融入組織、行銷、生產技術、文化因素創新能力後，發展爲整合型之農業創新經營組織。應用該計畫之 15 項關鍵成功因素爲基礎，收集國內外參考文獻、訪談專業學者及深度訪談頗具經營成效之創新農業經營組織後，歸納出五個創新農業經營組織之創新能力評量構面及評量細項指標，將評量細項之資料來源彙整如表 14-3，由表 14-3 可得知：

（一）核心人物人格特質

本創新能力評量構面歸納出六項評量細項指標，分別爲：受威脅時出現侵略性、強烈自我要求、職場上具持久性、努力克服困難、成就欲望高及工作積極進取。

415

農產行銷分析與應用

表 14-3　創新能力評量構面及細項指標資料來源

創新能力評量構面	創新能力評量細項指標	資料來源
核心人物人格特質	受威脅時出現侵略性	馬君梅（1994）
	強烈自我要求	同上
	職場上具持久性	同上
	努力克服困難	同上
	成就欲望高	同上
	工作積極進取	同上
組織內部結構特徵	組織集權化程度高	Rogers（1995）
	組織複雜化程度低	同上
	組織正式化程度低	同上
	組織資訊流通快速	同上
	組織閒置的資源量多	同上
推廣行銷模式	確定目標客戶	黃萬傳（2008, 2009）
	完成市場前測調查	同上
	利用多元化行銷模式	同上
	利用網路行銷	同上
	自產自銷	同上
	利用口碑行銷	同上
	利用面對面銷售模式	同上
	建立客戶資料庫	同上
	完成客戶滿意度調查	同上
	利用故事行銷	同上
產品創新特色	建立產品品牌	同上
	具有特色包裝	同上
	產品提供其他優質服務	同上
	產品具一致性	同上
	產品具有明確定位	同上
	具專利	同上
文化創新模式	代表當地文化	Premkumar,et al.（1994）
	幫助當地文化推廣	同上
	具良好文化認同	同上

資料來源：黃萬傳（2008, 2009）

（二）組織內部結構特徵

本創新能力評量構面歸納出五項評量細項指標，分別為：組織集權化程度高、組織複雜化程度低、組織正式化程度低、組織資訊流通快速及組織閒置的資源量多。

（三）推廣行銷模式

本創新能力評量構面以行銷策略為基礎，除傳統行銷模式外，並加入目前資訊網路時代之網路行銷模式，共歸納出十項評量細項指標，分別為：確定目標客戶、完成市場前測調查、利用多元化行銷模式、利用網路行銷、自產自銷、利用口碑行銷、利用面對面銷售模式、建立客戶資料庫、完成客戶滿意度調查及利用故事行銷。

（四）產品創新特色

本創新能力評量構面參考基礎產品行銷策略歸納出五項評量細項指標，分別為：建立產品品牌、具有特色包裝、產品提供其他優質服務、產品具一致性、產品具有明確定位及具專利。

（五）文化創新模式

本創新能力評量構面歸納出三項評量細項指標，分別為：代表當地文化、幫助當地文化推廣及具良好文化認同。

五、創新基因行銷之案例

（一）案例一：臺南市某無患子生技開發有限公司

1. 基本概況

某無患子於 2000 年成立產銷班，當時班員計有 14 人，著重於產品生產部分。至 2005 年正式成立公司後開始延伸到產品行銷，研究推廣不含化學成分的無患子洗劑，替代市面上目前所有之化學清潔劑，員工有 18 人。在行銷方面，主要與各機關學校合作，舉辦戶外教學且至各縣市巡迴推廣無患子商品，營業額持續成長，2009 年營業額已突破兩億元。

2. 主要產出項目

無患子清潔用品等產品（如圖 14-5）。

無患子玉容活膚晶（潔顏皂）

圖 14-5　某無患子生技開發有限公司之相關產品

3. 成立目的

因臺灣目前的清潔市場尚有發展空間，且以化學清潔劑為主，而無患子特性加水搓揉即有泡沫，有清潔的效果，具有傳統意義，故成立公司研發各項產品。

4. 未來展望

建立品牌後，穩定國內市場並將自有品牌打入國際市場。

5. 創意動機

當時政府推廣一鄉鎮一特色（OTOP）活動，因家人為廟方主任委員，故以廟宇為主體舉辦早期生活的活動，了解早期民眾如何使用無患子的果實當作清潔用品使用，因此開始推廣以無患子作為清潔產品的原料，生產天然安全的清潔產品。

6. 曾經面臨的問題

因無患子已有一段時間消失於市場上，許多消費者根本不知無患子為何？故在市場推廣上有一定難度。

7. 採取何種因應模式

由工作人員免費到學校做戶外教學及推廣，以增加無患子在年輕一代消費者間的知名度。

8. 關鍵因素：SWOT 分析見表 14-4

生產技術創新，雖然無患子為傳統清潔用品的原料，要上市銷售還是必須重新經過研發，研發產品時間短且不斷推陳出新，已有無患子植物皂、皂乳無患子洗髮精等商品。透過產官學合作方式提升品質、加強研發技術。2005 年由無患子產銷班進而成功邁入農企業的行列，成立某無患子生技開發有限公司，與國立屏東科技大學、美和科技大學共同研究，克服各種問題（如酸化）技術提升，而研發更精純無患子產品。

表 14-4　某無患子生技開發有限公司環境分析

Strength：優勢	Weakness：劣勢
·由政府機關核准成立，並接受行政院農委會臺南農業改良場專員輔導，定期接受檢驗 ·產品為純天然，完全不添加任何化學成分，品質良好 ·與學校、機關團體合作，進行戶外教學與推廣，行之有年 ·研發產品時間短且不斷推陳出新	·市面上有許多假借農會出品的品牌誤導消費者，其實是化學工廠製作的非天然商品 ·人才培育困難，行銷推廣的人才招募不易 ·本地市場較為狹小，在地產業基礎條件差
Opportunity：機會	Threat：威脅
·社會潮流逐漸回歸自然、崇尚天然無汙染的產品 ·政府機關與民間團體熱心輔導與支持，推動產品知名度 ·國民所得提高，國人重視日常生活用品之品質 ·市場區隔清楚，可強調天然純淨的農產品	·農產品開放國外進口，國內農業面臨生產環境及農產品進口壓力 ·競爭者逐漸進入市場，價格競爭與產品品質良莠不齊 ·宣導工作需持續進行，文化刺激不足

9. 相關的創新能力評估之雷達圖

詳見圖 14-6 至圖 14-11。診斷後之創新行銷 4P 之策略，詳見表 14-5。

419

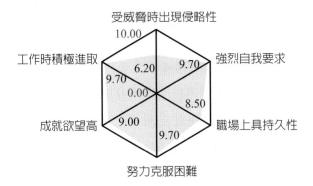

圖 14-6　某無患子生技開發有限公司核心人物人格特質創新能力雷達圖

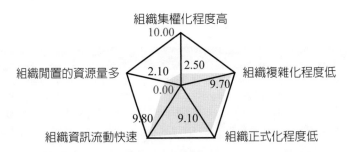

圖 14-7　某無患子生技開發有限公司組織內部結構特徵創新能力雷達圖

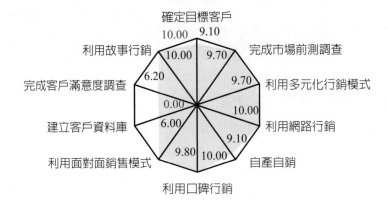

圖 14-8　某無患子生技開發有限公司推廣行銷模式創新能力雷達圖

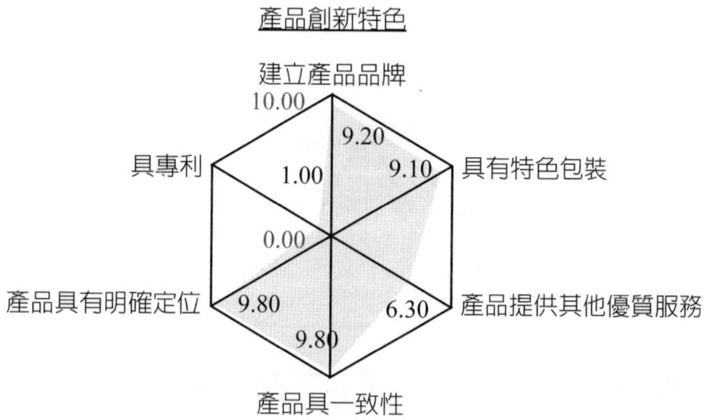

產品創新特色

圖 14-9　某無患子生技開發有限公司產品創新特色創新能力雷達圖

表 14-5　創新行銷 4P 之建議策略

一、產品策略

1. 目前產品的包裝均為大包裝，為吸引求新求變及經常旅遊之客戶購買，可建議改為小包裝型或是旅行用之產品包裝。
2. 目前無患子僅萃取外殼之活性成分作為清潔劑，無患子之種子部分均無利用，因無患子特殊之宗教涵義，建議可增加無患子種子之加工，製作念珠等商品，可增加產品銷售種類並可減少存放空間及丟棄成本。

二、通路策略

1. 目前主要實體通路推廣有電視購物平臺之相關通路、農會超市，對於消費者之購買通路仍有限，建議可增加大賣場、美妝店、便利超商等實體通路。
2. 目前虛擬通路推廣部分僅有自家網站，然仍需增加曝光率，以吸引網路瀏覽消費者，建議可透過網路之病毒式行銷方式，賦予已完成開發之商品感人故事，利用 MAIL 傳送方式或是部落格推廣方式，提高消費者對於品牌之認知。

三、價格策略

1. 因強調產品為天然提煉之產品，產品定價以國際知名環保公司為售價標準，然因清潔產品替代性高，建議可利用團購推廣價格，提供部分折扣給大量購買之消費者，但可藉此吸引更多消費者認同品牌。
2. 將產品重新組合設計成套組，讓消費者一次購足所有產品，提供部分折扣吸引消費者，然實際可讓消費者習慣產品，增加顧客忠誠度。

四、推廣策略

1. 建議增加試用包、試用小瓶，可附在商品內，讓消費者多了解新產品及不同種類之產品。
2. 建議找校園美女代言，吸引年輕消費族群，因消費者實際體驗，讓消費者感受更深刻。

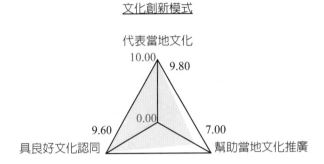

圖 14-10　某無患子生技開發有限公司文化創新模式創新能力雷達圖

農企業創新診斷評量

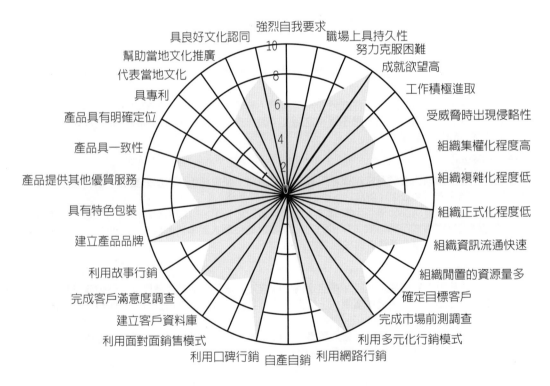

圖 14-11　某無患子生技開發有限公司農企業創新診斷評量雷達圖

（二）案例二：二林某碾米公司

1. 基本概況

1937 年由陳先生設立的「自利精米工廠」是○橋牌產品公司的前身，當時主要為經營米粉製造和碾米業務，設備為砂磨式礱穀機及精米機；1949 年更名為「某碾米工廠」，1965 年由前董事長接任後的數十年期間，一再更新碾米機器設備，配合政府各項政策，成為糧食局指定委託之公糧倉庫；倡導小包裝食米政策，引進一貫化生產，推出一系列○橋牌小包米產品；購進胚芽米機開發營養豐富的胚芽米，豐富了多元化的小包裝食米市場；實施契作生產，推展良質米分級包裝；培養優質稻種，提升稻米走向精緻化。

2. 主要產出項目

○橋越光米、○橋臺梗九號、○橋益全香米、○橋婚嫁好禮、○橋公關好禮、○橋專業用米（部分產品，詳見圖 14-2 和圖 14-13）。

圖 14-12 素質典雅日式優質○橋稻米禮包

圖 14-13 ○橋米好良緣禮盒

3. 成立目的

原本即為家族企業，世代傳承，家族事業需要有人投入用心經營。

4. 未來展望

希望可以將優質米推廣給臺灣人，讓臺灣人都能認同臺灣的優質米。

5. 創意動機

在經過參訪日本的經驗後，希望透過利用日本強烈的民族色彩及對於日本米的優質印象及對米食的熱愛，轉化而建立自有品牌。

6. 曾經面臨的問題

經營過程中產生的財務危機。

7. 採取何種因應模式

善用領導者的人格特質，引領企業朝目標邁進。

8. 關鍵因素：SWOT 分析，見表 14-5

生產技術創新，對產品要求品質，且精益求精，持續不斷進行創新。

9. 相關的創新能力評估之雷達圖，詳見圖 14-14 至圖 14-19。診斷後之創新行銷 4P 之策略，詳見表 14-6。

表 14-5　○橋稻米產銷專業區經營環境分析

Strength：優勢	Weakness：劣勢
·臺灣稻米年產兩期，產地接近市場，享有鮮度及運輸便利之優勢 ·風土環境適合栽種，品種良好，產品品質穩定，病蟲害較少 ·家族企業營運，具有傳統及經營經驗 ·重視品質，並配合消費市場需求以小包裝不斷推陳出新	·國內市場有限，國外市場拓展不易。而本地市場較為狹小，在地產業基礎條件差 ·實施稻穀保價收購制度，多數稻農重量不重質 ·農村人口外流及老化現象十分嚴重，勞動力嚴重不足 ·小農集約栽培，生產成本偏高
Opportunity：機會	Threat：威脅
·政府重視產業發展，積極鼓勵與協助推廣 ·具產地知名度及品牌信賴度 ·國民所得提高，國人重視日常生活用品之品質 ·市場區隔清楚，高品質及衛生安全之臺灣米可望打開外銷通路	·飲食多樣化，致國人消費習慣改變，稻米消費量呈遞減趨勢 ·農產品開放國外進口，國內農業面臨生產環境及農產品進口壓力 ·競爭者逐漸進入市場，價格競爭與產品品質良莠不齊 ·宣導工作需持續進行，文化刺激不足

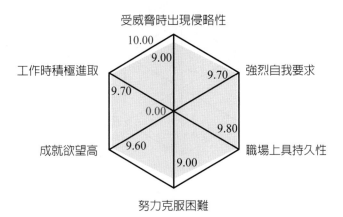

圖 14-14　〇橋稻米產銷專業區核心人物人格特質創新能力雷達圖

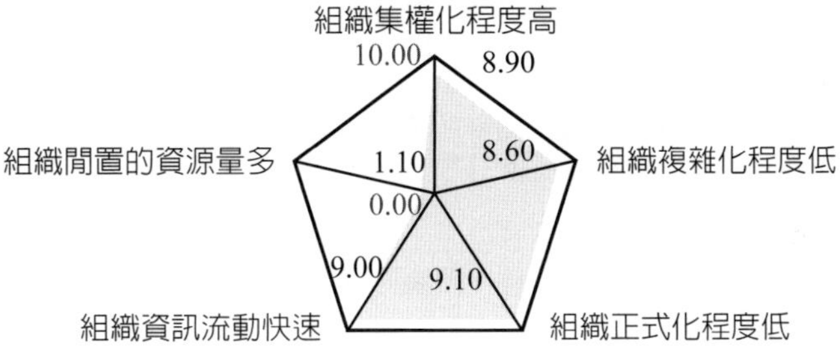

組織內部結構特徵

組織集權化程度高
10.00　8.90

組織閒置的資源量多　1.10　8.60　組織複雜化程度低
0.00

9.00　9.10

組織資訊流動快速　　　組織正式化程度低

圖 14-15　〇橋稻米產銷專業區組織內部結構特徵創新能力雷達圖

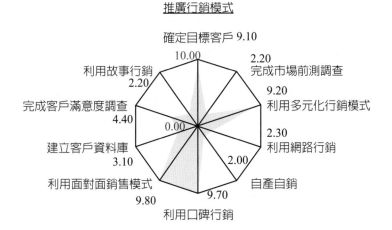

圖 14-16　〇橋稻米產銷專業區推廣行銷模式創新能力雷達圖

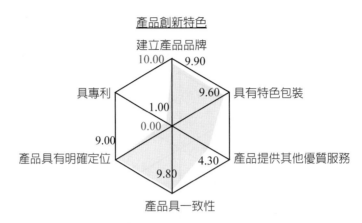

圖 14-17　○橋稻米產銷專業區產品創新特色創新能力雷達圖

表 14-6　創新行銷 4P 之建議策略

一、產品策略

1. ○橋稻米產銷專業區生產之稻米產品種類、包裝及品牌等均已多樣化且有客製化行銷策略，建議可以開發新稻米周邊產品，例如：米漢堡、速食粥等商品，進行稻米產品之垂直整合，以利產品多方位行銷。

2. ○橋稻米產銷專業區推廣送禮性質之稻米包裝，建議可提供多樣性的外包裝，例如：稻米保鮮盒等，藉以提高消費者購買意願及吸引力。

二、通路策略

1. ○橋稻米產銷專區產品通路主要為國內，建議可與貿易商合作，將稻米禮盒等特殊商品推廣至國外，可增加產品銷售通路。

2. ○橋稻米產銷專區目前產品銷售至各大餐廳飯店業者，建議可與各業者策略聯盟，將○橋稻米產銷專業區之稻米廣告曝光於各業者之實體通路，提供各業者之折價優惠券或廣告訊息於產品包裝內，讓雙方都可增加廣告曝光率，提高消費者購買意願。

三、價格策略

1. 因其產品當中有越光米，大都高價賣給壽司店，而銷給一般社會大眾之價格，宜考量客層採分級計價。

2. 因其首推小包裝米禮盒，除配合年節有高售價外，對個人（尤其小資族）之售價宜採中價位。

四、推廣策略

1. ○橋稻米產銷專區可增加專屬部落格，提供消費者自由問答之平臺，提供米飯類食譜於部落格內，藉由互動方式吸引消費者。

2. ○橋稻米產銷專區之網頁可增設客製化專區，提供客製化相關訊息給消費者瞭解，提高消費者購買意願。

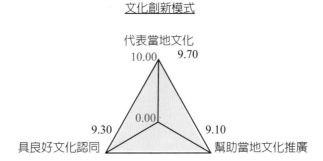

圖 14-18　○橋稻米產銷專業區文化創新模式創新能力雷達圖

農企業創新診斷評量

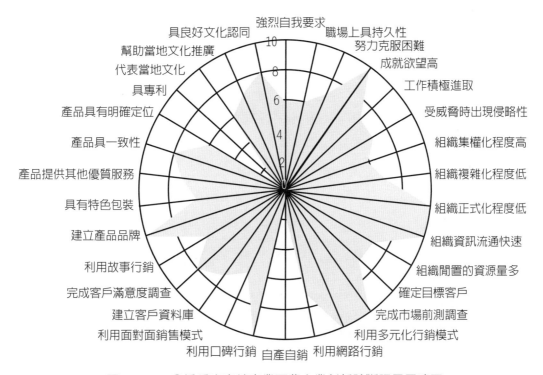

圖 14-19　○橋稻米產銷專業區農企業創新診斷評量雷達圖

筆記欄

CHAPTER 15

農產行銷與資源經濟之關係

　　依前述之章節，得知農業的產銷深受當地自然環境的影響，如「適地適作」就道出農業產銷與當地資源的關係。2018 年的 5、6 月間，臺灣農產品如香蕉、鳳梨和水稻因深受自然氣候變遷的影響，導致每一年重覆發生的產銷失衡現象，故此涉及前述的農企業運作需考量農業生產、農村生活及環保生態之環節。同時，目前臺灣正推動農村再生 2.0 的策略，即綜合考量活化農村社區應與觀光旅遊服務業的結合。準此，本章首先依前述農產行銷制度，回顧與說明相關的產銷失衡，並「鑑古知今」提出秩序化之策略；其次是借鏡德國農村再生經驗，說明其對結合四農與四生之行銷的策略意涵；最後，以農村再生結合鄉村旅遊，以臺灣和德國的案例說明充分利用社區資源推廣農產行銷之走向。

第一節　產銷失衡問題與秩序化策略

　　自加入 WTO 以後，因取消在前述有關穩定農產品產銷機制，導致十多年來，臺灣地區的農產品產銷失衡問題，是年年上演，且近年來越趨嚴重，如水果、蔬菜、稻米、毛豬及一些家禽；如 2018 年 5 月與 6 月的香蕉和鳳梨價格下跌見底，更顯得失衡似有不可收的地步。撰其原因，不外乎農產品具生物性、淺性市場結構及產銷制度不健全（Barker, 1989；Branson and Norvell, 1983；黃萬傳，2006, 2018）。

一、產銷失衡之類型

（一）供過於求之失衡

　　此是多年來臺灣農產品產銷失衡之主要類型，通常發生在冬季期間，若嚴重寒害，則生產過剩甚至滯銷。其次，是一窩蜂生產，業者見（前一年）上一期之價格好，下一期則大量種植，衍生蛛網原理效果，以致到收穫時呈現過剩的問題。

（二）需求大於供給之失衡

在過去也常發生此類型，其一是在夏季颱風來襲時之農產品皆嚴重受損，造成供給不足；其二是特定季節之需求量大增，如在每年端午節、農曆新年對糯米需求量明顯增加，造成需求量遠超過供給量甚多，導致糯米和相關產品等價格大幅上漲。其三是發生病蟲草害或氣候變遷時，受損產品是在室外種植的水果，如今年夏季的荔枝受椿象蟲害，產量僅及去年的三分之一；由此可見，無法在室內栽種的農產品較易受氣候及自然災害的影響，產量難以預估，故不易進行產銷管理。

二、導致產銷失衡之原因

（一）宿命的原因

前面章節已述及，任何生鮮農產品皆具有生命週期，即所謂生物性，致衍生農產品在生產面有一些特性，如季節性、易腐性及一定生長期間，進而衍生農產品的產量每年期不一、高度季節變動及品質不穩定等，尤其動物與果樹更具循環變動。

（二）市場面的原因

即淺性市場（Thin market）結構，係指市場供需皆缺乏價格彈性，且價格易生黏著性波動。因生物性之結果，促使農產品在市場供給面具單向供給（One way supply）、農產品生產對價格反映有時間落遲性（Time lag）、因易腐性導致收穫後產生固定供給及小農缺乏價格彈性致對價格無影響力（Lucas, 1975; Rosen, 1974）。

至於在農產品市場面之需求，因絕大部分生鮮農產品作為家庭消費，受恩格爾法則（Engel's Law）影響（Leser, 1963），致消費者對農產品需求缺乏價格與所得之彈性，前者導致價格波動特別大，一盛產價格一定跌；後者是讓消費者不能容忍蔬菜價格每臺斤小幅微漲的程度（Buse, 1958）。

（三）制度面的原因

目前國內農產品的產銷制度相當混亂，於產銷計畫面，因取消許多往昔之穩定機制，已看不到早期的結合生產計畫的生產專區與促進外銷的機制。就國內主導

生產和銷售制度觀點，其一是官商結合，如稻米產銷，有政府收購與碾米廠主導配銷；其二是農會系統主導產銷，如毛豬和牛奶；其三是合作社場，如果菜行銷；其四是業者所組織的協會，如各類禽畜產銷；其五是農企業的契作產銷，如鮮奶、雞肉；其六是有機農場的產銷，有些是有組織的產銷班，有些是單打獨鬥的個體戶；其七是網路電子商務的行銷，有些是農企業公司，有些是青農的個體戶。

就主導行銷作業與流程的觀點，則以中間行銷商為主，透過各地集貨市場與批發市場，遂有產地販運商、大批發商及消費地販運商參與不同程度的行銷流程；亦有一些透過行銷合作社與物流業者（如宅配）。質言之，目前國內產銷體系大都呈現生產與行銷脫節，如前陣子「臺北市農產運銷公司」在公休期間，但未見前述的相關行銷通路提出因應措施，更呈現國內的產、製、儲、銷嚴重缺乏其一貫性，如此就不可能達到秩序行銷（Orderly marketing）的境界。

三、過去產銷失衡之情形

誠如前述，近日來的香蕉供過於求的問題已吵翻天，諸如此等農產品滯銷已是一個長年沉痾，過去較嚴重的幾個案例，如 1970 年代末期在屏東地區紅豆隔年就滯銷，洋蔥亦復如此；1980 年代之高麗菜，1990 年代初期的雞蛋。近十五年來的，香蕉、高麗菜、柳橙及柑橘幾乎是年年如此。

就表面的徵兆而言，農民亦如同一般生意人，在商言商，哪一年價格有利或哪一種產品價格有利，就會將其資源往哪裡投入，尤其是一窩蜂的生產，此現象是創新採用論所謂的「晚期多數」之行為。對農民而言，他們的做法是對的，主要導致農產品滯銷的根源是農政單位與農民團體多少年來未共同有明確依不同類別屬性的農產品協助建構完善的行銷制度。尤其近年來，每當農產品有滯銷時，政府單位就啟動收購方式，而農民團體更沒主動事前呈報生產情形，養成農民碰到滯銷時就賴到政府頭上，或是官員在電視上吃農產品的戲碼一再重演，短暫安撫農民，時間一過就船過水無痕了！

四、過去成功產銷均衡經驗之例子

Chapter 10 已回顧往昔穩定農業產量與價格，或促進外銷的機制，以下所舉的案例是過去相對成功的產銷均衡的例子。

例子一：洋菇、蘆筍之外銷

在 1960 年代與 1970 年代，此兩種產品外銷歐洲，當時是洋菇就限制每一農戶菇舍每坪面積的生產量，蘆筍亦是如此；即透過種植面積與生產量的限制和配額等手段來達成。

例子二：國產菸葉

在 1990 年代之前，透過改制前「臺灣省菸酒公賣局」，對菸葉等級價格與種菸土地配額，進行菸葉供應量的管理。

例子三：香蕉、鳳梨之外銷

由過去的臺灣青果運銷合作社外銷此等水果到日本。

例子四：毛豬禁屠

國內已實施多年之市場面供給管理，在特定節日不供應。

例子五：農會和合作社的調節

過去這些農民團體在毛豬、稻米和一些蔬菜及經營超市等，也曾發揮產銷調節功能，現僅剩下少數農民團體在孤軍奮戰。

例子六：農業生產專業區的設置

如玉井設芒果專業區、車城的洋蔥專業區、萬丹的養豬專業區等，穩定了當時的農產品供應（具規模經濟），且結合農會的功能，故當時較少聞及產品滯銷問題。

五、秩序化之策略

綜觀上述,是否呈現國內農產品產銷紊亂的無解?農民與消費者永遠是市場機制未發揮功能的犧牲者?當然不是,誠如前述,國內過去也有一些好的產銷制度;準此,為讓農產品之生產有規劃與行銷秩序化,一是國內農政單位與農民團體需務實瞭解農產品供需特性,結合國內需求(含進口)規劃國內在不同情境下的生產量(和安定存量、存糧),二是活化農民團體在產銷秩序化的功能,可借鏡在前述Chapter 12 有關美、加、紐、澳等合作行銷的成功經驗。

(一)策略一:應用供給管理——農政單位應發揮輔導功能

依此,重新建構國內農產品產銷制度與秩序是達成農業永續經營與提高產銷效率不可或缺的一環。其一,加速應用大數據(Big data),發展精準農業,整合多年來所建構的產銷資料,依不同季節(尤其冬夏兩季)進行不同地區、時節,模擬與規劃產品種類、產銷數量,在冬季採市場面管理,夏季採生產面管理。其二,加速透過「小地主大佃農」與「農地銀行」,結合青農,以二百公頃為單位來整合耕地,達到經濟耕作規模,並依產品種類進行檢討生產專區在結合產銷之功能,進行重新規劃。其三,借鏡美國的做法,將常平倉制度加以修正應用,即前述的「存糧於民」,當特定農產品收穫時,若當時價格太低,農民可以此產品向農業金融來抵押貸款,待市價提高後則贖回出售,此一措施當可保障農民收益與免於災害風險。其四,農政單位宜檢討現行法規,訂定類似美國農業行銷訓令(AMAA)之法規,讓民間企業(含行銷商、加工商)可加入農民組織(以合作社為主),政府僅以監督立場,來輔導產銷運作而不介入其中,由農民自主推動供給管理。

(二)策略二:活化農民組織的功能

除配合上述政策規劃外,其一,對現有產銷班或農民組織進行組織變革,最主要是借鏡美國行銷訓令的做法,在產區內由當地農民、行銷商、加工商及消費者的整合,因應不同時節和農產品種類來採取市場面或生產面之供給管理。其二,依相關農業法規,讓農企業者(行銷商、加工商)加入農民組織,採用契作手段以達產製儲銷一貫化。其三,結合生態休閒,由一般消費者或企業來認養所生產的農

產品，在產品成熟前，認養者可在閒暇時巡視田間，參與體驗，享受田園之樂。其四，因合作社或公司的經營型態，致可充分應用生物科技進行生產技術（含品質）的創新，利用 AI 與 IoT 等的技術進行行銷技術創新。

（三）策略三：充分應用供應量之管理措施

通常是上市量的規範，可參考 Chapter 12 之美國農產品行銷訓令的做法，包括特定節日的禁運、格外品的加工、季節間的儲存及利用生物技術延緩採收。但應用此等管理措施，需有幾個重要條件，如訓令背後需有一完善的合作社與產銷委員會、產區集中及完整的產銷計畫，主要特色是當地生產者與行銷商共同來主導訓令的運作，經費是自給自足，農政單位與當地政府僅負責監控，不予輔助。

（四）策略四：善用出口的機會

臺灣早期的農產品外銷管理是成功的，唯目前臺灣所面臨的外銷市場受到很大的限制，如何恢復到以前的榮景，除政治環境外，業者需善用出口的機會，如近年來臺東釋迦和芒果的外銷值得借鏡。唯創造出口機會，需具備行銷國外的冷藏（凍）鏈的設備與技術、深度瞭解其檢疫機制及國外行銷通路與合適時機等要件，方克為功。

第二節　結合四農與四生之行銷

一、前言

曾有讀者連續投書報紙，談論借鏡大陸在幾年前農業園區的設置，建議農政單位做類似的規劃。農業為臺灣經濟創造奇蹟，是眾所周知且有目共睹的。實際上，臺灣農業問題不在生產面而是行銷端。諸如洋蔥生產地在恆春半島，大豆和紅豆在高屏兩縣，鳳梨以大樹、高樹區為大宗，芒果在玉井、楠西一帶，番石榴生產地分布在燕巢、大社及中部地區的社頭及員林，茶葉則更明顯如北部文山包種、新竹東方美人、鹿谷的烏龍等不勝枚舉。因此，臺灣的主要農產品早就依「適地適作」而

孕育成農業專業區。若以上述產品的地區性觀之，亦具大面積生產的優勢，唯在收穫之後的銷售通路，前述章節已指出，仍是傳統的多階通路，遂常聞前一節有關農產品滯銷或穀賤傷農等情事。

二、借鏡國外的做法

（一）德國農村再造之策略（劉欽泉、黃萬傳，2008）

於農產品銷售方面，本節提供德國（歐盟）和美國的做法。前者早在 1950 年代已完成農村更新，目前其結合農村治理、社群網路、農產品認證（含追蹤體系，即溯源制度）、觀光休閒及生質能源等進行農村活化工作。如在德國巴伐利亞邦的 Eiffel 地區（詳見本章之第三節），由民間單位依相關法規，建立該地區產品品牌，含生鮮農牧產品和啤酒，由此整合區內農產品的行銷工作，所有區內餐廳、旅店、食品廠、麵包廠及具有團膳規模的機構，優先採用此品牌認證的農產品，以確保區內農產品的基本銷售量。另在德國哥丁根地區的 Jüden 村，則配合政府節能減碳政策，設置「生質能源村」，採合作社股金制，社員七成為本村居民，三成為鄰村民，以利用該村及鄰近的村落所生產的木材、生質用的玉米、小麥及豬糞尿進行沼氣生產，透過設備轉化為電與熱能（供熱水用），並將其電賣給政府、熱能免費供應給社員居家使用，有剩餘熱能再賣給附近商家；目前該村運作成功，村民確保所生產農林畜牧產品有銷售通路，且節省能源使用支出，對當地生態做出貢獻，已成全德觀摩學習對象及觀光景點。

（二）美國農產行銷之策略

誠如前述，美國農產品產銷係依農產行銷訓令與協議，尤其果菜及核果類，如華盛頓蘋果和加州香吉士，仍以合作社為運作基礎，成員由農民、加工商、運銷商及消費者代表組成，上述農產品亦以地區集中和大規模面積為先決條件。產銷運作係採供給管理，含分級標準化、品牌化、儲藏及規定上市量及區分桌上新鮮用與加工用。如喬治亞州有甜洋蔥行銷訓令，採收期如同臺灣洋蔥在每年四月中旬至六月中旬，該訓令除依上述規範運作外，在五月中旬盛產期時，依市場價格進行可上市

量之規範，其餘則進入儲藏至感恩節之後，新曆年間再拿出來販售，一來採收期價格不致下跌，非產期價格不太貴，又確保農民收入。

由以上德、美經驗，其已在農業、農村、農民及農安（四農）奠下很好的基礎，進而由此為生產、生態、生活及生命（四生）開創美麗與慢活的大環境。由Chapter 13 已得知，在德國無以計數的農場（莊園）皆是友善環境與旅遊的景點，又如上述，Eiffel 地區之做法更是具體呈現四農與四生的典範。

三、對臺灣邁向四農與四生之啓示

反觀國內，農產品產銷失衡是常態，農政單位及以緊急收購為手段，逐造成「失衡—收購—農民不滿意」的惡性循環，農政單位出力不討好，農民未如預期獲利且易養成依賴心態。綜合德國和美國之經驗，提出以下對臺灣邁向四農與四生之啓示。

啓示一：政府與業者共謀適合在地之品牌

建議首先依國內已有農業產區的基礎，如目前魚池鄉澀水社區生產阿薩姆紅茶，已類似國外的做法，生產者（含其組織）與農政單位宜共謀在農業專業區內，形成區域品牌（含品質管制），農政單位宜增修訂農產品市場交易法、農會法及非農政單位的合作社法，實即紐西蘭奇異果農就有此運作。

啓示二：積極推動地產地消

宜嚴謹分開推動桌上鮮食與加工用的農產品生產，國內不論學者或農政單位長久以來認為賣不掉的生鮮品才淪為加工用，如每年冬季的蔬菜生產過剩就是一個明顯的例子。實際上，在美國如蘋果，其就是分鮮食食品（Table food）與加工食品（Proceseed food）之用。目前在國內也積極推動地產地消，它是一種食農教育，對促進四農與四生有正面效果。

啟示三：強化季節間之市場調節

宜放棄緊急收購政策，一方面採用德國的在地行銷（Local marketing），二方面採用美國的常平倉，在產期上市量與非產期儲藏運作機制的建構。三方面，由於全球氣候暖化的加劇，農政單位曾召開全國性農業會議，筆者曾建議，將上述緊急收購預算轉化為因應氣候暖化（含極端氣候）對農產品損害的援助，即由農政單位利用此預算作為氣候變遷保險的基礎。

啟示四：農民宜自覺善用農業專區的資源

如德國生質能源的做法，國內養豬地區，例如雲林縣及高雄縣，透過政府相關生質能源法規，善用動物（豬、雞、鴨）排泄物，加上整合農業專區內之有機廢棄物（如食品加工廠、麵包廠、餐廳廚餘等）進行生質能源村的建置，以開創農民生機的第二春。

啟示五：活化社區之觀光旅遊

目前正推動農村再生 2.0，農政單位和農民宜運用已建制完成的經典農漁村社區，配合農業專區進行整合，即採用德國 Eiffel 社區，來活化社區運作，如前述澀水社區紅茶產銷就是一個值得推廣的例子。

啟示六：加速農民與農企業者之創新行銷

農業組織的創新宜加速進行，如臺東太麻里地區農會改造穀倉成為民宿；彰化二林地區稻米透過碾米廠進行產品包裝和行銷創新；花蓮富里地區有機生產稻米建構自有品牌與創新行銷方式等皆是典範，創新是創造利潤的原動力。

綜合而言，已故前農委會主委余玉賢博士，在其主政期間睿智提出三生（生產、生活及生態）農業理念，迄今農政單位和農民仍在採用與實踐，所謂他山之石可以攻錯，本節提供德國及美國的農業經驗，期望能讓農政單位及農民找到彼此的合作默契及平衡點，以共創三、五十年後四農與四生的農業願景。

第三節 活化鄉村旅遊之行銷

一、臺灣鄉村旅遊社區之活化機制與行銷個案

（一）活化機制（黃萬傳，2010a）

1. 2007 年以前，農政單位經營農村活化之相關工作

(1) 更新農村社區、住宅及鄉村公共建設。

(2) 農產行銷工作的變革。

(3) 農村青年的訓練與就業輔導。

(4) 921 地震後，農村社區的重建。

2. 2007 年，農政單位提出

「農村再生條例」，促進農村活化再生，建設富麗農村。

（二）行銷之個案（黃萬傳，2013a）

個案一、南投縣魚池鄉澀水社區

　　臺灣大多數的農村有不同的產業、景觀和人文特質，在經濟發展後，經歷了農業轉型的變化，開始發展農業精緻化，鄉村觀光及文化特色等。近來在農委會的建設與帶領下，許多農村逐漸找到自己的特色，南投縣魚池鄉的澀水社區就是其中一個典範。澀水社區為 2007 年十大經典農漁村之一，經歷 921 地震後的重建，澀水社區居民重新發展社區產業—紅茶，成功將澀水紅茶行銷到全臺各地；同時結合農村社區特色經營民宿，規劃休閒旅遊路線，打造優質休閒農業環境，且成立社區陶藝教室，推廣社區在地文化。

A. 基本資料

　　1. 地理位置、面積、範圍：澀水社區位於南投縣魚池鄉大雁村，距離日月潭僅 20 分鐘車程。位於海拔 600 公尺山谷，有澀水溪及桃米溪流經。

　　2. 人口結構：居民約 300 人，以中高齡人口居多，居民世代務農維生。

3. 歷史背景：相傳是因當地產陶土，以致泥水黏澀、含鐵量高，水質喝起來有澀味，故名之澀水。另一說則因澀水位於澀水溪及桃米溪兩溪交會處，居民進出皆須涉水而過，因此概稱為涉水，後演變成為澀水。

B. 主要產業

主要經濟來源為農業，重要農產有阿薩姆紅茶、檳榔、百香果、國蘭、蔬菜等，社區產業則有民宿、餐廳及陶藝。其中最主要對外銷售的農產品為紅茶，據傳 1950 年代至 1960 年代曾盛極一時，供不應求。後因茶農不顧商業道德，加入老枝、老葉，甚至其他樹葉魚目混珠，導致品質下滑，無人問津。紅茶產業從此沒落，風光不再，農民們紛紛轉作，種植麻竹筍或檳榔。因 921 地震後，村民共同集合社區力量，村內茶農達成共識，以此地曾供應日本皇室御用飲品紅茶，命名「澀水皇茶」（如圖 15-1），建立起新興的紅茶品牌。

圖 15-1　澀水社區主要產業之紅茶品牌

圖 15-2　澀水社區清○樂民宿

C. 文化產業

1. 陶藝：約 150 年前魚池一帶已發展陶藝，該地區主要出產「白仙土」，過去也曾供應到桃園、鶯歌。

2. 竹編：在澀水社區中，有兩位擅長早期農村用品的竹藝專家，一位是擅長早期農業器具、生活用品的邱○賢，另一位是擅長製作具有收藏性的竹編器具的黃○明。

D. 發展概況

1. 紅茶產業：過去魚池鄉紅茶種植面積曾多達 1,800 公頃，後來僅存 400 多公頃，地震後由澀水社區開始積極推廣種植紅茶，並發展自有品牌，魚池鄉有七個紅茶產銷班。

2. 民宿經營：社區內的建築在 921 地震過後重建時，為了分攤房屋貸款的壓力，因此部分居民開始經營民宿（如圖 15-2）。

3. 社區治理：921 地震時成立的重建委員會、婦女工作隊及青年工作隊經過近十年的時間，已完成階段性任務，社區公共事務管理的工作交由社區發展協會擔任。

E. 未來願景

1. 社區需求：社區內雖為環狀道路，但路標、指示不清楚，增加旅客自由活動的困難度，希望能裝設清楚、明顯的指標，讓遊客可以自由在社區內活動，同時讓社區景觀更為整體及一致。

2. 紅茶產業永續發展：紅茶生產面積持續增加中，各家也推出自有品牌，也有紅茶酥、紅茶牛軋糖等加值產品，在集合社區力量，與村內茶農達成共識以後，未來希望陸續整理荒廢的茶園，研究製茶技術，推展自有品牌，恢復過去紅茶產業的榮景，找回昔日風光。

3. 青年返鄉工作：大多年輕人外出工作，留在社區內的，大多在附近的日月潭風景區或九族文化村工作，尚未真正進入社區產業，所以社區內依然以中高齡農民為主要生產力，無法真正吸引青年農民返鄉從事工作。

F. 策略建議

1. 社區整體行銷：澀水社區內的民宿（如圖 15-2）仍各自行銷，遊客無法由單一網站入口找到關於澀水社區的旅遊資訊，若能以社區整體角度架設網站，並加強其網頁廣告行銷手法，或許更能提高遊客旅遊資訊的取得，亦可為當地活絡觀光人潮。

2. 吸引青年返鄉工作：因社區產業發展而吸引青年返鄉工作，初期可運用政府資源，如鼓勵年輕人參加農委會舉辦的漂鳥營、青輔會辦理的青年創業輔導班等，協助年輕人回到家鄉，進入社區產業。

3. 出入管制：澀水社區為封閉型地形，全社區僅有一條主要出入道路。建議可

在社區入口設置管制哨，採取預約制，並且收取門票或清潔費；有預約者，可享門票優惠。如此一來，可以減少社區居民困擾，提升遊客旅遊品質，同時又可控制遊客人數，增加社區收益。

個案二、臺東縣鹿野鄉永安村永安社區

A. 基本資料

臺東縣鹿野鄉永安社區（如圖 15-3）在社區民眾的齊心努力之下，從原本窮鄉僻壤的小村落，逐漸發展茶產業及社區營造，更大力推動水土保持綠美化及觀光休閒產業，成為東臺灣的最大茶鄉，更成為飛行傘及休閒旅遊的重鎮，而永安的魅力正在散發，一段山中傳奇正開始傳唱著，走一趟鹿野永安欣賞縱谷風光，訪高臺品嚐茶香體驗飛行傘。

1. 地理位置、面積、範圍：永安村面積廣達 15 平方公里，村裡有 9 個小聚落，如永昌、永隆、永德、永興等等。

2. 人口結構：社區居民約 1,800 人，主要客群有閩南與客家。

3. 歷史背景：舊名「鹿寮」的永安氣候宜人，早在 1917 年日治時代，就將鹿寮設為日本移民村，永安適合人居的特性可見一斑。

B. 主要產業

1960 年代，政府在鹿野推動紅茶事業，永安開始轉型成為茶區，許多鳳梨園變成茶園，隨後茶農種植高經濟的小葉種茶葉，烏龍茶、鐵觀音、武夷茶、金萱茶等陸續引進鹿野栽種。

C. 文化產業

1. 飛行傘：飛行傘運動在高臺已逐漸發展成為鹿野鄉的重要觀光休閒運動，每年舉辦飛行傘全國排名賽及花東縱谷國際飛行傘比賽。

2. 自行車：永安社區為了帶動農村休閒旅遊，特地向水保局臺東分局申請補助「樂活農村鹿野鐵馬行」活動，推動鹿野單車學校，並且組成「鹿野鐵馬隊」。

D. 發展概況

1. 紅茶：1982 年 4 月，前總統李登輝任臺灣省主席，在地方政要的陪同下，前來鹿野永安訪視，品嚐在地生產的茶葉，並應茶農之請，特將鹿野的茶葉命名為

「福鹿茶」，從此鹿野永安的茶就以「福鹿茶」行銷，逐漸發展成為東臺灣最大的茶鄉。

2. 民宿：時任社區發展協會理事長傅○英表示，永安高臺早已做好迎接遊客的準備，遊客可以先到紅葉溫泉泡湯或到龍田騎鐵馬、高臺體驗飛行傘，再到永安各型各色的民宿過夜（如圖 15-4），體會一下鳥語「茶」香的農村生活。

E. 未來遠景

1. 願景：社區歷經將近十年的營造，發展成為一個富有希望且快樂的社區，全面提升社區居民生活環境，打造鹿寮新故鄉，並且把成果與大家分享。

2. 工作目標

    (1) 成為一個富有內涵文化的觀光型社區。

    (2) 發展全方位的觀光產業，如飛行傘、民宿、茶產業、旅遊業等。

    (3) 營造臺東縣最具特色的社區，提供社區經驗及成果與其他社區分享。

F. 策略建議

1. 工作重點

    (1) 全力推動社區觀光產業，包括民宿業、茶產業、導覽解說等等。

    (2) 致力於社區營造，培訓社區人才及發展社區產業。

    (3) 改善社區環境，全面進行綠美化。

    (4) 推動社區治安，成立社區巡守隊。

圖 15-3　永安社區入口告示

圖 15-4　21 國○渡假村

2. 發展困境

　　(1) 社區專業人才不足。

　　(2) 社區聚落分散，人員不易集中。

　　(3) 經費不足，發展重點項目不易。

個案三、南投縣埔里鎮桃米社區

A. 基本資料

　　1. 地理位置、面積、範圍：位於南投縣埔里鎮中心西方約 5 公里處，總面積 18 平方公里，海拔高度介於 420 至 800 公尺。

　　2. 人口結構：居民約 1,200 人，約 369 戶。

　　3. 歷史背景：桃米里是中潭公路往日月潭必經之地。

B. 主要產業

　　主要經濟來源為自然生態解說，藉由桃米生態村的解說員喚起對大地的珍愛，透過各類解說對生態有更深的了解，重點有：

　　1. 山水篇：豐富多樣的景觀

　　　(1) 溪流：桃米坑溪主流及中路坑溪、紙寮坑溪、茅埔坑溪、種瓜坑溪、林頭坑溪等六條河川流經全村。

　　　(2) 層疊山巒：桃米坑山、白鶴山、桃米山形成天然集水區的最高點；由各三角點可展望合歡山、埔里、九九峰、九份二山。

　　　(3) 農田村莊：四合院、田莊厝、竹涼亭、拱橋、稻草堆、石橋散布於筊白筍田、稻田、蔬菜田、河谷及溼地間。

　　2. 動物篇：與野生動物共舞

　　桃米生態村遍布森林、溪流、溼地及生態池，提供各類野生動物棲息、覓食及繁殖的良好場地，如：

　　　(1) 鳴唱山水：金線蛙、貢德氏蛙、腹斑蛙、拉都希氏赤蛙、面天樹蛙、莫氏樹蛙、白頷樹蛙、小雨蛙、黑蒙西氏小雨蛙等 21 種（如圖 15-5）。

　　　(2) 彩翼精靈：牛背鷺、小白鷺、夜鷺、黑冠麻鷺、小彎嘴畫眉、大卷尾、小卷尾、紅嘴黑鵯、白環鸚嘴鵯、白腹秧雞、紅冠水雞、五色鳥等 72 種（如圖 15-5）。

圖 15-5　桃米社區保育天然的物種

3. 植物篇：最具特色的原生植被

桃米里各溪流兩岸及天然溼地仍保存很多臺灣原生的水生及濱溪植物；溪流源頭山區及丘陵地仍有部分天然森林及次生林，植物種類繁多。

4. 溼地篇：生態價值最高的溼地

溼地是世界上生物多樣性最高，生產力最大的生態體系之一，它具有生態、環境品質、經濟、教育、觀光及科學研究等多方面之功能與價值。

5. 苗圃篇：打造綠色原鄉

桃米社區原生植物苗圃，已培育苗木超過 48 種 14 萬株以上。已有多處的社區空地、河岸堤防與道路兩側，用苗圃班所栽培的原生苗木來綠美化。

C. 文化產業

包含拼布、米粿、木雕、陶杯等等，以彰顯地方產業特色文化。

D. 發展概況

1. 投入概況

　(1) 政府推廣：政府投入經費、辦理活動，增加桃米社區行銷推廣活動。

　(2) 居民投入：地震後經過社區居民會議討論後，多位社區居民積極投入，打造以社區營造出發的桃米生態村，除了受到各界高度支持與期待，也積極與國際潮流接軌。

2. 民宿經營

位於中路坑溪入口的山坡上，蔥綠的臺灣香楠樹間有著童話中的樹屋，還有濃

濃生態味的墨綠色木屋，是名符其實的綠屋，夜間生態池畔蛙鳴不斷，樹叢間的貓頭鷹神秘應響，充滿大自然的律動與感動。

E. 未來願景

1. 社區需求：1999 年 921 大地震，造成桃米里 369 戶中，有 168 戶全倒，60 戶半倒，62% 的受災率，促使桃米社區成立 921 震災紀念館成爲社區新的文史重心及新地標。

2. 永續發展：地震後，由「桃米休閒農村」逐漸發展出「桃米生態村」的方向，決定從孕育家園的山與水出發，找尋傳統山村新的可能出路。

3. 跨領域的合作：地震之後，桃米社區在政府、企業、學界、在地專業團隊與居民的合作下，一同進行產業、社區生活環境、生態環境的營造與重建工作，爲社區注入社造精神，尋求家園永續的可能。

4. 在地的植根力量：爲達成生態村的願景，系列課程在桃米持續進行著，在地人才的培養，教育紮根的力量，也讓社區改造的基石日益穩固。

5. 小小兒童家園探索隊：在臺灣飛利浦企業的贊助下，新故鄉文教基金會結合桃米的學童組成「小小兒童家園探索隊」。小小的體會，小小的起步，但會逐日發酵，有一天，大人們所建構的家園，也將由他們延續。

6. 在地的夥伴在地的希望：佇立在桃米入口的竹製大蜻蜓，神采飛揚地迎接人們到來的首站，這是「桃米自主營造團隊」的作品，充分顯露生態村的意象。

7. 蘊含夢想的溼地：桃米里豐富的水資源，孕育出近兩百個水塘溼地，是生物界的基因寶庫，也是最佳的自然教室；對致力打造生態村的桃米鄉親而言，更是實現夢想的重要場域。

8. 愛我桃米平安燈：2002 年底連續展開五場「愛我桃米」對內鄰里解說活動，親自引領鄉親認識桃米新風貌，從生態池、民宿、921 紀念館等，代表對生態村的認同，也匯聚更多未來打拚的能量。

9. 美食宴饗——桃米在地好風味：爲了激發社區婦女潛力，新故鄉文教基金會在 2003 年 6 月策劃一場「桃米私房菜大展」，邀請對美食有興趣的媽媽端出拿手好菜參展，這是難得的切磋交流，也啓動在地風味餐的開發風潮。

10. 鄉野有情——桃米文化產業：研發分爲拼布藝術及生態雕塑兩大類，其創

作圖騰都是以桃米傲人的青蛙、蜻蜓爲主軸，強調在地特色、在地研發，並且可以導入體驗遊程。

F. 策略建議

1. 社區整體行銷：桃米社區內的民宿行銷，若能以社區整體角度架設網站，並加強其網頁廣告行銷手法，或許更能提高遊客旅遊資訊的取得，亦可爲當地活絡觀光人潮。

2. 出入管制：遊客自由進出社區，造成居民困擾與不便的問題，建議可在社區入口設置管制哨，採取預約制，並且收取門票或清潔費；有預約者，可享門票優惠。如此一來，可以減少社區居民困擾，提升遊客旅遊品質，同時又可控制遊客人數，增加社區收益。

二、德國鄉村旅遊社區活化與行銷個案（黃萬傳，2010a, 2013a）

（一）德國鄉村「地區活化計畫」

地區活化計畫（REGIONEN AKTIV）是聯邦政府在永續發展策略下，爲了塑造農村特色，所推動的先導計畫；此計畫要求提案地區需針對其各自長期發展的共同願景進行規劃，實施期間爲 2001～2006 年，最後經過競賽聯邦選出 18 個地區作爲執行示範區（Model regions），德國之地區活化計畫先導計畫已經完成。

德國地區活化計畫因應數個議題，首先是歐盟 CAP 農業補助下滑和德國鄉村地區農業比例下滑的展望。其次，消費者表達對農業規範的強烈觀點，並且需要重新調整消費者和農業政策。最後，額外的計畫有助於保障鄉村收入和就業，保障鄉村收入和就業因爲不適合部門別計畫的需求，因此常常失敗。所以，受到德國的 LEADER 計畫經驗所影響，聯邦消費者保護暨食品及農業部（Federal Ministry of Consumer Protection, Food and Agriculture, BMVEL）開始鄉村發展競爭資助實證計畫。地區活化計畫的四項目標爲：

(1) 強化鄉村地區及創造額外的收入資源。

(2) 環境友善和環境相容土地管理。

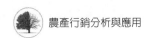

(3) 消費者導向的食品生產。

(4) 加強鄉村－都市關係。

2002～2005 年計畫預算中，5 千萬歐元來自國家資源。該資金近半數分配到有關「軟性」旅遊業或區域行銷的計畫中。有些計畫在 2007 年全年已將活躍社區計畫延展至第二段，加上可能的區域合作籌資需求，焦點放在新型態的計畫上，該計畫支持加強計畫期間所建立的夥伴關係。一般而言，計畫設計針對鄉村地方為主的發展提出五項重要的因素：

(1) 競爭：提倡創新及有願景的計畫。

(2) 由下而上：在整體目標的背景下，依國家當局對於內容、具體措施和預算負有決策責任。

(3) 整合性策略：計畫應該整合區域的經濟、生態和社會考量，注重地方為主的事物，重視該地區的鄉村－都市連結。

(4) 夥伴關係：地方近程應該包括主要的利益團體，由地方夥伴關係所設計的發展計畫為資金運用所結合。在協商過程中，國家當局也和國家政府參與夥伴關係。

(5) 能力建立和資訊分享：計畫支持並且提倡所有參與者參加陪同訓練（Accompanying training）和進修教育，由模範地區學習而得的課程可以讓所有的人參與學習。

（二）行銷之個案

個案一、Bubenheimer Spieleland 社區

Bubenheimer Spieleland 起源於中世紀，已將城堡改建（如圖 15-6），讓 Bubenheimer Spieleland 變成兒童遊憩區，園區內有兩間主要的咖啡廳，提供美味的食物給遊客，園區內有許多主題樂園，包含室內及室外，原本的玉米農田更改建成巨大的迷宮設施，讓大人小孩都可以同樂（如圖 15-7）。

圖 15-6　Bubenheimer Spieleland 之園區

圖 15-7　Bubenheimer Spieleland 園中有許多兒童遊憩區

個案二、Eifel 社區

A. 基本概況

Eifel 位於德國的中央多山區域，它創造了地方產品的一個品牌和開發了旅遊勝地。在 Eifel 之下的品牌，它有 200 個不同合格品，並且大約農民的 80%，小規模企業和超過 100 家旅館和連鎖飯店受益於他們的產品。從這個區域的高品質產品和服務被開發，它有一個口號「EIFEL一品質是我們的自然」，品牌商標根據嚴密的證照只被授予品質標準，在 Eifel 地區之內的生產被保證（如圖 15-8）。使用他們的地方產品，對於旅遊業企業，它描繪了高品質奉獻物和服務，並且開創他們烹調的獨創性。就產學觀點，其品牌結合一定數量的價值鏈和合作的廠商。

B. Eifel 的產品範圍

Eifel 地方品牌提供不僅合格品，而且產品增值合作和參與發行和行銷，這也貢獻了區域的重大正面發展。顧客取向是其中一項 Eifel 價值鏈的關鍵原則，這項品質的原則，促使生產產品的組合和安全，提升透明度和處理並造就地方主義 Eifel 品牌成功。Eifel 組織基本結構開始以計畫和產品開發監督，監督在生產、包裝和行銷發行的品質。

圖 15-8　Eifel 社區之產品認證

EIFEL 品牌成功，歸因於它的組織結構和銷售計畫的概念性發展，有組織受財政支持，由專家組成的團隊、公開參與和銷售。Eifel 地區具有承辦酒席和旅館企業，參加之企業作為 Eifel 認證產品項目的買家。產品的成功在 Eifel 的保護下，如乳製品、豬肉和有機高溫處理牛奶和增加來訪遊客數之旅遊業。

C. 品牌認證

消費者享受食物、高品質和安全所以願意支付更多價格購買 Eifel 產品。

品牌 Eifel 保證的標準如下：

1. 可追蹤的起源在 Eifel 地區。

2. 高品質產品。

3. 生產和服務鏈對消費者是透明的。

4. 管理和處理對 Eifel 合理地增長風景區的發展是有利的。

「Eifel—品質是我們的自然」，口號是隨著消費者需要而修改：

1. 以質為合理的價格（不是以量計價）。

2. 自然產品。

3. 提供對食物的信任和安全。

D. 社區特色

Eifel 社區是一個獨特的自然區域，是公認的一個有吸引力的風景地區及以區域起源作為優質產品商標。新的地方品牌 EH，他們的標誌可以由消費者認可作為 Eifel 地區的特別品質。象徵從農業、林業、貿易和旅遊業四個領域的高品質產品變化而來。地方品牌被授予食物、木製品和旅遊服務業（如圖 15-9、圖 15-10）。全面品質控制不僅保證真正的 Eifel 品質，且使 Eifel 地區之文化風景能促進當地經濟的繁榮。依此，地方品牌 Eifel 之品質目標，一方面旨在追求協助農村多山區域之發展，另一方面加強並使傳統 Eifel 文化風景予以保存。

個案三、Der Bohrshof 社區

A. 基本概況

亞歷山大 Borh 的父母在 1950～1965 年之間開始逐漸購買一些土地，他在 1970 年決定從城市生活搬回農村地區，並且參與種田的活動。那時他們家族有 10

圖 15-9　Eifel 的飯店「LANDHOTEL」

圖 15-10　每一間餐廳門口都會掛上 EIFEL 的告示牌

公頃農地，提供他們從事農場經營的機會。逐漸地，耕地面積從 10 公頃增加到 50 公頃，到 1985 年則有 185 公頃，利用提升耕作效率的重拖拉機和設備，主要種植水果和大麥，而在夏季期間，主要使用釀酒設備來蒸餾生產酒類產品（如圖 15-11）。透過對釀酒技術的持續精進，生產品質優良且可保存兩年的蘋果酒。

B. 社區特色

1985 年，亞歷山大 Borh 修建了一個以全新系統運作的巨大穀倉，然而每年必需的設備維護十分昂貴。亞歷山大利用小麥作為飼料來飼養豬隻，也販賣豬肉相關產品；他的葡萄酒釀造不僅充分使用相關水果和大麥，也賣給生產或製造其他食品的客商。他的產品符合 Eifel 品質要求，約 40% 的品項被賣到 Eifel 配銷通路，自己也經營小規模超級市場（如圖 15-12）。當地政府以財政支持如同亞歷山大這樣的農夫，藉由提供青年農民相關的訓練計畫，協助他們洄游農村從事農業經營，並培養農業生產與農產品開發的技能，以行銷在地的相關產業。

圖 15-11　Der Bohrshof 自製之水果酒　　圖 15-12　Der Bohrshof 經營超市平臺販賣
　　　　　　　　　　　　　　　　　　　　　　　　　社區內其他產品

三、臺灣與德國旅遊行銷個案與活化策略之比較

（一）機制層面之比較

1. 相同點

(1) 皆有專責單位負責推動。

(2) 皆有 NGOs 與 NPOs 參與。

2. 差異點

(1) 德國已有明確法規基礎，臺灣仍欠缺法規的周延性。

(2) 德國以由下而上推動方式爲主，臺灣以由上而下的推動方式爲主。

（二）策略層面之比較

1. 相同點

(1) 皆有相關的策略與措施：如教育訓練、青創補助（或貸款）、農產品行銷的輔導。

(2) 皆有吸引青年回流農村的成效：如青年回村從事農場經營、行銷及社區工作。

2. 差異點

(1) 德國鄉村社區活化較強調保留文化、歷史及當地特色；臺灣農村活化則較強調硬體的公共設施。

(2) 德國較強調年輕人回村前的農業教育訓練；臺灣則偏重在年輕人回村後的農業教育訓練。

(3) 德國較強調回村後以「農業」為生涯，與「如何作為一個農民」的訓練與輔導；臺灣尚缺乏此方面的策略與措施。

(4) 德國較強調整合區域性（品牌）的農產品行銷；臺灣區域性整合較不明顯。

(5) 因德國從農誘因、證照（含經營農場收益）較多，使青年回流農村及長住在農村與參與活動的意願較高；臺灣在此方面則透過相關策略正加強中。

(6) 德國在鄉村活化（含遷村、地區性）之規劃較周延，且相關策略與措施較緊密與互為牽制；臺灣此方面策略之間較不嚴密。

（三）德國鄉村社區旅遊與活化對臺灣鄉村社區旅遊與活化之啓示

1. 德國的經驗

(1) 積極推動農業的發展，尤其在建構農民以「營農」為生涯，具有良好策略與措施。

(2) 由許多組織（包括政府單位、農民組織及 NPOs 或 NGOs）有完善輔導農民或年輕人留在農村的機制和策略。

(3) 有許多教育年輕人（或農民）的課程，尤其強調農民素質培育和提升競爭力的課程。

(4) 在農產品的在地（或地區）行銷方面，政府和民間組織均大力投入產品品質教育，以在不同通路來滿足不同消費者之需求。

(5) 不同農業職業領域，均有涉及農業觀光休閒的層面，以利創造鄉村有美麗的綠色園地。

(6) 特別對於初入農業經營者提供金融協助，以奠基初始者以「營農」為職涯的構思。

(7) 許多相關的計畫與營農活動均涉及培養小孩在早期可學習有關農業的機會。

2. 對臺灣的政策涵義

(1) 德國在鄉村旅遊社區活化的規範和機制較週延且互為牽制（Cross compliance）。

(2) 考量初始者能以「營農」為職涯之教育和輔導。

(3) 強調整合地區性品牌行銷，同時結合地區性文化、歷史、休閒觀光及特色。

(4) 策略和措施的落實係以「競爭」和「先驅試驗」為基礎，由農民自發啟動與向外觀摩學習。

(5) 德國已廣泛採用「區域共同治理」（Regional governance），由此建構區域網路，以促進鄉村旅遊社區活化。

四、結論與建議

（一）結論

德國的經驗，提供我們了解在德國辦理鄉村旅遊社區活化計畫旨在給予年輕農民提供成功經驗，臺灣也有相似的發展政策（如「休閒農業輔導管理辦法」，2018年5月18日修正）。由德國政策的經驗，將給予臺灣如何確定哪些農業政策以鼓勵年輕一代來經營農村社區。此外，另一目標是藉由鄉村旅遊社區的活化可提供更多工作機會促使青年人留在農村。從德國的成功農村活化和生物經濟產業的經驗，有利協助臺灣發展鄉村旅遊社區更活絡的機會。

綜上所述，本節之結論如下：

1. 德國農村社區活化經驗值得國內農村社區旅遊活化為借鏡。

2. 國內農村社區活化的機制尚不如德國完備。

3. 德國具有初始者進入農村完善的教育和輔導策略，尤其在提供續留農村社區誘因為然。

（二）建議

1. 國內農村社區旅遊活化應著重文化、歷史、觀光休閒及當地特色的結合。

2. 宜建構年輕人進入農村地區之後繼續留住農村社區的誘因，如優惠貸款與如何營農獲利。

3. 宜應用「地區共同治理」，建構跨縣市或高同質性地區的品質認證，區域行銷及共同造鎮等特色發展。

4. 農村社區改造應以「競爭」和「先驅試驗」為基礎，以利造就有成效的農村活化之社區旅遊。

CHAPTER　16

行銷市場價格時間變動之量化應用

由前述影響農產品供需的因素，發現時間因素與供需變動具有重要關係；申言之，於時間過程中，由供需所形成的價格亦隨時間的變動而產生變化，即某一農產品價格的時間數列，呈現不同時點對應不同的價格水準，例如就年資料的觀點，1980 年至 1997 年的雞蛋零售價格就構成價格的時間數列。本章主要目的，一是介紹農產品價格時間過程變動之類型，二為說明如何應用計量模式（Pindyck and Rubinfeld, 1991）衡量此等價格之時間變動。

第一節　時間變動之意義與內涵

就資料類型觀點，常有時間數列資料（Time series data）與橫斷面資料（Cross section data）之分，以下的說明係以前者為主。一項農產品價格的統計資料按其發生時間先後順序排列之一連串價格數字，謂為價格的時間數列。本節目的是說明一項農產品價格時間數列變動之意義及其內涵。

一、農產品價格時間數列之意義

由於影響特定價格時間數列的因素頗為複雜，而各種因素影響之綜合結果，即為時間數列的變動，依此變動的性質，通常時間數列包括長期趨勢、季節變動、循環變動及偶然變動等四種的組成份子。

（一）長期趨勢（Trend）

係指一項農產品價格在較長的期間，如十年以上，所呈現之漸增或漸減之傾向。例如於時間 1970 年至 1997 年雞蛋的名目產地價格由 20 元 / 公斤增加至 45 元 / 公斤，此一增加的走向可能導因於人口增加或所得的提高，致在二十八年的期間呈上漲的趨勢。

（二）季節變動（Seasonal variation）

為一種農產品價格在一年十二個月內之週期變動，其發生的原因主要受農產品

供需季節性的影響，如短期作物生產的季節性，有淡季與旺季之分，促使價格有幾個月較高或較低；或如於需求面，因受氣候或假期的影響，致需求在一年內各月份會有高低不同的需求量，如臺灣地區的冬季，因吃火鍋或舊曆年，此時的肉類或蔬菜需求增加，致價格上升，而於其他各月份可能價格呈下跌。基於此，可能是供給面或需求面的因素，形成產品價格在一年內有週期的季節變動。

（三）循環變動（Cyclical movement）

為農產品價格在一年以上十年以內所呈現之較長時間之週期性變動，有如景氣循環的變化方式。常發生此類型變動的農產品如畜產品或具年與年之間的互競產品，就畜產品如毛豬而言，由於其生產期間較長，又生產量受飼料價格的影響，致毛豬價格常有週期性的循環變動。

（四）偶然變動（Irregular fluctuation）

為一種不規則的變動，即一項農產品價格的變化動向因受不可預期的外在因素如病蟲害、天災或戰爭等所引起的價格變動。如 1970 年代初期世界糧食因蘇俄的小麥欠收，引起世界糧食危機，促使大宗穀物價格高漲；另如 1995 年 3 月，臺灣地區因受大陸文攻武嚇的影響，致民生必需品的米價亦呈大幅上升。

由以上的說明，一方面發現除偶然變動較不易用統計方法予以分析外，其他三種的價格變動，則可用明確的統計方法予以計算與分析；另方面，凡影響價格時間數列變動之任何因素，均可將其影響結果用上述四種變動方式予以表達。

二、價格時間數列之圖形表示方式

由於時間數列資料有週、月、季及年的不同表達方式，其中除年資料外，週、月及季資可將此數列資料以上述四種方式予以圖形表示；申言之，一個價格資料數列可示如：

時間數列（Y(t)）＝長期趨勢（T(t)）＋季節變動（S(t)）＋

循環變動（C(t)）＋偶然變動（I(t)）　　　　　　　　（16-1）

　　依此，以圖形表示的上述四種變動，則依次示如圖 16-1 之長期趨勢、圖 16-2 之季節變動、圖 16-3 之循環變動及圖 16-4 之偶然變動。

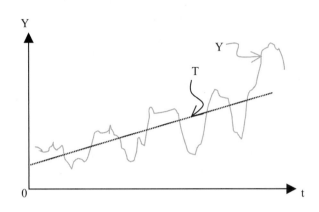

圖 16-1　假設性農產品價格之長期趨勢

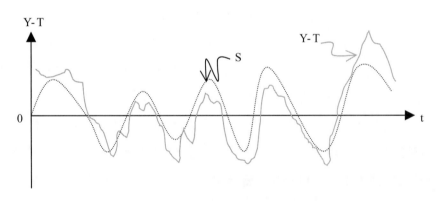

圖 16-2　假設性農產品價格之季節變動

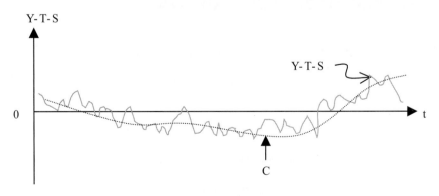

圖 16-3　假設性農產品價格變動之循環變動

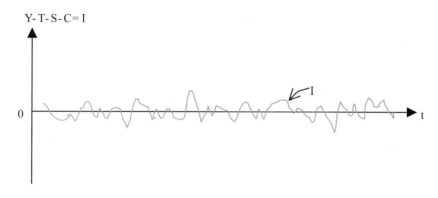

圖 16-4　假設性農產品價格變動之偶然變動

上述四種圖形為將原時間數列 Y，先除去長期趨勢 T，剩餘 Y-T。再由其中除去季節變動 S，而剩餘 Y-T-S。最後再由其中除去 C，而剩餘 Y-T-S-C＝I（偶然變動）。將上式移項得 Y=T+S+C+I，故知時間數列為長期趨勢、季節變動、循環變動及偶然變動之合成物。一時間數列當其長期趨勢值較大時，則其季節變動、循環變動及偶然變動之絕對值亦較大，故如欲將長期趨勢較高及較低時期之季節變動、循環變動及偶然變動均化為等幅變動時，則時間數列應為其長期趨勢之絕對值與該三種變動相對值之連乘積，即：

$$Y = T \times S \times C \times I \qquad (16\text{-}2)$$

此式與前式（Y＝T＋S＋C＋I）所不同之處，為此處之 T 仍為其絕對值，但 S、C 及 I 已成為對 T 而言之相對數值。

第二節　長期趨勢之估計方法

依前述，得知欲求得一項時間數列之長期趨勢，則須將此時間數列內之其他三種變動先予以去除，為達成此目的，通常用移動平均法（Moving average mothed）和最小平方法（Least squares method），而前者有月資料與年資料而有不同的計算

步驟，雖有計算方法簡單的優點，然其缺點則有不完全消除偶然變動、循環週期難定及資料兩端不能求得長期趨勢等缺點，致以下僅介紹最小平方法。

一、最小平方法計算長期趨勢之方法

此方法係結合數學與統計學之方法，根據價格資料求取能表示該數列之一方程式，而此方程式有一次式、二次式及對數式。

（一）直線式之長期趨勢

最簡單的長期趨勢線即為直線，根據幾何學之原理，平面上任一直線之方程式應為 $Y = a + bX$，式中 a 為直線在 Y 軸上之截距，b 為直線之斜率，等於直線斜角 θ 之正切，即 $\tan\theta$ 示如圖 16-5(a)。直線之位置因 a、b 之不同而異，每決定一對 a、b 之數值，即可決定一根直線，因此當 a、b 為未知時，$Y = a + bX$ 可代表平面上任何一根直線。

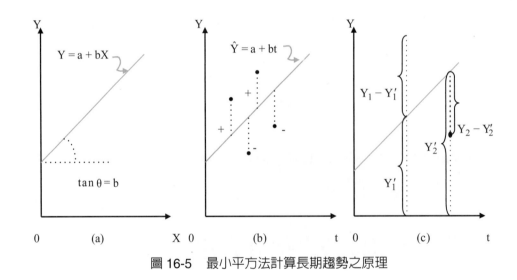

圖 16-5　最小平方法計算長期趨勢之原理

以 $\hat{Y} = a + bt$ 代表所求取之長期趨勢直線，式中 t 表示時間為自變數，$\hat{Y}$ 表示長期趨勢值為應變數。欲使該直線能通過時間數列曲線之間，即通過時間數列各時期數值在坐標圖所給各點之間，而最能代表該一時間數列之長期趨勢時，問題在如

何根據實際資料去決定一對適當的 a、b。若 $\hat{Y} = a + bt$ 已為通過各點之間而最能代表該時間數列長期趨勢之直線，則各點至直線之距離應當最近，各點至直線之距離係指各點至直線之距離，示如圖 16-5(b)。每決定一時間 t_i，即有一時間數列之觀察值 Y_i（即原資料在 t_i 時期之數值），同時亦可求得一長期趨勢值 $\hat{Y}_i$，故所謂各點至長期趨勢線之距離，即為同時期觀察值與趨勢值之差，即（$Y_i - \hat{Y}_i$），示如圖 16-5(c)。

依上述，若 $\hat{Y} = a + bt$ 表示通過各點之間而最能代表該時間數列長期趨勢之直線，則各點至直線之距離（$Y - \hat{Y}$）應為最近，即各距離之和 $\Sigma (Y - \hat{Y})$ 為最小。然因各點位於直線以上者，其殘差（$Y - \hat{Y}$）皆為正，以下者皆為負，正負可完全抵銷而為零，示如圖 16-5(b)；若將直線距於各點以上，則各殘差皆為負值，總和亦為負數，甚至可小至負無窮大，而無一極小值存在。欲使長期趨勢線通過各點之間，且使各正負殘差不致抵銷，須依標準差之方法，將各殘差予以平方，即 $(Y - \hat{Y})^2$，一律化為正值後，再求總和 $\Sigma(Y - \hat{Y})^2$；若此總和為最小時，則通過各點間之直線必為最適當之長期趨勢線。

設已求得長期趨勢直線之方程式為：

$$\hat{Y} = a + bt \qquad\qquad （16\text{-}3）$$

且直線之位置由 a、b 兩數值所決定，致在 $\Sigma (Y - \hat{Y})^2$ 為極小時所求得之 a、b 兩值，以此兩值所作成之長期趨勢線，必為最適宜之長期趨勢線。由於該法須先求平方再求其極小，故謂為最小平方法，以下說明該法之推導過程。

令 $U = \sum_{i=1}^{n}(Y_i - \hat{Y}_i)^2 = \Sigma (Y - \hat{Y})^2$

代 $\hat{Y} = a + bt$ 入上式得：

$$U = \Sigma [Y - (a - bt)]^2 = \Sigma [Y - a - bt]^2 \qquad\qquad （16\text{-}4）$$

據微積分之理念，由下列兩式所解出之 a、b 代入式（16-4）後，可使 U 為最小，而滿足該方法之要求。

$$\begin{cases} \dfrac{\partial U}{\partial a} = \Sigma Y - na - b\Sigma t = 0 & （16\text{-}5） \\[2mm] \dfrac{\partial U}{\partial b} = \Sigma tY - a\Sigma t - b\Sigma t^2 = 0 & （16\text{-}6） \end{cases}$$

由式（16-5）與式（16-6）求：

$$\begin{cases} na + b\Sigma t = \Sigma Y & （16\text{-}7） \\[2mm] a\Sigma t + b\Sigma t^2 = \Sigma tY & （16\text{-}8） \end{cases}$$

上兩式稱之為標準方程式（Normal equations），用代數方法解式（16-7）與式（16-8）得：

$$a = \frac{\Sigma t^2 \Sigma Y - \Sigma t \Sigma tY}{n\Sigma t^2 - (\Sigma t)^2} \qquad （16\text{-}9）$$

$$b = \frac{n\Sigma tY - \Sigma t \Sigma Y}{n\Sigma t^2 - (\Sigma t)^2} \qquad （16\text{-}10）$$

根據此兩公式由實際資料可求得 a、b 之數值，代此 a、b 入長期趨勢直線式 $\hat{Y} = a + bt$，即得確定之長期趨勢直線。

（二）最小平方法計算直線長期趨勢之簡捷法

上述求法之計算甚繁，故一般取時間數列起訖年份之中點為 t 之原點，較中點為早之年份依次以負整數表示之，較中點為遲之年份依次以正整數表示之，正負部分恰可抵銷，即 $\Sigma t = 0$，致此式（16-9）及式（16-10）可簡化如下：

代 $\Sigma t = 0$ 入式（16-9）及式（16-10）得：

$$a = \frac{\Sigma Y}{n} = \overline{Y} \qquad （16\text{-}11）$$

$$b = \frac{\Sigma tY}{\Sigma t^2} \qquad (16\text{-}12)$$

上述簡化計算過程之方法，因時間數列年數為奇數或偶數時略有差異。

（三）最小平方法求算二次曲線長期趨勢之公式

若一時間數列之長期趨勢不為直線時，如根據資料配以直線長期趨勢，則反不能表現該時間數列在長時期內變化之情形。配合曲線長期趨勢之曲線形態，可分為二次曲線、三次曲線及多次曲線等，視實際需要情形而定，茲以二次曲線長期趨勢為例說明之。

據解析幾何學之理念，二次曲線方程式之一般式應為：

$$\hat{Y} = a + bt + ct^2 \qquad (16\text{-}13)$$

坐標圖中由時間數列實際資料繪就各點與長期趨勢線之垂直距離，亦即觀察值 Y_i 與同時期趨勢值 $\hat{Y}_i$ 之殘差為（$Y_i - \hat{Y}_i$）。據前述應用最小平方法求取長期趨勢直線之原理，各觀察值與同期趨勢值殘差平方和為最小，所求得之長期趨勢線是最能代表該一時間數列之長期趨勢。此一原理同樣可應用在二次長期趨勢曲線，即當 $U = \Sigma(Y_i - \hat{Y}_i)^2$ 為最小時所求得之 a、b、c 三未知數，代入式（16-13），即可求得該時間數列最適當之長期趨勢曲線，以下說明二次式之推導過程。

令 $U = \Sigma(Y - \hat{Y}_i)^2$

代 $Y' = a + bt + ct^2$ 入上式得：

$$U = \Sigma[Y - (a + bt + ct^2)]^2 = \Sigma[Y - a - bt - ct^2]^2 \qquad (16\text{-}14)$$

欲使 U 為極小，必須對 a、b、c 等未知數採偏微分，得：

$$\frac{\partial U}{\partial a} = \Sigma Y - na - b\Sigma t - c\Sigma t^2 = 0 \qquad (16\text{-}15)$$

$$\frac{\partial U}{\partial b} = \Sigma tY - a\Sigma t - b\Sigma t^2 - c\Sigma t^3 = 0 \tag{16-16}$$

$$\frac{\partial U}{\partial c} = \Sigma t^2 Y - a\Sigma t^2 - b\Sigma t^3 - c\Sigma t^4 = 0 \tag{16-17}$$

由以上三式得標準方程式如下：

$$na + b\Sigma t + c\Sigma t^2 = \Sigma Y \tag{16-18}$$

$$a\Sigma t + b\Sigma t^2 + c\Sigma t^3 = \Sigma tY \tag{16-19}$$

$$a\Sigma t^2 + b\Sigma t^3 + c\Sigma t^4 = \Sigma t^2 Y \tag{16-20}$$

‧　仿照前述取時間數列起訖年份之中點為 t 之原點，簡化計算直線長期趨勢之方法，以簡化二次曲線長期趨勢之公式。t 之原點取在時間數列起訖年份之中點後，則 $\Sigma t = 0$，$\Sigma t^3 = 0$，上述三標準方程式可簡化如下：

$$na \qquad + c\Sigma t^2 = \Sigma Y \tag{16-21}$$

$$+ b\Sigma t^2 \qquad = \Sigma tY \tag{16-22}$$

$$a\Sigma t^2 \quad + c\Sigma t^4 = \Sigma t^2 Y \tag{16-23}$$

解上列三式得二次長期趨勢曲線方程式係數之公式如：

$$a = \frac{\Sigma Y \Sigma t^4 - \Sigma t^2 Y \Sigma t^2}{n\Sigma t^4 - (\Sigma t^2)^2} \tag{16-24}$$

$$b = \frac{\Sigma tY}{\Sigma t^2} \tag{16-25}$$

$$a = \frac{n\Sigma t^2 Y - \Sigma Y \Sigma t^2}{n\Sigma t^4 - (\Sigma t^2)^2} \tag{16-26}$$

　　上述簡化計算過程之方法，亦因時間數列年數為奇數或偶數時略有差異，此種差異之處理方法與前述求算直線長期趨勢者完全一致。

（四）最小平方法求算對數直線長期趨勢之方法

多種時間數列，例如，人口增殖之數列與物價增漲之數列等，其變化情形頗類似複利變化，此種長期趨勢之方程式應呈下列形式，即：

$$\hat{Y} = ab^t \qquad （16\text{-}27）$$

爲便於計算，宜將此式兩端同取對數得：

$$\log \hat{Y} = \log a + t \log b \qquad （16\text{-}28）$$

式（16-27）經取成對數後，即成爲 t 之一次式，故此種長期趨勢稱之爲對數直線長期趨勢。由於上式爲 t 之一次式，故根據最小平方法求算式內未知數 log a 與 log b 之公式，與前述求算長期趨勢直線中未知數 a 和 b 之公式極爲相似，僅式中以 log Y 代替 Y、以 log a 代替 a 及以 log b 代替 b 即可。假定已取某一時間數列起訖時間之中點爲 t 之原點，仿照式（16-11）與式（16-12），可得 log a 與 log b 之公式：

$$\log a = \frac{\Sigma \log Y}{n} \qquad （16\text{-}29）$$

$$\log b = \frac{\Sigma t \log Y}{\Sigma t^2} \qquad （16\text{-}30）$$

二、計算長期趨勢之實例

以下就臺灣地區雞蛋價格的有關資料，以最小平方法計算雞蛋價格的長期趨勢，如表 16-1。不論資料來源或市場階段，皆呈現長期以來雞蛋價格是下跌的，尤其是產地價格的跌幅均較其他市場階段來得大，且愈是朝消費階段之跌幅愈小；

撲其原因，主要是雞蛋供給增加的速度大於需求增加的速度，於上述有關的資料期間內，雞蛋供給增加率為 60.12%，而需求僅有 21.11%。

表 16-1　臺灣雞蛋價格之長期趨勢

項目	長期趨勢方程式	R^2	F 值
一、合作社結價之產地價格 [1]	Y=16.26-1.86T	0.87	57.74
二、依農林廳的資料 [2]			
(1) 產地價格	Y=30.99-1.36T	0.74	30.62
(2) 零售價格	Y=37.51-0.70T	0.36	6.32
三、依報紙報價資料 [3]			
(1) 產地價格	Y=16.86-0.26T	0.47	8.74
(2) 大運輸價格	Y=18.62-0.20T	0.34	5.06
(3) 批發商價格	Y=21.03-0.16T	0.25	4.39
(4) 零售價格	Y=22.04-0.14T	0.19	4.23

1. 係臺灣雞蛋運銷合作社提供，資料期間是 1984～1993 年，衡量單位為臺斤
2. 資料期間是 1981-1993 年，衡量單位是公斤
3. 由聯合報的蛋商公會報價資料整理，資料期間是 1982～1993 年，衡量單位是臺斤
資料來源：黃萬傳（1994a）「臺灣雞蛋價格分析」，*臺南縣雞蛋運銷合作社刊*，第 2 期。

第三節　季節變動與循環變動之估計方法

由上述時間數列分析理念，得知尚可量化計算的是季節變動與循環變動；欲求得季節變動或循環變動，則需除去其他的三種時間數列之因子。一般而言，計算價格季節變動之方法有環比中位法、移動平均法、月別平均法及戴維斯法；求循環變動之方法常因月別與年別資料而略有差異。

一、計算價格季節指數之方法

（一）環比中位數法（Link relative method）

該法之目的在消除時間數列之循環變動與偶然變動，求算的步驟：(1) 求後一

個月對前一個月之環比；(2) 求同月不同年環比之中位數；(3) 求環比中位數之鎖比；(4) 求修正鎖比；(5) 求以 100 為均數之季節指數。

　　上述步驟所謂的環比，計算公式為：

$$\ell_i = \frac{Y_i}{Y_{i-1}} \times 100 \qquad （16\text{-}31）$$

式中：ℓ_i 為第 i 月之環比，Y_i 為第 i 月之價格數值，Y_{i-1} 為第 i 月前一個月之價格數值。上述步驟所謂的鎖比，計算過程可說明如下：

　　設一月至十二月之環比中位數順序為 ℓ_1, ℓ_2, ..., ℓ_{12}，而鎖比的順序為 C_1, C_2, ..., C_{12}；設上一年第十二月之鎖比為 $C_0 = 100$，則各月鎖比之計算示如：

$$\begin{aligned}
C_0 &= 100 \\
C_1 &= 100 \times \frac{\ell_1}{100} = \ell_1 \\
C_2 &= 100 \times \frac{\ell_1}{100} \times \frac{\ell_2}{100} = C_1\ell_2/100 \\
C_3 &= 100 \times \frac{\ell_1}{100} \times \frac{\ell_2}{100} \times \frac{\ell_3}{100} = C_2\ell_3/100 \\
&\underline{\quad}\ \underline{\quad}\ \underline{\quad}\ \underline{\quad}\ \underline{\quad}\ \underline{\quad} \\
C_{12} &= 100 \times \frac{\ell_1}{100} \times \frac{\ell_2}{100} \times ... \times \frac{\ell_{12}}{100} = C_{11}\ell_{12}/100
\end{aligned} \qquad （16\text{-}32）$$

　　利用該法求季節指數之優點，一是當季節變動為短期變動，環比能表示時間數列之短期變化，致此法可求得較正確之季節指數，二是若價格資料為等比級數，利用該法亦可較正確計算季節指數。

（二）移動平均法（Moving average by twelve months）

　　該法旨在消除長期趨勢，求算的步驟：(1) 採十二個月的移動平均，求算其長期趨勢值；(2) 求各月實際數值對其同月份移動平均數之百分比；(3) 求同月不同年

百分比之中位數；(4) 求以 100 爲均數之季節指數。該法之優點是當長期趨勢呈不規則曲線時，用此法可消除時間數列之長期趨勢較其他各法爲佳，然缺點是所求季節指數尚含有少量之循環與偶然之變動。

（三）月別平均法（Average by monthly）

此方法爲求算季節指數之最簡單者，其步驟：(1) 求同月不同年實際值之平均數；(2) 求以 100 爲均數之季節指數。該法之缺點，一是當資料含有長期趨勢時，該法未能消除之，二是該法所求得之季節指數尚含有少量之循環變動與偶然變動。

（四）戴維斯法（Davis method）

旨在利用上述月別平均法之季節指數，再求取長期趨勢予以修正，其步驟：(1) 求同月不同年資料之平均數；(2) 以各年平均求長期趨勢；(3) 月別平均數除以同月趨勢值；(4) 求以 100 爲均數之季節指數。該法的主要優點是校正月別平均法所不能消除的長期趨勢，而該法不適用在長期趨勢線爲曲線的情況。

二、計算價格季節指數之實例

茲以臺灣地區 1986 年至 1996 年之毛豬名目批發價格資料以月別平均法計算的季節指數與變動情形，分別如表 16-2 與圖 16-6。由計算結果顯示，於 1986～1996 年間豬價最高峰點在七月，價格點涵蓋了六至九月等四個月，因爲此時正是中國人過端午節、鬼月、中元節及中秋節的需求旺季，再加上我國豬肉主要外銷市場—日本，也恰逢夏令進補消費旺季，促成此一豬價高峰之形成。而一月之高峰主要是農曆年前結婚旺季而非農曆年節的二月，顯示國內消費型態不再僅限於過節消費。

表 16-2 1986～1996 年臺灣地區毛豬批發交易價格（名目）及其季節指數

年份	一月	二月	三月	四月	五月	六月	七月	八月	九月	十月	十一月	十二月
1986	3931	3963	4244	4954	5943	5815	5813	5887	5621	5042	4743	4523
1987	4538	4221	3947	4443	5081	5293	5473	5345	5205	5052	5065	4815
1988	4822	4672	3988	3682	4254	5027	5355	5591	4757	4843	5101	5090
1989	5264	5307	5493	5894	5824	5935	5971	5851	5027	4628	4219	4035
1990	4341	4090	4450	4420	4428	4227	4180	4156	3779	3169	2980	3259
1991	4006	3803	3247	3210	3297	3993	4506	4284	4041	4153	4232	3984
1992	4018	3955	4077	4563	4629	4765	5100	5289	5098	4949	4930	4573
1993	4428	4423	4771	4948	5217	5926	5840	5813	4809	4609	4602	4567
1994	4728	4634	4946	5474	5558	5695	5416	5136	4983	5204	5118	4971
1995	5296	5296	5647	5698	5930	6243	6606	6614	6426	5897	5743	6103
1996	6208	5356	6072	6107	6486	6726	6571	6194	5438	5100	4163	4177
總數	51652	50720	50882	53393	56647	59645	60831	60160	55184	52646	50896	50097
平均數	4695.64	4610.91	4625.64	4853.91	5149.73	5422.27	5530.09	5469.09	5016.73	4786.00	4626.91	4554.27
季節指數	94.96	93.24	93.54	98.16	104.14	109.65	111.83	110.60	101.45	96.78	93.57	92.10

資料來源：行政院農業委員會與臺灣省政府之農業年報（1986-1996 年）。

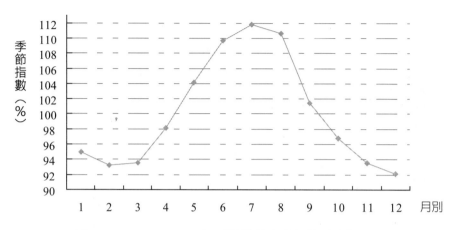

圖 16-6　1986～1996 年毛豬批發交易價格季節指數之變動

資料來源：依表 16-2 繪製

三、計算價格循環變動之方法

依前述的說明，同樣地，欲求得價格循環變動，乃需去除其他三種變動的成分；求算循環變動的方法常隨所用資料性質而異，通常有月資料與年資料的區分。

（一）以月別資料求算循環變動之方法

計算循環百分差之公式示如：

$$
\begin{aligned}
循環百分差 &= \frac{Y}{TS}\% - 100 = C\% \\
&= \frac{Y}{T}\% - S\% = C\%
\end{aligned}
\tag{16-33}
$$

式中：Y 為原時間數列；T 為長期趨勢值；S 為季節指數；C 為循環百分差。

（二）以年別資料求算循環變動之方法

該法之計算公式示如：

$$循環百分差 = \frac{Y}{T}\% - 100 = C\% \qquad (16\text{-}34)$$

由於年資料不含季節變動，經消除長期趨勢與偶然變動之後，即剩下循環變動的成分。

四、計算循環變動之實例

茲以臺灣地區 1987 年至 1996 年香蕉名目產地價格之年資料與月資料分別計算，其中略去月資料的計算過程，僅列示其圖形。

（一）年別資料求算循環性變動

表 16-3　1987～1996 年臺灣地區香蕉產地價格與循環變差之計算

年別	產地價格（實際值）	t	T	Y/T%	Y/T%-100=C	C²	標準循環變差
1987	11.18	−9	6.83	163.76	63.76	4065.26	2.03
1988	6.64	−7	8.15	81.47	−18.53	343.34	−0.59
1989	7.53	−5	9.47	79.49	−20.51	420.79	−0.65
1990	13.64	−3	10.80	126.34	26.34	693.73	0.84
1991	12.98	−1	12.12	107.10	7.10	50.42	0.23
1992	10.32	1	13.44	76.77	−23.23	539.58	−0.74
1993	7.11	3	14.77	48.15	−51.85	2688.18	−1.65
1994	16.58	5	16.09	403.05	3.05	9.32	0.10
1995	17.03	7	17.41	97.81	−2.19	4.81	−0.07
1996	24.8	9	18.73	132.37	32.37	1048.02	1.03

資料來源：同表 16-2

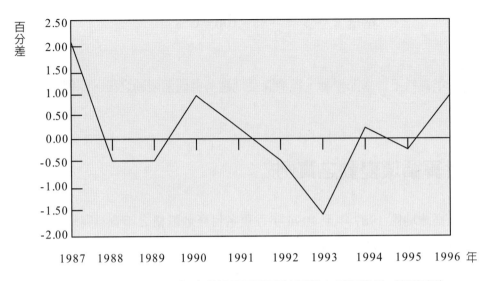

圖 16-7　1987～1996 年臺灣地區香蕉產地價格之循環變動（年資料）

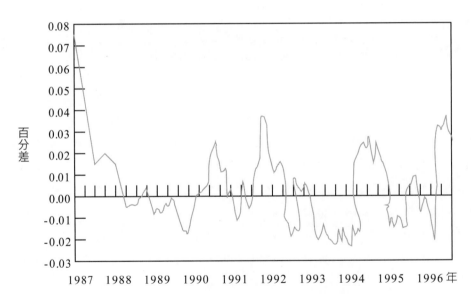

圖 16-8　1987～1996 年臺灣地區香蕉產地價格之循環變動（月資料）

　　循環變動為一種經濟現象，在數年中上下起伏的波動，在本質上具有擴張與收縮反覆產生的變化，此波動並非朝著一定方向繼續發展，故與長期趨勢有別，又因其波動之週期長，且缺乏規則性亦與季節變動迥異，一循環之長度係指二谷峰或二谷底間之時間。

　　就香蕉上述期間的產地價格，以年資料與月資料分析其循環變動，年資料的波動幅度較不明顯，而月資料的波動幅度較顯著。由圖 16-7 與圖 16-8 得知，香蕉價格每年的七月跌入谷底，至八月價格則又止跌回升，至十二月左右升至最高，由復甦、繁榮、衰退至蕭條，週而復始，形成約五、六個月為一個週期的循環變動，在1987 年至 1996 年間有五個較明顯的循環週期出現。

筆記欄

參考文獻

王祥（1993）：*臺灣雞蛋市場力量之計量經濟分析*（碩士論文），臺中：國立中興大學農產運銷學研究所。

王俊豪（2012）：德國整合農村發展政策與土地管理計畫，主要國家農業政策法規與經濟動態，行政院農業委員會網站。

王俊豪、劉小蘭、江益偉（2007）：德國「我們的農村有未來」競賽計畫，主要國家農業政策法規與經濟動態，行政院農業委員會網站。

王聞淨（2009）：「臺灣產品產銷履歷驗證制度之建構與未來展望」，農業生技就業季刊，16 期，第 17-24 頁。

行政院農業委員會企劃處譯（1991）：「美國主要農業政策措施運作之實例解說」，世界農業經濟叢書系列之五。

林穎禎（2012）：歐盟法規中之農業直接給付措施，主要國家農業政策法規與經濟動態，行政院農業委員會網站。

吳宗熹（2016）：臺灣食品追溯追蹤制度介紹，行政院衛生福利部食品藥物管理署。

呂芳慶（1988）：「黃豆、麵粉、玉米平準基金運用及成效檢討」，*農產品價格變動之因應對策研討會專輯*，中國農村經濟學會，第 84-98 頁。

林俊明（1990）：*臺灣白肉雞市場價格之分析—資訊理論之應用*（碩士論文），臺中：國立中興大學農業經濟學研究所。

林昭賢（1994）：*臺灣雞蛋專屬基金之經濟分析*（碩士論文），臺中：國立中興大學農產運銷學研究所。

馬君梅（1994）：實用企業診斷學，臺北：超越企管顧問公司。

陳宗玄（1992）：「臺灣雞蛋批發價格組合預測之分析」，*臺灣經濟*，168：9-17。

陳新友（1981）：「蔬菜價格的形成與變動—運銷措施對決價效率的影響」，*農產運銷季刊*，47:6-13。

陳郁惠（2012）：臺德環境友善農業經營直接給付之研究，行政院農業委員會科技研究計畫報告。

陳耀勳（1988）：「農產品設置平準基金的條件—兼論肉雞與水果設置平準基金的可行性」，*農產品價格變動之因應對策研討會專集*，中國農村經濟學會，第99-118頁。

陳儒瑋、黃嘉琳（2018）：Living 餐桌上 GMO 的危機 Free，臺北：遠足文化事業股份有限公司。

野菜供給安定基金（1997）：野菜安定事業手引，日本愛知縣。

彭作奎（1989）：「我國農產品價格政策之研究」，*農業金融論叢*，第 22 輯，第263-302頁。

彭作奎（1991）：*農產價格理論與分析*，臺北：茂昌圖書有限公司。

彭作奎、黃萬傳（1994）：*糧食平準基金運作之探討*，臺中：國立中興大學農業經濟學研究所與農產運銷學研究所。

彭作奎、萬鍾汶、王葳、陳慧秋（1991）：水果價格安定制度之研究，臺中：國立中興大學農業經濟學研究所。

黃欽榮、黃有才、蕭清仁（1990）：*澳洲與紐西蘭農產運銷協議會之組織與運作兼論加拿大運銷協議與美國運銷訓令*（抽印本），行政院農業委員會。

黃萬傳（1990）：「生鮮蔬菜運銷訓令市場穩定效果之動態經濟分析」，*農業經濟論文專集 29*，中國農村經濟學會，第 23-42 頁。

黃萬傳（1991a）：*臺灣主要蔬菜價格安定制度之建立*，屏東：國立屏東農專農業經濟科。

黃萬傳（1991b）：「美國水果和蔬菜聯邦運銷訓令之探討—兼論對臺灣農產運銷之政策涵義」，*臺灣經濟* 174: 27-37。

黃萬傳（1991c）：「美國水果和蔬菜聯邦運銷訓令探討—兼論對臺灣農產運銷之政策涵義」，*臺灣經濟* 170: 37-48。

黃萬傳（1992a）：「臺灣蔬菜價格安定制度之建立」，*農業金融論叢*，第 27 輯，第 157-186 頁。

黃萬傳（1992b）：*為實施運銷協議會對於現行雞蛋之運銷通路市場結構與價格形成之綜合調查分析*，臺中：國立中興大學農產運銷學系所。

黃萬傳（1992c）：「雞蛋產業對公平交易法適用性之初探」，臺灣省雞蛋運銷合

作社，4 月號，第 2 頁。

黃萬傳（1993a）：「農產品運銷訓令和運銷協議會之比較分析」農業經濟半年刊，54 期，國立中興大學。

黃萬傳（1993b）：規劃臺灣合理之雞蛋運銷制度，行政院農業委員會科技研究計畫報告。

黃萬傳（1993c）：農產品運銷協議會採行或不採行供給管理之比較研究，行政院農業委員會科技研究計畫報告。

黃萬傳（1994a）：「臺灣雞蛋價格分析」，臺南雞蛋運銷合作社報導，第 2 期。

黃萬傳（1994b）：「臺灣農產運銷之走向」，興農，37 期：47-50。

黃萬傳（1994c）：「存糧於民之理論與實踐」，農藥世界，136 期：43-47。

黃萬傳（1995）：「農企業管理之理念及其實踐」，農訓，12 卷 9 期：頁 18-27。

黃萬傳、許應哲（1998）：農產運銷學，自印。

黃萬傳（2001）：歐盟規範基因改造農產品制度與法規之研究，行政院農業委員會科技研究計畫報告。

黃萬傳（2002）：「歐盟規範基因改良農產品之制度」，國際農業科技新知，No. 11，頁 9-14。

黃萬傳（2005）：健全追蹤系統之執行與運作，行政院農業委員會科技研究計畫報告。

黃萬傳（2006）：爲香蕉柳丁找出路，中國時報民意論壇。

黃萬傳（2007）：香魚的履歷呢？自由時報。

黃萬傳（2008）：農業創新經營組織類型與發展研究，行政院農業委員會科技研究計畫報告。

黃萬傳（2009）：創新農業推廣體系及人力資源之研究——農業創新經營之診斷與輔導，行政院農業委員會科技研究計畫報告。

黃萬傳（2010a）：臺德農村社區個案在農村活化角色之比較研究，行政院農業委員會科技研究計畫報告。

黃萬傳（2010b）：主要國產蔬果運銷價差之研究，行政院農業委員會農糧署計畫。

黃萬傳（2013a）：「臺灣與德國活化鄉村旅遊社區之個案分析與比較」，臺灣鄉

村旅遊協會研討會。

黃萬傳（2013b）：市售米加工運銷成本與公糧標售定價機制之研究，行政院農業委員會科技研究計畫報告。

黃萬傳（2014）：德國友善環境之農業政策研究，行政院農業委員會科技研究計畫報告。

黃萬傳（2018）：「農產品產銷秩序化有這麼困難嗎？」想想論壇。

劉欽泉、黃萬傳（2008）：臺灣與德國農業經營促進農村活化策略之比較研究，行政院農業委員會科技研究計畫報告。

劉欽泉、黃萬傳、黃炳文（1992）：*臺灣黃色種菸葉價格計算公式之研究*，臺中：國立中興大學農業經濟學系與農產運銷學系。

臺灣省政府農林廳（1984）：*臺灣農產品價格安定措施*，南投。

蘇遠志（2000）：基因食物面面觀，臺北：元氣齋出版社。

蕭清仁（1988）：*毛豬產銷調節制度與價格安定措施之研究－毛豬產銷調節制度與價格安定*，臺北：國立臺灣大學農業經濟學研究所。

雞鳴新聞社（1998）：*雞鳴新聞旬刊*第1336號，1998年2月5日第11版，日本東京。

Abbott, A. (2015): Time to Repeal Agricultural Marketing Orders , The Heritage Foundation.

Adelaja, A. O. (1991): "Price Change, Supply Elasticities, Industry Organization, and Dairy Output Distribution." American J. of Agr. Econ. 73(1): 89-102.

Almon, S. (1965): "The Distributed Lag Between Capital Appropriations and Expenditures." Econometrica 33(1): 178-196.

AMA (2008): "The American Marketing Association Releases New Definition for Marketing", Press Release, American Marketing Association, January 14, 2008.

Anderson, J.R. (1977): "Perspectives Models of Uncertain Decisions." in *Risk, Uncertainty and Agricultural Development*, eds. J. A. Roumasset, J. Boussar, and I. Singh, New York: Agric. Rev. Counc.

Appelbaum, E. (1982): "The Estimation of the Degree of Oligopoly Power." *J. of Economics* 19: 287-299.

Arrow, K.J. (1974): *Essays in the Theory of Risk Bearing*, Amsterdam: North-Holland.

Atkin, M. (1989): *Agricultural Commodity Markets: A Guide to Futures Trading*, Worcester, Billing & Sons Ltd.

Azzam, A. (1992): "Testing the Competitiveness of Food Price Spreads." *J. Agr. Econ.* 43(2): 248-256.

Azzam, A. and E. Pagoulatos (1990): "Testing Oligopolistic and Oligopsonistic Behavior: An Application to the U.S. Meat Packing Industry." *J. of Agr. Econ.* 41: 362-370.

Bain, J. S. (1956): Barriers to New Competition, Cambridge, MA: Harvard University Press.

Bale, M. D. and E. Lutz (1979): "The Effect of Trade Intervention on International Price Instability." Amer. J. Agr. Econ. 61: 513-528.

Bale, M.D. (1987): "Government Intervention in Agricultural Markets and Policy." in the *Agricultural Marketing Strategy and Pricing Policy*, edited by D. Elz, Washington, D.C.: The World Bank.

Bale, M.D. and E. Lutz. (1981): "Price Distortions in Agriculture and Their Effects: An International Comparison." *Amer. J. Agr. Econ.* 63:8-22.

Barker, J. (1989): *Agricultural Marketing*, Second Edition, New York: Oxford Science Publications.

Barney, J. (2002): Sustaining Competitive Advantage, 2nd Edition. Addison-Wesley Publishing Company, Upper Saddle River: New Jersey.

Barney, J. B. and A. M. Arikan (2001): "The Resource-Based View: Origins and Implications", in Handbook of Management, M. A. Hitt, R. E. Freeman and J. S. Harrion, editors, Oxford, U.K., Blackwell Publishers.

Behrman, J.R. (1968): *Supply Responses in Underdeveloped Agriculture*, New Your: North-Holland.

Benassy, J.P. (1982): *The Economics of Market Disequilibrium*, New York: Academic Press.

Bennett, P.D. (1995):Dictionary of Marketing Terms, 2nd, Chicago: American Marketing

Association, P.166.

Bigman, D. and S. Reutlinger (1979): "Food Price and Supply Stablilzatin: National Buffer Stocks and Trade Policies." *Amer. J. Agr. Econ.* 61: 657-667.

Borden, N.H. (1991): "The Concept of the Marketing Mix." reprinted in Strategic Marketing Management, ed., R.J. Dolan, Boaton: Harvard Business School Press.

Boyd, M.S. and B.W. Brorsen (1985): "Dynamic Relationship of Weekly Price in the United States Beef and Pork Marketing Channels." *Cad. J. Agr. Econ.* 33: 331-342.

Brandow, G.E. (1969): "Market Power and Its Sources in the Food Industry." *Amer. J. Agr. Econ.* 51: 1-12.

Branson, R.E. and D.G. Norvell (1983): *Introduction to Agricultural Marketing*, New York: McGraw-Hall Book Company.

Brorsen, B.W. et al. (1985): "Marketing Margins and Price Uncertainty: The Case of U.S. Wheat Market." *Amer. J. Agr. Econ.* 67: 521-528.

Brown, R.L., J. Durbin and J.M. Evaus (1975): "Techniques for Testing the Constancy of Regression Relationships over Time." *J.Royal Statist. Soc.* B37: 149-192.

Buiter, W.H. (1980): "The Macroeconomics of Dr. Pangloss: a Critical Survey of New Classical Macroeconomics." *The Economic Journal* 90: 34-50.

Buse, R.C. (1958): "Total Elasticities-A Predictive Revice." *J. Farm Econ.* 40:881-891.

Byerlee, D. and G. Sain (1986): "Food Pricing Policy in Developing Countries: Bias Against Agricultural or for Urban Consumers." *Amer. J. Agr. Econ.* 68: 961-968.

Casavant, K. and C. Infanger (1984): Economics and Agricultural Management, Reston VA: Reston Publishing Company.

Child, J. (1975): "Organization Structure, Environment and Performance: The Role of Strategic Choice." Sociology, Vol.6, pp. 1-22.

Churchill, G.A. Jr. and J.P. Peter (1998): Marketing: Creating Values for Customers, 2nd edition, Irwin: McGraw-Hill..

Coase, R. H. (1937): " The Nature of the Firm." conomica, New series 4: 386-405.

Cochrane, W.W. (1958): *Farm Prices, Myth and Reality*, St. Paul: University of

Minnesota Press.

Collin,N. and L. Peterson (1968): Concentration and Price-cost Margins in Manufacturing Industries, Berkeley: University of California Press.

Conner, J .M. (1981): "Food Product Proliferation: A Market Structure Analysis." *Amer. J. Agr. Econ.* 63: 607-617.

Cooper, T., K. Hart and D. Baldock (2009):" Provision of Public Goods through Agriculture in the European Union." Institute European Environment Policy.

Cowling, K. and M. Waterson (1976): "Price-cost Margins and Market Structure." *Economica* 43: 267-274.

Cramer, G. L., C. W. Jensen and D. D. Sonthgate Jr. (1991): Agricultural Economics and Agribusiness, 5th ed., John Wiley & Sons, Inc.

Davis, J. H. and R. A. Goldberg (1957): A Concept of Agribusiness, Graduate School of Business, Harvard University, Boston.

Downey, W. D. and S. P. Erickson (1987): Agribusiness Management, Singapore: B & Jo Enterprise Press Ltd.

Drucker, P. E. (1954): The Practice of Management, New York: Harper-Collins Publishers.

Duft, K. D. (1979): Principle of Management in Agribusiness, Virginia, Reston: Reston Publishing Company.

Dunn, J. and D.M. Hein (1985): "The Demand for Farm Output." *Western J. Agr. Econ.* 10: 13-22

Dyer, J., H., H. Gregersen and C. M. Christensen (2011): The Innovator's DNA, Boston: Harvard Business Review Press.

efsa (2017): Genetically Modified Food in Europe from Wikipedia.

Engel, E. (1857): "Die Productions-und Consumtionsverhaltnisse Derkonigsreichs Sachsen." Z des Statischen Bureus.

European Commission (2014): " The CAP Towards 2020 Political Agreement." DG Agriculture and Rural Development.

Farrell, M.J. (1975): "The Measurement of Productive Efficiency." *J. of the Royal*

Statistical Society 120:253-281.

Freddie, L. B., J. T. Akridge, F. J. Dooley, J. C. Foltz and E. A. Yeager (2016): Agribusiness Management, 5th edition, Rotledge Textbooks in Environment and Agricultural Economics.

French, B. C. (1982): "Fruit and Vegetable Marketing Orders: A Critique of the Issues and State of Analysis." *Amer. J. Agr. Econ.* 64:916-927.

Friedman, J. W. (1977): Oligopoly and the Theroy of Games, Amsterdam: North-Holland Publishing Company.

Galbraith J.K. (1956): *American Capitalism: The Concept of Countervailing Power.*

Garbade, K.D. and W.L. Silber (1976): "Price Dispersion in the Government Securities Market." *J. Political Economy* 84: 721-724.

Gardner, B.L. (1975): "The Farm-Retail Price Spread in A Competitive Food Industry." *Amer. J. Agr. Econ.* 57:399-409

Gardrer, B.L. (1987): The Economics of Agricultural Policies, N.Y.: Macmillan Publishing Company, P.46.

Gardner, B. (1981): "Farmer-owned Grain Reserve Program Needs Modification to Improve Effectiveness: Consequences of USDA's Farmer- owned Reserve Program for Grain Stocks and Prices." Paper for Report to Congress, The U.S. General Accounting Office.

GECID (2014): " Germany".

German Federal Statistic Office , 2010.

Gisser, M. (1982): "Welfare Implications of Oligopoly in U.S. food Manufacturing." *Amer. J. Agr. Econ.* 64:616-624.

Graham, R. L., B. L. Rothschild and J. H. Spencr (1990): Ramsey Theory, 2nd. Ed., New York: John Wiley & Sons.

Granger, C.W.J. (1969): "Investigating Causal Relations by Econometric Models and Cross-Spectral Models." *Econometrica*, 37: 24-36.

Green, J. (1980): "On the Theory of Effective Demand." *Economic Journal* 90:341-353.

Greenes, T.,P.B. Johnson and M.Thursby (1978): "Insulating Trade Policy, Interventions and Wheat Price Stability." *Amer. J. Agr. Econ.* 60: 132-134.

Grossman, S.J. and J.E. Stiglitz (1976): "Information and Competitive Price System." *Amer. Econ. Rev.* 66: 246-253.

Gujarati, D. N. (1988): Basic Econometrics, New York: N.Y.: McGraw-Hill Book Company Inc..

Hall, L., A. Schmitz and J. Cothern (1979): "Beef Wholesale-Retail Marketing Margin and Concentration." *Economica* 46: 295-300.

Harping, K. F. (1995): " Differing Perspectives on Agribusiness Management." Agribusiness, 11 (6): 501-511.

Hart, C. and B. C. Babcock (2000): Time for New Farmer-owned Business? Briefing Paper 00-BP31, Center for Agricultural and Rural Development, Iowa State University.

Hathaway, D.E. (1963): *Government and Agriculture: Public Policy in a Democratic Society*, New York: The Macmillan Company.

Hazell, P.B.R. and P.L. Scandizzo (1976): "Optimal Price Intervention Policies When Production is Risky." Presented at the Agricultural Development Council *Conference on Risk and Uncertainty in Agricultural Development*, CIMMYT, Mexico.

Heien, D.M. (1980): "Mark-up Pricing in a Dynamic Model of the Food Industry." *Amer. J. Agr. Econ.* 62:10-18.

Hennesoy, T. (2014): "CA 2014-2020 Tools to Enhance Family Farming: Opportunities and Limits." European Parliament.

Hieronymus, T.A. (1977): *Economics of Futures Trading: for Commercial Research*, Bureau Inc.

Hirschman, A. O. (1945): National Power and The Structure of Foreign Trade, 157.

Hirchman, A. O. (1964): "The Paternity of an Index." The American Economic Review, AEA, 54(5): 761.

Holloway, G. J. (1991): The Farm-retail Price Spread in an Imperfectly Competitive,

Bureau Inc.

Holt,K. (1983): Product Innovation Management, London: Oxford, Butter Worth Henemann, Harper Business.

Houck, J. P. (1977): "An Approach to Specifying and Estimating Nonversibles Functions." *Amer. J. Agr. Econ.* 59: 570-572.

Houck, J.P. (1964): "Price Elasticities and Joint Products." *J. Farm Econ.* 46:652-656.

Houck, J.P. (1965): "The Relationship of Direct Price Flexibilities to Direct Price Elasticities." *J. Farm Econ.* 47:789-792.

Houck, J.P. (1986): Elements of Agricultural Trade Policies, New York: Macmillan Publishing Company.

Houthakker, H.S. and L.D.Taylor (1970): *Consumer Demand in the United States: Analyses and Projections*, Second Edition, Cambridge, Mass: Harvard Univ. Press.

Huang, W.T. (1989): *An Econometric Analysis of the Potential for Federal Marketing Orders for Fresh Vegetables in the Southeastern U.S. with an Application of Optimal Control Theory*, Unpublished Dessertation, The University of Georgia.

Huang, W.T. (2016): The Agricultural Marketing System in Taiwan (PPT).

Hueth, D. and A. Schmitz. (1972): "International Trade in Intermediate and Final Goods: Some Welfare Implications of Destabilized Price." *Quartterly J. Econ.* 86: 351-365.

Hurt, L.A. and P. Garcia (1982): "The Impact of Risk in Farmer's Decisions." *Amer. J. Agr. Econ.* 64: 565-568.

Hurwicz, L. (1945): "The Theroy of Economic Behavior." The American Economic Review, 35(5): 909-925.

Hymans, S. H. (1966): "The Price-Taker: Uncertainty, Utility and the Supply Function." *Int'l Econ. Review* 7:346-356.

International Trade Centre (2015): Traceability in Food and Agricultural Products, Bulletin, No. 91, Geneva, Switzerland.

Ito, R. (1991): "Vegetable Production, Marketing and Policy of Government in Japan." APO Study Meeting on Agricultural Price Policy.

Jesse, E. V. (1982): "Costs and Benefits of Marketing Orders." *Fruit Outlook and Situation*, U.S. Department of Agriculture.

Johnson, G.L. and L.S. Hardin (1955): *Economics of Foresight Evaluation*, Station Bulletin 623, Lafayette: Purdue University Agricultural Experiment Station.

Johnston, B.F. and J.M. Mellor (1961): "The Role of Agriculture in Economic Development." *Amer. Econ. Review* Vol. XI, Sep.

Josling, T. (1980): *An International Grain Reserve Policy*, British-North American Committee.

Judge, G.G. and T.D. Wallace (1958): "Estimation of Spatial Price Equilibrium Model." *J. Farm Econ.* 40: 801-820.

Judge, G.G., W.E. Griffiths, R.C. Hill, H. Lutkepohl and T.C. Lee (1988): *Introduction to Theory and Practice of Econometrics*, 2nd ed., New York, N.Y.: John Wiley & Sons, Inc.

Just, R.E. (1974): *Econometric Analysis of Production Decisions with Government Intervention: The Case of California Field Crops*, Univ. Calif. Giannin: Found, Monoger, 33,Berkeleg.

Just, R.E. and J.A. Hallam (1978): "Functional Flexibility in Analysis of Commodity Price Stabilization Policy." *Proceedings J. of the Amer. Stat. Assco.*: 177-186.

Just, R.E., E. Lutz, A. Schmitz and S. Turnovsky (1978): "The Distribution of Welfare Gains from Price Stabilization: An International Perspective." *J. of International Economics* 8: 551-563.

Kalebj, B. J. (2015); "The Effect of Terminated Federal Marketing Orders on Small Farmers, and A Reflection on the Jeffersonian Spirit." San Joaquin Agri. Law Review, Vol.22.

Kanbur, S. M. (1982): "Increases in Risk with Kinked Payoff Functions." *J. of Econ. Theory* 27:219-228.

Kaysen, C. and D.F. Turner (1965): *Antitrust Policy: An Economic and Legal Analysis*, Cambridge, Harvard University Press.

Kinnucan, H.W. and O.P. Forker (1987): "Asymmetry in Farm-Retail Price Transmission for Major Dairy Products." *Amer. J. Agr. Econ.* 69: 285-292.

Klein, K.J. and J.S. Sorra (1996): "The Challenge of Innovation Implementation." Academy of Management Review, 21 (4): 1055-1080.

Knutson, R.D., J.B. Penn and W.T. Boehm (1990): *Agricultural & Food Policy*, Second Edition, New Jersey: Prentice Hall.

Kohls, R.L. and J.U. Uhl. (1991): *Marketing of Agricultural Products*, Seventh Edition, New York: Macmillan Publishing Company.

Konandreas, P.A. and A. Schmitz (1989): "Welfare Implications of Grain Price Stabilization: Some Empirical Evidence for the United States." *Amer. J. of Agr. Econ.* 60: 74-84.

Koontz, H. and H. Weihrich (1990): *Essentials of Management*, 5th ed., New York, N.Y.: McGraw-Hill Publishing Company.

Kotler, P. , H. Kartajaya and I. Setiawan (2010): Marketing 3.0, John Wiley & Sons Inc..

Kriesbery, M. (1986): "Food Marketing Efficiency: Some Insights from Less Developed Countries." in the *World Food Marketing System*, edited by E.Kayak, Butterworths & Co. Ltd.

Kriesbery, M. and H. Steele (1974): "Improving Marketing Systems in Developing Countries." *Foreign Agricultural Economic Report*, 93.

Krinke, C. and E. Meunier (2017): USA-for New GMO, a New Definition, USDA.

Lanzillotti, R.f. (1960): "The Superior Market Power of Food Processing and Agricultural Supply Firms-Its Relation to the Farm Problem." *Amer. J. Agr. Econ.* 42:1228-1247.

Lau, J. (2015): "GMOs in USA vs. EU: United States Regulates Usage While Europe Fears Risks of Technology." Science in News from Genetically Modified Organism and Our Food, USA.

Lerner, A. P. (1934): "The Concept of Monopoly and the Measurement of Monopoly Power." The Review of Economic Studies, 1(3): 157-175.

Leser, C.E.V. (1963): "Forms of Engel Functions." *Econometrica* 31: 694-703.

Lilliefors, H. (1967): "On the Kolmogorov-Simimov Test for Normality with Mean and Variance Unknown." J. of the American Statistical Association, 62: 399-402.

Livingstone, I. and A. Hazelwood (1979): "The Analysis of Risk in Irrigation Projected in Developing Countries." *Oxford Bulletin of Economics and Statistics* 41:21-35.

Lucas, R.B. (1975): "Hedonic Prices Functions." *Economic Inquiry* 13:157-158。

M. Diplling, A. G. (1990): "The Establishment and Management of Agricultural Marketing Boards-A Evaluation of the Economic Impacts." Sino German Association for Economic and Social Research.

Markham, H. (1965): "Market Structure, Business Conduct, and Innovation." American Economic Review, 55: 323-332.

Marquish, D.G. (1982): The Anatomy of Sucessful Innovation, Cambridge: Winthrop Publishers.

Marshall, A. (1920): *Principles of Economics*, New York: Macmillan and Co. Ltd.

Mason, E.S. (1959): *Economic Concentration and the Monopoly Problem*, Cambridge, Harvard University Press.

Massell, B. F. (1969): "Price Stabilization and Welfare." *Quarterly Journal of Economics* 83: 285-297.

Matthews, A. (2013): "Green Agriculture Payments in the EU's Common Agricultural Policy." Bio-based and Applied Economics, 2 (1): 1-27.

McCalllum, B.T. (1976): "Topics Concerning the Formulation, Estimation and Use of Macroeconomic Model with Rational Expectations." *Amer. Stat. Asso., Proceeding of the Business and Economics Statistics*, Section: 65-72.

McDonough, A.M. (1963): *Information Economics and Management Systems*, New York, N.Y.: McGraw-Hill Publishing Company.

Miller, S.E. (1979): "Lead-Lag Relationships Between Pork Prices at the Retail, Wholesale, and Farm Levels." *So. J. Agr. Econ.* 1:141-146.

Mueller, W.F. and B.W. Marion (1983): "Market Power and Its Control in the Food System." *Amer. J. Agr. Econ.* 65: 855-863.

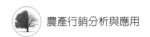

Murphy, S. (2009): Strategic Grain Reserves in an Era of Volatility, Institure for Agricuture and Trade, Geneva, Switzerland.

Nerlove, M. (1958): *The Dynamics of Supply: Estimation of Farmers' Response to Price*, Baltimore: The Johns Hopkins Press.

Newbery, D. M. G. and J. E. Stiglitz (1979): "The Theory of Commodity Price Stabilization Rules: Welfare Impact and Supply Responses." *Economic Journal* 89:799-817.

Newbery, D.M.G. and J.E. Stiglitz (1981): *The Theory of Commodity Price Stabilization: A Study in the Economics of Risk.* Clarendon Price, Oxford.

Ng, D. and J. W. Siebert (2009): "Toward Better Defining the Field of Agribusiness Management." International Food and Agribusiness Management Review, 12 (4): 123-142.

Oi, W.Y. (1961): "The Desirability of Price Instability Under Perfect Competition." *Econometrica*, 29: 58-64.

Ott, L. (1977): *An Introduction to Statistical Methods and Data Analysis*, North Scituate, Mass.: Duxbury Press.

Patterson, K. A., C. M. Grimm and T. M. Corsi (2003): "Adopting New Technologies for Supply Chain Management." Transportation Research Part E. 39: 95-121.

Paroush, J. (1986): "Inflation, Search Costs and Price Dispersion." *J. of Macroeconomics* 3: 329-336.

Penrose, E. (1959): The Theory of the Growth of the Firm. New York: Oxford University Press.

Pick, D.H., J. Karrenbrock and H.F. Carman (1990): "Price Asymmetry and Marketing Margin Behavior: an Example for California-Arizona Citrus." *Agribusiness* 6: 75-74.

Pindyck, R.S. and D.L.Rubinfeld (1991): *Econometric Models & Economic Forecasts*, Third Edition, New York: McGraw-Hill, Inc..

Porter, M. E. (1985): Competitive Advantage, New York: Free Prese.

Powers, N. J. (1990): Federal Marketing Orders for Fruits, Vegetables, Nuts, and Specialty

Crops, USDA, Agri. Marketing Services Report, No. 629.

Pratt, J.W. (1964): "Risk Aversion in the Small and in the Large." *Econometrica* 32: 122-136.

Premkumar, G., G. K. Ramamurthy and S. Nilaknta (1994): "Implementation of Electronic Data Interchange: an Innovation Diffusion Perspective. " J. of Management Information System. Vol.11, no. 2 pp.157-186.

Purcell, W. (1979): *Agricultural Marketing: Systems, Coordination, Cash, and Futures Prices*, Reston, Virginia: A Prentice-Hall Company.

Quandt, R. E. (1988): *The Econometrics of Disequilibrium*, New York, N. Y.: Basil Blackwell Inc..

Rabow, G. (1969): *The Era of the System*, New York, N.Y.: Philosophical Library.

Rao, B. B. and V. K. Srivastava (1991): "A Disequilibrium Model of Rational Expectations for the U. K.." *The Economic Journal* 407: 877-885.

Rashid, A. and M. A. Chaudhry (1973): "Marketing Efficiency in Theory and Practice." *Marketing, Price Analysis and Trade*, 28.

Rawlins, N. O. (1980): Introduction to Agribusiness, Delmen: Thomson Learning.

Rhodes, V. J. and J. L. Dauve (1998): *The Agricultural Marketing System*, 5th Edition, Scottsdale, Arizona: Holcomb Hathaway, Publishers.

Robsenberg, J. B. (1976): "Research and Market Share: A Reappraisal of The Schumpeter Hypothesis." *Journal Industrial of Economics*, Vol.25: 101-112.

Rogers, E. M. (1995): Diffusion of Innovation, New York: The Free Press.

Rogers, E. M. (2003): Diffusion of Innovation, 4th ed., New York: Simon& Schuster International.

Rosen, S. (1974): "Hedonic Prices and Implicit Markets: Product Differentiation in Pure Competition." *J. of Political Economics* 82:34-55。

Rothschild, M. and J. E. Stiglitz (1970): "Increasing Risk: A Definition." *J. of Econ. Theory* 2:225-243.

Rothshild, M. (1973): "Model of Market Organization with Imperfect Information: A Survery." *J. of Political Economy* 81: 1282-1327.

Ryan, T. J. (1977): "Supply Response to Risk: The Case of U.S. Pinto Beans." *West. J. Agr. Econ.* 2:35-43。

Samuelaon, P. A. (1972): "The Consumer Does Benefit from Feasible Price Stability." *Quarterly Journal of Economics* 86:476-493.

Sandmo, A. (1971): "On the Theory of the Competitive Firm under Price Uncertainty." *Amer. Econ. Review* 61:65-73.

Sandy, R. (1990): *Statistics for Business and Economics*, New York, N.Y.: McGraw－Hill Publishing Company.

Scherer, F. M. (1980): *Industrial Market Structure and Economic Performance*.

Schiller, B. R. (1991): The Economy Today, Fifth, edition, McGraw-Hill Inc..

Schroeter, J. (1988): "Estimating the Degree of Market Power in the Beef Packing Industry." *The Review of Econ. and Statistics* 70: 158-162.

Schroeter, J. and A. Azzam (1991): " Marketing Margins, Market Powers in Beef Packing Industry." The Review of Economics and Statistics, 70: 158-162.

Schultz, T. W. (1964): Transforming Traditional Agriculture, 臺北：大學圖書出版社（1969 年一版）。

Schumpter, J. (1911): The Theory of Economic Development, Harvard University Press.

Sethoonsarng, S., P. Wernakarnjanpougs and A. Siamwalla (1995): "Changing Comparative Advantage in Thai Agriculture." in the Agricultural Policies for the 1990s, edited by S. Aziz, France, OECD.

Shei, S.Y. and R.L. Thompson (1977): "The Impact of Trade Restrictions on Price Stability in The World Wheat Market." *Amer. J. Agr. Econ.* 59: 628-638.

Silk, A. J. (2006): What is Marketing, Boston: Harvard Business School Press.

Simon, H. A. (1976): Administrative Behavior, 3rd Ed. New York: The Free Press.

Sims, C. A. (1972): "Money, Income and Causality." *Amer. Econ. Rev.* 62: 450-552.

Sleper, J. and R. E. Jacobson (1988): Milk Production Controls in Canada: Implication to the United States, The Ohio State University.

Snodgrass, M. M. and L. T. Wallace (1975): Agiculture, Economics, and Resource

Management, Englewood Cliffs, N.J.: Prentice Hall.

Solow, R. M. (1956): "A Contribution to the Theory of Economic Growth." The Quanterly J. of Economics, 70(1): 65-94.

Stigler, G. L. (1961): "The Economics of Information." *J. of Political Economy* 66:213-225.

Streel, A. D. E. (2017): Big Data and Competition Policy, 12th Annual Conference of the Global Competition Law Centre, Brussels.

Theil, H. (1969): *Economic Forecasts and Policy*, North-Holland, Amsterdam.

Thomas, G. W., S. E. Curl and W. F. Wallace (1973): Food and Fiber for a Changing World, Danville, Illinose: The Interstate Printers and Publishers, Inc..

Thong, J.Y.L. (1999): "An Integrated Model of Implementation System Adoption in Small Businesses." J. of Management Information System 31 (3): 405-430.

Tirole, J. (1989): *The Theory of Industrial Organization*, Cambridge: MIT Press.

Toffler, A. (1991): Power Shift: Knowledge, Wealth, and Violence at the Edge of the 21st Century, Bantam Books.

Tomek, W.G. and K.L. Robinson (1990): *Agricultural Product Prices*. Third Edition, Ithaca: Cornell University Press.

Traill, B. (1978): "Risk Variables in Econometric Supply Response Models." *J. Agr. Econ.* 29: 53-61.

Turnovsky, S. (1978): "The Distribution of Welfare Gains from Price Stabilization: A Survey of Some Theoretical Issues." in S*tabilizing Word Commodity Markets*, ed. F.G. Adams and S.A. Klein, Lexington, Mass: Heath-Lexington Book, pp. 119-48.

Tweeten, L.G. and C.L. Quance (1971): "Techniques for Segmenting Independent Variables in Regression: Reply." *Amer. J. Agr. Econ.* 53: 359-363.

U. S. Department of Agriculture (1979): *The Agricultural Marketing Agriculture Adjustment Act. An Amended*, Agricultural Handbook No. 56.

U. S. General Accounting Office (1985): *The Role of Marketing Orders in Establishing and Maintaining Orderly Marketing Conditions*, GAO. RCED-85-87.

U.S. Department of Agriculture (1981): *A Review of Federal Marketing Orders for Fruits, Vegetables, and Specially Crops: Economic Efficiency and Welfare Implications*, Agr. Econ. Report No.77.

Varian, H. R. (1984): *Microeconomic Analysis*, Second Edition, W.W. Norton and Company.

Veeman, M. M. (1987): "Marketing Boards: The Canadian Experience." *Amer. J. Agr. Econ.* 32: 221-230.

Wallace, T. D. (1962): "Measure of Social Costs of Agricultural Programs." *J. Farm Economics* 44: 49-73.

Ward, R. W. (1982): "Asymmetry in Retail, Wholesale, and Shipping Point Pricing for Fresh Vegetables." *Amer. J. Agr. Econ.* 64: 205-212.

Wei, Y., B. Guo, H. Y. Liu, S. Wei and J. Zhang (2017): "Food Safety and Traceability." Food and Drug Administration Papers 14.

Wemerfelt, B. (1984): "A Resource-Based View of the Firm." Strategic Management J., 5 (2): 171-180.

Williamson, O. (1975): Markets and Hierarchies, Analysis and Antitrust Implications: A Study in the Economics of Internal Organization. New York: Free Press.

Wolfe, R. A. (1994): "Organizational Innovation: Review Critique and Suggested Research Directions." J. of Management Studies, 31 (3): 406-430.

Wolffram, R (1971): "Positivistic Measures of Aggregate Supply Elasticities: Some New Approaches-Some Critical Notes." *Amer. J. Agr. Econ.* 53: 356-358.

Wough, F. V. (1944): "Does the Consumer Benefit from Price Instability." *Quaterly J. of Economics* 58:602-614.

Young, D. L. (1979): "Risk Preferences of Agricultural Producers: Their Use in Extension and Research." *Amer. J. Agr. Econ.* 61: 1063-1070.

Young, T. (1980): "Modeling Asymmetric Consumer Responses, with an Example." *J. Agr. Econ.* 31: 175-186.

Zeep, G. and N. Powers (1990): "Fruit and Vegetable Marketing Orders." *National Ford*

Review 13:72-79.

Ziemer, R. F. and F. C. White (1982): "Disequilibrium Market Analysis: An Application to the U. S. Fed Beef Sector." *Amer. J. Agr. Econ.* 64:56-62.

Zohar, D. and I. Marshall (2004): Spiritual Captial: Weath We Can Live By, San Francisco: Berrett-Koehel Publishers.

Zwart, A. C. and K. D. Meilke (1979): "The Influence of Domestic Pricing Policies and Buffer Stocks on Price Stability in the World Wheat Market." *Amer. J. Agr. Econ.* 61:434-445.

國家圖書館出版品預行編目資料

農產行銷分析與應用／黃萬傳著. -- 初版.
-- 臺北市：五南，2019.05
　　面；　公分
　　ISBN 978-957-763-170-1（平裝）

1.農產品　2.行銷學

431.25　　　　　　　　　　107019998

5N22

農產行銷分析與應用

作　　者 ─ 黃萬傳

發 行 人 ─ 楊榮川

總 經 理 ─ 楊士清

主　　編 ─ 李貴年

責任編輯 ─ 何富珊

出 版 者 ─ 五南圖書出版股份有限公司

地　　址：106台北市大安區和平東路二段339號4樓

電　　話：(02)2705-5066　　傳　　真：(02)2706-6100

網　　址：http://www.wunan.com.tw

電子郵件：wunan@wunan.com.tw

劃撥帳號：01068953

戶　　名：五南圖書出版股份有限公司

法律顧問　林勝安律師事務所　林勝安律師

出版日期　2019年5月初版一刷

定　　價　新臺幣680元